浙江省普通高校"十三五"新形态教材

教育部高等学校电工电子基础课程教学指导分委员会推荐教材

国家级一流本科课程教材

国家一流本科专业核心课程教材

新工科电子信息科学与工程类专业一流精品教材

电力电子技术
（第2版）

Principles of Power Electronics
Second Edition

◎ 南余荣　编著

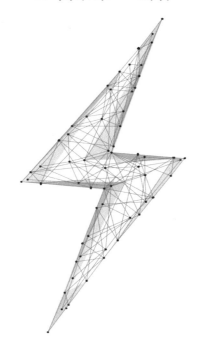

电子工业出版社

Publishing House of Electronics Industry

北京 · BEIJING

内 容 简 介

本书是浙江省普通高校"十三五"新形态教材,针对电气信息类专业基础课程教学需求编写,内容经过精选,以适应教学需要为前提,均衡学科完整性与最新技术成果。本书共 9 章,主要内容包括:绪论、电力电子器件、电力电子器件的使用、直流-直流变换技术、直流-交流变换技术、交流-直流变换技术、交流-交流变换技术、软开关技术、电力电子技术在清洁能源系统中的应用等。本书配套微课视频、电子课件、习题参考答案、考试样卷等。

本书可作为电气工程及其自动化、自动化、电子信息工程和其他电气信息类专业相关课程的教材,也可供从事电力电子技术、运动控制技术、电力系统及自动化领域工作的工程技术人员参考。

图书在版编目(CIP)数据

电力电子技术 / 南余荣编著. —2 版. —北京:电子工业出版社,2021.1

ISBN 978-7-121-40329-3

Ⅰ. ①电… Ⅱ. ①南… Ⅲ. ①电力电子技术—高等学校—教材 Ⅳ. ①TM76

中国版本图书馆 CIP 数据核字(2020)第 261618 号

责任编辑:王羽佳

印　　刷:涿州市般润文化传播有限公司

装　　订:涿州市般润文化传播有限公司

出版发行:电子工业出版社

　　　　　北京市海淀区万寿路 173 信箱　邮编　100036

开　　本:787×1 092　1/16　印张:16.75　字数:484 千字

版　　次:2018 年 10 月第 1 版

　　　　　2021 年 1 月第 2 版

印　　次:2025 年 2 月第 8 次印刷

定　　价:49.90 元

凡所购买电子工业出版社图书有缺损问题,请向购买书店调换。若书店售缺,请与本社发行部联系,联系及邮购电话:(010)88254888,88258888。

质量投诉请发邮件至 zlts@phei.com.cn,盗版侵权举报请发邮件至 dbqq@phei.com.cn。

本书咨询联系方式:(010)88254535,wyj@phei.com.cn。

前　言

近年来，随着移动互联技术的高速发展，在"互联网+"背景下，传统纸质教材与数字化教学资源融合形成的新形态教材开始成为教材建设的一种新趋势。本书第 1 版自 2018 年出版以来，受到了广泛的好评。为了进一步适应目前电气工程、自动化、电子信息类专业基础课程教学的需要，在原来纸质教材的基础上，编写了本教材。

本教材基于移动互联网技术，通过二维码将纸质教材、教学资源库的线上线下教育资源有机衔接起来。编写这本新形态教材有三点考虑：第一，现在的读者群体深受互联网影响，思想多元、开放，社交成为其主要需求，所以，教材更注重参与性；第二，互联网、多媒介、智能与社交技术的发展，也要求教材具有多种表现形式；第三，对原来纸质教材的内容做了提炼与优化，突出电力电子技术的系统性、完整性、新颖性和先进性，做到教学内容的循序渐进，推进课堂教学创新，提升教学服务质量，同时兼顾工程技术人员的自学需求。

本教材是电气工程、自动化、电子信息类专业的基础理论课程教材，编者努力使其体现专业特点。在本教材中，内容选择既体现最新的电力电子技术动态，又突出应用能力培养的特点。本教材对专业所需知识和能力结构进行恰当的设计与安排，在知识的实用性、综合性上下功夫，安排了较多的应用实例，理论联系实际，加强学生思维训练，注重学生应用能力的培养；同时，从实现人才培养目标着眼，从人才所需知识、能力、素质出发，强调教材的整体优化，注意处理好课程前后衔接、理论教学与课程训练衔接等问题：知识结构设计符合教学规律和学生的认知规律及能力养成规律。

在纸质教材的基础上，本次修订在内容方面做了如下修改。

① 对第 1 章中的其他电力电子器件内容进行简化。

② 对第 2 章中的 RC 过电压保护内容进行简化。

③ 在第 3 章中，删除了反激式开关电源设计。

④ 在第 4 章中，对三相电流型逆变器等内容进行简化。

⑤ 在第 5 章中，对变压器漏感对整流电路的影响、可控整流电路的有源逆变工作状态、电容滤波的不可控整流电路等内容进行简化。

⑥ 在第 6 章中，对交-交变频电路和矩阵式变换器内容进行简化。

⑦ 在第 7 章中，对全桥零电压开关 LLC 谐振变换器内容进行简化。

内容修改后，各章总结与习题也有相应的修改。

本教材依托优质资源，从教材出版向教学服务延伸，实现教学内容、教学技术与教学管理的紧密结合，既突破了传统教材的局限，以二维码连接纸书与课程资源，又为传统课堂教学模式的创新提供了辅助工具，以互动特性支撑教师教学与学生自学的实时交互，将教材、课堂、教学资源三者融合，营造教材即课堂、教材即教学服务、教材即教学环境的产品生态，极大地增强了教学资源的丰富性、动态性及学生学习的实效性。本教材提供了大量的讲课视频、扩展阅读或电子讲稿资料，以讲课视频为主；每章中都穿插大量的"同步测验"；每章后附有"思考题与习题"，努力做到文字、视频、测验、思考题与习题的内在统一。

扫描书中二维码可学习本书配套微课。本书配套电子课件、习题参考答案、考试样卷等，请登录华信教育资源网（http:www.hxedu.com.cn）注册下载。

本书由南余荣编著，并负责全书的统稿、定稿工作。在编写过程中，感谢蔡炯炯、谢岳、吴志刚的协助。

陈怡教授对本书进行了全面、详细的审核，并提出了许多宝贵的意见，在此表示衷心感谢！本书编写引用了大量国内外同行的文献、著作，对本书所有参考文献的作者表示衷心感谢！本书得到了浙江工业大学教材出版基金的支持，同样表示衷心感谢！

作者才疏学浅，错误和疏漏之处在所难免，恳请广大读者批评指正。

目　录

第 0 章 绪 论

0.1 电力电子技术的概念与典型应用

0.1.1 电力电子技术的概念

电力电子技术是一门新兴的应用于电力领域的电子技术，是电子技术的重要组成部分。电子技术是根据电子学的原理，运用电子元器件设计和制造某种特定功能的电路以解决实际问题的技术，它是对电子信号进行处理和实现电能变换的技术。电子技术已发展成为内容十分丰富的学科，从处理电能功率等级的角度出发，电子技术可以分为信息电子技术和电力电子技术（Power Electronics Technology）两大分支。

信息电子技术包括模拟电子技术和数字电子技术，无论是模拟电子技术还是数字电子技术，对电子信号处理的方式主要有：信号的发生、放大、滤波、转换等。

电力电子技术是一种电力变换技术，它应用大功率半导体器件，对电能进行变换——包括电压、电流、频率和波形等方面的变换，以使电能可以更好地符合各种不同用电设备的要求。可以说，电力电子技术是应用于电力技术领域中的电子技术，它是以利用大功率电子器件对能量进行变换和控制为主要内容的技术。国际电气和电子工程师协会（IEEE）的电力电子学会对电力电子技术的定义为："有效地使用电力半导体器件、应用电路和设计理论以及分析开发工具，实现对电能的高效变换和控制的一门技术，它包括电压、电流、频率和波形等方面的变换。"电力电子器件在电力电子技术发展的过程中起着非常重要的作用，电力电子技术是随着变换电路和控制技术的发展而发展的。

信息电子技术进入生产和生活领域的时间较早，因而已广为人知；电力电子技术则相对晚一些，是一门较为"年轻"的学科。信息电子技术和电力电子技术这两大分支既有联系又有区别，相同之处在于器件的材料、工艺基本相同，它们都需要微电子技术作为开发、设计器件的手段，应用的理论基础、分析方法、分析软件也基本相同。区别之处在于它们处理电能的功率等级不同，因而研究的重点不同。信息电子技术更多地关注装置或电路的功能，而电力电子技术在实现装置某一功能时，更多地关注大功率电能变换装置的效率、谐波、功率密度等性能指标。另外，信息电子电路的器件可工作于开关状态，也可工作于放大状态，电力电子电路的器件一般只工作于开关状态。

0.1.2 电力电子技术的典型应用

电力电子装置与设备可以用小信号输入来控制，所以说，电力电子装置与设备是强、弱电之间接口的基础。微电子和计算机技术的新成就，可以通过这一接口移植到传统工业产品，可以促使传统产品的更新换代。电力电子技术应用范围十分广泛，例如电视、通信、办公自动化设备用的开关辅助电源、不间断电源、电源电网净化技术、发电厂的储能发电设备，以及直流输电系统、各类电动机传动、机车牵引、动态无功补偿、汽车电子化、中高频感应加热设备等。

近年来，经过功率变流技术处理的电能在整个国民经济的耗电量中所占比例越来越大。在发达国家，电能的 75%左右经过电力电子技术处理后使用，预计在 21 世纪中叶将发展到 90%以上。在这些应用中，容量最大者可达数吉瓦（GW），而最小者只有数瓦甚至更小，工作频率最低者为 50 Hz 甚至更低，最高者可达 100 MHz。下面概括举例说明其典型应用。

（1）电源装置

电力电子应用领域之一是电源装置。微电子制造技术的进步促进了计算机、通信设备、家用电器、仪器仪表的飞速发展，这些设备内部往往需要采用直流稳压电源供电，其用量之大是惊人的，电力电子器件的高频化可将工作频率由 20kHz 提高到 1MHz，大大促进了开关直流稳压电源的小型化。目前，新型的 PIC 器件产生了高功率密度的集成片状开关电源，可靠性大为提高。随着电子技术、计算机的发展，小型开关电源将会有更大的市场。

很多关键的设备还需要不间断电源（UPS），以确保市电停电时设备仍能工作。不间断电源被广泛地应用于计算机、通信、仪器设备、各种微电子系统及公共场所，如宾馆、办公楼等。不间断电源的需求量在迅速增加，在全世界范围内具有非常广泛的市场。

随着国民经济的高速发展，弧焊电源需求量迅速增加。近几年，国内外在高频逆变整流焊机的研制方面取得了实质性进展，以功率 MOSFET 和 IGBT 为主开关器件的逆变焊机已占主流。由于采用高频（20kHz 以上）逆变，体积、重量有明显减小，因而便于携带，方便使用，可用于各种场合，如高空作业。

通信事业的发展极大地推动了通信用电源的发展。通信用电源是一种 DC-DC 高频开关电源，包括一次电源和二次电源。一次电源是将电网市电变换成标称值为 48V 的直流电，新型的通信用一次电源，将市电直接整流，然后经高频开关功率变换后再经过整流、滤波，最后得到 48V 的直流电源。在此类电源中，功率 MOSFET 管被大量采用，其开关工作频率广泛采用 100kHz。与传统的一次电源相比，其体积、重量大大减小，效率显著提高。二次电源是电信设备内部集成电路所需用的电源，因而要求体积小、规格齐全，有±5V、±12V 等。它将一次电源（48V）经过 DC-DC 高频功率变换，获得不同规格的直流电压输出。

在军事应用中主要是雷达脉冲电源、声纳及声发射系统电源、武器系统电源、电子对抗系统电源、军用电子系统和通信系统电源、飞机变速恒频（VSCF）电源，未来的高功率激光武器中还需要提供瞬间大功率脉冲电源。

除上述外，电力电子技术在电源中的应用还包括感应加热电源，以及超声波发生器、微波炉等设备电源等。

（2）电源电网净化设备

电力电子装置的应用与普及，以及非线性用电设备的逐年增多，使电网波形畸变日趋严重，它的高次谐波、低功率因数等不仅影响邻近其他用电设备的工作，而且也使输电线上的损耗增加。为此，国际上已制定了与此相关的标准如 IEC555—2，它对用电装置的输入功率因数和输入电流谐波含量都做了具体限制。传统的无源滤波器由于其滤波性能较差，难以应付日益严重的电网"公害"。有源滤波器则会产生大范围动态谐波和无功功率，重新"修补"电网的波形。电力有源滤波器基本原理是产生与补偿对象相反的谐波电流及无功功率而抵消之，它本身也是一种电力电子装置。因此，有源滤波器不但可用来滤波，还可作为功率补偿器、电压稳定器及不对称负载的电压调解器。

目前，许多交流电网单相输入的中小功率电力电子设备带有功率因数校正环节，其功率因数可以达到 0.99，大功率三相交流电网输入功率因数校正技术也日趋成熟。

（3）电动机调速系统

电力电子在交直流电动机调速中的应用可归纳为两个目的：一是运动控制，为了满足自动化生产线、特殊生产工艺及因某些品质要求对电动机进行调速控制；二是为节约电能对电动机进行调速控制。

运动控制的主要应用领域有：电动汽车及各种电瓶车、地铁、轻轨车，以及机车，牵引、超导磁悬浮铁道系统；石油工业中的钻井机械、管线输油、石油精炼及采油机械；轧钢工业中的可逆热轧机、热连轧机、带钢冷连轧机、可逆冷轧机、飞剪机控制、压下螺丝位置控制及活塞支持器自动控制等；港口机械中的翻车机、输送机、码头起重机、堆料机、取料机、装船机、码头管理和装卸自动化；各类起重机械及矿井提升机、机床及各种自动化生产线、高炉控制系统、调速电梯、供水系统、造纸、印染及化工工业、纺织工业、船舶推进系统等。

能量费用的增加和环保方面的原因使得节能成为需要优先考虑的问题。交流电动机的拖动负荷用电在世界各国的总用电中都占 1/2 以上，我国也不例外，交流电动机采用变频调速带来巨大的节能效益。在各行各业中，风机、水泵多用异步电动机来拖动，其用电量在我国占工业用电的 50% 以上，全部用电量的 31%。控制风量或水流量，过去是靠控制风门或节流阀的转角，而电动机的转速是不变的。由于风门或节流阀转角的减小，却增大了流体的阻力，因而功率消耗变化甚小，结果造成在小风量或小水流时电能的浪费。由于全控器件的发展，采用脉宽调制技术，可以很方便地获得 VVVF（变压变频）电源，维持 "V/F=常数" 供电给交流异步电动机，就可以获得与直流电动机相似的良好调速持性，用电效率明显提高，使节电达到 30% 以上。我国所拥有的风机、水泵，全面采用变频调速后，每年节电将达到数百亿度电。家用空调采用变频调速技术后，可节电 30% 以上，其原理是一样的。

（4）电能传输和电力控制

高压直流输电（HVDC）在长距离、大容量输电时有很大的优势。需在线路两端设置整流、逆变及无功补偿装置，既可以将交流侧电能变换为直流电能输出，又可以将直流侧电能变换为交流电能输入。通过对变流器的控制实现能量的变换、传递与调度。变流器中的功率器件基本采用 SCR、GTO、SITH 和 IGCT。柔性交流输电系统（Flexible AC Transmission System）的作用是利用电力电子技术和计算机技术对电力系统参数进行综合调节控制，将电力系统由机械控制转换为电子装置控制，是电力系统的一项新的技术革命。该系统可大大提高输电系统稳定性，大大提高电网输电能力，使输电功率接近电网热极限功率。

（5）清洁能源开发和新蓄能系统

能源危机后，各种清洁能源、可再生能源及新型发电方式越来越受到重视。其中，太阳能发电、风力发电的发展较快，燃料电池更是备受关注。太阳能发电和风力发电受环境的制约，发出的电力质量较差，常需要储能装置缓冲以改善电能质量，这就需要电力电子技术。电池蓄能和超导蓄能等新型直流蓄能系统正在迅速发展，需要采用逆变技术与电力系统联网或直接变换为负载要求的系统。潮汐、光伏发电变换都需要采用电力电子装置。

（6）照明及其他

全世界绝大部分国家的照明用电占据着本国总用电量 10% 以上，而目前常用的白炽灯、日光灯不是理想的光源：白炽灯发光效率低、热损耗大；日光灯必须要有扼流圈（电感）启辉，全部电流要流过扼流圈，无功电流较大，不能达到有效节能。近年来，体积小、发光效率高的 "节能灯" 的出现，较好地解决了这个问题，它正逐步取代传统的白炽灯和日光灯。

利用电力电子器件的开关特性，还可以构成无触点开关。电子开关具有动作响应快、损耗小、寿命长等优点。可取代继电器和接触器等有触点开关。电力电子技术的典型应用还有很多，不胜枚举。

总之，电力电子技术的应用范围十分广泛，从人类对宇宙和大自然的探索，到国民经济的各领域，再到衣食住行，到处都能感受到电力电子技术的存在和巨大魅力。随着器件与变流电路的进步，电力电子技术的应用领域也将会有新的突破。

0.2　电力电子技术的研究内容

电力电子技术与多个学科密不可分，是一门多学科相互渗透的综合性技术学科。总体来说，电力电子技术是电力、电子、控制三大领域之间的交叉学科，随着科学技术的发展，必将与现代控制理论、材料科学、微电子技术、计算机技术、电源技术及电动机工程等领域发生更加密切的关系。

作为一门学科，电力电子技术研究的内容为电力电子器件和电能变换技术，电能变换技术包含电能变换电路和控制技术两个方面，电力电子器件是电力电子技术的基础，电能变换技术是电力电子技术的核心，其中控制技术是电力电子技术发展的纽带。但在电力电子工程应用中只需了解如何合理地选择和使用电力电子器件来构成各种变流装置，而深入了解器件制造工艺及载流子运动物理过程的细节则属于另外一门课程。因此，本书要探讨的主要内容侧重于器件的基本原理、特性和参数选择，以及电力电子电路、驱动保护与控制。下面就电力电子技术的研究内容进行简单介绍。

0.2.1　电力电子器件

电力电子器件就是通常所说的电力半导体器件，电力电子器件是电力电子技术的基础。用作能量变换与控制的大功率半导体器件，与信息处理用的电子器件不同，一方面它必须有高电压、大电流的承受能力，另一方面它是以开关模式为运行特征的，因此通常称为电力电子开关器件。根据电力电子器件所用的半导体材料、制造工艺、工作机理及器件开通和关断的控制方式，它有许多不同的分类方式。

按照开通、关断的控制方式可分为三大类：不可控器件、半控型器件、全控型器件。根据器件体内电子和空穴两种载流子参与导电的情况，电力电子器件又可分为双极型、单极型和混合型三种类型。按电力电子器件的驱动性质可以将器件分为电压驱动型和电流驱动型两种器件。电流驱动型器件必须有足够大的驱动电流才能使器件导通，因而在一般情况下需要较大的驱动功率。这类全控型器件包括晶闸管 SCR、门极可关断晶闸管 GTO、电力晶体管 GTR 等。电压驱动型器件只需要有合适的电压和很小的驱动电流就能满足导通要求。因而电压驱动型器件只需很小的驱动功率。这类器件包括电力场效应晶体管 Power MOSFET、绝缘栅双极晶体管 IGBT 等。

从应用的角度选择电力电子器件一般主要考虑的是器件的额定电压、额定电流、过载能力、关断控制方式、开关速度、导通压降、驱动性能和驱动功率等因素。

0.2.2　电能变换技术

电能变换技术也称为变流技术，是电力电子器件应用技术，也是电力电子技术的核心，下面分别介绍电能变换技术的两个方面——电能变换电路和电能变换的控制方式。

1.　电能变换电路

以电力半导体器件为核心，通过电路拓扑和控制方式来实现对电能的转换和控制，直接实现能量变换的电路称为变流电路。确定变换主电路结构的基本方法被称为电力电子电路拓扑研究和综合分析。变换器拓扑可以理解为变换器主电路所有元器件的连接关系及其性质，即主电路结构。概括地说，变换器拓扑实质上是按一定规则连接的一组半导体器件阵列，其中包括无源及有源功率器件。拓扑中器件数量可以从几个到几百个。在不同的拓扑中，不可控型、半控型及全控型功率器件可能同时存在或独立出现。为了防止开关瞬间大电流、高电压同时作用于功率器件，一般要在器件上并联吸收网络及续流二极管，以抑制尖峰电压、尖峰电流。变换器拓扑还应包括电流、电压及温度传感器。

现代电力电子工程的主要研究方向之一是寻求变换电路的拓扑优化。拓扑优化的概念可以理解为：在功率变换主回路设计中，选择网络中各器件的位置，以便互连起来尽可能经济地满足全部变换性能指标和限制条件。

由于变换器拓扑在对电压电流幅度、频率及波形进行转换的同时，要担负传递功率的任务，因此拓扑优化的目标可归纳为高频化、高变换效率、高功率因数及低变换损耗。高频化的主要目的是减少滤波器尺寸、提高波形质量、减少变换器体积和重量。单纯依靠高速功率器件实现高频化，在硬性开关方式下会增加开关损耗。依靠拓扑优化研究，产生了软开关逆变技术，既达到了高频化目的，又获得了低开关损耗，提高了变换效率，降低了变换器电磁辐射。为了使变换器对电网具有较高的功率因数，传统的做法是采用无源器件滤波或功率因数补偿。但对于相控整流变换器，无功补偿设备昂贵，采用 PWM 方式的有源无功补偿或直接采用 PWM 方式的高功率因数整流则获得了非常理想的效果。上述说明：为了获得理想的功率变换装置，既要依靠半导体功率器件的发展，又要着眼于变换拓扑的优化设计，当然新拓扑设计必然伴随着新控制技术的诞生。

电能分为交流（AC）和直流（DC）两大类，应用电力电子技术构成的变流电路可分为 4 类：交流-直流变换电路（或称 AC-DC 整流电路）、直流-交流变换电路（或称 DC-AC 逆变电路）、交流-交流变换电路（或称 AC-AC 变换电路）和直流-直流变换电路（或称 DC-DC 变换电路）。在某些变换装置中，可能同时包含以上多个或多种变换电路。

（1）AD-DC 整流电路

将交流电能变换成直流电能的变换称为整流（或称为 AC-DC 变换），实现这种变换的电路称为整流电路。用整流二极管可组成不可控整流电路，用晶闸管或其他全控器件可组成可控整流电路。以往使用最普遍的可控整流电路是普通晶闸管相控整流电路。整流电路应用极为普遍，大到直流输电，小到家用电器，都有 AC-DC 变换的功能。以往的相控整流电路存在着网侧功率因数低、谐波严重等缺点。传统方法是采用笨重的无源滤波器，同时使用开关电容或使用可变电抗器和并联电容对其进行无功补偿。20 世纪 80 年代后期，开始采用 PWM 技术和静电感应晶闸管构成有源电网调节器（APLC），它同时具有滤波和无功补偿的功能。高功率因数整流器克服了相控整流的缺点，可以使电网电压和电流同相位，还能够调节电容电压以抵消电网电压波动，使输出稳定。

在直流电动机调速应用中，近年来直接用自关断功率器件构成 PWM 整流器，不仅控制直流电流，而且使交流侧线电流成为正弦波并保持功率因数为 1。

（2）DC-AC 逆变电路

将直流电能变换成交流电能的变换称为逆变（或称 DC-AC 变换），实现这一变换的电路称为逆变电路。逆变电路不但能使直流变成可调电压的交流，而且可输出连续可调的工作频率。以逆变电路为基础的交-直-交变频电路是当今应用最广泛的中小型交流电动机调速系统的主体。变频电路的种类很多，目前常用的是脉宽调制（PWM）电路及无开关损耗的软开关逆变电路。

逆变器有 3 种基本类型：电压源型逆变器、电流源型逆变器、谐振型逆变器。这 3 种逆变器根据容量、工作频率可分别选用 GTO、IGBT 和功率 MOSFET 等全控型器件，为各种应用提供正弦波形的电流或电压。逆变器的体积和性能与电力电子器件的特性密切相关。比如，用 GTR 代替原来的 SCR，通用逆变器的体积就减至原来的三分之一，最高输出频率由原来的几十赫兹提高到几百赫兹。若采用 IGBT 或功率 MOSFET，开关频率可达几十千赫兹以上，逆变器的输出交流电压的基波频率可达到 1kHz 以上，体积将更小。

逆变装置主要被用于机车牵引、电动车辆和其他交流电动机调速、不间断电源（UPS）系统、APLC 系统和感应加热。电压型 PWM 逆变器在工业中应用得最广泛，当电压型 PWM 逆变器用于交流电动机调速时，输入侧一般用二极管阵构成整流桥获得直流电压，因而不具备再生发电能力。20 世纪 80 年代出现了电压型双 PWM 变换器，实现了能量双向流动。这种变换拓扑的优点是可使电网侧电流呈正弦波形，从而保持功率因数为 1。

作为软开关逆变器，主要有谐振直流环节（Resonate DC Link）逆变器、准谐振直流环节逆变器、谐振型逆变器、串联谐振逆变器和并联谐振逆变器。在工业上具有吸引力的是前两者。软开关逆变器的主要特点是：开关频率高，开关损耗和电磁干扰极小，开关管不需要缓冲吸收网络，低的 du/dt（电压变化率）增加了电动机绝缘寿命等。这些特点使大功率逆变器件有集成化的趋势，这类逆变器也已被用于 UPS 和 APLC 系统中。谐振环节的电压振荡一般可达到 20kHz 以上，当产生电压值为零时，开关管开通或关断。这类变换器中，由于 PWM 精度的进一步提高而降低了输出电流的谐波含量。

（3）AC-AC 变换电路

将一种交流电压或频率变换成另一种交流电压或频率的变换称为交流变换（或称为 AC-AC 变换），实现这种变换的电路称为交流变换电路，包括交流调压或周波变换电路。前者主要用于功率较小的交流调压设备，而后者则用于兆瓦级大型电动机的调速系统。

交–交变频器的新发展是基于 PWM 变换理论的矩阵式变换器。采用 9 只交流开关（由具有反向阻断能力的自关断器件反向并联构成）组成一个半导体阵列，其优点是在其工作范围内总可以保持功率因数为 1；困难之处是高频 PWM 开关的阻断能力往往不对称。矩阵式变换器构成调压器可获得幅值可调的正弦波电源，矩阵式交–交变频器可获得 0～200Hz 的调频调幅交流电源。

（4）DC-DC 变换电路

将一种直流电压变换成另一种幅值或极性不同的直流电压的变换称为直流变换（或称 DC-DC 变换），实现这种变换的电路称为直流变换电路，通常用斩波方式，所以也称为斩波电路。斩波电路有调节脉冲宽度、调节频率、既调节脉冲宽度又调节频率的 3 种基本形式。随着全控型器件工作频率的提高，斩波电路的应用越来越广泛。

DC-DC 变换电路的输入/输出电压有隔离型与非隔离型两种，通常非隔离型 DC-DC 斩波电路可分为以下 4 类：①降压斩波电路；②升压斩波电路；③升降压斩波电路；④复合斩波电路。上述 4 类电路中，通常将升压斩波电路和降压斩波电路统称为基本电路，其余电路均由这两种电路演变或复合而成。从广义上说，升降压斩波电路也有不同的电路形式，比如 Cuk、Sepic、Zeta 斩波电路，都能够实现升降压功能。隔离型 DC-DC 变换电路按电路拓扑可分为单端电路、双端电路，通常以直流 PWM 方式控制。DC-DC 变换器广泛地用于计算机电源、各类仪器仪表、直流电动机调速及金属焊接等。

DC-DC 变换电路大都采用 PWM 控制方式。在 PWM 电路中，电力电子器件工作于开关状态，每次均在高电压下开通，在大电流下关断。器件承受的 du/dt 及 di/dt（电流变化率）较高并产生相当可观的开关损耗，这种开关损耗随着开关频率的提高而增大。为了减小整机体积，一切电力电子装置均希望在高频下运行，但频率的增加又使开关损耗大大增加。此外，开关运行中较高的 du/dt 及 di/dt 又会产生严重的电磁干扰，不但影响自身系统的可靠性，而且影响同一电网中其他设备的运行，这些都是 PWM 电路存在的缺点。

为了克服上述缺点，在 DC-DC 变换电路和 DC-AC 逆变电路中，若在电压过零或电流过零时进行开关切换，既可不产生开关损耗，器件承受的 du/dt 及 di/dt 也不会过高，还不会产生严重的电磁干扰。采用零电压、零电流开关的电磁谐振电路的变换器即可实现上述目的，因为这种电路大多数采用电感、电容拓扑结构，所以又称为谐振变换电路。谐振型开关技术是 DC-DC 变换的新发展，可减小变换器体积并提高可靠性，这种变换器有效地解决了开关损耗问题，也解决了电力电子器件所承受的最大电压、电流、温度等器件的应力问题。其中性能优良的是谐振直流环变交换器，在软性开关变换器中，谐振开关频率可高达 10MHz 级，从而可设计出结构紧凑的电源，甚至可以使电源分布在电路板上。在带有谐振环节的 DC-DC 变换器中，直流电流首先由谐振逆变电路变成高频交流，然后再经过高频整流和滤波得到直流。这类变换原理是 DC-DC 变换的主要发展方向。

目前，零电压零电流软开关电路已逐步应用于 DC-DC 变换电路中，使变换器的体积大为缩小。

2．电能变换的控制方式

（1）电路基本控制方式

对于不同变换功能的电力变换器要采用与之相适应的控制方式。常用基本控制方式主要有以下3种类型。

- 相控方式：用于交流电源的电力变换器，如可控整流器、有源逆变器、交流调压器、周波变换器等。在该控制方式下，控制信号的变化结果体现为触发脉冲的移相。
- 频控方式：用于由直流电源供电的无源逆变器。在该控制方式下，控制信号的变化结果体现为控制脉冲频率的变化。
- 斩控方式：用于斩波器和采用脉宽调制 PWM 的变换器。在该控制方式下，控制信号的变化结果体现为变流器件导通时间和关断时间比值的变化。

上述均为单一控制方式，实际中也可以配合应用。例如，周波变换器为相控和频控两种控制方式的配合应用，脉宽调制逆变器为频控和斩控两种控制方式的配合应用。

（2）系统控制方式

为提高电力变换器的系统性能，多采用自动控制理论和技术实现有关技术要求，控制指令是通过某种调节规律（控制策略或控制算法）及调制方式而获得的。在控制电路中还应包括时序控制、各种保护电路、电气隔离、驱动功率放大，以完成输入电能对负载的接通和断开，从而实现所需的能量控制与电能形式变换。由于功率变换装置及负载通常是非线性、时变的高阶复杂系统，控制作用对变换器输出特性及运行过程起着决定性作用，因而相应的控制方式、控制策略和控制手段得到迅速发展和完善。

大部分功率变换系统对动态性能和稳态精度都有较高的要求，因而必须采用相应的控制规律或控制策略，对于线性负载通常采用比例+积分+微分的 PID 控制规律。对交流电动机这样高耦合的非线性控制对象，通常首先进行解耦运算，最典型的是基于坐标变换解耦的矢量算法，然后设计一个系统控制器或多个子系统控制器。由于交流电动机的参数随温度、频率等参量变化而变化，为了获得理想的系统性能，应用各种现代控制理论势在必行。目前，滑模自适应控制、变结构控制、基于神经元网络和模糊数学的智能控制在功率变换技术中已获得实际应用。

无论是电路基本控制方式还是系统控制方式都需要软硬件来实现，复杂的功率变换控制系统通常采用专用大规模集成电路或微处理器。微处理器及少量外围芯片构成的控制电路，硬件成本低，可消除漂移，并具有较强抗干扰能力，其硬件可以设计成通用形式，而软件则可根据系统的要求灵活改动，具有很强的运算能力，便于运行监控及故障诊断，在复杂系统中还可方便地实现分组控制、非线性补偿及参数在线辨识。近年来，16 位、32 位微处理器及 DSP 芯片被大量地应用于电力电子的控制器中。功率变换器专用大规模集成电路的应用也很普遍，如 SPWM 信号发生器 HEF4752、SA828、SA838、SA4828 等芯片，以及大规模集成电路现场可编程器件 FPGA。这些专用大规模集成电路的应用大大地增强了控制器完成复杂控制规律的能力和系统的可靠性。

0.3 电力电子技术的发展及趋势

0.3.1 电力电子技术的发展概述

自 20 世纪 50 年代开始，电力半导体器件特性的每一个进步都引起了变换电路和控制技术的相应突破。电力电子器件的发展经历了晶闸管、双极性器件、场控器件、集成化和智能化器件等，器件种类繁多，电压和电流定额越来越大，目前单个器件的容量为：普通整流二极管（SR）8kV/5kA、普通晶闸管（SCR）8kV/6kA、可关断晶闸管（GTO）6kV/6kA、集成门极换流晶闸管（IGCT）4.5kV/4kA、电力晶体管（GTR）1.8kV/1kA、绝缘栅极晶体管（IGBT）4.5kV/1.2kA、智能功率模块（IPM）1.8kV/1.2kA 或 1.2kV/2.4kA、电力场效应管也称功率场效应管（Power MOSFET）500V/50A 以上。从目前来看，尽管某些器件被性能更好的器件代替，比如 GTR 几乎全部被 IGBT 所取代，但电力电子技术发展的初期是以电力电子器件的发展为纲的，新器件的出现导致电力电子新型电路的不断涌现，从而促进了控制技术的发展。当然，电力电子器件的发展与微电子的发展密切相关，下面给出了几种主要器件的发明时间。

电子管于 1904 年发明，在此之前，托马斯·爱迪生在 1883 年已发现“爱迪生效应”；水银（汞弧）整流器的发明时间一般认为在 20 世纪 20~30 年代，以水银（汞弧）整流器实现应用为标志，该器件是在 1902 年彼得库珀休伊特的发明基础上的进一步完善；晶体管于 1947 年发明，发明人肖克利、巴丁、布拉顿同时荣获 1956 年的诺贝尔物理学奖，20 多年后，电力晶体管也称大功率晶体管、巨型晶体管 GTR 在工业上得到应用；整流二极管 SR 于 1956 年应用到电力领域；晶闸管 SCR 于 1957 年发明，并于 1958 年实现商业化；全控型器件中的功率场效应管 Power MOSFET 于 20 世纪 70 年代年发明；绝缘栅双极晶体管 IGBT 及功率集成器件 PIC 于 20 世纪 80 年代发明；集成门极换向晶闸管 IGCT 于 1996 年问世；宽禁带材料的新器件于 20 世纪 80 年代后期开始研究，20 世纪 90 年代开始实验室应用，目前已在工业领域得到应用，性能优异，但价格较贵。

电力电子器件的发展促使各种优化的主电路拓扑结构相继产生，如高功率因数 PWM 整流器、谐振逆变器、矩阵式交-交变换器，满足了高效、高可靠变换的要求。相应地，控制方法应运而生。最初的晶闸管，其控制方法是调整器件的导通角，即控制触发信号与主电路之间的相移角，故称为相控技术。随着各种全控型电力半导体器件的问世，为减少输出波形中的谐波分量，1964 年德国的 A. Schonung 和 H. Stemmuler 首次把通信工程中的脉冲宽度调制（PWM）理论移植应用到电力变换装置中，它具有功率因数高、可同时实现变频变压及抑制谐波等优点，使得变流电路与控制技术发生了巨大的变化，从而成为功率变换的核心技术。由于 PWM 技术动态响应好，可以有效地进行谐波抑制，使变流电路的性能大大提高，其应用范围涉及斩波、整流、逆变、交流-交流变换等各种电路，目前仍占据主导地位。另外，在功率变换的控制方式中，脉冲幅度调制 PAM（Pulse Amplitude Modulation）和脉冲频率调制 PFM（Pulse Frequency Modulation）也得到广泛应用。近年来，谐振式软开关变换器控制技术的发展非常迅速，已经成为研究热点之一。

由上可知，电力电子技术在器件、电路与控制诸方面的发展并不是一蹴而就的，很难用具体的时间来严格区分其发展历程的每一个阶段，如果仅以电力电子器件的发展为主线，可以把它分为 3 个主要发展阶段，即晶闸管及其应用、自关断器件及其应用、功率集成电路和智能功率器件及其应用。

1. 晶闸管及其应用

20 世纪 50 年代初，普通的整流器 SR 开始使用，实际已经开始取代汞弧整流器。但电力电子技术真正始于 1957~1958 年第一个反向阻断型可控硅 SCR（Silicon Controlled Rectifier）的诞生，后称晶闸管（Thyristor）。一方面由于其功率变换能力的突破，另一方面实现了弱电对以晶闸管为核心的强电变换电路的控制，使电子技术步入了大功率领域，在工业上引起了一场技术革命，具有提高效率、缩小体积、减轻重量、延长寿命、消除噪声、便于维修等优点。由于器件以开关方式运行及其控制方法的特殊性，进而形成了电力电子技术学科。在随后的 20 年内，随着晶闸管特性的不断改进及功率等级的提高，晶闸管已经形成了从低压小电流到高压大电流的系列产品。同时还研制出一系列晶闸管的派生器件，如不对称晶闸管 ASCR（Asymmetrical Thyristor）、逆导晶闸管 RCT

（Reverse Conducting Thyristor）、双向晶闸管 TRIAC（TRI-Electrode AC Switch，也称为三极交流开关）、门极辅助关断晶闸管 GATT（Gate-assisted Turn off Thyristor）、光控晶闸管 LASCR（Light-activated Silicon Controlled Rectifier）等器件，大大地推进了各种电力变换器在冶金、运输、化工、机车牵引、矿山、电力等行业的应用，促进了工业的技术进步，开创了传统的"晶闸管及其应用"的电力电子技术发展的第一阶段，即以低频技术处理问题为主的传统电力电子技术阶段。相应地，电力二极管、晶闸管及其派生器件也称为第一代电力电子器件。

在此阶段的典型应用之一是大功率整流器。大功率的工业用电是靠工频交流发电动机提供的，但是大约 20% 的电能是以直流形式消耗的，其中最典型的是电解（铜、铝、镍等有色金属和氯碱等化工原料都离不开大功率直流电解）、牵引（电力机车、电传动的内燃机车、地铁机车、城市无轨电车等）和直流传动（轧钢、造纸、铝材轧制等）三大领域。因此，高效地把工频交流电转换为直流电的大功率整流器应运而生。

2．自关断器件及其应用

20 世纪 70 年代出现了世界范围内的"能源危机"，"节能"成为那个年代最流行的名词之一，各国政府也大力倡导开发节能设备，交流电动机变频调速具有显著节能效果，得到了快速的发展。其中，关键的技术在于"交流-直流-交流"变换中的"直流-交流"变换，即把直流电逆变为 0～100Hz 左右的交流电。于是，20 世纪 70～80 年代，能胜任这种情况的各种全控型的器件先后问世，比如可关断晶闸管 GTO（Gate-turn-off Thyristor）、电力（巨型）晶体管 GTR（Giant Transistor）、功率场效应晶体管 Power MOSFET（Metal-Oxide Semiconductor）、绝缘栅双极晶体管 IGBT（Insulted Gate Bipolar Transistor）等。变流装置中的普通晶闸管逐渐被这些新型器件取代，新的结构紧凑的变流电路随之出现，它具有控制灵活、动态特性好、效率高等优点。这一代器件的发展不仅为交流电动机调速提供了较高的频率，使其性能更加完善可靠，而且初步开辟了使功率电子技术向高频化进军的道路，也使电力电子技术的应用范围迅速扩张，如开关电源等。一般将这类具有自关断能力的器件称为第二代电力电子器件。

3．功率集成电路和智能功率器件及其应用

20 世纪 80 年代，大规模、超大规模集成电路（VLSI）得到突飞猛进的发展，这对功率半导体器件提供了很好的借鉴，即把其成熟的微细加工技术和高电压大电流设计制造方法有机地结合起来，促使 20 世纪 80 年代和 20 世纪 90 年代初期诞生了功率集成电路（也称 PIC，Power IC）和智能功率模块 IPM（Intelligent Power Model）。这些器件实现了功率器件与控制电路的总体集成，它使微电子技术与电力电子技术相辅相成，把信息科学融入功率变换。某些器件实现了多功能化，不但具有开关功能，还增加了保护、检测、驱动等功能，有的器件还具有放大、调制、振荡及逻辑运算的功能，使强电与弱电达到了完美的结合，应用电路结构大为简化，电力电子的应用范围进一步拓宽。功率集成电路又分为高压集成电路 HVIC 和智能功率集成电路 SPIC（Smart Power IC），而 IPM 则是 IGBT 的智能化模块。目前，PIC 和 IPM 器件的发展非常迅速，电力电子装置的集成化程度进一步加强——高效、节能、节材。随着控制理论与功能强大的微处理器的应用，为实现电力电子装置小型轻量化、智能化提供了重要的技术基础。功率集成电路和智能功率器件也称为第三代电力电子器件。

目前，电力电子器件对电力电子技术的发展还起着关键作用，但电力电子技术内涵更为丰富，其应用领域日益广泛，推动了高新技术的发展，它为机电一体化设备、清洁能源技术、节能技术、超导和激光技术、空间与海洋技术、军事技术、生物技术、材料技术、机械加工技术和交通运输技术提供了高性能、高效率、轻量小型的电控设备，成为发展高新技术的基础之一。由于性能优良的电力半导体开关器件、性能大为改善的磁性和绝缘材料、计算机、大规模集成电路技术、频率高达兆赫级的电能处理方法、新型电路拓扑结构及分析方法等领域新技术的不断突破，使得今

天的电力电子技术具有全新面貌。

0.3.2　电力电子技术的发展趋势

随着微电子技术、计算机技术的发展，电力电子的计算机仿真及计算机辅助设计技术的发展也非常迅速，相应地，多种多样的专业软件成功地应用于电力电子系统中电路参数、结构、控制策略的优化设计。高速的微处理器在电力电子系统中的应用使复杂的控制和检测策略得以实现，使变换装置的效率和性能进一步提高。现代电力电子技术的发展方向概括为以下几个方面。

1．新器件

电力电子器件正朝着大容量、低损耗、高频、易驱动和智能化方向发展。新器件的发展包括两个方面：一方面，已有的器件性能进一步优化。例如，IGBT 电压、电流容量的进一步提高，GTO快速性能的改进，功率集成电路集成度更高等，预示着普通晶闸管和电力晶体管的应用范围将被迫缩小，电力电子技术即将进入智能化的时代。另一方面，新器件突破了以硅作为基础材料的限制。近年来新型半导体材料的研究正在不断地取得突破，碳化硅（SiC）、砷化镓（GaAs）和金刚石（C）薄片等材料用于电力电子器件正显示出明显的优势，它预示着新一代器件即将出现。新器件有高功率和开关频率、低导通压降、耐高温等优良性能。其中，令人瞩目的材料是碳化硅和金刚石，有关资料表明，与硅器件相比，金刚石 Power MOSFET 器件的功率可提高到 10^6 数量级，频率提高 50倍，导通压降降低一个数量级，最高结温可达 600℃。新材料的出现有取代传统硅材料的趋势。

2．高频化与高效率

理论分析和实践经验表明，电气产品的体积和重量随供电频率的平方根成反比地减小，所以把频率从工频 50Hz 提高到 20kHz 时，用电设备的体积大体上降至工频设计的 5%～10%。这正是开关电源新技术得以实现功率变频而带来明显效益的基本原因。无论是逆变或整流焊机还是通信电源用的开关式整流器，都基于这一原理。据此，对传统"整流行业"的电镀、电解、电加工、充电、浮充电、电力合闸等各种直流电源类整机加以类似的改造，使之得以更新换代为"开关变换类"电源，其主要材料可以节约 90%以上，还可节电 30%以上。由于电力电子器件工作上限频率的逐步提高，促使许多原来采用电子管的传统高频设备固态化，带来显著的节能、节水、节约材料的经济效益，从而更可体现出技术含量的价值。当然，实现高频化的前提是变换器及其器件要有较高效率，或者说，变换器有了较高的变换效率，高频化才有意义，变换器才能小型化。高效率主要体现在器件和变换技术两个方面，一是要求电力电子器件的导通损耗与开关损耗低；二是要求变换器处于合理的运行状态，提高运行效率。例如，变换器中采用的软开关技术可使运行效率提高。随着器件的高频化、控制电路的高度集成化和数字化，使得滤波电路和控制器的体积大为减小，为各种领域的应用提供了方便。

3．集成化与模块化

集成化提高了器件的容量，减小了装置的体积，方便了整机设计和制造。为了进一步提高系统的可靠性，有些制造商开发了"用户专用"功率模块（ASPM）。它把一台整机的绝大多数硬件都以芯片的形式安装到一个模块中，使元器件之间不再有传统的引线连接，这样的模块经过严格、合理的热、电、机械方面的设计，达到优化完美的境地。它类似于微电子中的用户专用集成电路（ASIC），只要把控制软件写入该模块的微处理器芯片，再把整个模块固定在相应的型材散热器上，就构成了一台新型的装置。由此可知，模块化的目的不仅在于使用方便、缩小整机体积，更重要的是取消传统连线，把寄生参数降到最小，从而把器件承受的电应力降至最低，提高了系统的可靠性。另外，大功率电源可采用并联均流技术以增加容量冗余，提高可靠性。例如，大功率电源采用多个独立的模块单元并联工作时，所有模块共同分担负载电流，一旦其中某个模块失效，其他模块再平均分担负载电流。这样，不但提高了功率容量，在有限的器件容量的情况下满足了大电流输出的要求，而且通过增加相对整个系统来说功率很小的冗余电源模块，能够提高系统可靠性。万一出现单模块故障，也不会影响系统的正常工作，而且为修复提供了充分的时间。

4．数字化

在传统电力电子技术中，控制部分是按模拟信号来设计和工作的。在 20 世纪 60～70 年代，电力电子技术完全是建立在模拟电路基础上的。如今数字式信号、数字电路显得越来越重要，数字信号处理技术日臻完善和成熟，显示出越来越多的优点。数字信号便于计算机处理与控制，可避免模拟信号的传递畸变失真，可减小杂散信号的干扰（提高抗干扰能力），便于软件调试和遥感遥测遥控，也便于自诊断、容错等技术的植入。

5．绿色化

绿色化意为没有污染，有两层意义：首先是显著节电，这意味着发电容量的节约，而发电是造成环境污染的重要原因，所以节电就可以减少对环境的污染；其次是低谐波、高功率因数，对电网产生污染少，国际电工委员会（IEC）对此制定了一系列标准，如 IEC 555、IEC 917、IEC 1000 等。事实上，许多功率电子节电设备，往往会变成对电网的污染源，向电网注入严重的高次谐波电流，产生基波位移无功，特别是谐波的畸变无功，使总功率因数下降，使电网电压耦合许多毛刺尖峰，甚至出现缺角和畸变。现代电力电子技术中广泛采用脉宽调制 PWM（Pulse Width Modulation）技术、正弦波脉宽调制 SPWM 和消除特定次谐波技术，使得变换器的谐波大为降低。提高功率因数的变换技术和专用集成电路的产生，使得变换器的功率因数得到提高。20 世纪末，各种有源滤波器和有源补偿方案的诞生，有了多种修正功率因素的方法。这些为 21 世纪批量生产各种绿色开关电源产品奠定了基础。

电力电子技术的发展从以低频技术处理问题为主的传统电力电子技术向以高频技术处理问题为主的现代电力电子技术方向发展。利用 20 世纪 50 年代发展起来的晶闸管及其派生器件为基础所形成的电力电子技术，可称为传统电力电子技术。这一发展时期，电力电子器件以半控型晶闸管为主，变流电路一般为相控型，控制技术多采用模拟控制方式。由半控型器件组成的电力电子装置或系统，在消除电网侧的电流谐波、改善电网侧的功率因数、控制逆变器输出波形、减少环境噪声污染、进一步提高电能的利用率、降低原材料消耗以及提高系统的动态性能等方面都遇到了困难。

20 世纪 80 年代以后，以 IGBT、MOSFET 为代表的高频器件得到迅速发展与应用，改变了人们长期以来用低频技术处理电力电子技术问题的习惯，电力电子技术进入现代电力电子技术时代。这一时期，电力电子器件以全控型器件为主，变流电路采用脉宽调制型，控制技术采用 PWM 数字控制技术。目前，电力电子技术作为节能、环保、自动化、智能化、机电一体化的基础，正朝着应用技术高频化、硬件结构模块化、产品性能绿色化的方向发展。

0.4 本书的内容简介

本书是电气工程及其自动化等电气信息类专业的一门专业基础课程，分为电力电子器件、电能变换技术、电力电子技术应用三大部分。根据目前电力电子技术的发展情况和电气工程及其自动化专业等电气信息类专业后续课程的需要，本书将全控型器件、电能变换技术（包括电路及其控制）作为主体。

本书主要内容包括：电力电子器件、电力电子器件的使用、直流-直流变换技术、直流-交流变换技术、交流-直流变换技术、交流-交流变换技术、软开关技术、电力电子技术在清洁能源系统中的应用等。本书注重内容的完整性和科学分类，突出重点，强调实际应用，避免各种电力电子线路的机械罗列，使各部分内容有机地结合起来。本书循序渐进、深入浅出地阐明电力电子技术的基本原理和理论，以形成适应专业特点的课程内容体系。

本教材的课内教学学时建议为 40～64 学时，不同高校可根据实际情况自行调整教学内容。通过本课程的学习应达到以下要求：

① 掌握不同器件的外部特性、主要参数及开关条件；

② 掌握常用电力电子器件的驱动电路、保护电路与串并联方法；

③ 掌握直流-直流变换的工作原理、主要物理量的分析计算与 PWM 控制技术的基本概念；

④ 掌握直流-交流变换的工作原理、主要物理量的分析计算与 PWM 控制技术的控制方法；

⑤ 掌握交流-直流变换相控整流电路和 PWM 整流电路的工作原理与分析计算，了解相控整流晶闸管触发电路的定相；

⑥ 了解交流-交流变换电路组成与工作原理；

⑦ 掌握常用电力电子器件组成的电路分析方法和控制方法，初步具有对电力电子电路故障分析与处理的能力；

⑧ 基本掌握软开关技术及几种软开关换流器；

⑨ 了解电力电子技术在清洁能源系统中的应用。

电力电子器件、变流技术都在不断发展与不断更新，所涉及的知识面广、内容丰富多彩。本课程的学习中还应注意与电路、电子技术基础、电动机及拖动基础等知识的联系，在讲授和学习中，要着眼于物理概念与对不同问题的分析方法，重视实验、识图等应用能力的培养。

思考题与习题

0-1．什么是电力电子技术？

0-2．电力电子技术的基础与核心分别是什么？

0-3．请列举电力电子技术的 3 个主要应用领域。

0-4．电能变换电路有哪几种形式？其常用基本控制方式有哪 3 种类型？

0-5．从发展过程看，电力电子器件可分为哪几个阶段？简述各阶段的主要标志。

0-6．传统电力电子技术与现代电力电子技术各自的特征是什么？

0-7．电力电子技术的发展方向是什么？

第 1 章 电力电子器件

电力电子器件也称为电力半导体器件，是电力电子电路的基础，熟悉和掌握电力电子器件的结构、原理、特性和使用方法是学好电力电子技术的前提。本章将分别介绍常用电力电子器件的基本结构、工作原理、开关特性、主要参数和使用方法，同时，简单介绍一些新型电力电子器件的基本工作原理。

1.1 电力电子器件概述

1.1.1 电力电子器件的基本概念

电力电子装置的作用是将输入电能经功率变换器变换后输出另外一种或多种形式的电能，或者实现输入电能与输出电能的电气隔离。电力电子装置中的功率变换器称为电力电子电路或主电路，其基本任务是实现电能变换或控制。在电力电子电路中直接承担电能变换或控制的电子器件称为电力电子器件（Power Electronic Device）。电力电子器件分为电真空器件和半导体器件两类。电真空器件包括汞弧整流器（Mercury Arc Rectifier）、闸流管（Thyratron）等，电真空器件基本已被基于半导体材料的电力电子器件取代。因此，现今所说的电力电子器件是指电力半导体器件。

电力电子器件种类多，有不同的分类方法。按照被控制信号所能控制的程度分为不可控型器件、半控型器件和全控型器件。按照器件内部电子和空穴两种载流子参与导电的情况，电力电子器件分为单极型器件、双极型器件和复合型器件。按控制信号性质，电力电子器件还可以分为电压控制型器件和电流控制型器件两种。

1. 按可控性分类

（1）不可控型器件

不能用控制信号来控制开通、关断的电力电子器件称为不可控型器件。这种器件通常为两端器件，它具有整流的作用而无控制的功能，如电力二极管（Power Diode）。此类器件的开通和关断完全由其在主电路中承受的电压、电流决定。对大功率二极管来说，加正向阳极电压则二极管导通，加反向阳极电压则二极管关断。

（2）半控型器件

这种器件通常为三端器件，除阳极和阴极外，还增加一个控制门极。半控型器件是通过控制信号可以控制其导通而不能控制其关断的电力电子器件，它们也具有单向导电性，这类器件主要是指晶闸管（Thyristor）及其大部分派生器件（除 GTO 外）。它们的开通由来自触发电路的触发脉冲控制，然而这类器件一旦开通，就不能再通过门极控制其关断，关断只能由其在主电路中承受的电压、电流或其他辅助换流电路来完成。

（3）全控型器件

这类器件也是带有控制端的三端器件，但控制端不仅可控制其开通，而且也能控制其关断，故称全控型器件。由于不需要外部提供关断条件，仅靠自身控制即可关断，所以这类器件常被称为自关断器件。这类器件种类多，工作机理也不尽相同，在现代电力电子技术应用中起着越来越重要的作用，也是电力电子技术发展的主导方向。目前，最常用的全控型器件有绝缘栅双极晶体管 IGBT、电力场效应晶体管 Power MOSFET 和门极可关断晶闸管 GTO 等。

2. 按载流子分类

（1）单极型器件

由一种载流子参与导电的器件称为单极型器件，电力场效应晶体管 Power MOSFET 和静电感应晶体管 SIT 属于单极型器件。

（2）双极型器件

由电子和空穴两种载流子参与导电的器件称为双极型器件，晶闸管 SCR、门极可关断晶闸管 GTO 和电力晶体管 GTR 属于双极型器件。

（3）复合型器件

由单极型器件和双极型器件集成混合而成的器件则被称为复合型器件，也称混合型器件，IGBT 属于复合型器件。

3. 按驱动信号性质分类

（1）电流控制型器件

通过在控制端注入或抽出电流来实现开通或关断的器件称为电流驱动型电力电子器件，代表器件有晶闸管 SCR、电力晶体管 GTR 等。电流控制型器件的特点是：电流控制型器件比电压控制型器件的工作频率低、导通压降较小、控制极输入阻抗低、控制电流和控制功率较大、电路较复杂。

（2）电压控制型器件

通过在控制端和另一公共端之间加入一定的电压信号来实现开通或关断的器件称为电压驱动型电力电子器件。代表器件有电力 MOSFET、绝缘栅双极晶体管 IGBT 等。电压控制型器件的特点是：输入阻抗高、控制功率小、控制电路简单、工作频率高。

1.1.2 电力电子器件的开关模型与基本特点

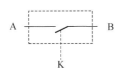

图 1-1　电力电子器件的理想开关模型

在电能变换和控制过程中，电力电子器件具有开关特性，理想开关模型如图 1-1 所示，它有 3 个引出端，其中 A 和 B 代表开关的两个主电极，K 是控制开关通断的控制极。开关仅工作在"通态"和"断态"两种情况，在通态时其电阻接近为零，断开时其电阻接近为无穷大。

虽然电力电子器件种类繁多，其结构特点、工作原理、应用范围各不相同，但是在电力电子电路中都是直接用于处理电能的，具有以下共同的基本特点。

（1）具有开关特性

电力电子器件一般工作于开关状态。导通时（通态）阻抗很小，接近于短路，管压降接近于零，而电流由外电路决定；阻断时（断态）阻抗很大，接近于断路，电流几乎为零，而管子两端电压由外电路决定。

（2）存在功率损耗

尽管电力电子器件工作于开关状态时损耗小、效率高，但还不是理想的开关。导通时器件上有一定的通态压降，阻断时器件上有微小的断态漏电流流过，形成了电力电子器件的通态损耗和断态损耗。通常，除一些特殊的器件外，电力电子器件的断态漏电流极其微小，因而通态损耗是电力电子器件主要的静态损耗。电力电子器件的动态特性（即开关特性）和动态参数也是电力电子器件特性很重要的方面，有时甚至上升为第一位的重要因素。在电力电子器件由断态转为通态（开通过程）或由通态转为断态（关断过程）的转换过程中产生的损耗，分别称为开通损耗和关断损耗，总称为开关损耗。当器件的开关频率较高时，开关损耗会随之增大而可能成为器件功率损耗的主要因素。对某些器件来讲，驱动电路向其注入的功率也是造成器件发热的原因之一。

（3）处理的电功率范围大

电力电子器件承受电压和电流的能力是其处理电功率能力的重要参数，电压电流定额越大的器件其处理电功率的能力也越大。目前，电力电子器件处理电功率的能力大至兆瓦级，小至瓦级甚至毫瓦级。

（4）需要散热处理

为了保证不因器件产生的损耗热量导致器件温度过高而损坏，不仅在器件封装上要讲究散热设计，而且在其工作时一般都还需要安装散热器，并根据产生热能的多寡采取自然冷却、风冷或水冷等措施。

（5）存在安全工作区域

电压定额和电流定额是电力电子器件两个重要的参数，超出电压定额和电流定额范围工作时极易使器件损坏。事实上，电力电子器件存在着电压、电流、功率损耗等参数的极限范围，即安全工作区域。为了保证电力电子器件在安全工作区域内运行，有时专门为某些器件设计缓冲电路和保护电路。

1.1.3　电力电子器件的作用

不同的应用场合，所需的电能形式是不同的。电力电子技术的任务是通过处理并控制电能的形态和电能的流动，向用户提供适合其负载的最佳电压和电流，以达到节约能源或满足工艺要求的目的。图 1-2 所示为应用电力电子器件的装置组成原理图。应用电力电子器件的装置通常由控制电路（Control Circuit）和检测电路（Detecting Circuit）、驱动电路（Driving Circuit）、主电路（Power Circuit）几部分组成。下面简单介绍电力电子器件（Power Electronic Device）在电力电子装置中所起的作用。

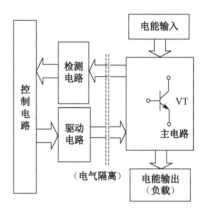

图 1-2　应用电力电子器件的装置组成原理

① 电力电子器件是主电路实现电能变换的核心。电力电子装置的输入可以是单相或多相交流电，也可以是直流电，输入电压与输入电流波形取决于电力电子装置的电路结构及其采用的控制方式。电力电子装置的输出（电压、电流、频率及相数等）应能够满足负载的需要。在电力电子装置中，直接承担电能变换任务的电路被称为主电路，用于主电路中处理电能变换的电子器件为电力电子器件，所以电力电子器件是主电路实现电能变换的关键。

② 控制电路为电力电子器件提供控制信号。根据技术要求，控制电路通过检测主电路或应用现场信号与参考信号进行比较、运算，给装置中的电力电子器件发出控制信号、使装置实现能量变换，所以控制电路的作用之一是为电力电子器件提供控制信号。在电力电子器件的装置中，有些驱动电路具有过电流、过电压、过温等检测功能，有些装置中的电流和电压等物理量需要专门的传感器进行检测，这些被检测到的物理量需要通过检测电路送到控制电路进行信号处理。

③ 驱动电路为电力电子器件提供驱动信号。半控型或全控型电力电子器件按照控制信号的性质分为电流驱动型和电压驱动型两类。电流驱动型器件要求控制端注入或者抽出电流来实现器件的导通或关断；电压驱动型电力电子器件则要求控制端施加一定的电压信号就可实现导通或关断。由于一般的逻辑信号不能直接控制其导通或关断，所以在实际应用中，逻辑信号还要根据器件的性质

和参数，对控制信号进行整形、放大来驱动电力电子器件，使电力电子器件处于理想的工作状态，这种电路称为驱动电路。所以，驱动电路是用来驱动电力电子器件开通与关断的电路。

④ 按照工作要求，有的电力电子装置还应包含保护电路和电气隔离器件。由于主电路中往往有电压和电流的过冲，为了保证电力电子器件和整个电力电子系统正常可靠运行，在主电路和控制电路中需附加一些保护电路。主电路中的电压和电流一般都较大，而控制电路的元器件只能承受较小的电压和电流，因此在主电路和控制电路连接的路径上（比如在驱动电路与主电路的连接处，或者在驱动电路与控制信号的连接处，或者在主电路与检测电路的连接处），一般需要电气隔离器件，如光、磁等电气隔离器件来传递信号。

电力电子装置中的这几个部分都与电力电子器件密切相关，可以说，电力电子器件是在电力电子装置中进行高效电能形态变换、功率控制与处理、实现能量调节的核心。

1.2　电力二极管

电力二极管（Power Diode）也称为功率二极管或半导体整流器（简称 SR，Semiconductor Rectifier），属于不可控电力电子器件。它是 20 世纪最早获得应用的半导体电力电子器件，由于其结构和原理简单、工作可靠，所以直到现在，它在整流、逆变等领域仍发挥着积极的作用。电力二极管在电力电子电路中用于不可控整流、电感性负载回路的续流、为电压源型逆变电路提供无功路径、电流源型逆变电路中的换流电容与反电势负载之间隔离等场合。

1.2.1　PN 结的工作原理

一块半导体在一侧掺杂少量的 3 价杂质元素（硼、镓、铟等），该侧就成为 P 型半导体。P 型半导体的多数载流子（简称多子）是空穴，自由电子为少数载流子（简称少子）。而在另一侧掺杂 5 价杂质元素（磷、锑、砷等）就获得 N 型半导体，N 型半导体的多数载流子是电子，空穴是少子。在二者的交界处就出现了电子和空穴的浓度差。由于自由电子和空穴浓度差的原因，有一些电子从 N 区向 P 区扩散，也有一些空穴从 P 区向 N 区扩散。它们扩散的结果就使 P 区一边失去空穴，留下了带负电的杂质离子，N 区一边失去电子，留下了带正电的杂质离子。开路时半导体中的离子不能任意移动，因此不参与导电。这些不能移动的带电粒子在 P 区和 N 区的交界面附近，形成了一个空间电荷区，如图 1-3 所示，空间电荷区的薄厚和掺杂物浓度有关。

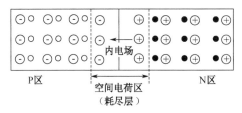

图 1-3　PN 结工作原理示意图

在空间电荷区形成后，由于正负电荷之间的相互作用，在空间电荷区形成了内电场，也称为自建电场，其方向是从带正电的 N 区指向带负电的 P 区。显然，这个电场的方向与载流子扩散运动的方向相反，阻止扩散。另一方面，这个电场将使 N 区的少数载流子空穴向 P 区漂移，使 P 区的少数载流子电子向 N 区漂移，漂移运动的方向正好与扩散运动的方向相反。从 N 区漂移到 P 区的空穴补充了原来交界面上 P 区所失去的空穴，从 P 区漂移到 N 区的电子补充了原来交界面上 N 区所失去的电子，这就使空间电荷减少，内电场减弱。因此，漂移运动的结果是使空间电荷区变窄，扩散运动使空间电荷区加宽。最后，多子的扩散和少子的漂移达到动态平衡。在 P 型半导体和 N 型半导体的结合面两侧，留下离子薄层，这个离子薄层形成的空间电荷区称为 PN 结。PN 结的内电场方向由 N 区指向 P 区，存在电位差，阻碍多子（P 区中的空穴，N 区中的电子）向对方扩散运动。该电位差对于载流子而言就是一种势垒，即 PN 结势垒。另外，空间电荷区缺少多数载流子，或者说几乎无多数载流子，所以也称为耗尽层。

　　PN 结具有单向导电性。当它外加正向电压（P 正 N 负）时，有从 P 区向 N 区的正向电流流过，此时 PN 结呈现较小的正向电阻，电力二极管电压降一般只有 1～2V，称为正向导通。当 PN 结加反向电压（P 负 N 正）时，只有极小的反向漏电流流过 PN 结，PN 结呈现极大的反向电阻，称为反向截止。电力二极管正向导通的特点为：允许通过电流大、低阻态、正向压降小。电力二极管反向截止的特点为：反向电流几乎为零、高阻态、能够承受反向电压大。

　　电力二极管的基本结构就是半导体 PN 结，与信息电子电路中的普通二极管一样，同样具有单向导电性。图 1-4 所示为电力二极管的基本结构与电气图形符号。

　　PN 结具有一定的反向耐压能力，但当施加的反向电压过大时，反向电流会急剧增大，破坏 PN 结的反向截止的工作状态，这种现象称为反向击穿。反向击穿按照机理不同有雪崩击穿和齐纳击穿两种形式。如果反向击穿发生时在外电路中采取相应措施，

（a）电力二极管的基本结构　　　（b）电气图形符号

图 1-4　电力二极管的基本结构与电气图形符号

即将反向电流限制在一定范围内，那么当反向电压降低后 PN 结仍可恢复原来的状态。然而若反向电流未被限制住，使得反向电流和反向电压的乘积超过了 PN 结允许的耗散功率，会因为热量散不出去而导致 PN 结温度上升，直至过热而烧毁，这就是热击穿。

　　PN 结中的电荷量随外加电压而变化，呈现电容效应，称为结电容 C_J，又称为微分电容，其容值是外加电压的函数。按其产生机制和作用的差别分为势垒电容 C_B 和扩散电容 C_D。在积累空间电荷的势垒区，当 PN 结外加电压变化时，引起积累在势垒区的空间电荷的变化，即耗尽层的电荷量随外加电压而增大或减少，这种现象与电容器的充、放电过程相同，耗尽层宽窄变化所等效的电容称为势垒电容。势垒电容是多数载流子引起的电容，在反偏和正偏外加电压变化时才起作用，外加电压频率越高，势垒电容作用越明显，当正向电压较低时，势垒电容为结电容的主要成分。

　　PN 结正偏时，由 N 区扩散到 P 区的电子（P 区中的电子为少子）与外电源提供的空穴相复合，形成正向电流。刚扩散过来的电子就堆积在 P 区内紧靠 PN 结附近，形成一定的多子浓度梯度分布曲线（PN 结的附近浓度高）。反之，由 P 区扩散到 N 区的空穴，在 N 区内也形成类似的浓度梯度分布曲线。当外加电压变化时，P 区与 N 区的少子浓度发生变化，PN 结的附近少子浓度随外加电压高或低而相应地增大或减小，浓度梯度分布曲线也发生变化，PN 结的扩散电容描述了积累在 P 区的电子或 N 区的空穴随外加电压的变化的电容效应。扩散电容是少数载流子引起的电容，对于 PN 结的开关速度有很大影响，在低频时起很大的作用，在高频时可以忽略，在正向偏置时起作用，在反偏下可以忽略。正向电压较高时，扩散电容为结电容的主要成分。

　　结电容影响着 PN 结的工作频率，在开关的状态下，PN 结的电容同电路中的杂散电感可能引起高频振荡，也可能使电力二极管高频时单向导电性变差，甚至不能工作，应引起使用者的注意。此外，电力二极管为了提高反向耐压和电流密度，其杂质掺杂浓度、PN 结截面积、阻挡层厚度等工艺与信息电子电路中的普通二极管有所区别，这使得两者在性能上有所不同。电力二极管一般工作在大电流、高电压的场合。因此，二极管本身耗散功率大、发热多，使用时要根据发热情况配备

散热器，以使器件的温度不超过规定值，确保安全运行。

1.2.2　电力二极管的工作特性

1．电力二极管的静态特性

电力二极管有多种封装形式，其中螺栓型和平板型如图 1-5 所示。

电力二极管的伏安特性即电力二极管的静态特性。图 1-6 所示为电力二极管的伏安特性曲线。二极管具有单向导电能力，二极管正向导通时必须克服一定的门槛电压（又称死区电压，用 U_{th} 表示），硅二极管的门槛电压约为 0.5V。当外加电压小于门槛电压 U_{th} 时，外电场还不足以克服 PN 结内电场，因此正向电流几乎为零。当外加电压大于门槛电压 U_{th} 后，内电场被大大削弱，电流才会迅速上升，二极管开始导通。正向导通时其管压降为 1～2V，一般随电流的增大而略有升高，随温度的增加而略有降低。与正向电流 I_F 对应的电力二极管两端的电压即其正向电压降 U_F。当电力二极管承受反向电压时，只有很小的反向漏电流 I_R 流过，器件反向截止。但当反向电压增大到 U_B 时，PN 结内产生雪崩击穿，反向电流急剧增大，导致二极管击穿损坏，其中 U_B 被称为雪崩击穿电压。为防止二极管出现电击穿，使用中通常只允许施加于二极管的电压在雪崩击穿电压的 1/2 以下。图 1-6 中，U_{RSM} 和 U_{RRM} 分别表示反向不重复峰值电压和反向重复峰值电压。

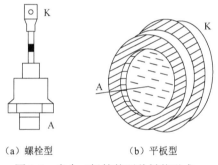

（a）螺栓型　　　　（b）平板型

图 1-5　电力二极管的两种封装形式

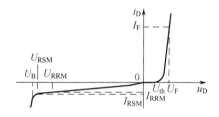

图 1-6　电力二极管的伏安特性曲线

2．电力二极管的动态特性

电力二极管工作状态转换时的特性称为开关特性，也称为电力二极管的动态特性，包括关断特性和开通特性。

（1）关断特性

电力二极管由正向偏置的通态转换为反向偏置的断态过程中，电压、电流的波形如图 1-7（a）所示。当电力二极管所构成的电路原来处于正向导通、外加电压在 t_F 时刻突然从正向变为反向时，正向电流 i_F 在此反向电压作用下开始下降，下降速率由反向电压大小和电路中的电感决定，正向电流在 t_0 时刻降为零。由于 PN 结内储存着少数载流子，器件在 t_0 时刻并没有恢复反向阻断能力，在外电场作用下，反向电流增加，直到 t_1 时刻反向电流达到最大值 I_{RP}。此时，PN 结内存储的少数载流子被抽尽，管压降变为负极性，反向电流也从其最大值 I_{RP} 开始下降，电力二极管恢复反向阻断能力。由于反向电流迅速下降，外电路中电感产生的高感应电势使器件承受很高的反向电压 U_{RP}。当电流降到基本为零的 t_2 时刻，二极管两端的反向电压才降到外加反压 U_R，电力二极管完全恢复反向阻断能力。

图 1-7 中，$t_d = t_1 - t_0$ 被称为电力二极管的延迟时间，$t_f = t_2 - t_1$ 被称为电力二极管的电流下降时间，$t_{rr} = t_d + t_f$ 被称为电力二极管的反向恢复时间。

反向恢复时间 t_{rr} 是电力二极管的重要参数。不同类型的电力二极管，其反向恢复时间 t_{rr} 差别很大：普通二极管的 t_{rr} 为几十微秒或几微秒；快恢复二极管的 t_{rr} 为 5μs 以下，甚至为几十至几百纳秒；超快恢复二极管的 t_{rr} 仅为几纳秒。t_{rr} 值越小，则二极管的工作频率的上限可以越高。

（2）开通特性

电力二极管由零偏置转换为正向偏置通态过程的电压、电流波形如图 1-7（b）所示。开通过程中二极管两端也会出现正向峰值电压 U_{FP}（几伏至几十伏），经过一段时间才接近稳态值 U_F（1～2V）。上述时间被称为正向恢复时间，用 t_{fr} 表示。出现电压过冲的原因如下。

① PN 结中低掺杂 N 区由于掺杂浓度低而具有的高电阻率对电力二极管的正向导通是不利的，电导调制效应则能通过增加电导率来获得正向偏置电力二极管的低阻态，从而解决此问题。也就是说，当 PN 结上流过的正向电流较大时，注入并积累在低掺杂 N 区的少子空穴浓度将很大，为了维持半导体中性条件，其多子浓度也相应大幅度增加，使得其电阻率明显下降，电导率大大增加，这就是电导调制效应，类似于基区的 Webster 效应。但是，此效应起作用所需的大量少子需要一定的时间来存储，在达到稳态导通前，二极管的管压降较大。

② 正向电流的上升会因器件自身的电感而产生较大压降，经过一段时间才趋于接近稳态压降的某个值。电流上升率越大，U_{FP} 越高。电力二极管的延迟时间、电流下降时间、反向恢复时间和正向恢复时间与 PN 结结温、导通时正向电流所对应的存储电荷、电路参数等都有关。

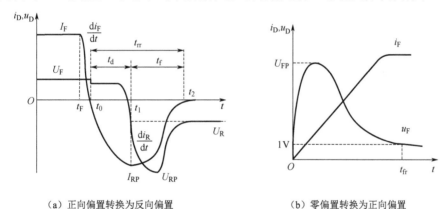

（a）正向偏置转换为反向偏置　　　　　　　　（b）零偏置转换为正向偏置

图 1-7　电力二极管的动态过程波形

许多电力二极管制造商采用载流子寿命控制技术改善器件的反向恢复特性，从而获得更高的执行效率。斯坦福大学的研究人员经研究发现，通过使用电流注入电路减少二极管的反向恢复电荷会产生更好的效果。而这项技术需要时间的精确控制来跟踪电流变化，其中涉及 DSP 和模拟电路的知识，本书不进行过多说明。

1.2.3　电力二极管的主要参数

1. 额定正向平均电流 $I_{D(AV)}$

电力二极管的额定正向平均电流定义如下：在规定管壳温度和标准散热条件下，器件结温达额定值且稳定时，电力二极管长期连续运行允许通过的最大工频正弦半波电流的平均值，简称为额定电流。额定正向平均电流是按照电流的发热效应使 PN 结温度达到额定值来定义的，所以应用中应该按照热效应相等的原则，选取电力二极管的额定电流。当开关损耗和断态损耗很小且可以忽略不计时，则按照流过二极管实际波形电流与工频正弦半波平均电流的有效值相等原则，选取电力二极管的额定电流。根据规定条件，流过二极管的工频正弦半波电流波形如图 1-8 所示。

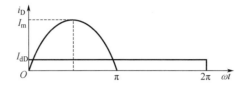

图 1-8　工频正弦半波电流波形

设正弦电流峰值为 I_m ，则正弦半波电流平均值为

$$I_{dD} = -\frac{1}{2\pi}\int_0^\pi I_m \sin(\omega t)d(\omega t) = \frac{I_m}{2\pi}[-\cos \omega t]\Big|_0^\pi = \frac{I_m}{\pi} \qquad (1\text{-}1)$$

式中，I_{dD} 为通过二极管电流平均值，也可以表示任意电流波形的平均值，注意与 $I_{D(AV)}$ 的区别。

通过二极管的电流波形有效值为

$$I_D = \sqrt{\frac{1}{2\pi}\int_0^\pi (I_m \sin \omega t)^2 d(\omega t)} = I_m\sqrt{\frac{1}{2\pi}\int_0^\pi\left[\frac{1}{2}-\frac{\cos(2\omega t)}{2}\right]d(\omega t)} = \frac{I_m}{2} \qquad (1\text{-}2)$$

通过二极管电流波形是多样的，定义波形系数 K_f，表示电流有效值与平均值之比，则

$$K_f = \frac{I}{I_d} \qquad (1\text{-}3)$$

式中，I_d 为电流平均值，I 为电流有效值。

对于工频正弦半波电流波形来说，据式（1-1）、式（1-2）和式（1-3），则

$$K_f = \frac{I}{I_d} = \frac{I_D}{I_{dD}} = \frac{I_m/2}{I_m/\pi} = 1.57 \qquad (1\text{-}4)$$

由式（1-4）知，二极管的额定正向平均电流 $I_{D(AV)}$ 是按最大工频正弦半波电流的平均值来定义的，允许通过二极管的最大电流有效值等于 $1.57I_{D(AV)}$。下面说明 3 点：①如果实际通过二极管的电流波形不是工频正弦半波而是其他波形，特定二极管的额定电流不会改变，允许通过二极管的最大电流有效值还是等于 $1.57I_{D(AV)}$，该值也不会随着不同电流波形而改变；②如果实际通过二极管的电流波形不是工频正弦半波而是其他波形，那么实际电流的波形系数 K_f 也不相同，在使用时要根据有效值等效原则来确定允许通过的电流大小，也就是说，电流波形不同，允许通过的电流有效值相同，而电流平均值、峰值可能不同；③在实际应用中，还应留有一定的电流裕量，倍数一般取 1.5～2。

当电力二极管工作于高速开关状态、开关损耗很大时，应直接按照总损耗小于器件容许损耗的原则选取电力二极管。

2. 反向重复峰值电压 U_{RRM}

反向重复峰值电压 U_{RRM} 指器件能重复施加的反向最高峰值电压（额定电压），此电压通常大约为雪崩击穿电压 U_B 的 2/3。

3. 正向压降 U_F

正向压降 U_F 指电力二极管在规定温度下，流过某一指定的稳态正向电流时对应器件两端的正向压降（又称管压降）。

4. 反向漏电流 I_{RRM}

器件承受反向电压时，有反向电流 I_R 流过，当器件承受反向重复峰值电压时，其反向漏电流用 I_{RRM} 表示。

5. 最高工作结温 T_{JM}

最高工作结温 T_{JM} 指器件中 PN 结不至于损坏的前提下，所能承受的最高平均温度，用 T_{JM} 表示，T_{JM} 通常在 125～175℃范围内。

6. 最大允许非重复浪涌电流 I_{FSM}

最大允许非重复浪涌电流 I_{FSM} 指电力二极管所允许的半周期峰值浪涌电流，该值比二极管的额定电流要大得多，它体现了二极管抗短路冲击电流的能力。

二极管的参数是正确选用二极管的依据。一般半导体器件手册中都给出不同型号二极管的各种参数，以便选用。表 1-1 列出了几种常用电力二极管的主要性能参数。

表 1-1　几种常用电力二极管的主要性能参数

型　号	额定正向平均电流 $I_{D(AV)}$/A	反向重复峰值电压 U_{RRM}/V	反向电流 I_R	正向平均电压 U_F/V	反向恢复时间	备注
ZP1～4000	1～4000	50～5000	1～40mA	0.4～1		
ZK3～2000	3～2000	100～4000	1～40 mA	0.4～1	<10μs	
10DF4	1	400		1.2	<100 ns	
31DF2	3	200		0.98	<35 ns	
30BF80	3	800		1.7	<100 ns	
50WF40F	5.5	400		1.1	<40 ns	
10CTF30	10	300		1.25	<45 ns	
25JPF40	25	400		1.25	<60 ns	
HFA90NH40	90	400		1.3	<140 ns	模块结构
HFA180MD60D	180	600		1.5	<140 ns	模块结构
HFA75MC40C	75	400		1.3	<100 ns	模块结构
MR876 快恢复二极管（Motorola 公司）	50	600	50μA	1.4	<400 ns	
MUR10020CT超快恢复二极管（Motorola 公司）	50	200	25μA	1.1	<50 ns	
MBR30045CT 肖特基电力二极管（Motorola 公司）	150（单支）	45	0.8mA	0.78	≈0	

1.2.4　电力二极管的主要类型

电力二极管的应用范围广，种类也很多，下面介绍电力二极管的主要 3 种类型。

1. 普通二极管

普通二极管又称整流管（Rectifier Diode），多用于开关频率在 1kHz 以下的整流电路中，其反向恢复时间在 5 μs 以上，额定电流达数千安，额定电压达数千伏以上。

2. 快恢复二极管

二极管的反向恢复时间在 5 μs 以下的称为快恢复二极管（简称 FRD，Fast Recovery Diode）。快恢复二极管从性能上可分为快速恢复二极管和超快速恢复二极管。前者反向恢复时间为 100 ns 以上，后者在 100 ns 以下，多用于高频整流和逆变电路中。

3．肖特基二极管

肖特基二极管是以贵金属（金、银、铝、铂等）为正极，以 N 型半导体为负极，利用二者接触面上形成的势垒具有整流特性而制成的金属-半导体器件。因为 N 型半导体中存在着大量电子，贵金属中仅有极少量自由电子，所以，两者结合后，电子便从浓度高的 N 型半导体向浓度低的金属中扩散，金属和 N 型半导体表面的电中性被破坏，于是金属-半导体边界两侧就形成电位差，即势垒。这种以金属和半导体接触形成的势垒为基础的二极管称为肖特基势垒二极管（SBD，Schottky Barrier Diode）或肖特基二极管。

肖特基二极管具有以下几个优点：①SBD 势垒高度低于硅 PN 结势垒高度，正向压降低，正向导通压降为 0.4V 左右；②SBD 是一种多数载流子（电子）导电器件，不存在空穴的扩散运动，也就不存在少数载流子反向恢复时间，仅取决于势垒电容的充、放电时间，反向恢复快，反向恢复时间为 10～40ns；③肖特基二极管中少数载流子的存储效应甚微，其频率响应仅被 RC 时间常数限制，工作频率高，可达 100GHz；④正向恢复过程中也不会有明显的电压过冲。

但是，肖特基二极管也存在几个缺点：①SBD 的反向势垒较薄，并且在其表面极易发生击穿，反向耐压低，在 200 V 以下；②相比于 PN 结二极管，SBD 更容易受热击穿，反向漏电流大，反向稳态损耗不能忽略。因此，肖特基二极管 SBD 非常适合应用于低电压的开关电路场合，是十分理想的开关器件。它不仅开关特性好，允许工作频率高，且正向压降相当小。

1.3　晶闸管及其派生器件

晶闸管（Thyristor）全称为晶体闸流管，它是由美国贝尔实验室于 1956 年发明的。美国通用电气公司于 1957 年试制出了晶闸管产品（当时额定值只有 16A/300V），并于 1958 年进行了商业化。从此晶闸管全面进入电力电子技术的应用领域。一方面，由于其效率高、重量轻、体积小、反应快、开通可控等特性远优于汞弧整流器，使其在整流器上的应用迅速普及；另一方面，随着对电路结构的深入研究，晶闸管在逆变器上也有过较多的应用。再者，由于晶闸管自身容量的进一步拓展，能够承受很高的电压和很大的电流，而且是电力电子器件中最高和最大的，即使在目前大容量的应用场合仍然具有比较重要的地位。

普通晶闸管又称可控硅整流器（SCR，Silicon Controlled Rectifier），简称为可控硅。普通晶闸管又发展到快速晶闸管、双向晶闸管、逆导晶闸管、光控晶闸管及可关断晶闸管等。晶闸管作为大功率可以控制的静态固体开关，只需用几十至几百毫安的电流就能控制几百至几千安的电流，实现了弱电对强电的控制，使电子技术从弱电扩展到强电领域。

在以后的各章节中，如果不特别说明，所谓晶闸管指的都是普通晶闸管。

1.3.1　晶闸管的结构和工作原理

晶闸管内部结构如图 1-9 所示，是一个 4 层（P_1-N_1-P_2-N_2）三端（A、K、G）的电力电子器件。它是在 N 型的硅片（N_1）的两边扩散 P 型半导体杂质层（P_1、P_2），形成了两个 PN 结 J_1、J_2。再在 P_2 层内扩散 N 型半导体杂质层 N_2，形成了第 3 个 PN 结 J_3。然后在相应位置放置钼片作为电极，引出阳极 A、阴极 K 及门极 G，形成了一个 4 层三端的大功率半导体器件。

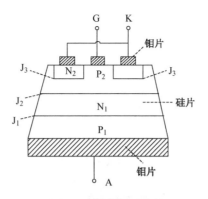

图 1-9　晶闸管内部结构

晶闸管的 4 层（P_1-N_1-P_2-N_2）结构，在内部形成 3 个 PN 结 J_1、J_2 和 J_3，可以用简化的内部半导体结构图表示，如图 1-10（a）所示。

当晶闸管阳极、阴极间加上正向电压时，J_1、J_3 处于正向偏置，J_2 处于反向偏置，只流过很小的漏电流，称为正向阻断状态。当晶闸管阳极阴极间加上反向电压时，J_2 处于正向偏置，J_1、J_2 处于反向偏置，也只流过很小的漏电流，晶闸管处于反向阻断状态。晶闸管的电气图形符号如图 1-10（b）所示，其外形有很多类型，其中有螺栓式和平板式，如图 1-10（c）和图 1-10（d）所示。

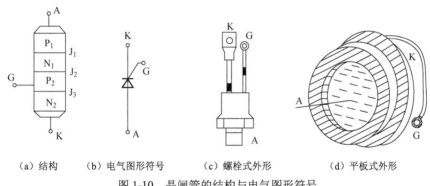

（a）结构　　　（b）电气图形符号　　　（c）螺栓式外形　　　（d）平板式外形

图 1-10　晶闸管的结构与电气图形符号

在介绍晶闸管工作原理之前，首先了解三极管共基极电流放大倍数，用 α_n 表示，它是集电极电流与发射极电流之比，即 $\alpha_n = I_C/I_E$。当集电极电流 I_C 接近于 0 时，α_n 也接近于 0。随着 I_C 的增加，α_n 也增加，I_C 为某一值时，α_n 达到最大值，之后，随着集电极电流 I_C 的增加而减小，如图 1-11 所示。如果考虑漏电流，那么，$I_C = \alpha_n I_E + I_{CBO}$。式中，$I_{CBO}$ 为晶体管的共基极漏电流。

将晶闸管 N_1 层和 P_2 层各分为两部分，则可将晶闸管看成 PNP 型和 NPN 型两个晶体管的互连，如图 1-12（a）所示。其中，一个晶体管的集电极同时又是另一管的基极。当晶闸管加上正向阳极电压，门极也加上足够的门极电压时，则有电流 I_G 从门极流入 NPN 管的基极。NPN 管导通后，其放大后的集电极电流 I_{C2} 流入 PNP 管的基极，使 PNP 管导通，该管放大后的集电极电流 I_{C1} 又作为 NPN 基极电流流入 NPN 管，如此循环，产生强烈的正反馈，这一过程造成两个晶体管的饱和导通，从而使晶闸管由阻断迅速转为导通状态。

设两个晶体管的共基极电流放大倍数分别为 α_1 和 α_2，在晶闸管的设计中，α_2 值比 α_1 大，如图 1-12（b）所示，I_A 和 I_K 分别是 PNP 管及 NPN 管的发射极电流，则

$$I_{C1} = \alpha_1 I_A \tag{1-5}$$

$$I_{C2} = \alpha_2 I_K \tag{1-6}$$

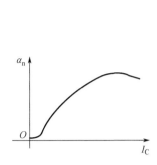

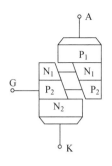

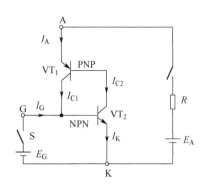

（a）双晶体管模型　　　　　（b）工作原理

图 1-11　共基极电流放大倍数　　　图 1-12　晶闸管的双晶体管模型和工作原理

在 J_2 内电场作用下，流过 J_2 结的反向漏电流是 I_{C0}，则晶闸管的阳极电流为

$$I_A = I_{C1} + I_{C2} + I_{C0} = \alpha_1 I_A + \alpha_2 I_K + I_{C0} \tag{1-7}$$

若晶闸管的门极电流为 I_G，则晶闸管的阴极电流为

$$I_K = I_A + I_G \tag{1-8}$$

由式（1-5）～式（1-8）得晶闸管的阳极电流为

$$I_A = \frac{I_{C0} + \alpha_2 I_G}{1 - (\alpha_1 + \alpha_2)} \tag{1-9}$$

两个晶体管的共基极电流放大倍数 α_1 和 α_2，随发射极电流 I_{E1}（即 I_A）和 I_{E2}（即 I_K）的改变而变化。

当晶闸管只承受阳极电压，而门极不加触发电压时，$I_G=0$，两晶体管的电流放大倍数 α_1、α_2 近似为零，通过晶闸管阳极电流 $I_A=I_{C0}$ 很小，晶闸管处于正向阻断。

当晶闸管门极通过门极电流 I_G 较大时，两晶体管发射极电流 I_{E1}（I_A）和 I_{E2}（I_K）增大，从而导致 α_1 和 α_2 增大，进一步地使两晶体管发射极电流 I_{E1}（I_A）和 I_{E2}（I_K）增大，当 $\alpha_1+\alpha_2 \approx 1$ 时，式（1-9）中分母 $1-(\alpha_1+\alpha_2) \approx 0$，这时晶闸管的阳极电流 I_A 将急剧上升，晶闸管由正向阻断状态转换为正向导通。随着通过晶闸管电流的增加，$\alpha_1+\alpha_2$ 在每一时刻等于1，从数学角度来看，分母为0，晶闸管阳极电流 I_A 为无穷大。但从物理角度来看，也就是从实际电路来看，晶闸管处于深度饱和状态，处于深度饱和状态的晶闸（体）管电流取决于主回路负载和外加电源电压，实际 $\alpha_1+\alpha_2$ 大于1，晶闸管阳极电流大小是由主电路负载和外加电源电压决定的，所以对于式（1-9）来说，仍可认为 $1-(\alpha_1+\alpha_2) \approx 0$，晶闸管导通。

晶闸管导通以后，由于 $1-(\alpha_1+\alpha_2) \approx 0$，此时即使去掉门极信号使 $I_G=0$，由式（1-9）可知，分母为0，其值为无穷大，晶闸管阳极电流大小同样是由主回路负载和外加电源电压决定的，即晶闸管仍将保持原来的阳极电流而继续导通。

欲关断晶闸管，只有减小阳极电压或增大负载电路电阻，使阳极电流为接近于零的某一数值 I_H 以下时，$\alpha_1+\alpha_2$ 迅速下降到近似于零，晶闸管重新恢复阻断状态，I_H 被称为维持电流。恢复阻断状态的晶闸管若无门极电流，即使在外加电压的作用下也仅流过很小的漏电流。当晶闸管阳极电压为负值时，图 1-12（b）中的 J_1 和 J_2 的 PN 结承受反向偏置电压，晶闸管反向截止。

晶闸管与二极管一样具有单向导电性，但它又与二极管不同。当门极没有加上正向电压时，尽管阳极已加正向电压，晶闸管仍处于正向阻断状态，在门极电压的触发下，晶闸管立即导通。这种门极电压对晶闸管正向导通所起的控制作用称为闸流特性，也称为晶闸管的可控单向导电性。门极电压只能触发晶闸管开通，不能控制它的关断，从这个意义上讲，晶闸管又称为半控型电力电子器件。

综上所述得到如下结论：

① 晶闸管导通的条件是：晶闸管承受正向阳极电压的同时，还需正向门极触发电流，二者缺一不可。

② 若要使已经导通的晶闸管关断，则要改变外加电压或外电路，使晶闸管阳极电流小于某个电流值；若使已经导通的晶闸管继续导通，则流过晶闸管的电流应大于能保持晶闸管导通的某个电流值，该电流值为维持电流 I_H。

③ 晶闸管一旦导通，门极就失去控制作用。

④ 晶闸管的工作状态有 3 种，分别为导通状态、正向阻断状态和反向截止状态。

当晶闸管阳极电压升至很高的数值造成雪崩效应时，当晶闸管阳极电压上升率 du/dt 过高时，当晶闸管结温较高时，这 3 种情况都可能引起晶闸管误导通，应当避免。

1.3.2　晶闸管的基本特性

1. 晶闸管的静态特性

晶闸管的伏安特性就是晶闸管的静态特性，指晶闸管阳极与阴极间的电压 U_{AK} 和阳极电流 I_A 之间的关系，如图 1-13 所示，它可以用实验的方法测得。

晶闸管的正向伏安特性位于第 I 象限。当门极触发电流 $I_G = 0$ 时，晶闸管在正向阳极电压作用下只有很小的漏电流，晶闸管处于正向阻断状态。随着正向阳极电压的加大，晶闸管的正向漏电流也逐渐增大，当 U_{AK} 达到正向转折电压 U_{BO} 时，阳极电流 I_A 突然急剧增大，晶闸管从阻断转化为导通状态，特性从高阻区（阻断状态）经负阻区到达低阻区（导通状态）。当门极未加触发信号而阳极电压过大时，处于反偏的 J_2 结中的少数载流子得到足够大的能量，能通过碰撞产生更多的载流子。新生的载流子在电场作用下又获得较高的能量，结果在 J_2 结形成雪崩，造成晶闸管的雪崩击穿导通，属于非正常导通，故在使用中，晶闸管承受的工作电压不允许超过转折电压 U_{BO}。如果在晶闸管门极加上触发电流 I_G，它就会在较低的阳极电压下触发导通，门极电流 I_G 越大，转折电压越低，当门极电流 I_G 足够大时，只需很小的正向阳极电压，就可使晶闸管从阻断变为导通。晶闸管导通后管压降很小，其阳极电流 I_A 的大小决定于外加电压和负载。晶闸管导通后的伏安特性与二极管的正向伏安特性相似。当逐渐减小晶闸管的阳极电压时，其阳极电流也随之减小，当阳极电流小于维持电流 I_H 时，晶闸管就从导通转换为阻断状态。

晶闸管的反向伏安特性位于第 III 象限，它是反向阳极电压与反向阳极漏电流的关系曲线，其特性与一般二极管的反向特性相似。在正常情况下，当晶闸管承受反向阳极电压时，不论门极是否加上触发信号，晶闸管总是处于反向阻断状态，只流过很小的反向漏电流。反向电压增大，反向漏电流也逐渐增大，当反向电压增大超过反向不重复峰值电压 U_{RSM} 而且到达反向击穿电压 U_{BR} 时，反向漏电流急剧增长，导致晶闸管反向击穿而损坏。图 1-13 中，OC 为正向阻断区，漏电流很小；OA 为反向阻断区，漏电流很小；EF 为通态区；DE 为从正向断态到通态或者从通态到断态的快速转换区。

晶闸管的门极和阴极间有一个 PN 结 J_3，它的伏安特性称为门极伏安特性，其典型伏安特性曲线如图 1-14 所示。由于实际产品的门极伏安特性的分散性很大，门极伏安特性常以一个高阻极限（曲线 OD）门极伏安特性和一条低阻极限（曲线 OG）门极伏安特性之间的区域来代表所有器件的伏安特性，称为门极伏安特性区域。器件出厂时给出的触发电流 I_{GT} 与 U_{GT} 分别是指该型号的所有器件都能被触发的最小门极电流与电压值，因此在接近坐标原点以 I_{GT}、U_{GT} 为限划出 $OABCO$ 区域，在此区域内为不可靠触发区。在器件门极极限电流、电压和功率曲线包围下，面积 $ABCDEGA$ 为允许可靠触发区，所有合格器件的触发电流与电压均应落在这个区域，在正常使用时，触发电路送至门极的触发电流与电压都应在这个区域。但推荐的安全可靠触发区为 $ABCFH$，即图中斜线部分的区域。晶闸管的门极电压和电流应该在可靠触发区内，门极平均功率损耗不应该超过门极所允许的最大平均功率。

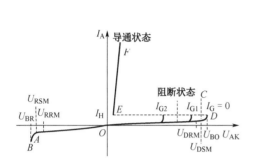

图 1-13　晶闸管的伏安特性曲线

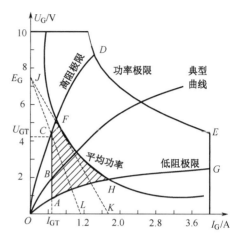

图 1-14　晶闸管门极伏安特性曲线与可靠触发

若设门极电源电压为 E_G，则从 J 点（E_G）通过 C 点并与平均功率曲线相切点分别画出负载线，分别与电流（I_G）轴相交于 L 和 K，分别对应门极负载电阻 R_2 与 R_1。那么为保证安全可靠触发晶闸管，门极串联电阻 R_G 应大于 R_1 而小于 R_2，尽量接近 R_1 值。但实际应用时，门极常加的是触发脉冲信号。只要触发功率平均值不超过规定的平均功率，电压、电流的幅值短时间内可大大超过规定值。

2. 晶闸管的动态特性

晶闸管的开关特性就是晶闸管的动态特性。晶闸管的导通不是瞬时完成的，导通时阳极与阴极两端的电压有一个下降过程，而阳极电流的上升也需要有一个过程，晶闸管的导通过程如图 1-15（a）所示。第一段对应时间为延迟时间 t_d，对应着门极电流阶跃开始到阳极电流上升至 $10\%I_A$ 所需时间。第二段为电流上升时间 t_r，对应着阳极电流由 $10\%I_A$ 上升到 $90\%I_A$ 所需时间。通常定义器件的开通时间 t_{on} 为延迟时间 t_d 与电流上升时间 t_r 之和，即

$$t_{on} = t_d + t_r \tag{1-10}$$

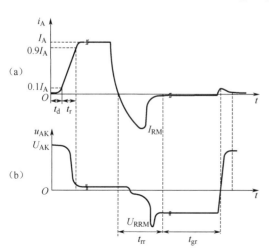

图 1-15　晶闸管的开关特性曲线

晶闸管的关断过程如图 1-15（b）所示，电源电压反向后，晶闸管的阳极电流下降，从正向电流降为零开始到反向电流衰减为零，定义为器件的反向阻断恢复时间 t_{rr}。晶闸管恢复其阻断能力还需要一段时间，这段时间称为正向阻断恢复时间 t_{gr}，通常定义器件的反向阻断恢复时间 t_{rr} 与正向阻断恢复时间之和 t_{gr} 为晶闸管关断时间 t_{off}，即

$$t_{off} = t_{rr} + t_{gr} \tag{1-11}$$

普通晶闸管的关断时间约为几百微秒，当然，晶闸管的关断时间与结温、关断时施加的反向电压等因素有关。结温越高，关断时间也越大。例如，晶闸管在 120℃时的关断时间为 25℃时的 2～3 倍。反向电压增大，关断时间下降。在实际电路中，必须使晶闸管承受反压的时间大于它的关断时间，并

考虑一定的安全裕量。

1.3.3　晶闸管的主要特性参数

为了正确选择和使用晶闸管，需要了解和掌握晶闸管的一些主要参数及其意义。下面介绍一些晶闸管的主要特性参数。

1．晶闸管的电压参数

（1）断态不重复峰值电压 U_{DSM}

断态不重复峰值电压 U_{DSM} 指，晶闸管在门极开路时，施加在晶闸管的正向阳极电压上升到如图 1-13 所示的正向伏安特性曲线急剧弯曲处所对应的电压值。它是一个不能重复且持续时间不大于 10ms 的断态最大脉冲电压。U_{DSM} 值小于转折电压 U_{BO}，其差值有多大，由晶闸管制造厂自定。

（2）断态重复峰值电压 U_{DRM}

断态重复峰值电压 U_{DRM} 指，晶闸管在门极开路及额定结温下，（国标规定）重复频率为 50Hz，每次持续时间不大于 10ms，施加于晶闸管上的正向断态最大脉冲电压，通常 $U_{\mathrm{DRM}}=90\%U_{\mathrm{DSM}}$。

（3）反向不重复峰值电压 U_{RSM}

反向不重复峰值电压 U_{RSM} 指，晶闸管门极开路、晶闸管承受反向电压时，对应于如图 1-13 所示的反向伏安特性曲线急剧弯曲处的反向峰值电压值。它是一个不能重复施加且持续时间不大于 10ms 的反向最大脉冲电压。

（4）反向重复峰值电压 U_{RRM}

反向重复峰值电压 U_{RRM} 指，晶闸管门极开路及额定结温下，重复频率为 50Hz，每次持续时间不大于 10ms，重复施加于晶闸管上的反向最大脉冲电压，通常 $U_{\mathrm{RRM}}=90\%U_{\mathrm{RSM}}$。

（5）额定电压

将断态重复峰值电压 U_{DRM} 和反向重复峰值电压 U_{RRM} 中较小的那个值取整后作为该晶闸管的额定电压值。在使用时，考虑瞬时过电压等因素的影响，选择晶闸管的额定电压值要留有安全裕量。晶闸管的额定电压一般取电路正常工作时晶闸管所承受工作电压峰值的 2～3 倍。

（6）通态平均电压 $U_{\mathrm{T(AV)}}$

通过正弦半波的额定通态平均电流和额定结温时，晶闸管阳极阴极间电压降的平均值称为通态平均电压 $U_{\mathrm{T(AV)}}$，常称管压降。

2．晶闸管的电流参数

（1）额定通态平均电流 $I_{\mathrm{T(AV)}}$

额定通态平均电流 $I_{\mathrm{T(AV)}}$ 指，在环境温度为 40℃和规定的冷却条件下，晶闸管长期工作，稳定结温不超过额定结温时，所允许通过的最大工频正弦半波电流的平均值。该电流平均值称为该晶闸管的额定通态平均电流，即该器件的额定电流。

晶闸管的额定电流用通态平均电流来标定的原因在于整流电路输出端的负载常需用平均电流。但是，决定晶闸管允许电流大小的是管芯的结温，而结温的高低是由允许发热的条件决定的。造成晶闸管发热的原因是损耗，其中包括晶闸管的通态损耗，断态时正反向漏电流引起的损耗，以及晶闸管器件的开关损耗，此外还有门极损耗等。为了减小损耗，希望器件的通态平均电压和漏电流要小。门极的损耗较小，而器件的开关损耗随工作频率的增加而增加。影响晶闸管散热的条件主要有：散热器尺寸及器件与散热器的接触状况，采用的冷却方式（自冷却、强迫通风冷却、液体冷却）及环境温度等。晶闸管冷却条件不同，其允许通过的通态平均电流值也不一样。

从管芯发热角度看，表征热效应的电流应以有效值表示。不论流经晶闸管的电流波形如何，导通角有多大，只要电流的有效值相等，其发热是基本相同的。因此，只要流过晶闸管的任意波形电流的有效值等于该器件通态平均电流（额定电流）的有效值，则管芯发热一样，其通过的电流就是允许的。

由于晶闸管的电流过载能力比一般电动机、电器要小得多，因此在选用晶闸管额定电流时，根据实际最大的电流值，还要考虑 1.5～2 倍的安全系数，使其有一定的电流裕量。

晶闸管的额定电流与电力二极管的额定电流的定义类似。参考通过二极管的电流波形（见图 1-8），以及电流平均值、有效值和波形系数的计算公式：式（1-1）～式（1-4），允许通过晶闸管的最大电流有效值等于 $1.57I_{T(AV)}$，在使用时要根据有效值等效原则来确定允许通过的电流大小。比如，额定电流为 100A 的晶闸管，其允许通过的电流有效值为 157A，如果考虑 2 倍安全裕量，则允许通过的电流有效值为 78.5A，假设已知该电流的波形系数，根据式（1-3），还可以计算出该电流的平均值；又比如，当已知通过晶闸管的电流有效值为 100A，如果考虑 2 倍安全裕量，则晶闸管应能承受大于 200A 的电流有效值，选择晶闸管通态平均电流（额定电流）应大于 200A÷1.57，即大于 127.4A。

（2）维持电流 I_H

维持电流 I_H 指，晶闸管被触发导通以后，在室温和门极开路条件下，减小阳极电流，使晶闸管维持通态所必须的最小阳极电流。

（3）擎住电流 I_L

擎住电流 I_L 指，晶闸管由断态一经触发导通后就去掉触发信号，能使晶闸管保持导通所需要的最小阳极电流。一般晶闸管的擎住电流 I_L 为其维持电流 I_H 的 2～4 倍。如果晶闸管从断态转换为通态，其阳极电流还未上升到擎住电流值就去掉触发脉冲，晶闸管将重新恢复阻断状态，故要求晶闸管的触发脉冲有一定宽度。

（4）浪涌电流 I_{TSM}

浪涌电流 I_{TSM} 指在规定条件下，一个工频正弦半周期内所允许的最大过载峰值电流。由于器件体积不大，热容量较小，所以能承受的浪涌过载能力是有限的。在设计晶闸管电路时，必须要考虑电路中电流产生的波动。通常电路虽然有过流保护装置，但由于保护不可避免地存在延时，因此仍然会使晶闸管在短暂时间内通过一个比额定值大得多的浪涌电流，显然这个浪涌电流值不应大于器件短时通过电流的允许值，浪涌电流 I_{TSM} 比额定通态平均电流 $I_{T(AV)}$ 大得多，反映了晶闸管的短时过载能力。

对于持续时间比半个周期更短的浪涌电流，通常采用 I^2t 这个额定值来表示允许通过浪涌电流的能力。其中，电流 I 是浪涌电流有效值，t 为浪涌持续时间。因为 PN 结热容量很小，在很短时间内没有必要考虑热量从 PN 结面传到其他部位上去。I^2t 与由此引起的结温成正比，所以时间越短，允许通过晶闸管的浪涌电流越大。

3．动态参数

（1）断态电压临界上升率 du/dt

断态电压临界上升率 du/dt 指，在额定结温和门极开路条件下，使晶闸管保持断态所能承受的最大电压上升率。在晶闸管断态时，如果施加于晶闸管两端的电压上升率超过规定值，即使此时阳极电压幅值并未超过断态正向转折电压，也会由于 du/dt 过大而导致晶闸管的误导通。这是因为晶闸管在正向阻断状态下，处于反向偏置 J_2 结的空间电荷区相当于一个电容器，电压的变化会产生位移电流，如果所加正向电压的 du/dt 较高，便会有过大的充电电流流过结面，这个电流通过 J_3 结时，起到类似触发电流的作用，从而导致晶闸管的误导通。因此，在使用中必须对 du/dt 有一定的限制。du/dt 的单位为 V／μs。

在实际电路中，常采取在晶闸管两端并联 RC 阻容吸收回路的方法，利用电容器两端电压不能突变的特性来限制电压上升率。

（2）通态电流临界上升率 di/dt

通态电流临界上升率 di/dt 指，在规定条件下，晶闸管用门极触发信号开通时，晶闸管能够承受而不会导致损坏的通态电流最大上升率。在使用中，应使实际电路中出现的电流上升率 di/dt 小于晶闸管允许的电流上升率。di/dt 的单位为 $A/\mu s$。

晶闸管在触发导通过程中，开始只在靠近门极附近的小区域内导通，然后以 $0.03\sim0.1mm/\mu s$ 的速度向整个结面扩展，逐渐发展到全部结面导通。如果电流上升率过大，则过大的电流将集中在靠近门极附近的小区域内，致使晶闸管因局部过热而损坏。因此必须对 di/dt 的数值加以限制。为了提高晶闸管承受 di/dt 的能力，可以采用快速上升的强触发脉冲，加大门极电流，使起始导通区域增加，还可在阳极电路串联一个不大的电感减小电流上升率。

4．晶闸管的门极参数

（1）门极触发电流 I_{GT} 与门极触发电压 U_{GT}

在规定的环境温度下，阳极与阴极之间施加一定的正向电压（一般为 6V），使晶闸管从阻断状态转变为导通状态所需的最小门极直流电流即为门极触发电流 I_{GT}。对应的能够产生门极触发电流 I_{GT} 的最小门极直流电压即为门极触发电压 U_{GT}。

由于器件参数的分散性，一般出厂的晶闸管都规定了刚刚能够被触发的最小和最大触发电流、电压范围，为了使同型号的所有器件都能够被可靠触发，实际的触发电流、电压必须大于此范围规定的最大触发电流、电压。或者说，此范围中规定的最大触发电流、电压实际是指，该型号所有晶闸管都能触发导通所需要的最小触发电流、电压。实际应用中多为脉冲触发。实际脉冲触发电流幅值通常是门极触发电流 I_{GT} 的 $3\sim5$ 倍，并保持足够的脉冲宽度下，以保证晶闸管可靠触发，但不应该超过门极正向峰值电流 I_{GFM}、门极正向峰值电压 U_{GFM}。实际的最大触发功率和平均触发功率分别不能超过门极峰值功率 P_{GM} 和门极平均功率 P_G。

（2）门极反向峰值电压 U_{GFM}

门极反向峰值电压 U_{GFM} 是指门极所能承受的最大反向电压，一般不超过 10V。

【例题 1-1】图 1-16 中阴影部分为晶闸管处于通态区间的电流波形，该波形的电流峰值为 I_m，试计算：

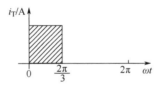

图 1-16　例题 1-1 晶闸管导电波形

① 该波形的电流有效值 I 与电流平均值 I_d 为多少？

② 如果考虑安全裕量为 1.6 倍，100A 的晶闸管能通过该波形电流最大值 I_m 为多少？

③ 这时，平均电流 I_d 为多少？

解：① 计算波形的电流平均值 I_d 与电流有效值 I 为

$$I_d = \frac{1}{2\pi}\int_0^{\frac{2\pi}{3}} I_m d(\omega t) = \frac{1}{3}I_m$$

$$I = \sqrt{\frac{1}{2\pi}\int_0^{\frac{2\pi}{3}} I_m^2 d(\omega t)} = \frac{1}{\sqrt{3}}I_m$$

② 额定电流 $I_{T(AV)}=100A$ 的晶闸管，允许的电流有效值 $I=157A$，如果考虑安全裕量为 1.6 倍，则

$$I_m = \sqrt{3}I/1.6 = \sqrt{3}\times157/1.6 = 170(A)$$

③ 这时，平均电流为

$$I_d = \frac{1}{3}I_m = \frac{1}{3}\times170 = 56.7(A)$$

1.3.4　晶闸管的派生器件

人们利用半导体器件PN结电子-空穴对的产生和复合作用原理，研制出了可在第Ⅰ、Ⅲ象限中实现各种伏安特性的各种晶闸管，以满足电力电子技术的各种需求，主要包括快速晶闸管、双向晶闸管、逆导晶闸管、光控晶闸管等，如表1-2所示。

表1-2　晶闸管派生器件

名　称	特　性	型　号	符　号	主　要　用　途
快速晶闸管	基本与型号为KP的晶闸管相同，即反向阻断，门极信号开通，但开通速度快，关断时间短	KK		使用频率大于400Hz的场合、变频器、中频电源、不间断电源、斩波器
双向晶闸管	两个方向均可以由门极信号开通（相当于两只普通晶闸管反并联）	KS		交流调压、交流调功、交流无触点开关
逆导晶闸管	反向导通，正向门极信号开通（相当于普通晶闸管与普通二极管反并联）	KN		斩波器、逆变器
光控晶闸管	利用一定波长的光照信号触发导通，反向阻断，主电路与控制电路之间绝缘	KL		高压直流输电和核聚变装置

1．快速晶闸管

当频率超过400Hz时，由于开关损耗随频率增加而增加，为了避免管芯过热，普通的晶闸管只能减小额定电流来使用。快速晶闸管FST（Fast Switching Thyristor）解决了额定电流随工作频率下降的问题。它的基本结构和伏安特性与普通晶闸管相同，但它具备以下特点：开通和关断时间短，一般开通时间约为$1\sim2\mu s$，关断时间约为数微秒至$60\mu s$；开关损耗小；有较高的电流临界上升率和电压临界上升率，一般通态电流临界上升率$\mathrm{d}i/\mathrm{d}t \geqslant 100 \ \mathrm{A}/\mu s$，断态电压临界上升率$\mathrm{d}u/\mathrm{d}t \geqslant 100 \ \mathrm{V}/\mu s$；允许使用的频率范围广，在几百赫兹至几千赫兹范围内。

在使用快速晶闸管时应注意：

① 运行结温不能过高，并应施加足够的反向阳极电压，以保证关断时间。

② 门极必须采用强触发脉冲，以确保管子有较高的通态电流临界上升率$\mathrm{d}i/\mathrm{d}t$。

③ 在高频或脉冲状态下工作，必须按规定的电流频率特性和脉冲工作状态有关的特性来选择器件的电流定额。

2．双向晶闸管

双向晶闸管（Bidirectional Thyristor）有3个引出端，分别为两个主电极A_1、A_2以及一个门极G。其中，A_1、A_2分别称为第1阳极和第2阳极，其等效电路和阳极伏安特性曲线如图1-17所示。它能用同一门极控制触发导通正、反两个方向，所以它无论在结构上还是在电气原理上都可以看作是一对普通晶闸管的反并联。双向晶闸管在第Ⅰ、Ⅲ象限有对称的伏安特性，反映了反并联晶闸管的组合效果。

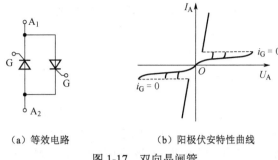

（a）等效电路　　　　　　（b）阳极伏安特性曲线

图 1-17　双向晶闸管

双向晶闸管的门极用正、负脉冲电压均能进行触发，有 4 种门极触发形式。阳极伏安特性表明器件工作在第Ⅰ、Ⅲ象限。当 A_1 A_2 承受正向电压时门极触发脉冲电位相对于 A_2 为高，当 A_1 A_2 承受反向电压时门极触发脉冲电位相对于 A_2 为低，这两种触发灵敏度较高，在实用中被广泛采用。值得注意的是：双向晶闸管额定通态电流（即额定电流）不是用平均值而是用有效值表示的，这与普通晶闸管的额定电流定义有区别。

3．逆导晶闸管

在逆变电路和斩波电路中，经常有晶闸管与电力二极管反并联使用的情况。根据这种复合使用的要求，人们将这两种器件制作在同一芯片上，派生出逆导晶闸管 RCT（Reverse Conducting Thyristor）这一新型晶闸管器件。它无论在结构上或在特性上都反映了这两种电力电子器件的复合效果，其等效电路及阳极伏安特性曲线如图 1-18 所示。

从图 1-18 可知，当逆导晶闸管受正向阳极电压时，器件表示出普通晶闸管的特性，阳极伏安特性位于第Ⅰ象限。当逆导晶闸管承受反向阳极电压时，反向导通即逆导，器件表现出了导通二极管的低阻特性，阳极伏安特性位于第Ⅲ象限。

逆导晶闸管具有正向管压降小、关断时间短、高温特性好、结温高等优点，从而所构成的变流装置体积小、重量轻、成本低。特别是由于简化了器件间的接线，消除了电力二极管的配线电感，使晶闸管承受反压的时间增加，有利于快速换流，从而可提高变流装置的工作频率。

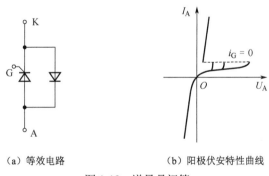

（a）等效电路　　　　　　（b）阳极伏安特性曲线

图 1-18　逆导晶闸管

4．光控晶闸管

光控晶闸管（Light Activated Thyristor）是利用一定波长的光照信号来控制的开关器件。其等效电路如图 1-19 所示。光控晶闸管的特点是门极区集成了一个光电二极管，触发信号源与主回路绝缘，而且触发灵敏度高。光控晶闸管阳极和阴极间加正压，门极区若用一定波长的光照射，则光控晶闸管由断态转入通态。由于其控制信号来自光的照射，光控晶闸管只有阳极 A 和阴极 K 两个电极，没有必要引出门极 G，为二端器件。大功率光控晶闸管带有光缆，光缆上装有作为触发光源的发光二极管或半导体激光器。

光控晶闸管可等效为 $P_1N_1P_1$ 和 $N_1P_1N_2$ 两个晶体管。中间的部分为两个晶体管共有，这一部分相当于一个光敏二极管。在没有光照的情况下，光敏二极管处于截止状态，VT_1 和 VT_2 两个晶体管都没有基极电流，整个电路无电流流过，即光控晶闸管处于阻断状态。当光信号照射到光敏二极管上时，光敏二极管导通，有电流流入 VT_1 的基极，经放大后 VT_1 的集电极电流增大，促使 VT_2 基极电流和集电极电流增大，其集电极电流重新又流入 VT_1 的基极，构成正反馈过程。此过程迅速进行，直到饱和导通，光控晶闸管即由阻断状态转入导通状态。由于该正反馈的作用，光控晶闸管一旦导通之后，即使无光照也不会自行阻断，只有当器件上的正向电压降为零或加反向电压才能阻断。光控晶闸管的伏安特性曲线如图 1-20 所示，光照强度不同，其转折电压也不同，转折电压随光照强度的增大而降低。光控晶闸管的参数与普通晶闸管类似，只是触发参数特殊，与光功率和光谱范围有关。

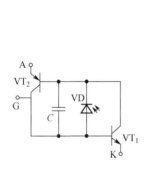

图 1-19　光控晶闸管等效电路

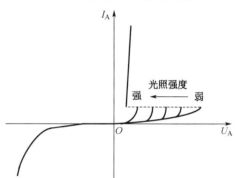

图 1-20　光控晶闸管的伏安特性曲线

1.3.5　门极可关断晶闸管 GTO

门极可关断晶闸管（GTO，Gate Turn Off Thyristor）是一种具有自关断能力闸流特性的电力电子器件。门极加上正向脉冲电流时就能导通，加上负脉冲电流时就能关断，从而克服了普通晶闸管的缺点。由于不需强迫换流回路，简化了变流装置，降低了成本，增强了可靠性，减小了关断时所需能量，提高了装置的工作频率。

门极可关断晶闸管的基本结构与普通晶闸管相同，具有 4 层 PNPN 结构，门极可关断晶闸管的芯片截面如图 1-21（a）所示。由图可见，GTO 是多元结构的功率集成器件，GTO 的内部包含着数百个共阳极的小 GTO 单元，它们的门极和阴极分别并联在一起，这是为了便于实现门极控制关断所采取的特殊设计，从而构成门极可关断晶闸管的特殊性。图 1-21（a）标示出了 GTO 的阴极、门极和阳极的位置，门极可关断晶闸管的电气符号如图 1-21（b）所示。

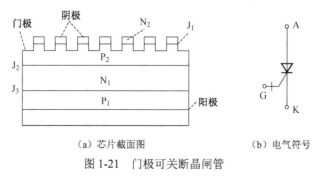

（a）芯片截面图　　　　　　　　　（b）电气符号

图 1-21　门极可关断晶闸管

1．GTO 工作原理

由于 GTO 的 4 层 PNPN 结构同样可以用双晶体管模型来分析，所以它的开通原理与 SCR 一样，如图 1-12 (a) 所示的双晶体管模型。导通后的 GTO,即使撤掉注入的门极电流,只要阳极电流大于某一数值,就可以继续维持导通。

GTO 的关断机理及关断方式与 SCR 根本不同。SCR 不能用门极控制关断,而 GTO 可以用门极控制关断,其原因在于:

① 在设计 GTO 时,使其 α_2 较大,这样晶体管 VT_2 控制灵敏,使 GTO 容易关断。

② 由于 GTO 的内部包含着许多共阳极的小 GTO 单元,GTO 单元阴极面积小,门极和阴极间的距离短,P_2 基区的横向电阻小,可以从门极抽出更大的电流。

③ GTO 导通时,双晶体管模型中的两个晶体管共基极电流放大倍数之和 $\alpha_1+\alpha_2$ 大于 1 且近似等于 1(1.05 左右),因而处于临界饱和导通状态。若要关断 GTO,可用抽出部分阳极电流的办法破坏其临界饱和状态,使 GTO 用门板负信号关断。SCR 的 $\alpha_1+\alpha_2$ 比 1 大 (大约为 1.15),SCR 导通后处于深度饱和状态,因而用门极负脉冲不足以使 $\alpha_1+\alpha_2$ 达到小于 1 的程度,因而也就不能用门极负信号去关断阳极电流。这是 GTO 与 SCR 的一个极为重要的区别。

原来处于导通状态的 GTO 关断时,对门极加负的关断脉冲,形成负值 I_G,相当于如图 1-12(b) 所示,将 I_{C1} 的电流抽出,使晶体管 $N_1P_1N_2$ 的基极电流减小,I_{C2} 和 I_K 也随之减小,I_{C2} 减小又使 I_{C1} 和 I_A 减小,这是一个正反馈的过程。当 I_{C1} 和 I_{C2} 减小使 $\alpha_1+\alpha_2$ 小于 1 时,GTO 退出饱和,阳极电流逐渐下降,直到阳极电流小于某一数值,不满足维持导通条件而关断。

由上述分析,得到 GTO 可以用门极控制关断的原因在于:GTO 双晶体管模型中的 VT_2 控制灵敏度;多元集成结构使 GTO 门极横向电阻减小,可以从门极抽取电流使 GTO 关断;$\alpha_1+\alpha_2$ 大于 1 且近似等于 1,使导通的 GTO 处于临界饱和状态,易于关断。

GTO 导通过程与普通晶闸管一样,但比普通晶闸管开通过程快,导通时饱和程度较浅,关断时,比普通晶闸管承受 di/dt 能力强。

2. GTO 的动态特性

GTO 的开通关断特性即动态特性,如图 1-22 所示。当阳极施以正电压,门极注入一定电流时,阳极电流大于擎住电流之后,GTO 完全导通。开通时间 t_{on} 由延迟时间 t_d 和电流上升时间 t_r 组成,与 SCR 开通时间的表达式相同,$t_{on}=t_d+t_r$,延迟时间 t_d 对应着从开通过程开始,到阳极电流上升到 10% I_A 为止的一段时间间隔,开通时间的大小取决于器件特性、门极电流上升率及门极脉冲幅值的大小。电流上升时间 t_r 对应着从阳极电流 10% I_A 开始,上升到 90% I_A 为止的一段时间间隔。

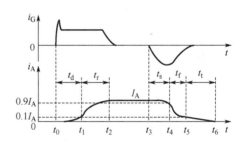

图 1-22 GTO 的开通关断特性

欲使导通着的 GTO 关断,需在 GTO 的门极、阴极间加适当负脉冲。整个关断过程可用 3 个不同的时间来表示,即存储时间 t_s、电流下降时间 t_f 及尾部时间 t_t。存储时间 t_s 对应着从关断过程开始,到阳极电流下降到 90% I_A 为止的一段时间间隔,在这段时间内,从门极抽出大量过剩载流子,GTO 的导通区不断被压缩,但总的阳极电流几乎不变,GTO 开始退出饱和。电流下降时间 t_f 对应着阳极电流从 90% I_A 迅速下降到 10% I_A 的过程,在这段时间里,继续从门极抽出电流。尾部时间 t_t 则是指从阳极电流降到 10% I_A 时开始,直到最终小于维持电流为止,在这段时间内,仍有残存的载流子被抽出。通常 t_f 比 t_s 小得多,而 t_t 比 t_s 要大,门极负脉冲电流幅值越大,t_s 越小。GTO 的关断时间 t_{off} 一般指储存时间和下降时间之和,不包括尾部时间,下降时间一般小于 2μs,有

$$t_{off}=t_s+t_f \tag{1-12}$$

GTO 关断时间的大部分功率损耗出现在尾部时间。在相同的关断条件下,不同型号的 GTO,相应的尾部电流起始值和尾部电流的持续时间均不同。在存储时间内,过大的门极反向关断电流上

升率会使尾部时间加长。此外，过高的 du/dt 会使 GTO 瞬时功耗过大，而在尾部时间内损坏管子，因此必须设计适当的缓冲电路。

GTO 的关断增益 β_{off} 为最大可关断阳极电流 I_{ATO} 与门极负电流最大值 I_{GM} 之比，因而一切影响 I_{ATO} 和 I_{GM} 的因素均会影响 β_{off}。β_{off} 一般只有 3～5，这是 GTO 的一个主要缺点。例如，当 β_{off} =5 时，对阳极电流为 100A 的 GTO 实施关断，门极负值电流至少需要 20A。

GTO 也有多种类型，逆阻 GTO 可承受正反向电压，但正向导通压降高，快速性差。一些 GTO 制成逆导型，为感性无功分量提供续流通路。非逆阻 GTO 不能承受阳极反压，如有反压，应串联二极管加以保护。

1.4　电力晶体管 GTR

电力晶体管 GTR（Giant Transistor）也称为大功率晶体管、巨型晶体管，是一种耐高电压、大电流的双极结型晶体管（Bipolar Junction Transistor），所以英文有时候也称为 Power BJT。由于 GTR 是全控型器件，并具有开关时间短、饱和压降低和安全工作区较宽等优点，因此在 20 世纪 80 年代到 90 年代初，GTR 在中、小功率范围的斩波控制和变频控制领域得到广泛应用。但由于其存在二次击穿和驱动功率较大等缺点，目前在应用中大多已被 IGBT 和电力 MOSFET 所取代，故对其仅做简单介绍。

1.4.1　GTR 的结构和基本特性

1．GTR 的结构和电气符号

GTR 与信息电子技术中的双极结型晶体管基本工作原理是一样的，在此不做赘述。它具有 3 层结构的半导体器件，中间层为基区，其余两区为发射区和集电区。由 3 个区引出的电极分别称为基极 B、发射极 E 和集电极 C。GTR 有两种基本类型：PNP 型和 NPN 型，其结构和电气符号分别如图 1-23（a）和（b）所示。在电力电子电路中主要采用 NPN 型。

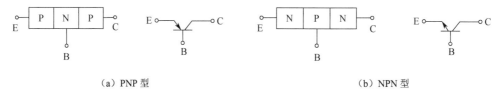

（a）PNP 型　　　　　　　　　　　　　　　　　　（b）NPN 型

图 1-23　GTR 的结构和电气符号

2．GTR 的静态特性

GTR 与用于信息处理的双极结型晶体管相比的主要特征是耐压高、电流大、开关特性好。GTR 通常采用至少由两个晶体管按达林顿接法组成的单元结构，采用集成电路工艺将许多这种单元并联而成。在电力电子技术中，GTR 主要工作于开关状态，常用开通、导通、关断、阻断 4 个术语表示不同的工作状态。导通和阻断表示 GTR 接通和断开的两种稳态工作情况，开通和关断表示 GTR 由阻断到导通、由导通到阻断的动态工作过程。人们希望 GTR 的工作接近于理想的开关状态，即导通时压降要趋于零，阻断时电流要趋于零，两种状态间的转换过程要快。在应用中，GTR 一般采用共发射极接法。共发射极接法下 GTR 的静态特性与普通的双极结型晶体管基本上是一样的，集电极电流 i_C 与基极电流 i_B 之比为

$$\beta = \frac{i_C}{i_B} \qquad (1-13)$$

β 为 GTR 的共发射极电流放大系数，反映了基极电流对集电极电流的控制能力。当考虑到集电极和发射极间的漏电流 I_{CEO} 时，i_C 和 i_B 的关系为

$$i_C = \beta i_B + I_{CEO} \qquad (1-14)$$

单管 GTR 的 β 值比小功率的晶体管小得多，通常为 10 左右，采用达林顿接法可有效增大电流增益。

如图 1-24 所示，共发射极接法时 GTR 的静态特性有 3 个区：截止区、放大区和饱和区。GTR 工作于开关状态，即工作于截止区或饱和区。但在开关过程中，都要经过放大区，才能使工作点从截止区过渡到饱和区或反之。

3. GTR 的动态特性

动态特性主要描述 GTR 开关过程的瞬态性能，其优劣常用开关时间表征。GTR 一般工作于开关工作方式，即工作于图 1-24 所示的 GTR 静态特性中的饱和区和截止区。它是用基极电流来控制集电极电流的，在饱和区中，一定的基极电流可使管子在相应的集电极电流下饱和导通，其特点是集射极电压较低，用反向基极电流迫使 GTR 关断，其特点是集射极电流几乎为 0。图 1-25 给出了 GTR 开通和关断过程中基极电流和集电极电流波形。GTR 开通时需要经过延迟时间 t_d 和电流上升时间 t_r，二者之和为开通时间 $t_{on} = t_d + t_r$，延迟时间主要是由发射结势垒电容和集电结势垒电容充电产生的。增大基极驱动电流 i_B 的幅值并增大 di_B/dt，可以缩短延迟时间，同时也可以缩短电流上升时间，从而加快开通过程。

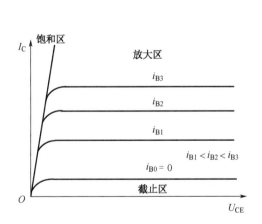

图 1-24 共发射极接法时 GTR 的静态特性

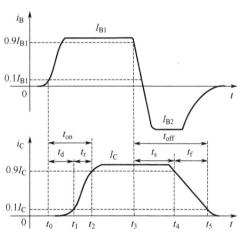

图 1-25 GTR 的开通和关断电流波形

关断时需要经过存储时间 t_s 和电流下降时间 t_f，二者之和为关断时间 t_{off}。关断时间表达式为 $t_{off} = t_s + t_f$。存储时间用来除去饱和导通时存储在基区的载流子，是关断时间的主要部分。减小导通时的饱和深度以减小存储的载流子，或者增大基极抽取负电流，增大如图 1-25 所示的 I_{B2} 的幅值和负偏压，可以缩短存储时间，从而加快关断速度。增大或减小导通时的饱和深度都会带来不利的影响，减小导通时的饱和深度使集电极和发射极间的饱和导通压降 U_{CES} 增大，增大了通态损耗。增大导通时的饱和深度不利于关断，在应用时往往使 GTR 处于临界饱和状态。GTR 的开关时间在几微秒以内，小于晶闸管和 GTO 的开关时间。

1.4.2　GTR 的主要参数

在前面 GTR 的静态特性和动态特性中已经介绍了 GTR 的共发射极电流放大系数、开通时间、关断时间等参数，下面再介绍 3 个 GTR 的主要参数。

1. 击穿电压

击穿电压指保证 GTR 在正常工作时不被击穿的外加电压上限。GTR 的 3 个极中 CB 和 CE 之间的击穿电压各不相同，而且 CE 之间的击穿电压与发射结（基极与发射极间）的电路有关，当发射结施加负偏电压、短路连接、电阻连接、开路时，GTR 的集电极和发射极间所能承受的最大电压（即击穿电压）依次减小，各击穿电压的关系为 $BU_{CBO} > BU_{CEX} > BU_{CES} > BU_{CER} > BU_{CEO}$。BU（Breakdown Voltage）表示击穿电压，下标前两位表示 GTR 的两个极，下标第三位表示 GTR 的基极 B 与发射极 E 两极之间的状态，O 表示发射结开路，X 表示发射结加反向电压，S 表示发射结短路，R 表示发射结接电阻。一般只关心 GTR 集电极和发射极间的击穿电压，其中基极开路时集电极和发射极间的击穿电压用 BU_{CEO} 表示。使用 GTR 时，为了确保安全，实际最高工作电压比 BU_{CEO} 低。

2. 集电极最大允许电流 I_{CM}

以结温和耗散功率为尺度来确定 I_{CM}，即结温和耗散功率不超过额定值所对应的集电极电流为集电极最大允许电流 I_{CM}，实际使用时要留有 1.5～2 倍的裕量。

3. 集电极最大耗散功率 P_{CM}

集电极最大功耗额定值 P_{CM} 是指 GTR 在最高允许结温时对应的耗散功率。它受结温的限制，其大小主要由集电结工作电压和集电极电流的乘积决定。由于这部分能量将转化为热能并使 GTR 发热，因此 GTR 散热条件是十分重要的。如果散热条件不好，GTR 管会因温度过高而损坏。

除了上述的一些参数，GTR 还有其他一些参数，如直流电流增益、集电极与发射极间漏电流、集电极与发射极间饱和压降等，使用时请参考相关手册和资料。

1.4.3　GTR 的二次击穿现象与安全工作区

BU_{CEO} 又称为一次击穿电压值，当集射极间的电压升高至击穿电压 BU_{CEO} 时，发生一次击穿，此时集电极电流急速增加，如果有外接电阻限制集电极电流的增长，一般不会引起晶体管特性变坏。一次击穿发生时，如果对集电极电流不加限制，集电极电流继续增加，集射极间的电压陡降，就会导致破坏性的二次击穿。所以，二次击穿是在器件发生一次击穿后，在某电压和电流点产生向低阻抗区高速移动的负阻现象。将不同的基极电流下二次击穿临界点连接起来，就构成了二次击穿功率 P_{SB} 临界线。二次击穿时间在纳秒至微秒的数量级之内。即使在这样短的时间内，它也能使器件内出现明显的电流集中和过热点。因此，一旦发生二次击穿，轻者使 GTR 耐压降低、特性变差，重者使集电结和发射结熔通，GTR 将受到永久性损坏。

安全工作区 SOA（Safe Operation Area）是指 GTR 能够安全运行的电流、电压的极限范围。安全工作区分为正向偏置安全工作区（FBSOA）和反向偏置安全工作区（RBSOA）。正向偏置安全工作区是在基极与射极间正向偏置条件下由 GTR 的最大允许集电极电流 I_{CM}、最大允许集电极功耗 P_{CM}、集电极击穿电压 BU_{CEO} 及二次击穿功率 P_{SB} 限定的一个区域。基极反向偏置时的安全工作区（RBSOA）指的是 GTR 关断、基极流过反向电流时，在承受集电极与发射极间的电压（也称集射极电压）U_{CE} 的同时，允许通过集电极电流 I_C 而不损坏器件所构成的极限区域。GTR 工作时不仅不能超过正向偏置安全工作区，也不能超过反向偏置安全工作区。将两个安全工作区所允许的较小

的最高电压 U_{CEM}、集电极最大电流 I_{CM}、最大耗散功率 P_{CM} 及二次击穿功率 P_{SB} 临界线组合，就构成了 GTR 的安全工作区 SOA（Safe Operating Area），如图 1-26 的阴影区所示。

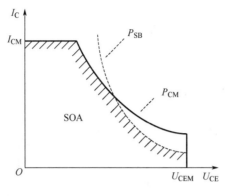

图 1-26　GTR 的安全工作区

　　由于 GTR 的安全工作区较窄，当 GTR 在工作过程中所承受的电压电流都较大时，超出安全工作区域，那么 GTR 在开关瞬变过程中易被击穿。所以，为了使 GTR 在开关瞬变过程中可靠运行，可外加辅助电路（缓冲电路在第 2 章介绍），确保 GTR 所承受的电压电流在安全工作区域之内。

1.5　电力场效应晶体管 Power MOSFET

　　电力场效应晶体管 Power MOSFET（Power Metal Oxide Semiconductor）是一种多子导电的单极型电压控制器件，具有开关速度快、高频性能好（它是目前所有可控电力电子器件中工作频率最高的）、输入阻抗高、驱动功率小、热稳定性优良、无二次击穿、安全工作区宽等显著特点，因此，在中小功率的高性能开关电源、斩波器、逆变器中，得到极为广泛应用，尤其在低压场合。但是，耐压较高的电力 MOSFET 电流容量小、通态电阻大，限制了它在中大功率领域的进一步应用。

1.5.1　结构和工作原理

　　电力场效应晶体管按栅极结构分为结型和绝缘栅型两种类型，按导电沟道可分为 P 沟道和 N 沟道两种类型。当栅极电压为零时源极和漏极之间就存在导电沟道的称为耗尽型。对于 N（P）沟道器件，栅极电压大于（小于）零时才存在导电沟道的称为增强型。本节主要介绍绝缘栅 N 沟道增强型场效应晶体管。

　　电力 MOSFET 和微电子技术中的 MOS 管导电动机理相同，但在结构上有较大区别。小功率 MOS 管是由一次扩散形成的器件，其栅极 G、源极 S 和漏极 D 在芯片同一侧，导电沟道平行于芯片表面，是横向导电器件。要使其能够流过很大的电流，必须增大芯片面积和厚度，故很难制成大功率管。电力 MOSFET 是由两次扩散形成的器件，在 N^+ 型高掺杂浓度衬底上，外延生长 N^- 型高阻层，N^+ 型区和 N^- 型区共同组成漏区。由同一个光刻窗口进行两次扩散，在 N^- 区内先扩散形成 P 型体区，再在 P 型体区内有选择地扩散形成 N^+ 型源区，由两次扩散的深度差形成了沟道部分，因而沟道的长度可以精确控制。由于沟道体区与源区总是短路的，所以源区 PN 结常处于零偏置状态。在 P 和 N^- 上层与栅极之间生长金属 SiO_2 绝缘薄层作为栅极和导电沟道的隔离层。这样当栅极加有适当电压时，由于表面电场效应会在栅极下面的体区中形成 N 型反型层，这些反型层就是源区和漏区的导电沟道。一般 100V 以下的器件是横向导电的，称为横向双扩散（Lateral Double Diffused）

器件，简称 LDMOS。而电压较高的器件制成垂直导电型的，称为垂直双扩散（Vertical Double Diffused）器件，简称 VDMOS。这种器件是把漏极移到另一个表面上，使从漏极到源极的电流垂直于芯片表面流过，这样有利于加大电流密度和减少芯片面积。图 1-27（a）给出了 N 沟道增强型 VDMOS 中一个单元的截面图，电力 MOSFET 的电气图形符号如图 1-27（b）所示。

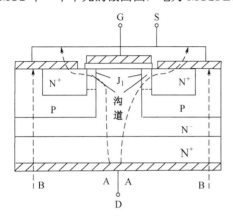

（a）N 沟道增强型 VDMOS 内部结构截面示意图

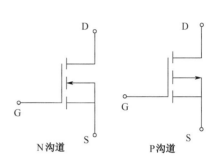

（b）电气图形符号

图 1-27　内部结构和电气图形符号

在外电路作用下，如果漏极 D 接电源正极，源极 S 接电源负极，栅极 G 和源极间电压为零或为负时，P 区与 N⁻ 漂移区之间形成的 PN 结反偏，漏源极之间无电流流过，电力 MOSFET 截止。

如果在栅极和源极之间加一正电压 U_{GS}，由于栅极是绝缘的，因此并不会有栅极电流流过。但栅极的正电压所形成的感应作用却会将其下面 P 区中的少数载流子——电子吸引到栅极下面的 P 区表面。当 U_{GS} 大于某一电压值 U_T 时，U_T 称为开启电压或阈值电压，则栅极下 P 型半导体表面的电子浓度将超过空穴浓度，从而使 P 型半导体反型而成 N 型半导体，形成反型层，该反型层形成 N 沟道而使 PN 结的 J_1 消失，漏极和源极导电，电力 MOSFET 导通，其中一个单元导电路径为如图 1-27（a）所示的 A 路径。

电力 MOSFET 是多元集成结构，一个器件由许多个 MOSFET 单元组成，所有 MOSFET 单元的沟道是并联的，每个 MOSFET 单元的沟道长度大为缩短，可以使沟道电阻大幅度减小，从而使 MOSFET 在同样的额定结温下的通态电流大大提高。此外，沟道长度的缩短，使载流子的渡越时间减小，器件的开关时间缩短，从而提高了工作频率，改善了器件性能。

从图 1-27 可以看到 D 为漏极，S 为源极，G 为栅极，源极金属电极将 N⁺ 区和 P 区连接在一起，因此源极与漏极间形成一个体内二极管，相当于 D、S 间反并联二极管，如图 1-27（a）中的 B 路径所示（体内二极管导电路径与 B 路径箭头方向相反）。

1.5.2　基本特性

1. 静态特性

电力 MOSFET 的静态特性包括转移特性和输出特性。转移特性是指在漏源电压一定时，漏极电流 I_D 和栅源间控制电压 U_{GS} 之间的关系，如图 1-28（a）所示，电压 U_T 称为开启电压或阈值电压，U_{GS} 超过 U_T 越多，导电能力越强，漏极电流 I_D 越大。其中，U_T 的典型值为 2～4V。I_D 较大时，I_D 与 U_{GS} 的关系近似线性，曲线的斜率被定义为 MOSFET 的跨导 g_m，即 $g_m = dI_D / dU_{GS} = \Delta I_D / \Delta U_{GS}$。

输出特性是指以栅源电压 U_{GS} 为参变量，反映漏极电流与漏源电压间关系的曲线簇，如图 1-28（b）所示。它可以分为 4 个区域：当 $U_{GS} < U_T$ 时，VDMOS 工作于截止区，对应于 GTR 的截止区；当 U_{GS} 较大（比如等于 12V）且 U_{DS} 很小时，随着 U_{DS} 增大，I_D 相应增大，I_D 和 U_{DS} 几乎成线性关系，此时管

子工作于非饱和区，又叫欧姆工作区，对应 GTR 的饱和区；当 $U_{GS} \geqslant U_T$ 时，且随着 U_{DS} 的增大，I_D 几乎不变，器件进入饱和区，对应于 GTR 的放大区；当 $U_{GS} \geqslant U_T$ 且 U_{DS} 增大到一定值时，漏极 PN 结发生雪崩击穿，I_D 突然增大，器件工作状态进入雪崩区。正常使用时，不应使器件进入雪崩区，否则会使 VDMOS 管损坏。从图 1-28 可知，电力 MOSFET 的静态特性与微电子技术中 N 沟道增强型 MOSFET 的静态特性是类似的。

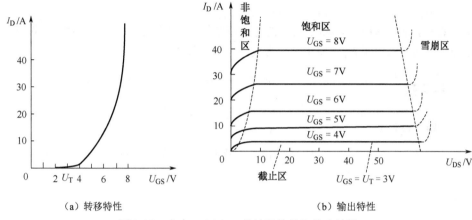

（a）转移特性　　　　　　　　　　（b）输出特性

图 1-28　电力 MOSFET 的转移特性和输出特性

2．动态特性

相对于 GTR 来说，电力 MOSFET 的开关速度非常快。因为它是一种多数载流子导电的器件，没有与关断时间相联系的存储时间。它的开通、关断时间只与电力 MOSFET 的输入电容的充放电有关，因此其开、关时间与驱动电路的输出阻抗、驱动电路与 MOSFET 栅极之间串接的电阻密切相关，该栅极电阻是为了防止 MOSFET 开关过程中的漏源电压振荡，一般不能省略。由于电力场效应管存在输入电容 C_{in}，所以当驱动信号 u_{QD} 为方波时，C_{in} 有充电过程，栅源电压 U_{GS} 呈指数规律上升，如图 1-29 所示。电阻负载时，当 U_{GS} 上升到开启电压 U_T 时，开始出现漏极电流 I_D，电压 U_{DS} 开始下降。从开通上升信号前沿出现时刻到 I_D 出现的时刻，这段时间称为导通延迟时间 $t_{d(on)}$，t_r 是漏极电流 I_D 的上升时间。$t_{d(on)}$ 与 t_r 之和是电力 MOSFET 的开通时间 t_{on}

$$t_{on} = t_{d(on)} + t_r \tag{1-15}$$

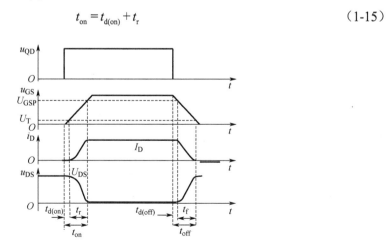

图 1-29　电力 MOSFET 的动态特性波形

$t_{\text{d(off)}}$ 是关断延迟时间，t_f 是漏极电流 I_D 的下降时间。$t_{\text{d(off)}}$ 与 t_f 之和是电力 MOSFET 的关断时间 t_{off}

$$t_{\text{off}} = t_{\text{d(off)}} + t_f \qquad (1\text{-}16)$$

电力 MOSFET 不存在少子存储效应，关断过程非常迅速，开关时间在 10～100ns 之间，工作频率可达 100kHz 以上，是主要电力电子器件中最高的。电力 MOSFET 是场控器件，在静态时几乎不需要输入电流。但是，在开关过程中需要对输入电容充放电，仍需要一定的驱动功率。开关频率越高，所需要的驱动功率越大。MOSFET 的开关速度与 C_{in} 的充放电有很大关系，可降低驱动电路内阻和选择合适的栅极电阻 R_G 以减小时间常数，加快开关速度。

1.5.3　主要参数

1．漏源额定电压 U_{DS}

漏源额定电压 U_{DS} 是在 $U_{\text{GS}} = 0$ 时 MOSFET 漏极和源极所能承受的最高电压。电力 MOSFET 工作时不能超过这个电压，并要留有一定的安全裕量。

2．漏极额定电流 I_D 和漏极峰值电流 I_{DM}

漏极额定电流 I_D 指允许通过 MOSFET 连续直流电流的最大值。漏极峰值电流 I_{DM} 指允许通过 MOSFET 脉冲电流的最大值，它反映了 MOSFET 瞬时过载能力。这两个电流参数主要受器件工作温度的限制（通常最高结温为 150℃），不论器件通过连续电流还是脉冲电流，其内部结温不得超过最高结温。值得注意的是，一般生产厂家所给出的漏极额定电流是器件外壳温度为 25℃时的值，所以在选择器件时要考虑充分的裕量，防止在器件温度升高时漏极额定电流降低而损坏器件。

3．栅源电压 U_{GS}

栅源电压 U_{GS} 指栅极与源极之间的电压。栅源之间的绝缘层很薄，为了防止绝缘层因栅源电压过高发生电击穿，栅源电压只允许在一定范围之内，一般其极限值为±20V。为了防止 MOSFET 因静电感应而引起的损坏，应注意以下几点：①一般在不用时将其 3 个电极短接；②装配时，人体、工作台、电烙铁必须接地，测试时所有仪器外壳必须接地；③电路中，栅、源极间常并联齐纳二极管以防止电压过高；④漏、源极间也要采取缓冲电路等措施吸收过电压。

4．通态电阻 R_{on}

通态电阻 R_{on} 是电力 MOSFET 非常重要的参数。通常规定：在确定的栅源电压 U_{GS} 下，电力 MOSFET 饱和导通时漏源电压与漏极电流的比值是影响最大输出功率的重要参数。相同容量等级的电力 MOSFET 通态电阻比 GTR 大，而且器件耐压越高通态电阻越大，这就是此种器件耐压等级难以提高的主要原因，不过，有些耐压低的电力 MOSFET 通态电阻很小。通态电阻与栅源电压有关，随着栅源电压的升高通态电阻值减小，但开通时过高的栅源电压会延缓关断时间，所以一般选择开通时栅源电压为 12V 左右。通态电阻几乎是结温的线性函数，随着结温升高通态电阻增大，也就是通态电阻具有正的温度系数，这一特性使电力 MOSFET 易于并联使用。

5．最大耗散功率 P_D

最大耗散功率 P_D 表示器件所能承受的最大发热功率。

6．跨导 g_m

跨导 g_m 定义为

$$g_m = \Delta I_D / \Delta U_{\text{GS}} \qquad (1\text{-}17)$$

它表示 U_{GS} 对 I_D 的控制能力的大小。实际中，高跨导的管子具有更好的频率响应。

7. 极间电容

电力 MOSFET 三个极之间分别存在极间电容：栅源电容 C_{GS}、栅漏电容 C_{GD} 和漏源电容 C_{DS}。这些电容在器件的开关过程中是变化的。漏源短路时，输入电容为 $C_{in}=C_{GS}+C_{GD}$，输出电容为 $C_{OS}=C_{DS}+C_{GD}$，反馈电容为 $C_{rs}=C_{GD}$。

除了上述参数，电力 MOSFET 还有一些其他参数，如开启电压、开通时间和关断时间等，使用时请参考相关手册和资料。

一般来说，电力 MOSFET 不存在二次击穿问题，漏源间的耐压、漏极最大允许电流和最大耗散功率决定了电力 MOSFET 的安全工作区。电力 MOSFET 是一种使用方便、可靠性高的器件。

1.6　绝缘栅双极晶体管 IGBT

电力 MOSFET 的通态电阻是限制其功率容量的主要因素。因此，如何减小其通态电阻就成为一个重要研究课题。人们从 BJT 工作机理上得到启示，在 MOSFET 的漂移区引入少数载流子进行电荷调制，从而可使漂移区电阻显著减少。1983 年，RCA 公司（美国无线电公司）和 GE 公司（通用电气公司）利用这一原理几乎同时研制出新一代电力器件——绝缘栅双极晶体管 IGBT（Insulated Gate Bipolar Transistor）。它是集 MOSFET 和 GTR 的优点于一身的新型复合器件，具有输入阻抗高、开关速度快、热稳定性好、所需驱动功率小、驱动电路简单、通态电压低、高压电流大等优点。这些突出的优点使之在电动机控制、开关电源、交流伺服、逆变器、机器人、感应加热及家用电器中得到广泛应用。目前，IGBT 的电流等级已达 3000A，电压等级已达 6500V，工作频率可达 100kHz 以上。在 400kW 以下的变频器基本上都采用 IGBT。IGBT 已逐步取代了原来 GTR 和一部分电力 MOSFET 的市场，成为中小功率电力电子设备的主导器件。随着 IGBT 电压和电流容量的不断提高，在大容量装置方面也将得到广泛的应用。

1.6.1　IGBT 的结构和工作原理

IGBT 是具有栅极 G、集电极 C 和发射极 E 的三端器件。IGBT 的内部结构截面如图 1-30（a）所示。由结构图可以看出，IGBT 由 MOSFET 的漏极一侧附加 P^+ 层而构成，从 C 到 E 有两个路径，一个路径为 PNP，另一个由 PNP 基区连接 MOSFET 到发射极 E，相当于 MOSFET 驱动厚基区 PNP 晶体管的达林顿结构器件。其简化等效电路如图 1-30（b）所示，图中电阻 R_N 是厚基区 PNP 晶体管的扩展电阻。IGBT 的电气图形符号如图 1-30（c）所示。

IGBT 的驱动原理与电力 MOSFET 基本相同，它也是一种场控器件。其开通和关断是由栅极和发射极间的电压 U_{GE} 决定的，当栅极与发射极间施加栅极电压降到开启电压 $U_{GE(th)}$ 以下时，MOSFET 内的沟道消失，晶体管的基极电流被切断，IGBT 关断，IGBT 的正向阻断电压主要由 J_2 结的雪崩击穿电压决定。

另一方面，当 U_{GE} 为正且大于开启电压 $U_{GE(th)}$ 时，在栅极下的 P 层表面形成 N 沟道，形成导通的通道。这时从集电极端的 P^+ 型半导体层向 N^- 型半导体层注入空穴，导通电阻急剧降低（电导调制效应），减小 N^- 区的电阻 R_N，使高耐压的 IGBT 也具有低的通态压降。这一点是与电力场效应管的最大区别，也是 IGBT 可以大电流化的原因。

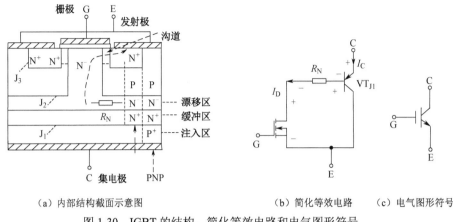

（a）内部结构截面示意图　　　（b）简化等效电路　　（c）电气图形符号

图 1-30　IGBT 的结构、简化等效电路和电气图形符号

1.6.2　IGBT 的基本特性和主要参数

IGBT 的基本特性包括静态特性和动态特性。静态特性主要是指 IGBT 的转移特性和输出特性，动态特性是指 IGBT 的开关特性。

1．静态特性

IGBT 的转移特性是指集电极输出电流 I_C 与栅射电压 U_{GE} 之间的关系曲线，如图 1-31（a）所示。它与电力 MOSFET 的转移特性类似。当栅射电压 U_{GE} 小于开启电压 $U_{GE(th)}$，IGBT 处于关断状态。在 IGBT 导通后的大部分集电极电流范围内，I_C 与 U_{GE} 呈近似线性关系。

IGBT 的输出特性（亦称伏安特性）是指以栅射电压 U_{GE} 为参变量时，集电极电流 I_C 与集射电压 U_{CE} 之间关系的曲线，如图 1-31（b）所示。它与 GTR 的输出特性相似，IGBT 的输出特性也分为三个区域：正向阻断区、有源区和饱和区，这分别与 GTR 的截止区、放大区和饱和区相对应。当 $U_{CE} < 0$ 时，IGBT 为反向阻断工作状态。IGBT 作为开关器件，稳态时主要工作在饱和导通区和正向阻断区。阻断状态下的 IGBT，正向电压由 J_2 结承担，反向电压由 J_1 结承担。加入 N^+ 缓冲区后，反向阻断电压只能达到几十伏的水平，所以 IGBT 内部一般反并联一个快速恢复二极管。

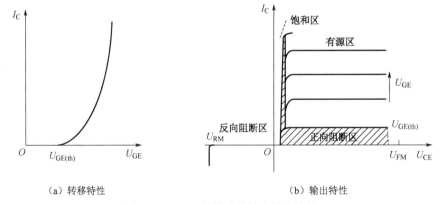

（a）转移特性　　　　　　　　　　（b）输出特性

图 1-31　IGBT 的转移特性和输出特性

2．动态特性

IGBT 的动态特性如图 1-32 所示。由图可知，IGBT 的开关特性与电力 MOSFET 基本相同。开通时间 t_{on} 和关断时间 t_{off} 是衡量 IGBT 开关速度的重要指标。从驱动电压 U_{GE} 的 $10\%U_{GEM}$ 开始，到集电极电流 I_C 上升至 $10\%I_{CM}$ 为止的时间段为开通延迟时间 $t_{d(on)}$，I_C 从 $10\%I_{CM}$ 到 $90\%I_{CM}$ 所需的

时间为电流上升时间 t_{ri}。

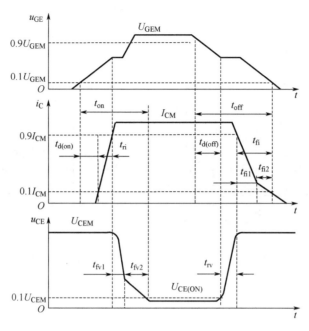

图 1-32　IGBT 的动态特性

开通时，集射极电压 U_{CE} 的下降时间为 t_{fv}，分为 t_{fv1} 和 t_{fv2} 两段。前者为 IGBT 中的 MOSFET 单独工作的电压下降过程，后者为 MOSFET 和 PNP 晶体管同时工作的电压下降过程。只有在 t_{fv2} 段结束时，IGBT 才完全进入饱和区。开通时间为

$$t_{on} = t_{d(on)} + t_{ri} + t_{fv} \tag{1-18}$$

IGBT 关断是由栅极电压控制的。从栅极驱动电压 U_{GE} 下降到 $90\% U_{GEM}$ 起，到集射极电压上升至幅值的 10%，这段时间为关断延迟时间 $t_{d(off)}$。随后集射极电压上升，到集电极电流 I_C 下降到 $90\% I_{CM}$，这段集射极电压上升时间为 t_{rv}，此后集电极电流从 $90\% I_{CM}$ 下降到 $10\% I_{CM}$ 的时间段为电流下降时间 t_{fi}。关断时间为

$$t_{off} = t_{d(off)} + t_{rv} + t_{fi} \tag{1-19}$$

式中，$t_{fi} = t_{fi1} + t_{fi2}$，$t_{fi1}$ 对应 IGBT 内部的 MOSFET 的关断过程，t_{fi2} 对应 IGBT 内部的 PNP 晶体管的关断过程。由此可见，IGBT 中双极性 PNP 晶体管的存在，虽然带来了电导调制效应的好处，但也引入了少数载流子储存现象。因而 IGBT 的开关速度低于电力场效应管。

IGBT 的主要参数与电力 MOSFET 也基本相同，因此不再详述。使用时请参考相关手册和资料。

1.6.3　IGBT 的擎住效应和安全工作区

1. 擎住效应

为简明起见，曾用图 1-30（b）所示的简化等效电路说明 IGBT 的工作原理，但是，IGBT 的更复杂现象则需用图 1-33（a）来说明。由图 1-33（a）可见，IGBT 内还含有一个寄生的 NPN 晶体管，它与作为主开关器件的 PNP 晶体管一起组成双晶体管，见图 1-33（b）。靠近 E 极并在 NPN 晶体管的基极与发射极之间的 P 型体区存在着体区电阻 R_E，该等效电阻阻值很小，但当 P 型体区通过电流时会产生一定压降，对 J_3 结来说，相当于施加一个正偏置电压。在额定的集电极电流范围内，这个正偏压很小，不足以使 J_3 结导通，NPN 晶体管不起作用。如果集电极电流大到一定程度，这个

正偏压将上升，致使 NPN 晶体管导通，进而使 NPN 和 PNP 晶体管同时处于饱和状态，造成寄生晶体管开通，IGBT 栅极失去控制作用，这就是所谓的擎住效应（Latch），也称为自锁效应。IGBT 一旦发生擎住效应后，器件失控，集电极电流很大，造成过高的功耗，将导致器件损坏。

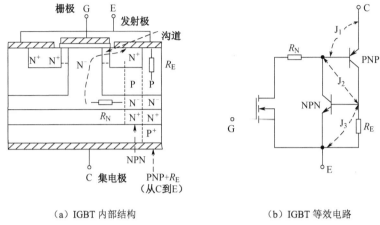

（a）IGBT 内部结构　　　　（b）IGBT 等效电路

图 1-33　具有寄生晶体管的 IGBT

由此可知，集电极电流有一个临界值 I_{CM}，大于此值后 IGBT 会产生擎住效应。为此，器件制造厂必须规定集电极电流的最大值和相应的栅射电压的最大值。集电极通态电流超过临界值 I_{CM} 时产生的擎住效应称为静态擎住效应。值得指出的是，IGBT 在关断动态过程中会产生所谓的关断擎住或称动态擎住效应，这种现象在负载为感性时更容易发生。

动态擎住所允许的集电极电流比静态擎住时还要小，因此制造厂所规定的 I_{CM} 值是按动态擎住所允许的最大集电极电流而确定的。

IGBT 产生动态擎住现象的主要原因是在高速关断时，电流下降太快，集射极电压 U_{CE} 突然上升，$\mathrm{d}u_{CE}/\mathrm{d}t$ 很大，在 J_2 结引起较大的位移电流，当该电流流过 R_E 时，可产生足以使 NPN 晶体管开通的正向偏置电压，造成寄生晶体管自锁。为了避免发生动态擎住效应，可适当加大栅极串联电阻，以延长 IGBT 关断时间，使电流下降速度放慢，从而使 $\mathrm{d}u_{CE}/\mathrm{d}t$ 减小。

温度升高也会加重 IGBT 发生擎住效应的危险。使 IGBT 发生自锁的集电极电流 I_{CM} 在常温（25℃）以下一般是额定电流的 6 倍以上，但温度升高后 I_{CM} 会严重下降。究其变小的原因主要是 IGBT 体内的 NPN 和 PNP 晶体管的放大系数都会随温度的上升而增大。此外，体区电阻 R_E 随温度升高而增大也是形成自锁条件的一个因素。器件研究人员非常重视这方面的研究工作，采取各种方法提高擎住电流 I_{CM}，甚至消除 IGBT 的擎住效应，目前已取得了很大成效。

2. 安全工作区

IGBT 具有较宽的安全工作区。IGBT 常工作于开关工作状态。它的安全工作区分为正向偏置安全工作区（FBSOA）和反向偏置安全工作区（RBSOA）。图 1-34 所示分别为 IGBT 的 FBSOA 和 RBSOA。

正向偏置安全工作区（FBSOA）是 IGBT 在导通工作状态的参数极限范围。FBSOA 由导通脉宽的最大集电极电流 I_{CP}、最大集射极间电压 U_{CES} 和最大功耗 P_{CM} 3 条边界线包围而成。

FBSOA 的大小与 IGBT 的导通时间长短有关。导通时间越短，最大功耗耐量越高。图 1-34（a）所示为某型号 IGBT 在直流（DC）和脉宽（PW）分别为 1ms、100μs 及 15μs 情况下的 FBSOA。其中，直流的 FBSOA 最小；图 1-34（a）中最大直流电流为 I_C，其中 I_C 和 U_{CE} 乘积的最大值不能超出最大耗散功率；直流的 FBSOA 由最大耗散功率 P_{CM} 限定。P_B 为二次击穿限制的安全工作区的边界，此段不是等功耗的。随着 U_{CE} 的增大，功耗下降，U_{CE} 越高，功耗越低，这说明高电压状态更容易出现失效。图 1-34（a）中 I_{CP} 为单脉冲最大电流，单脉冲安全工作区随着脉冲宽度减小而扩大，脉宽为 15 μs 的 FBSOA 最大。

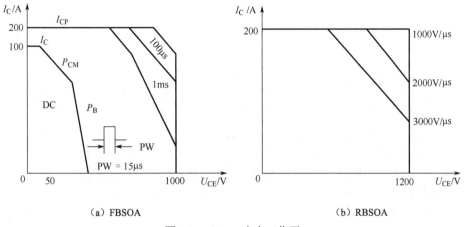

（a）FBSOA　　　　　　　　　　（b）RBSOA

图 1-34 IGBT 安全工作区

反向偏置安全工作区（RBSOA）是 IGBT 在关断工作状态下的参数极限范围。RBSOA 由最大集电极电流 I_{CP}、最大集射极间电压 U_{CES} 和电压上升率 du_{CE}/dt 共 3 条极限边界线所围成。如前所述，过高的 du_{CE}/dt 会使 IGBT 产生动态擎住效应。du_{CE}/dt 越大，RBSOA 越小。

IGBT 的最大集电极电流 I_{CP} 是根据避免动态擎住效应而确定的。IGBT 的最大允许集射极间电压 U_{CES} 是由器件内部的 PNP 晶体管所能承受的击穿电压确定的。

1.6.4　NPT 型 IGBT 简介

由于制作工艺不同，导致器件性能迥异，采用外延法工艺的 IGBT，因为 N⁻ 长基区的宽度小于空间电荷的扩展宽度，所以称为穿通型 IGBT（PT 型 IGBT，Punch Through IGBT）。若采用同质单晶体硅片和扩散注入式工艺的器件，其情况与 PT 型 IGBT 相反，故称非穿通型 IGBT（NPT 型 IGBT，Non Punch Through IGBT）。20 世纪 90 年代前期，外延法是生产 IGBT（PT 型）的主导工艺，但存在着生产成本高、高温特性不良的缺点。而采用扩散注入式工艺的 NPT 型 IGBT 高温特性好，通态压降从小电流开始随工作温度升高而变大，构成正温度系数。实际应用电路中用户容易实现并联。例如，4500V/40A 的 NPT 芯片并联封装出的模块可达 1600A，已经在牵引机车中应用，主要依赖于 NPT 型易于并联使用的这一特性。

1.7　其他电力电子器件

1.7.1　智能功率模块与功率集成电路

电力电子器件研制和开发中的一个共同趋势是模块化，模块化可以缩小开关电路装置的体积，降低成本，提高可靠性，便于电力电子电路的设计、研制，更重要的是由于各开关器件之间的连线紧凑，减小了线路电感，在高频工作时可以简化对保护、缓冲电路的要求。电力电子器件模块化最常见的是将同类或不同类的电力电子器件按一定的电路拓扑结构连接在一起，构成串联、并联（反并联）、单相桥、三相桥等形式的器件组合体。更进一步地，对于电力电子开关器件，还可以将它的驱动、自诊断、检测和保护等电路集成在一起。

1．智能功率模块

将电力电子器件与其驱动、检测和保护等电路集成在一起有两种做法，分别为封装集成和芯片集成。智能功率模块就是基于封装集成的思想，通过厚膜技术或薄膜技术形成导体和电阻，在基板上把包括有大规模集成电路的半导体器件、电容、电感及其他电子部件连成一体，构成模块。智能功率模块（IPM，Intelligent Power Module）一般指 IGBT 智能模块，也称智能 IGBT。它是以 IGBT 为基本功率开关器件，并将辅助器件与驱动、保护电路封装在一个模块上，构成一相或三相逆变器的专用模块，尤其适合于电动机变频调速装置的需要。除 IGBT 外，如果将其他电力电子开关器件与其驱动、检测和保护等信息电子电路封装在一起，则称为集成电力电子模块（IPEM），封装集成为解决高低压电路之间的绝缘问题，以及处理温升和散热，提供了有效的思路，使电力电子模块（IPEM）制作自由度大、开发期短、开发费用低、可以小批量生产、容易定做。

对于 IPM 模块来说，它能够集功率变换、驱动及保护电路为一体，其保护功能主要有过流、短路、欠压和过热等。使用 IPM 模块时，仅需提供各桥臂的驱动电源和相应的开关控制信号，从而大大方便了系统的应用和设计，并使可靠性大大提高。

2．功率集成电路 PIC

基于芯片集成的思想，将电力电子器件和控制、保护、检测等微电子电路制作在同一芯片上，这样的集成电路称为功率集成电路，简称 PIC。单片功率集成电路（MPIC）强调所有器件集成在一个芯片上。功率集成电路又可分为高压功率集成电路（HVIC）和智能功率集成电路（SPIC）。

高压功率集成电路（HVIC，High Voltage IC）一般指横向（器件内部半导体结构是横向的）高压器件与逻辑或模拟控制电路的单片集成。HVIC 常用在小型电动机驱动、平板显示器驱动和电话交换机等电压较高、功率小的场合。

智能功率集成电路（SPIC，Smart Power IC）一般指纵向（器件内部半导体结构是纵向的）功率器件与带有传感、检测、自诊断等功能的逻辑或模拟控制电路的单片集成。SPIC 具有检测、自诊断等功能，常用在电动机驱动、开关电源、汽车电子、办公设备等中小功率的场合。

由于功率集成电路的芯片集成在高低压电路之间的绝缘以及信息电子电路温升和散热方面存在一定的难度，需解决一些关键技术问题。诸如绝缘隔离技术、晶片大口径化、大电流化、缓和电场强度技术、低压控制回路与数百伏输出回路之间电位调整技术、散热处理技术等。通过这些技术的运用，目前在较小功率场合，功率集成电路已经得到广泛的应用。它将逻辑、控制、保护等信息电子电路与电力电子器件集成在一个芯片上，实现诸如移位寄存器、锁存电路、放大、比较、基准电压、三角波发生器、PWM 控制电路等功能，以及过电压、过电流、过热、防干扰等保护电路。

1.7.2　电子注入增强栅晶体管 IEGT

电子注入增强栅晶体管 IEGT（Injection Enhanced Gate Transistor）是耐压达 4kV 以上的 IGBT 系列电力电子器件，通过采取增强注入的结构实现了低通态电压，使大容量电力电子器件取得了飞跃性的发展。IEGT 的电气符号相当于 IGBT 外加反并联二极管，故它对外也引出了共 3 个端子，分别称为集电极 C、发射极 E 和栅极 G。其开通关断静态特性与 IGBT 类似：当栅源极电压较高时，集电极 C 与发射极 E 导通，当栅源极电压为零或为负值时，集电极 C 与发射极 E 断开。

IECT 利用了"电子注入增强效应"，使之兼有 IGBT 和 GTO 两者的优点：低饱和压降、宽安全工作区（吸收回路容量仅为 GTO 的 1/10 左右）、低栅极驱动功率（比 GTO 低两个数量级）和较高的工作频率。器件采用平板压接式电极引出结构，可靠性高，容量已经达到 4.5kV/3000A 的水平。与 GTO 和 IGBT 相比，IEGT 的开关频率高于 GTO，而低于 IGBT，通态压降高于 GTO，而低于 IGBT，单管容量高于 IGBT 而低于 GTO。毫无疑问，IEGT 在电力电子设备中的应用前景将是十分广阔的。另外，采用沟槽结构和多芯片易于并联均流的特性，使其在进一步扩大电流容量方面颇具潜力。另外，通过模块封装方式还可提供众多派生产品，在大、中容量变换器应用中被寄予厚望。

1.7.3　MOS 控制晶闸管 MCT

MCT（MOS Controlled GTO）是 MOS 和 GTO 的复合器件，有两个 MOSFET 控制 GTO 的导通与截止，一个控制开通，一个控制截止。MCT 具有电流密度高的特点，200℃时达 $500\,A/cm^2$，小器件达 $6000\,A/cm^2$，导通电压低、损耗低、耐 di/dt 及 du/dt 能力强，du/dt 达 $8\,kV/\mu s$。MCT 已做成 5kV、2kA 的高耐压、大电流的器件，但其关键技术问题没有大的突破，已停止生产。

1.7.4　集成门极换流晶闸管 IGCT

IGCT（Intergrated Gate-Commutated Thyristor）即集成门极换流晶闸管，是 20 世纪 90 年代中后期出现的新型电力电子器件。它是做了重大改进的 GTO，并联了二极管和集成门极驱动电路，利用晶体管的强关断能力和晶闸管的低通态损耗，将晶体管和晶闸管两种器件的优点结合起来。

IGCT 的集成门极驱动电路是由很多个并联的 MOSFET 以及其他辅助器件组成。GCT 是 IGCT 的核心器件，它是从 GTO 演变而来，在 GTO 结构的基础上进行改革，引入了缓冲层、阳极透明发射极和逆导结构。采用硬门极驱动集成技术，使 GCT 关断增益近似为 1，省掉了吸收电路，降低了成本。

IGCT 的开关特性类似 IGBT，通断能力又很像 GTO，因此，IGCT 是摒弃了 IGBT 和 GTO 的缺点，又兼容了二者优点的一个中压级、大功率（10MW）的器件。尽管它的诞生时间不长，但它的优良性能已经受到人们的青睐，具有十分广阔的应用前景。

1.7.5　静电感应晶体管 SIT

静电感应晶体管 SIT（Static Induction Transistor）是一种结型场效应晶体管。SIT 是一种电压控制器件。SIT 的源漏极之间是靠栅源极电压的静电感应保持其电连接的，因此称为静电感应晶体管。SIT 通态电阻较大，使得通态损耗也大。

SIT 的栅极驱动电路比较简单。一般说来，关断 SIT 需加数十伏的负栅极电压 $-U_{GS}$。SIT 导通时，栅极可以为 0，也可以加 5～6V 的正栅偏压 $+U_{GS}$，以降低器件的通态压降。

SIT 在栅极不加任何信号时是导通的，栅极加负偏压时关断，被称为正常导通型器件。这类器件使用起来不太方便，因而 SIT 在电力电子设备中的应用受到一定程度的限制。不过，有一种常关断型 SIT 称为双极性静电感应晶体管 BSIT（Bipolar model Static Induction Transistor），在欧洲叫 BMFET，在栅极电压为 0 时关断，符合人们应用电力电子器件的习惯。

1.7.6　静电感应晶闸管 SITH

静电感应晶闸管（SITH，Static Induction Thyristor）又称场控晶闸管（FCT，Field Controlled Thyristor）。与其他电力电子器件相比，SITH 具有一系列突出的优点：用栅极可强迫关断，具有高耐压、大电流、低压降、低功耗、高速度、优良的动态性能，以及强的抗扰性等优异性能，应用前景十分广阔。

从栅极结构上分为平面型、切入型、埋入型和双极型。埋入型已开发出 4000V/400A 的器件。

SITH 最重要的用途是作为可关断的电力开关，主要运用于正向导通和反向阻断两个状态。SITH 也有正常关断型器件，正栅极电压使其开通，负栅极电压使器件强迫关断。由于比 SIT 多了一个具有少子注入功能的 PN 结，所以 SITH 是两种载流子导电的双极型器件，可以看成是 SIT 与 GTO 复和而成，具有电导调制效应，因而通态压降降低、通流能力强，是大容量的快速器件。

与普通晶闸管（SCR）及可关断晶闸管（GTO）相比有许多优点：SITH 的通态电阻小，通态电压低，开关速度快，开关损耗小，di/dt 及 du/dt 的耐量高。SITH 为场控器件，不像 SCR 及 GTO 那样有体内再生反馈机理，所以不会因 du/dt 过高而产生误触发现象。

SITH 能做成大容量、高耐压，一般也是正常导通型，但也有正常关断型。制造工艺比 GTO 复杂得多，其应用范围还有待拓展。

1.7.7 基于宽禁带半导体材料的电力电子器件

禁带宽度是指一个能带宽度，单位是电子伏特（eV）。半导体价带中的大量电子都是价键上的电子，称为价电子，不能够导电，即不是载流子。只有当价电子跃迁到导带（即本征激发）而产生出自由电子和自由空穴后，才能够导电。空穴实际上也就是价电子跃迁到导带以后所留下的价键空位（一个空穴的运动就等效于一大群价电子的运动）。因此，禁带宽度的大小实际上是反映了价电子被束缚强弱程度的一个物理量，也就是产生本征激发所需要的最小能量。

简单地说，要导电就要有自由电子存在。自由电子存在的能带称为导带（能导电）。被束缚的电子要成为自由电子，就必须获得足够能量从而跃迁到导带，这个能量的最小值就是禁带宽度。锗的禁带宽度为 0.785 eV，硅的禁带宽度为 1.21 eV，砷化镓的禁带宽度为 1.424 eV。金属的禁带非常窄，反之则为绝缘体。半导体的反向耐压，正向压降都和禁带宽度有关。

禁带宽度为 2.0～6.0eV 的半导体材料被称为宽禁带半导体，主要包括碳化硅（SiC）、氮化镓（GaN）、金刚石（C）等。宽禁带半导体材料具有禁带宽度大、电子漂移饱和速度高、介电常数小等特点。与硅器件相比，宽禁带半导体材料的电力电子器件在低通态电阻、耐受高电压的能力、更好的导热性能和热稳定性、更强的耐受高温和射线辐射的能力等许多方面的性能，都是成数量级的提高。其本身具有的优越性质及其在微波功率器件领域应用中潜在的巨大前景，非常适用于制作抗辐射、高频、大功率和高密度集成的电子器件。目前的宽禁带电力电子器件简要介绍如下。

（1）碳化硅（SiC）电力电子器件

随着高品质 6H-SiC 和 4H-SiC（3.2eV）外延层生长技术紧随其后的成功应用，各种功率器件都已证实可以改用碳化硅来制造。尽管产量、成本及可靠性问题仍对其商品化有所限制，但碳化硅器件代替硅器件的过程已经开始。现在，二极管、MOSFET、GTO、IGBT、IGCT 都已经有对应的碳化硅产品。

（2）氮化镓（GaN）电力电子器件

目前，氮化镓 GaN（3.4eV）已经广泛用于 LED 的生产。基于 GaN 技术的功率领域中，GaN 基电力电子器件目前主要用于 30～650V 的场合。

（3）金刚石（C）电力电子器件

金刚石的禁带宽度为 5.47eV，可以用于制备工作温度很高的器件（远高于前述几种器件）。金刚石半导体器件主要分为高功率电子器件和高频电子器件，高功率电子器件主要是金刚石二极管，而高频电子器件则主要是金刚石场效应晶体管。

宽禁带半导体器件的发展之初，受制于材料的提炼和制造，以及随后的半导体制造工艺的困难，产品可靠性差，价格相对昂贵。但随着技术的发展，产品质量逐渐提高，价格渐趋合理。目前，宽禁带半导体器件已有较多的应用。

本 章 小 结

本章介绍了电力二极管（SR）、晶闸管（SCR）、晶闸管派生器件（包括门极可关断晶闸管 GTO等）、大功率晶体管（GTR）、电力场效应晶体管（P-MOSFET）、绝缘栅双极型晶体管（IGBT）、智能功率模块（IPM）与功率集成电路（PIC）（包括高压功率集成电路 HVIC 和智能功率模块 SPIC）、电子注入增强栅晶体管（IEGT）、MOS 控制晶闸管（MCT）、集成门极换流晶闸管（IGCT）、静电感应晶体管（SIT）、静电感应晶闸管（SITH）、宽禁带材料器件等各种电力电子开关器件和模块的基本结构、工作原理、基本特性、主要参数等内容。

电力电子器件可按下列形式分类。

1. 按开关器件开通、关断可控性分类

可控开关器件按开通、关断可控性的不同可分为不控器件、半控器件和全控器件，具体见表 1-3。

表 1-3 电力电子分类

按器件开关可控性		按驱动信号的类型		按器件内部导电载流子的情况		
不控与半控器件	全控器件	电流控制	电压控制	单极型	双极型	复合型
SR				SBD	SR	
SCR		SCR			SCR	
	GTO	GTO			GTO	
	GTR	GTR			GTR	
	MOSFET		MOSFET	MOSFET		
	IGBT		IGBT			IGBT
	IGCT		IGCT*			IGCT*
	IEGT		IEGT			IEGT
	SIT		SIT	SIT		
	SITH		SITH			SITH
	MCT		MCT			MCT

注：IGCT 本体（GCT）是电流控制器件，门极控制电路一般集成了 MOSFET。

2. 按控制极驱动信号的类型分类

可控开关器件按控制极驱动信号的类型可分为电流控制器件和电压控制器件，具体见表 1-3。电流控制器件的特点有：具有电导调制效应、通态压降低、通态损耗小，但工作频率低、所需驱动功率大、驱动电路复杂。电压控制器件的特点有：控制极输入阻抗高，所需驱动功率小，驱动电路简单，工作频率高。

3. 按控制极驱动信号的波形分类

可控开关器件按控制极驱动信号的波形可分为脉冲控制型器件和电平控制型器件。脉冲控制型器件有 SCR 和 GTO，其他常用器件都是电平控制型器件。

4. 按电力电子器件内部导电载流子的情况分类

按电力电子器件内部电子和空穴两种载流子参与导电的情况，开关器件又可分为单极型器件、双极型器件和复合型器件。

（1）单极型器件

只有一种载流子（电子或空穴）参与导电的电力电子器件称为单极型器件，如肖特基二极管、MOSFET、SIT 等。单极型门极控制器件都是电压驱动型全控器件。

（2）双极型器件

电子和空穴两种载流子均参与导电的电力电子器件称为双极型器件。普通电力二极管、SCR、GTO、GTR 等器件中的电子与空穴均参与导电，故属于双极型器件。

（3）复合型器件

IGBT 是由 MOSFET 和 GTR 复合而成的，MCT 是由 MOSFET 和 SCR 复合而成的。IEGT、ICGT、SITH 等都是复合型电力电子器件，因此也都是电压驱动型全控器件。

目前已广泛应用的开关器件中，电压、电流额定值最高的电力电子开关器件是 SCR，其余依次是 GTO、IGCT、IEGT、IGBT、GTR，最小的是 P-MOSFET。允许工作频率最高的电力电子开关器件是 P-MOSFET，其余依次是 IGBT、GTR、IEGT 和 IGCT、GTO，最低的是 SCR。

电力电子器件发展的一个重要趋势是将电力电子开关器件与其驱动、缓冲、检测、控制和保护等硬件集成一体，构成一个功率集成电路 PIC。PIC 器件不仅方便了使用，而且能降低系统成本，减轻重量，缩小体积，把寄生电感减小到几乎为零，大大提高了电力电子变换和控制的可靠性。IPM 是功率集成电路中典型的例子，近年来得到了较为广泛的应用。

随着宽禁带半导体材料与制造水平的进一步提升，新材料功率器件今后必将对电力电子技术产生革命性的影响。从目前具体器件情况来看，IGBT 在中等功率应用领域已经取代了 GTR，IGBT 覆盖着很大的功率范围，正朝着导通压降小、开关速度快的方向发展，IGCT 正在取代 GTO，另外，MCT 正在消亡。

思考题与习题

1-1. 按可控性分类，电力电子器件分为哪几类？

1-2. 电力二极管有哪些类型？各类型电力二极管的反向恢复时间大约是多少？

1-3. 在哪些情况下，晶闸管可以从断态转变为通态？维持晶闸管导通的条件是什么？

1-4. 已处于通态的晶闸管，撤除其驱动电流为什么不能关断，怎样才能使晶闸管由导通变为关断？

1-5. 图 1-35 中阴影部分表示流过晶闸管的电流波形，其最大值均为 I_m。试计算：

① 各电流波形的电流有效值 I_1、I_2、I_3，电流平均值 I_{d1}、I_{d2}、I_{d3} 和它们的波形系数 K_{f1}、K_{f2}、K_{f3}。

② 如果不考虑安全裕量，100A 的晶闸管对应这些波形电流最大值 I_m 分别是多少？

③ 这时，能送出的平均电流 I_d 分别是多少？

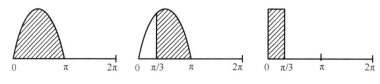

图 1-35　晶闸管的电流波形

1-6. 根据 GTO 的关断原理，说明：GTO 和普通晶闸管同为 PNPN 结构，为什么 GTO 能够通过门极控制关断，而普通晶闸管不能？

1-7．关于 GTR，请回答如下两个问题：

① 描述 GTR 的二次击穿特性。

② 为什么 GTR 在开关瞬变过程中易被击穿?有什么预防措施?

1-8．如何防止电力 MOSFET 因静电感应引起的损坏？

1-9．比较电力 MOSFET 与 IGBT 内部结构，说明电力 MOSFET 在开关特性上的优点。

1-10．作为开关使用时，IGBT 有哪些优点？

1-11．什么是 IGBT 的擎住现象？使用中如何避免？

1-12．试说明 IGBT、GTR、GTO 和电力 MOSFET 各自的优缺点。

1-13．试分析电力电子集成技术可以带来哪些益处。智能功率模块与功率集成电路实现集成的思路有何不同？

1-14．简要说明 IGCT 在工作特点上与 GTO、IGBT 的相似之处。

1-15．请说出 3 种硅材料制成的电流控制电力电子器件、3 种硅材料制成的电压控制电力电子器件和 3 种碳化硅材料制成的电力电子器件。

第2章　电力电子器件的使用

在电力电子装置中，直接承担电能变换或控制任务的电路称为主电路。电力电子器件的正常使用是主电路长期可靠运行的关键。电力电子器件开关运行需要驱动电路。驱动电路是主电路与控制电路之间的接口，其作用是将控制电路的信号转换成电力电子器件的驱动控制信号，控制电力电子器件的工作。另外，所有电力电子器件都存在电压极限、电流极限和结温极限，应采取相应的保护措施防止电力电子器件在工作过程中产生过高的电压、过大的电流和过高的结温。本章介绍电力电子器件的驱动电路，包括晶闸管移相驱动（触发）电路、可关断晶闸管门极驱动电路、大功率晶体管基极驱动电路、电力场效应栅极晶体管驱动电路及绝缘栅双极型晶体管栅极驱动电路；还介绍电力电子器件保护，包括过电压的产生及过电压保护、过电流的产生及过电流保护、电力电子器件的热路及过热保护以及缓冲电路；最后介绍几种电力电子器件的串联和并联使用。

2.1　电力电子器件的驱动电路

电力电子电路中各种驱动电路的电路结构取决于开关器件的类型、主电路的拓扑和电压电流等级。开关器件的驱动电路的作用在于：接收控制系统输出的弱电信号，经过处理后提供足够大的电压或电流以控制开关器件，使之立即导通或关断。对于普通晶闸管这类半控型电力电子器件，为了使其能够根据要求迅速由阻断状态转入导通状态，必须满足器件承受正向阳极电压和在门极加触发信号两个条件。这个触发信号是由触发电路提供的。而对于GTO、GTR及IGBT等全控型器件的通/断则需要设置相应的驱动电路。驱动电路是主电路与控制电路之间的接口，对整个电力电子装置有着重要的影响：采用性能良好的驱动电路，可以使电力电子器件工作在较理想的开关状态，缩短开关时间，减少开关损耗，对装置的运行效率、可靠性和安全性都有重要意义。另外，对电力电子器件或整个装置的一些保护环节，如控制电路与主电路之间的电气隔离环节，也通过驱动电路来实现，这些都使得驱动电路的设计尤为重要。

驱动电路的基本任务是，按控制目标的要求施加开通或关断的信号。对半控型器件只需提供开通控制信号；对全控型器件则既要提供开通控制信号，又要提供关断控制信号。除此之外，为了提高电力电子装置的安全使用，同时防止主电路和控制电路之间的干扰，驱动电路一般还要提供控制电路与主电路之间的电气隔离环节，其基本方法有光隔离或磁隔离。光隔离一般采用光电耦合器，光电耦合器有3种类型，如图2-1所示，输入为正偏电压时，输出为低电平。磁隔离的器件通常是脉冲变压器。

驱动电路按照驱动信号的性质，可分为电流驱动型电路和电压驱动型电路。驱动电路的具体形式可以是分立器件的，但目前的趋势是采用专用集成驱动电路，如双列直插式集成电路是将光耦隔离电路也集成在内的混合集成电路。为达到参数最佳配合，首选所用器件生产厂家专门开发的集成驱动电路。

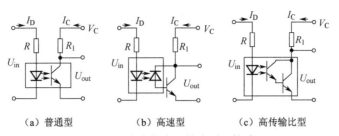

（a）普通型　　　　　（b）高速型　　　　　（c）高传输比型

图 2-1　光电耦合器的类型及接法

2.1.1　晶闸管触发电路

晶闸管的驱动控制电路通常又称为触发电路，晶闸管触发电路的作用是产生符合要求的门极触发脉冲，确保晶闸管在需要触发的时刻由阻断转为导通，触发信号对门极-阴极来说必须是正极性的。同时，晶闸管所组成的电路的工作方式不尽相同，所以对触发电路的要求也不同。晶闸管触发导通后，门极即失去控制作用，为了减少门极的损耗及触发电路的功率，每次的触发信号通常采用限定时间宽度的高频脉冲串形式或方波形式的信号。晶闸管触发电路往往还包括对其触发时刻进行控制的相位控制电路。

1．晶闸管触发电路的一般要求

（1）触发信号应有足够大的功率

由晶闸管器件门极参数的分散性及其触发电压、电流随温度变化的特性可知，为使晶闸管可靠触发，触发电路提供的触发电压和电流必须大于晶闸管产品参数提供的门极触发电压与触发电流，即必须保证具有足够的触发功率。但触发信号不允许超过门极的电压、电流和功率定额，以防损坏晶闸管的门极。

（2）触发脉冲的同步及移相范围

在可控整流、有源逆变及交流调压的触发电路中，为了保持电路的品质及可靠性，要求晶闸管在每个周期都在相同的相位上触发。因此，晶闸管的触发电压必须与其主回路的电源电压保持某种固定的相位关系，即实现同步。同时，为了使电路能在给定范围内工作，必须保证触发脉冲有足够的移相范围。

（3）触发脉冲信号应有足够的宽度，且前沿要陡

为使被触发的晶闸管能保持住导通状态，晶闸管的阳极电流必须在触发脉冲消失前达到擎住电流，因此要求触发脉冲应具有一定的宽度而不能过窄。特别是当负载为电感性负载时，因其电流不能突变，更需要较宽的触发脉冲。

（4）为使并联晶闸管器件能同时导通，触发电路应能产生强触发脉冲

在大电流晶闸管并联电路中，要求并联的器件同一时刻导通，使各器件的 $\mathrm{d}i/\mathrm{d}t$ 在允许的范围内。但是晶闸管开通时间具有分散性，会使先导通的器件的 $\mathrm{d}i/\mathrm{d}t$ 值超过允许值而被损坏。高电压晶闸管串联电路也有类似情况，宜采取强触发措施，尽量使晶闸管能够在相同时刻内导通，为此可考虑采用如图 2-2 所示的触发脉冲形式。其中，强触发电流幅值为最小门极触发电流值 I_{GT} 的 3～5 倍；脉冲前沿的陡度通常取为 1～2A/μs；t_1～t_2 脉冲宽度应大于 50μs；I 为脉冲平顶幅值，其值为 1.5～2 倍 I_{GT}；持续时间 t_3 应大于 550μs。

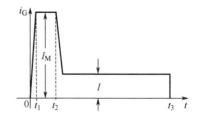

图 2-2　理想的晶闸管触发脉冲电流波形

（5）应有良好的抗干扰性能、温度稳定性及与主电路的电气隔离

晶闸管触发电路应具有良好的抗干扰性能，在一定的温度范围内能够稳定工作。一般情况下，触发电路应能够实现主电路与控制电路的电气隔离，防止主电路干扰控制电路，保证系统的可靠运行。

2．电气隔离的晶闸管触发电路

在少数场合，对晶闸管的控制不需要与电网相关的同步信号，但在大多数情况下，需要根据电网电压的相位对晶闸管进行控制，即需要与电网相关的同步信号。同步信号检测电路可以包含于触发电路之中，也可以由其他电路（比如控制电路）检测得到。所以，有些晶闸管触发电路不包含同步信号检测部分。

在由晶闸管构成的电力电子系统中，控制电路一般需采用单独的低压电源供电，因此为了避免控制电路与电网之间的电磁干扰与用电安全，彼此应进行电气隔离。前面叙述的光电耦合隔离与磁耦合隔离方法中，光电耦合隔离构成的触发电路一般由光电耦合器和以三极管为主的放大电路组成。磁耦合隔离的脉冲变压器需做专门设计，同时为避免来自主电路的干扰进入触发电路，可考虑采用静电屏蔽及并联电容等抗干扰措施。控制电路产生的脉冲通过电气隔离、（放大）整形后施加到晶闸管门极和阴极之间。

下面介绍两种典型的、电气隔离的、无同步环节的晶闸管触发电路，分别如图 2-3（a）和（b）所示。

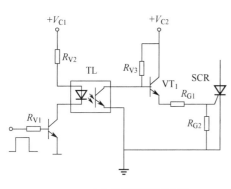 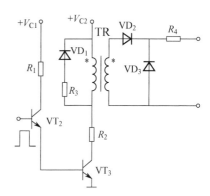

（a）光电隔离驱动电路　　　　　　　　　（b）磁耦合隔离驱动电路

图 2-3　晶闸管触发电路

基于光电隔离和晶体管放大器的驱动电路如图 2-3（a）所示，当输入为高电平时，光电耦合器 VTL 一次侧发光二极管通过电流，光耦二次侧光敏三极管导通，三极管 VT_1 截止，SCR 门极无驱动电流；当输入为低电平时，光耦二次侧光敏三极管截止，三极管 VT_1 导通，VT_1 构成脉冲放大环节，驱动 SCR。基于脉冲变压器和晶体管放大器的驱动电路如图 2-3（b）所示，VT_2、VT_3 构成脉冲放大环节，脉冲变压器 TR 和附属电路构成脉冲输出环节。当控制系统发出的高电平驱动信号加至晶体管放大器后，VT_2、VT_3 导通，通过脉冲变压器输出电压经 VD_2 输出脉冲电流，向晶闸管的门极和阴极之间输出触发脉冲。该电路输入信号的脉冲宽度由控制电路限定，电路本身不具有脉冲宽度限制功能。当控制系统发出的驱动信号为低电平时，VT_2、VT_3 截止，VD_1、R_3 续流，TR 脉冲变压器内部激磁电流迅速降为零，防止变压器磁饱和。

3．同步信号为锯齿波的触发电路

同步信号为锯齿波的触发电路由于受电网电压波动影响较小，所以广泛应用于整流和逆变电路。图 2-4 所示为一个同步信号为锯齿波的触发电路，图 2-4（a）所示

为框图，图 2-4（b）所示为原理图。该电路可分为：脉冲形成与放大隔离、锯齿波形成及脉冲移相控制、同步信号处理 3 个基本环节，以及双脉冲形成和强触发电路等环节，下面分析各环节的电路工作原理。关注当 $u_K=0$ 时输出脉冲前沿与同步信号的相位关系。

（1）脉冲形成与放大隔离

该部分电路图如图 2-5（a）所示，VT_4、VT_5 组成脉冲形成环节，VT_7、VT_8 组成复合功率放大，触发脉冲经脉冲变压器 TR_2 次级输出。如图 2-5（a）和（b）所示，VT_6 是导通的。当 VT4 基极电压 $u_{B4}=0$ 时，VT_4 截止。$+V_C$ 电源经 R_{11} 供给 VT_5 足够的基极电流使 VT_5 饱和。VT_5 集电极电压 $u_{C5} \approx -V_C$（忽略 VT_5、VT_6、VD_{10} 管压降），VT_7、VT_8 处于截止状态，无脉冲输出。同时，$+V_C$（+15V）电源经 R_9、VT_5 基射结到 $-V_C$（-15V）对电容 C_3 充电；稳定时，电容 C_3 两端电压 $u_{C3} \approx 2V_C$（忽略导通管子压降，下同）。

当 VT4 基极电压 $u_{b4} \approx 0.7$ V 时，VT_4 导通，VT_4 的集电极电压近似为零，A 点电位降至 1V 左右。由于电容 C_3 两端电压不能突变，所以 VT_5 基极电压迅速下降到 $u_{B5} \approx -2V_C$，VT_5 立即截止。它的集电极电压迅速上升，当 $u_{C5} \approx 2.1V$ 时，VT_7、VT_8 导通，有脉冲输出。与此同时，电源 $+V_C$ 通过 R_{11}、VD_4、VT_4 向电容 C_3 反向充电，u_{B5} 逐渐从 $-2V_C$ 开始上升，当 $u_{B5} \approx -V_C$ 时，VT_5 又重新导通，使 VT_7、VT_8 关断，输出脉冲结束。可见输出脉冲的时刻决定于 VT_4 的导通时刻，输出脉冲宽度与时间常数 $R_{11}C_3$ 有关。

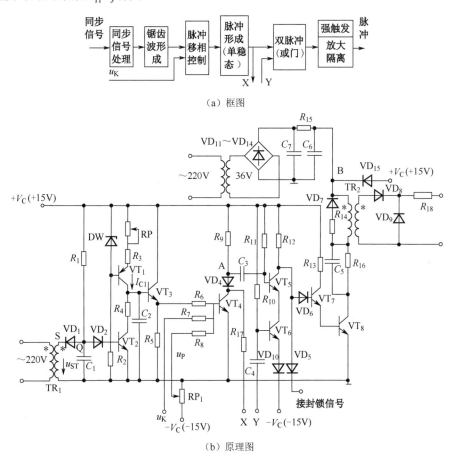

（a）框图

（b）原理图

图 2-4　同步信号为锯齿波的触发电路

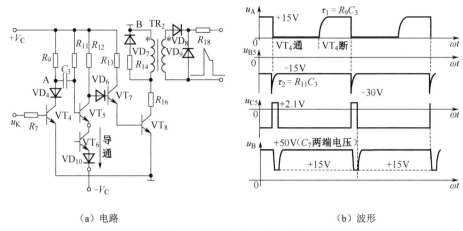

| （a）电路 | （b）波形 |

图 2-5　脉冲形成与放大隔离

（2）锯齿波形成及脉冲移相控制

此部分电路如图 2-6（a）所示。由 VT_1 组成恒流源向电容 C_2 充电，由 VT_2 组成的同步开关控制恒流源对 C_2 的充、放电过程。VT_3 组成了射极跟随器，基极电流小，以减小后级对锯齿波线性的影响。

电路工作过程如下，当 VT_2 截止时，由 VT_1、DW 稳压管、R_3、RP 组成的恒流源以恒流 I_{C1} 对 C_2 充电，C_2 两端电压呈线性增长，即 $u_{C1}(u_{B3})$ 呈线性增长（如图 2-6（b）所示）

$$u_{C1} = \frac{1}{C_2}\int i\mathrm{d}t = \frac{1}{C_2}\int I_{C1}\mathrm{d}t = \frac{1}{C_2}I_{C1}t \tag{2-1}$$

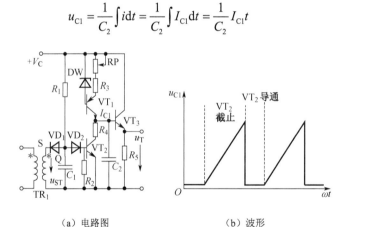

| （a）电路图 | （b）波形 |

图 2-6　锯齿波形成环节

调节 RP 可改变 I_{C1} 的大小，从而调节锯齿波斜率。当 VT_2 导通时因 R_4 很小，C_2 将迅速放电、u_{C2} 迅速降为 0 左右，形成锯齿波的下降沿。VT_2 周期地关断与导通（受同步电压控制），C_2 两端电压 $u_{C1}(u_{B3})$ 便形成锯齿波，VT_3 为射极跟随器，所以 $u_{E3}(u_T)$ 也是锯齿波。

图 2-7（a）所示为 VT_4 组成的移相控制电路。VT_4 基极电压由锯齿波电压 $u_{E3}(u_T)$、直流控制电压 u_K、负直流偏压 u_P 分别经电阻 R_6、R_7、R_8 的分压值 u'_T、u'_K、u'_P 叠加而成，由 3 个电压综合后控制 VT_4 的截止与导通。波形图见图 2-7（b）。

$$u'_T = u_T \frac{R_7 /\!/ R_8}{R_6 + R_7 /\!/ R_8} \tag{2-2}$$

$$u'_K = u_K \frac{R_6 /\!/ R_8}{R_7 + R_6 /\!/ R_8} \tag{2-3}$$

$$u'_{\mathrm{P}} = u_{\mathrm{P}} \frac{R_6 /\!/ R_7}{R_8 + R_6 /\!/ R_7} \qquad (2\text{-}4)$$

式（2-2）～式（2-4）中，"$/\!/$"表示两个电阻的并联阻值。

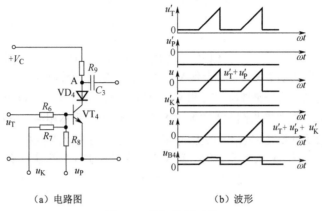

（a）电路图　　　　　　　　　（b）波形

图 2-7　移相控制环节

当 VT_4 基极无电流通过时，叠加电压 u_{B4} 为 $u'_{\mathrm{T}} + u'_{\mathrm{K}} + u'_{\mathrm{P}}$，$u'_{\mathrm{P}}$ 是为了选择锯齿波电压的过零点而加的负偏置电压。当控制电压 $u'_{\mathrm{K}} < 0$ 时，可使过零点后移；当 $u'_{\mathrm{K}} > 0$ 时，则可使过零点前移。偏置电压 u'_{P} 应使过零点在 $u'_{\mathrm{K}} = 0$ 时对应于锯齿波中点。事实上，叠加电压 u_{B4} 为 $u'_{\mathrm{T}} + u'_{\mathrm{K}} + u'_{\mathrm{P}}$ 大于 0 时（确切地说应为 0.7V 左右），叠加电压 u_{B4} 被钳位，所以，过零点是 u_{B4} 从负变正的转折点，也是 VT_4 从截止到导通的转折点，即电路发出触发脉冲信号时刻。

锯齿波宽度180°理论上可满足要求，考虑到锯齿波两端部是非线性的，适当给予裕量，故可取宽度为240°。

（3）同步信号处理

触发电路的同步，就是要求锯齿波与主电源频率相同，同时满足控制角相位和移相的要求。

由前分析已知晶体管 VT_2 的开关频率就是锯齿波的频率，所以应使 VT_2 的开关频率等于主电源频率。从图 2-6 可知，同步环节是由同步变压器 TR_1 和作为同步开关的 VT_2 所组成。同步变压器 TR_1 接于主回路电源上，次级电压控制 VT_2 的通断。同步变压器次级电压 u_{ST}（波形见图 2-8）在负半周的下降段时，VD_1 导通，电容 C_1 被迅速反向充电，极性为下正上负。VT_2 因反向偏置而截止，锯齿波即开始上升。在波形 u_{ST} 处于负半周的上升段时，S 点电位将高于 Q 点电位，VD_1 截止。这时电源 $+V_{\mathrm{C}}$ 将通过 R_1 对 C_1 正向充电，Q 点电位上升。$R_1 C_1$ 时间常数较大时，Q 点电位上升比 S 点电位上升缓慢，故 VD_1 维持截止，当 Q 点电位上升到 1.4V 时，VT_2 导通，Q 点电位被钳位在 1.4V，此时锯齿波迅速放电，然后维持低电平。直到下一个负半周到来时，VD_1 重新导通，C_1 被反向充电，建立下正上负的电压使 VT_2 截止，锯齿波再度开始上升。可见，锯齿波振荡频率和主电源频率两者达到了完全一致，锯齿波宽度与 Q 点从负值上升到 $+1.4\mathrm{V}$ 的时间长短有关，调节时间常数 $R_1 C_1$ 则可调节锯齿波宽度。图 2-8 所示为同步电压 u_{ST}、u_{Q} 与锯齿波电压 u_{E3}（即 u_{T}，与 u'_{T} 相对应）的波形，同步电压 u_{ST} 从正到负过零点是锯齿波形成的起始点，锯齿波电压与同步电压是同步的。

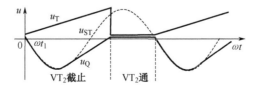

图 2-8　同步电压与锯齿波电压波形

（4）双脉冲形成

假设某些由 6 个晶闸管组成的电路中，6 个晶闸管触发脉冲不仅要求在相位上依次相差 60°，而且还要求对每个晶闸管进行双脉冲触发，两个脉冲间隔 60°，即某个触发电路第 1 次触发某个晶闸管，间隔 60°后再一次触发该晶闸管，一个周期中某个晶闸管受到两次触发，同理，其他晶闸管也是如此。对于这种双脉冲触发要求，可由图 2-9 实现。图中有 6 个与图 2-4 所示相同的触发电路，分别用来触发相同序号的晶闸管，触发晶闸管的顺序为 Ⅰ 号、Ⅱ 号、Ⅲ 号、Ⅳ 号、Ⅴ 号、Ⅵ 号，并循环，相位依次相差 60°，故各触发电路的同步信号在相位上也依次相差 60°。如图 2-4 所示，VT_5、VT_6 两管构成或门，不论 VT_5、VT_6 中的哪个截止，都会使 VT_5 集电极电压 u_{C5} 变为正电压，VT_7、VT_8 导通，有脉冲输出。所以只要用适当的信号来控制 VT_5 和 VT_6 前后间隔 60° 截止，就可以产生符合要求的双脉冲。具体接法如图 2-9 所示，同时参见图 2-4 的 X、Y 接线端。VT_5 受本相触发单元的 VT_4 控制；VT_6 则受滞后 60° 的后一相触发单元 X 端输出的负脉冲接入本单元的 Y 输入端来控制。以 Ⅳ 号触发器为例，如果本触发单元是用来触发 Ⅳ 号晶闸管的，当 VT_4 导通时控制 VT_5 截止，输出第一个脉冲给 Ⅳ 号晶闸管，过 60° 后，应当是 Ⅳ 号触发单元发出第 2 个触发脉冲，不过，该第 2 个触发脉冲的输入信号由 Ⅴ 号触发器补充产生。即 Ⅴ 号触发器在触发 Ⅴ 号晶闸管的同时，其 X 端输出负脉冲，接入 Ⅳ 号触发单元的 Y 端，因而又使 Ⅳ 号触发单元的 VT_6 截止一次，使 Ⅳ 号触发单元又输出一个脉冲供给 Ⅳ 号晶闸管，这样 Ⅳ 号触发单元就输出了 2 个脉冲，并满足了间隔 60° 输出两个脉冲的要求。

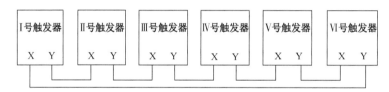

图 2-9　双脉冲环节各触发器之间连线示意图

（5）强触发电路

强触发脉冲可以缩短晶闸管的导通时间，提高承受高的电流上升率的能力。

强触发脉冲，一般要求初始幅值约为最小门极电流 I_{GT} 的 3～5 倍，前沿为 1A/μs。由图 2-4 可见，在电路的强触发环节，单相桥式整流电路输出直流电压通过 R_{15} 给电容 C_6 充电，达到 50V。当 VT_8 导通，C_6 通过脉冲变压器 TR_2、R_{16} 和 C_5 的并联、VT_8 迅速放电，B 点电位迅速下降，后钳位于 $+V_C$，二极管 VD_{15} 由截止变为导通。当 VT_8 截止时，B 点电位又通过 R_{15} 向 C_6 充电达到 +50V，为下次触发做准备。电容 C_5 则是为了提高触发脉冲的前沿陡度。

图 2-10 所示为锯齿波触发电路各晶体管的电压波形，其中 u_{T2S} 为 TR_2 脉冲变压器原边电压波形。从波形图上可以看出，锯齿波上升始点与同步信号从正变负过零点对应。当 $u_K = 0$ 时，输出脉冲前沿与锯齿波中点对应。

4．晶闸管集成化触发电路

晶闸管触发控制电路已有集成化的产品，国内常用的产品主要有 KC 系列和 KJ 系列，包括用于单相、三相全控桥式电路的 KC04、KC09 和 KJ004、KJ009，用于双向晶闸管或反并联晶闸管调相控制的 KC05、KC06 和 KJ005、KJ006，也有较新型的 TCA785、TC787 等芯片，这些芯片的具体应用可以参考相关的应用资料。

除上述介绍的触发电路外，晶闸管常用触发电路还有单结晶体管触发电路、过零触发电路等。

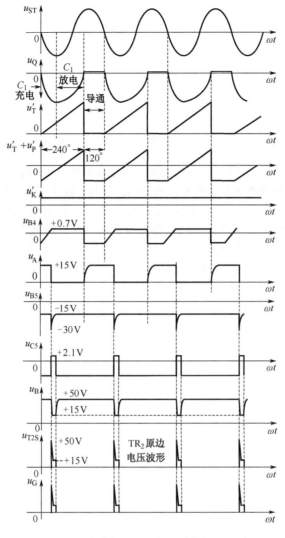

图 2-10 锯齿波触发电路各晶体管的电压波形

2.1.2 可关断晶闸管的门极驱动电路

除电气隔离外，可关断晶闸管 GTO 的门极驱动电路的一般要求有：①开通时，驱动信号前沿要陡，且应有足够大的功率与足够的宽度；②可关断晶闸管关断时，门极驱动电路应产生负电压并具有足够的灌电流能力；③GTO 关断后，门极驱动电路应保持负电压。以上 3 点是可关断晶闸管的门极驱动电路的一般要求，当 GTO 并联使用时，触发电路应能产生强触发脉冲。由于 GTO 的结构特点使得其对驱动电路要求严格，若门极控制不当，GTO 就极易损坏。如图 2-11（a）所示，GTO 门极驱动电路包括门极开通电路、门极关断电路和门极反偏电路。理想的门极驱动电流波形如图 2-11（b）所示，GTO 的门极开通电流波形应与 SCR 门极开通电流波形相同，但 GTO 开通后若无输出门极驱动电流，当存在门极反偏电路时，则可能使 GTO 误关断，故 GTO 开通后，若要保持开通状态，应持续保持一定的驱动电流。对 GTO 而言，门极控制的关键是关断。

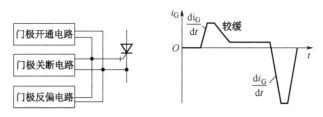

（a）门极驱动电路结构示意图   （b）理想的门极驱动电流波形

图 2-11   门极驱动电路结构示意图及理想的门极驱动电流波形

GTO 门极供电有 3 种方式：单电源供电方式、多电源供电方式、脉冲变压器供电方式。供电方式不同，GTO 的可关断阳极电流和工作频率也不同。例如，脉冲变压器供电方式用于 300A 以上 GTO 的控制。多电源供电方式的 GTO 驱动电路如图 2-12 所示。图 2-12（a）中，当 VT_1 导通而 VT_2、VT_3 断开时，输出正强脉冲；当 VT_2 导通而 VT_1、VT_3 断开时，输出脉冲平顶；当 VT_1、VT_2 断开而 VT_3 导通时，输出负电压，产生反向门极电流；当 VT_3 关断后，R_3 和 R_4 提供负偏压。图 2-12（b）中，VT 导通 KK 断开时输出脉冲，GTO 导通；VT 断开，KK 导通，产生负电压与门极反向电流，并使门极保持 定的负电压，直到门极反向电流几乎为零。

目前，GTO 已有模块化的门极驱动电路商品，应用方便可靠，但价格较贵。

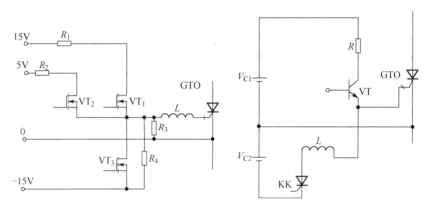

（a）应用 MOSFET 的 GTO 门极驱动电路   （b）应用晶体管与晶闸管的 GTO 门极驱动电路

图 2-12   多电源供电方式的 GTO 驱动电路

2.1.3   大功率晶体管的基极驱动电路

GTR 对基极驱动电流的一般要求如下：①GTR 驱动电流的前沿上升时间应小于 1μs，以保证 GTR 能快速开通；②GTR 开通时能提供较大的基极驱动电流，以缩短 GTR 开通时间和降低 GTR 饱和压降，从而降低 GTR 开通的功率损耗，但又不能进入深饱和区，应使其处于准饱和导通状态；③关断 GTR 时，具有一定的灌电流能力，以缩短 GTR 关断时间和减少 GTR 关断损耗；④关断后为使 GTR 可靠截止，应在基射极间加上一定幅值（5V 左右）的负偏压。

理想的 GTR 基极驱动电流波形如图 2-13 所示。

下面介绍一种实用的 GTR 驱动电路，如图 2-14 所示。当输入信号 u_i 为正偏电压时，晶体管 VT_1 与 VT_2 导通，VT_2 集电极输出正偏电压，GTR 有幅值为 I_B 的基极电流通过，使 GTR 开通。当输入信号 u_i 变为零电压时，晶体管 VT_1 与 VT_2 截止，R_5 与负电源相连，VT_3 和 VT_4 输出负偏电压，使 GTR 关断。该驱动电路基极电流 I_B 能自动适应 GTR 集电极电流 I_C 的变化，VD_3 为快速恢复二极管，GTR 导通时起钳位作用，称为贝克钳位。VD_3 也称为贝克钳位二极管，防止 GTR 过饱和。

GTR 的导通压降与饱和程度有关，当 GTR 功率管 VT 导通后的压降降低，则 VD$_3$ 通过电流，相应地减小了 VT$_3$ 的基极电流和射极电流，GTR 功率管 VT 的基极电流 I_B 幅值也减小，防止了功率管 VT 压降过低，也就防止了功率管 VT 过饱和，所以驱动电路不必采用稳压电源供电，只要采用简单的二极管整流和滤波电路就可以了，不会影响驱动电路的基本功能。

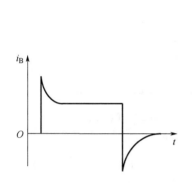

图 2-13　理想 GTR 基极驱动电流波形

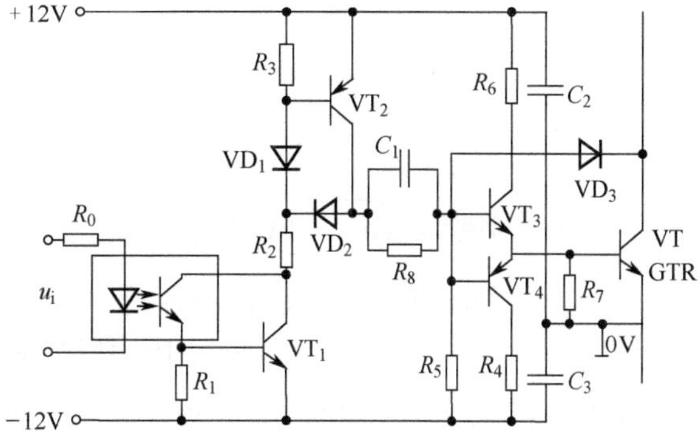

图 2-14　实用 GTR 驱动电路

GTR 集成化驱动电路，已有商品生产，例如以下集成块。

UAA4002、UAA4003：双列直插、16 引脚 GTR 集成驱动电路，可以对被驱动的 GTR 实现最优驱动和完善保护，保证 GTR 运行于临界饱和的理想状态。其中，UAA4003 自身具有 PWM 脉冲形成单元，特别适用于直流斩波器系统。这种电路具有电路简单、稳定性好、使用方便和有自身保护等优点，是基极驱动芯片中具有代表性的集成块。

HL202：国产双列直插、20 个引脚 GTR 集成驱动电路，内有微分变压器实现信号隔离，以及贝克钳位退饱和、负电源欠压保护。工作电源电压为+8～+10V 和-5.5～-7V，最大输出电流大于 2.5A，可以驱动 100A 以下 GTR。

M57215BL：双列直插、8 引脚 GTR 集成驱动电路，单电流自生负偏压工作，可以驱动 50A、1000V 以下的 GTR 模块一个单元，外加功率放大可以驱动 75～400A 以上 GTR 模块。

2.1.4　电力 MOSFET 的栅极驱动电路

电力 MOSFET 是电压驱动型器件。栅极驱动电路的一般要求有：①为快速建立驱动电压，要求驱动电路具有较小的输出电阻；②在开通时，栅源极驱动电压一般取 10～15V；③在关断时，要求施加一定幅值的负驱动电压，有利于减小关断时间和关断损耗；④在栅极串入一只低值电阻可以减小寄生振荡。图 2-15 所示为理想的电力 MOSFET 驱动电压、电流波形。

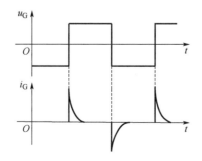

图 2-15　理想的电力 MOSFET 驱动电压、电流波形

图 2-16 所示为根据波形要求设计的两种直接驱动的栅极控制电路。栅极直接驱动是最简单的

一种形式，由于电力 MOSFET 的输入阻抗很高，所以可以用 TTL 器件或 CMOS 器件整形放大后驱动，这两个电路无负电源，仅用于小功率的 MOSFET 驱动。

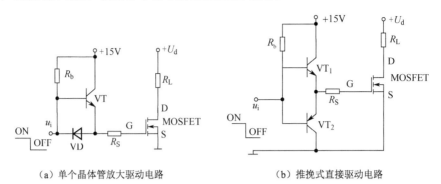

（a）单个晶体管放大驱动电路　　　　　　　　　（b）推挽式直接驱动电路

图 2-16　两种直接驱动的栅控电路

在图 2-16（a）所示电路中，在输入信号 u_i 为高电平 15V 时，晶体管 VT 导通，15V 的驱动电源经过 VT 给电力 MOSFET 本身的输入电容充电，建立栅极控制电场，使电力 MOSFET 快速导通。在输入信号 u_i 变为低电平时，晶体管 VT 截止，电力 MOSFET 的输入电容通过二极管 VD 接地，保证电力 MOSFET 处于关断状态。由于晶体管 VT 的放大作用，使充电电流放大，加快了电场的建立，提高了电力 MOSFET 的导通速度。

图 2-16（b）所示为推挽式直接驱动电路。当输入信号 u_i 为 15V 时，VT_1 导通，电力 MOSFET 快速导通。当输入信号 u_i 为低电平时，VT_2 导通，MOSFET 输入电容放电，栅极接地，电力 MOSFET 快速关断。两个晶体管 VT_1 和 VT_2 都使输入信号放大，提高了电路的工作速度。它们作为射极输出器工作，不会出现饱和状态，因此信号的传输无延迟。图 2-16（b）所示电路的前级一般加高速光电耦合器进行电气隔离。

图 2-17 所示为通过光电耦合器隔离的 MOSFET 驱动电路。

当输入信号 u_i 为 0 时，光电耦合器截止，高速比较器 A 输出低电平，三极管 VT_3 导通，驱动电路约输出 $-V_C$ 驱动电压，使电力场效应管关断。当输入信号 u_i 为正时，光耦导通，比较器 A 输出高电平，三极管 VT_2 导通，驱动电路约输出 $+V_C$ 电压，使电力场效应管导通。该电路也可应用于 IGBT 的驱动，只需要将图中的 MOSFET 替换成 IGBT 即可。

图 2-18 所示为 IR2110 的典型连接方式，引脚 H_{IN} 及引脚 L_{IN} 分别为同桥上、下两个 MOSFET 器件的驱动脉冲信号输入端，分别对应上、下两路输出信号的引脚 H_O 和 L_O。引脚 V_{DD} 和 U_{SS} 分别是输入端的电源引脚和参考地引脚，为了防干扰，两者之间接有去耦电容。S_D 为保护信号输入端，当该脚接高电平时，IR2110 的输出信号全被封锁，两个输出端恒为低电平，即可达到保护的目的。而当该端接低电平时，则 IR2110 的输出 H_O 和 L_O 分别跟随引脚 H_{IN} 与 L_{IN} 而变化。引脚 V_b、V_s 分别是上管驱动电源和参考地，引脚 V_{CC}、C_{om} 分别是下管驱动电源和参考地。驱动电源和参考地之间接有去耦电容，其中引脚 V_b 与 V_{cc} 共同使用外部电源（+15V）。$V_b \sim V_s$ 通过自举技术获得的浮动电源，在 MOSFET 下管 VT_2 导通时充电，充电路径为：外部电源+15V、充电二极管、V_b 端、V_s 端、下管 VT_2、回到外部电源地端，使 V_b - V_s 两端电压与外部电源基本相等。MOSFET 下管 VT_2 关断时，V_s 端的电位随着主电路输出端电位升高而升高，充电二极管阴极电位也随之升高，充电二极管截止，V_b - V_s 两端并联了电容使 V_b - V_s 两端电压在短时间内基本维持不变，但该电压要为上管驱动提供能量，其电压值稍有下降。只要下管 VT_2 高频率开通，外部电源就能对 V_b - V_s 两端电源高频率充电，V_b - V_s 两端电压就能基本维持不变。外部电源与 V_b 之间是充电二极管，该管的耐压值必须大于高压母线的峰值电压。为了减小功耗，推荐采用一个超快恢复的二极管。图中左侧所示为控制信号与电源各引脚分别与相对应的变量连接。

　　IR2110 本身不具有逻辑信号与功率信号的电气隔离功能,因此需要在输入的控制信号和 IR2110 之间加入光耦隔离器件。需要注意的是, 由于控制信号开关频率较高,要求光耦器件有良好的跟随性, 一般需选用快速光耦。

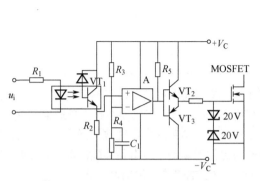

图 2-17　MOSFET 驱动电路

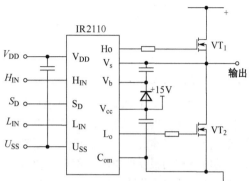

图 2-18　IR2110 半桥驱动电路典型连接方式

2.1.5　IGBT 的栅极驱动电路

　　IGBT 的输入特性几乎和电力 MOSFET 相同,所以用于 MOSFET 的驱动电路原则上适用于 IGBT。但是 IGBT 栅极驱动电路必须提供正、负偏置,由双电源供电,其中负电压 $-5 \sim -15V$, 同时进行必要的隔离。近年来, 大多数 IGBT 生产商家为了解决 IGBT 的可靠性问题都生产与其相配套的混合集成驱动电路,IGBT 驱动电路的种类比较多,如日本富士的 EXB 系列、东芝的 TK 系列、三菱的 M579XX 系列、美国摩托罗拉的 MPD 系列等。这些专用驱动电路抗干扰能力强、集成化程度高、速度快、保护功能完善,可实现 IGBT 的最优控制。

　　下面介绍目前使用较广泛的日本富士公司 EXB 系列集成模块。该专用模块比分立器件组成的驱动电路更可靠,效率更高。图 2-19 所示为这种模块的框图,其各脚的功能如表 2-1 所示。电路中 C_1、C_2 电容值为几十 μF,主要用来吸收因电源接线阻抗引起的供电电压变化。

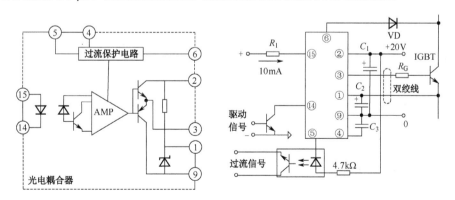

（a）EXB840、841（高速型）　　　　　（b）EXB840、841（高速型）外围电路

图 2-19　EXB 系列集成驱动器内部及外围框图

表 2-1　EXB 系列各脚功能表

引脚号	功能说明	引脚号	功能说明
1	与 IGBT 发射极相连;参考地	7、8	可不接
2	电源端,一般为 20V	9	电源地端

引脚号	功能说明	引脚号	功能说明
3	驱动输出，经栅极电阻 R_G 与 IGBT 相连	10、11	可不接
4	外接电容器，防止过电流保护环节误动作	12、13	
5	内设的过电流保护电路输出端	14	驱动信号输入（－）
6	经快速二极管连到 IGBT 集电极，监视集电极电平，作为过电流信号之一	15	驱动信号输入（＋）
		16	

　　GTO、GTR、电力 MOSFET 和 IGBT 为全控型器件，其驱动电路具有以下不同的特点：①GTO 要求其驱动电路提供的驱动电流的前沿应有足够的幅值和陡度，且一般需要在整个导通期间施加正向门极电流，关断需施加负门极电流，幅值和陡度要求更高，其驱动电路通常包括开通驱动电路、关断驱动电路和门极反偏电路三部分；②GTR 驱动电路提供的驱动电流有足够陡的前沿，并有一定的尖冲，这样可加速开通过程，减小开通损耗，关断时，驱动电路能提供幅值足够大的反向基极驱动电流，并加反偏截止电压，以加速关断速度；③电力 MOSFET 要求驱动电路输出具有较小的内阻，电压型驱动，驱动功率小且电路简单，关断时一般加负偏电压；④IGBT 驱动电路具有较小的内阻，电压型驱动，关断时应加负偏电压，IGBT 的驱动电路多采用专用的混合集成驱动器。

2.2　电力电子器件的保护

2.2.1　过电压的产生及过电压保护

　　晶闸管（或其他电力电子器件）在正常工作时，所承受的最大峰值电压 U_m 与电源电压、电路接线形式有关，它是选择晶闸管额定电压的依据。在工作中，由于各种原因可能出现晶闸管所承受的电压超过 U_m 的短时过电压的情况。如果正向过电压超过了正向转折电压，将产生误导通；如果反向过电压超过其反向重复峰值电压 U_{RRM}，则晶闸管易被击穿，造成永久性损坏。为使晶闸管器件能正常工作，必须采取适当的保护措施。

　　1. 引起过电压的原因

　　（1）操作过电压

　　操作过电压是在晶闸管变流装置拉闸、合闸、快速直流开关的切断等经常性的操作过程中，由于感性负载、线路的电磁变化而引起的过电压。

　　（2）浪涌过电压

　　浪涌过电压是雷击等偶然原因引起，从电网传导进入变流装置的过电压。浪涌过电压幅值大，可能比操作过电压还高，一般持续时间不长。

　　（3）换相过电压

　　换相过电压是在晶闸管或与全控型器件反并联的二极管在换相结束时，反向电流急剧减小，由线路电感在器件两端感应出的过电压。

　　（4）关断过电压

　　晶闸管关断时，在反向阳极电压作用下，电流下降至零。由于载流子的进一步释放，将形成较大的反向电流，然后迅速衰减至零。此时，很大的 di/dt 将在线路电感上引起很大的反电动势，作用在晶闸管上可能使晶闸管击穿。全控型器件关断时，正向电流迅速降低而由线路电感在器件两端感应出的过电压称为关断过电压。

操作过电压与浪涌过电压是由装置外部因素引起的，属于外因过电压。换相过电压与关断过电压是由电力电子装置内部器件的开关过程等内部因素引起的，属于内因过电压。

2. 过电压保护措施

过电压保护的基本原则是，根据电路中过电压产生的不同部位，加入不同的附加电路，当达到一定电压值时，过高的电压作用在附加电路上，使过电压通过附加电路形成通路，消耗过电压储存的电磁能量，从而使过高的电压能量不会加到主开关器件上，保护了主晶闸管。保护电路形式很多也很复杂，如图 2-20 所示，下面分析常用的几种方式。

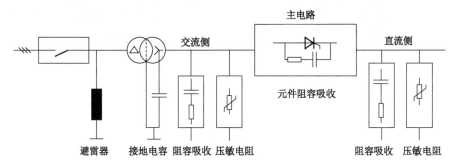

图 2-20　晶闸管装置的过电压保护措施

① 雷击过电压可在变压器初级加接避雷器加以保护。

② 一次、二次电压比很大的变压器，由于一次、二次绕组间存在分布电容，一次侧合闸时，高电压可能通过分布电容耦合到二次侧而出现瞬时过电压。对此可采取变压器附加屏蔽层接地或变压器星形中点通过电容接地的方法来处理。

③ 阻容保护电路是变流装置中用得最多的过压保护措施，它利用电容两端的电压不能突变的特性，可以有效地抑制电路中的过电压，在短时间内可以吸收过电压的能量。与电容串联的电阻能消耗掉部分过电压的能量，同时抑制电路中的电感与电容 C 产生振荡。

RC 阻容保护电路可以设置在变流器装置的交流侧、直流侧，其接法如图 2-21 所示。也可将 RC 保护电路直接并在主电路的器件上，有效地抑制器件关断时的关断过电压。

图 2-21（a）所示电路在单相变压器次级绕组边并联阻容保护电路。

图 2-21（b）所示的三相电路中，变压器二次绕组的接法和阻容保护电路的接法相同。

图 2-21（c）所示三相电路中，变压器二次侧为 Y 连接，而阻容保护电路为△连接。

对于大容量的变流装置，三相阻容保护装置比较庞大，此时可采用图 2-21（d）所示的三相整流式阻容保护措施。虽然多用了一个三相整流桥，但只需 1 个电容，而且只承受直流电，故可采用体积小、容量大的电解电容。再者还可以避免晶闸管导通瞬间因电容放电电流流过所引起的过大 di/dt 。

如图 2-21（e）所示，阻容保护接在变流装置的直流侧，可以抑制因熔断器或直流快速开关断开时造成的过电压，电容器额定电压应大于实际承受电压峰值。

为抑制晶闸管关断时因载流子释放所造成的关断过电压，每个晶闸管器件二端需直接并联阻容保护装置，其阻容值可按表 2-2 所列经验数据选取。

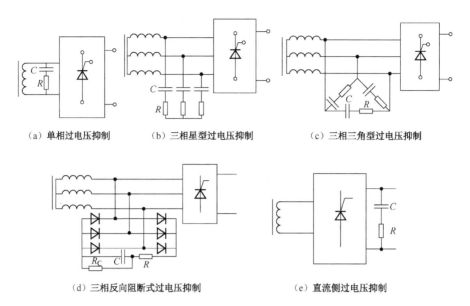

（a）单相过电压抑制　　　（b）三相星型过电压抑制　　　（c）三相三角型过电压抑制

（d）三相反向阻断式过电压抑制　　　　（e）直流侧过电压抑制

图 2-21　阻容保护电路的接法

表 2-2　阻容值选取

晶闸管额定电流 $I_{T(AV)}$	（A）	10	20	50	100	200
C	（μF）	0.1	0.15	0.2	0.25	0.5
R	（Ω）	100	80	40	20	10

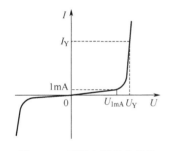

图 2-22　压敏电阻伏安特性

④ 对于雷击或更高的浪涌电压，如果阻容保护还不能吸收或抑制时，还应采用压敏电阻或硒堆等非线性电阻进行保护。

非线性电阻具有稳压管的伏安特性，可把浪涌电压限制在晶闸管允许的电压范围内。现在常采用的非线性电阻器件主要是压敏电阻，过去采用过硒堆，但因伏安特性不理想、长期不用会老化、体积大等缺陷而逐渐被淘汰。

压敏电阻是一种金属氧化物的非线性电阻，它具有正、反两个方向相同但较陡的伏安特性，如图 2-22 所示。正常工作时漏电流很小（微安级），故损耗小。当过电压时，可通过高达数千安的放电电流 I_Y，因此抑制过电压的能力强。此外，它对浪涌电压反应快，本身体积又小，是一种较好的过电压保护器件。它的主要缺点是持续平均功率很小，仅几瓦，如正常工作电压超过它的额定值，则在很短时间内就会烧毁。

由于压敏电阻的正、反向特性对称，因此单相电路只需 1 个，三相电路用 3 个，连接成 Y 型或△型，如图 2-23 所示。

压敏电阻的主要参数有：①额定电压 U_{1mA} ——指漏电流为 1mA 时的电压值；②残压比 U_Y / U_{1mA} ——指两种电压的比值，其中 U_Y 为放电电流达规定值 I_Y 时的电压；③允许的通流容量——指在规定的波形下（冲击电流前沿 10μs，持续时间 20μs）允许通过的浪涌电流。

例如，MY3 系列压敏电阻的额定电压有 10V、40V、80V、100V、160V、220V、330V、440V、660V、1000V、2000V、3000V 等。放电电流为 100A 时的残压比小于 1.8～3，放电电流为 3kA 时残压比小于 3～5。通流容量有 0.05kA、0.1kA、0.5kA、1.0kA、2kA、3kA、5kA 等。

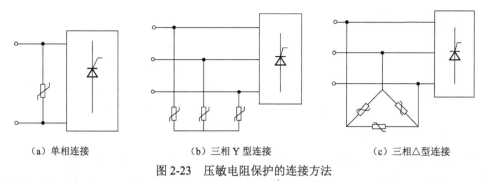

（a）单相连接　　　　　　（b）三相 Y 型连接　　　　　　（c）三相△型连接

图 2-23　压敏电阻保护的连接方法

下面介绍压敏电阻的选用方法。

①按额定电压选用

$$U_{1mA} \geqslant \frac{\varepsilon_s}{(0.8 \sim 0.9)} \times （压敏电阻承受工作电压的峰值） \tag{2-5}$$

式中，ε_s 为电网电压升高系数，取 $\varepsilon_s = 1.10 \sim 1.20$。系数（0.8～0.9）是考虑 U_{1mA} 下降 10% 而通过压敏电阻的漏电流仍应保持在 1mA 以下，以及考虑变流装置允许的过电压系数。

②按 U_Y 值选用。一般来说，被保护器件的耐压值已考虑 2～3 倍安全裕量，U_Y 值的选取也可由被保护器件的耐压值决定，可取两者基本相等，从而估算出 U_Y 值。

除电压参数外，通流容量也是一个重要参数，它应大于实际的浪涌电流。但实际浪涌电流很难计算，故一般当变压器容量大、距外线路近、无避雷器时应尽可能取大值。

压敏电阻在二极管整流设备上可代替全部的阻容保护，在晶闸管可控整流装置上可代替交流侧、直流侧的阻容保护，但不能代替对晶闸管关断过电压的阻容保护。总的来说，压敏电阻只能用作过压保护，不能用作 du/dt 保护。

2.2.2　过电流的产生及过电流保护

当晶闸管变流装置内部某一器件击穿或短路、触发电路或控制电路发生故障、外部出现过载重载、直流侧短路、可逆传动系统产生环流或逆变失败，以及交流电源电压过高、过低或缺相等状况时，均可引起装置其他器件的电流超过正常工作电流，即出现过电流。由于晶闸管等电力电子器件的电流过载能力比一般电气设备差得多，因此，必须对变流装置进行适当的过电流保护。

图 2-24 所示为交流输入通过整流主电路转换为直流输出给负载的电路，其中交流进线电抗器 L 或整流变压器的漏抗，可以限制短路电流，降低电流的上升速度，但正常工作时有较大交流压降。图中，B 为电流检测，FUF 为快速熔断器，KOC 为过流继电器，S_{DCF} 为直流快速开关。图 2-24 采用的几种过电流保护措施分别是过流保护电子电路、交流侧过流继电器保护、直流快速断路器保护、快速熔断器保护。

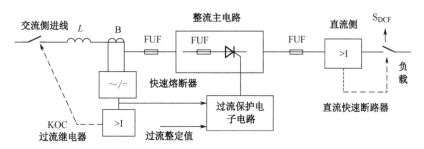

图 2-24　晶闸管变流装置过流保护措施

1．过流保护电子电路

图 2-24 中的过流保护电子电路作为第一保护措施，反应最快，一旦发生过电流情形，可以控制晶闸管的移相触发电路。整流装置的触发脉冲在过流时快速做出反应，使变流装置的故障电流迅速下降至零，从而有效地抑制了电流，限制了电流的继续增大。一旦负载恢复正常，装置可以继续正常工作。当过流保护电子电路失效时，才会引起其他过流保护措施动作。

2．交流侧过流继电器保护

通过电流检测装置（如图 2-24 中的 B 所示），过流时，过流信号一方面可以控制晶闸管的移相触发电路。另一方面也可以控制过流继电器，使交流接触器触点跳开，切断电源。但过流继电器和交流接触器动作都需一定的时间（100～200ms），故只有在短路电流不大的情况下这种保护才能奏效。

3．直流快速断路器保护

如图 2-24 中的 S_{DCF} 所示，对于采用多个晶闸管并联的大、中容量变流装置，快速熔断器数量多且更换不便。为避免过电流时烧断快速熔断器，采用动作时间只有 2ms 的直流快速开关，它可先于快速熔断器动作而保护晶闸管。但由于控制复杂及容量规格等原因，尚未广泛被使用。

4．快速熔断器

快速熔断器 FUF 是防止晶闸管过流损坏的最后一道防线，是晶闸管变流装置中应用最普遍的过电流保护措施，可用于交流侧、直流侧和装置主电路中，具体接法如图 2-25 所示。图 2-25（a）中交流侧接快速熔断器能对晶闸管器件短路及直流侧短路起保护作用，但要求正常工作时，快速熔断器电流定额要大于晶闸管的电流定额，这样对器件的短路故障所起的保护作用较差。图 2-25（b）中直流侧快速熔断器只对负载短路或过载起保护作用，对器件无保护作用。只有图 2-25（c）中晶闸管直接串接快速熔断器时才对器件的保护作用最好，因为它们流过同一个电流，因而被广泛使用。

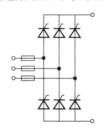 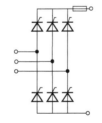 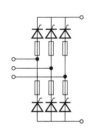

（a）交流侧接快速熔断器　　　　（b）直流侧接快速熔断器　　　　（c）晶闸管串接快速熔断器

图 2-25　过流保护用的快速熔断器的接法

图 2-25（c）中，与晶闸管串联的快速熔断器的选用原则是：

① 快速熔断器的额定电压应大于线路正常工作电压的有效值。

② 快速熔断器熔体的额定电流 I_{KR} 是指电流有效值，晶闸管额定电流是指电流平均值 $I_{T(AV)}$（通态平均电流）。选用时要求快速熔断器的熔体额定电流 I_{KR} 小于被保护晶闸管额定电流所对应的有效值 $1.57I_{T(AV)}$，同时要大于正常运行时线路中流过该器件实际电流的有效值 I_T，即

$$1.57I_{T(AV)} \geqslant I_{KR} \geqslant I_T \tag{2-6}$$

有时为保证可靠和方便选用，通常简单地取 $I_{KR} = I_{T(AV)}$。

③ 熔断器（安装熔体的外壳）的额定电流应大于或等于熔体电流值。

目前生产的快速熔断器包括：大容量有插入式 RTK、带熔断指示器的 RS3、小容量有螺旋式 RLS 等型号，选用时可参阅有关手册。

快熔对器件的保护方式为全保护和短路保护两种。全保护是指过载、短路均由快熔进行保护，

适用于小功率装置或器件裕度较大的场合；短路保护是指快熔仅在短路电流较大的区域起保护作用。对重要的且易发生短路的晶闸管设备或全控型器件，需采用电子电路进行过电流保护，不能利用快熔进行全保护。快熔仅作为过流保护的最后措施，除非迫不得已，一般希望它不要熔断。

2.2.3　电力电子器件的热路及过热保护

电力电子器件通以电流和在开关过程中，要消耗大量的功率，这部分耗散功率转变成热量使管芯发热、结温升高，需要通过周围环境散热。散热途径一般有热传导、热辐射和热对流 3 种方式，对电力电子器件来说，散热途径主要采用热传导方式。

1. 稳态热路图与热阻

管芯内温度最高的部位在 PN 结上，热量从 PN 结通过管壳、散热器传至环境介质中，当管芯上每秒消耗功率产生的热量与每秒散发出去的热量相等时，管芯的温度就达到稳定状态，结温不再升高。根据器件内热量的传导过程可以画出等效热路图，如图 2-26 所示。

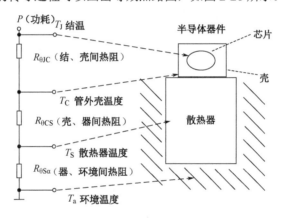

图 2-26　等效热路图

热路图与电路图很相似，功耗 P 相当于热流与电流类似，温升 ΔT 与电压相似，热阻 $R_{\theta J\alpha}$ 与电阻相似。功耗、温升和热阻之间的关系和欧姆定律相似。即

$$P = \frac{\Delta T}{R_{\theta J\alpha}} \tag{2-7}$$

$$\Delta T = R_{\theta J\alpha} P \tag{2-8}$$

式中，$\Delta T = T_J - T_\alpha$，$T_J$ 和 T_α 分别代表结温和环境温度，$R_{\theta J\alpha}$ 为结至环境介质的热阻。

由式（2-8）可知，为使恒定的耗散功率 P 流过某一物体，在温度达到平衡之后，物体两端的温差 ΔT 与热阻 $R_{\theta J\alpha}$ 成正比，即热阻越大，温差越大。其中，温度的单位为℃，功率单位为 W，热阻的单位为℃/W。

器件散热时的总热阻 $R_{\theta J\alpha}$ 由以下几部分组成：PN 结至外壳的热阻 $R_{\theta JC}$、外壳至散热器的热阻 $R_{\theta CS}$、散热器至环境介质的热阻 $R_{\theta S\alpha}$。其中，$R_{\theta JC}$ 也称内热阻，其他两项称为外热阻。器件总热阻 $R_{\theta J\alpha}$ 为

$$R_{\theta J\alpha} = R_{\theta JC} + R_{\theta CS} + R_{\theta S\alpha} \tag{2-9}$$

内热阻 $R_{\theta JC}$ 由器件的结构、工艺和材料所决定，减小内热阻是器件设计者的任务。外热阻中，$R_{\theta CS}$ 为管壳与散热器之间的接触热阻，$R_{\theta S\alpha}$ 为散热器与周围环境之间的热阻。在实际应用中，电路设计者应力求减少这两部分的热阻，以达到良好散热的目的。

必须指出，式（2-8）为热稳态时功耗 P、温升 ΔT 和热阻 $R_{\theta Ja}$ 之间的关系。非热稳态时，热阻的概念不再适用，必须采用瞬态热阻抗的概念。

2．过热保护

电力电子器件过热保护的目的是为了防止器件的结温过高，避免由于结温过高而损坏器件。防止器件结温过高的途径有 3 种：降低功耗、减少热阻和加强散热。

（1）降低损耗

电力电子器件的种类、型号、工作方式对器件的工作损耗有着直接的影响，降低器件损耗要从上述 3 个方面入手，但必须要服从电力电子装置的整体设计方案。电力电子装置的整体设计方案决定了器件的选型、工作电流、开关频率等，也决定了器件的功耗。当发生过热现象时，可以采取停止器件工作等保护措施，避免器件损坏。

在规定条件下工作时，应避免过热现象的发生。对具体型号器件的应用者来说，为了限制结温，由于内热阻无法改变，可在减少外热阻方面采取措施，即接触热阻 $R_{\theta CS}$ 和散热器热阻 $R_{\theta Sa}$。

（2）减小热阻

减小热阻就是减小接触热阻 $R_{\theta CS}$ 和减小散热器热阻 $R_{\theta Sa}$。

① 减小接触热阻 $R_{\theta CS}$。

电力电子器件的正常运行，在很大程度上还取决于器件与散热器之间的装配质量。散热器安装台面必须与电力电子器件很好的接触，形成良好的导热面。由于电力电子器件的容量、使用条件、外形结构及品种是不同的，所以散热器的安装形式也各不相同。但是，电力电子器件的管壳与散热器之间的温差和接触热阻 $R_{\theta CS}$ 值，必须控制在规定数值以下。

接触热阻与器件封装形式的关系：器件封装形式不同，接触热阻就不同；接触热阻还与器件与散热器之间是否有垫圈、是否涂有硅油等情况有关。此外，器件与散热器接触表面要平整，其不平整度不应超过 0.001mm/mm²，为确保器件外壳不受大气侵蚀，器件的铜外表面需镀镍或镀银。

接触热阻与安装力的关系：电力电子器件根据容量的不同，有多种封装形式，使用双面冷却平板式结构往往是功率较大的器件。如果其他条件相同，双面冷却散热器所散出的耗散功率比单面冷却提高 60%左右。为了减小热阻，螺栓型器件与散热器之间必须有一定的锁紧力矩，平板型器件与散热器之间必须有一定的压紧力。

② 减小散热器热阻 $R_{\theta Sa}$。

散热器热阻是指从散热器至环境介质的热阻，它与散热器的材质、结构、表面颜色、安装位置及环境冷却方式等因素有关。

散热器的材质有紫铜和工业铝两种。铜散热器表面需进行电镀、涂漆或钝化，铝散热器表面可涂漆或进行阳极氧化。自冷散热器表面最好用黑色，借以提高辐射系数。黑色散热器比光亮散热器可减少 10%～15%的热阻，散热器多为翼片形状以增加散热面积。因为热气流向上流动，散热器要垂直安放，故产生所谓的烟囱效应，垂直位置比水平位置可减少热阻 15%～20%。

（3）加强散热

电力电子装置常用的冷却方式分为 4 种：自冷、风冷、液冷和沸腾冷却。

① 自冷是通过空气自然对流及辐射作用将热量带走的散热方式。这种方式散热效率很低，但简单、维护方便、噪声小，适用于额定电流较小的器件或简单装置中的较大电流器件。

② 风冷散热器主要应用于额定电流值在 50～500A 的器件，其散热效率是自冷散热效率的 2～4 倍。图 2-27 所示为风冷式风速与热阻之间的关系曲线，在风冷装置内部的冷却风速，通常小于额定风速 6m/s。

③ 液冷散热器包括水冷散热器和油冷散热器。水冷散热器的散热效率极高，其对流换热系数是空气自然换流系数的 150 倍以上，这种散热器一般适用于电流容量在 500A 以上的器件。油冷散

热器的散热效率在水冷散热器与风冷散热器之间，冷却介质大多采用变压器油。

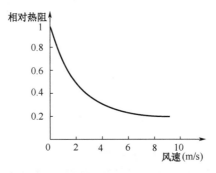

图 2-27　风速与热阻的关系曲线

④ 沸腾冷却是将冷却媒质（如氟利昂）放在密闭容器中，通过媒质的相变来进行冷却的技术。这种冷却方式具有极高的冷却效率，比油冷和水冷高若干倍，比风冷高十多倍。因此，沸腾冷却装置的体积比同容量油冷和自冷装置小得多。

2.2.4　缓冲电路

缓冲电路也称吸收电路，在电力电子器件的应用技术中起着重要的作用。因为电力电子器件的可靠性与它在电路中承受的各种应力（电应力、热应力）有关，所承受的应力越低，工作可靠性越高。电力电子器件开通时流过很大的电流，阻断时承受很高的电压，尤其在开关转换的瞬时，电路中各种储能器件的能量释放会导致器件经受很大的冲击，有可能超过器件的安全工作区而导致损坏。附加各种缓冲电路，目的不仅是降低浪涌电压、du/dt、di/dt，还希望能减少器件的开关损耗，避免器件二次击穿，抑制电磁干扰，提高电路的可靠性。

对于普通的晶闸管电路，可通过并联 RC 和串联阳极电感实现缓冲；对于全控型器件，由于一般工作频率比较高，开关损耗比普通的晶闸管大得多，因而对缓冲电路的要求也高。

图 2-28 所示为一个开关电路和 BJT 的开关波形与负载轨迹。图 2-28（a）中，BJT 以一定的频率开关工作，当 BJT 导通时，负载电流 i_d 通过 BJT 而不通过二极管 VD_L；当 BJT 截止时，负载电流 i_d 通过二极管 VD_L 续流而不通过 BJT。当电感极大时，稳定运行的负载电流 i_d 基本不变。但应注意到，在开关过程中，只要 BJT 的集电极电位低于输入电压的上端电位 U_d，则通过 BJT 的电流 i_C 很快上升到负载电流 i_d，续流二极管 VD_L 很快无电流。所以在 BJT 开通过程中，BJT 两端的电压刚开始降低就有负载电流 i_d 通过。在 BJT 关断、集电极电压逐渐上升的过程中，一直有负载电流 i_d 通过，开关波形如图 2-28（b）所示。在开通和关断过程中的某一时刻，会出现集电极电压 u_C 和集电极电流 i_C 同时达到最大值的情况，这时瞬时开关损耗也最大。开关过程的负载轨迹线如图 2-28（c）所示。在右上侧的曲线均超过了安全工作区界限。为了不使上述电压和电流的最大值同时出现，必须采用开通和关断缓冲电路。

缓冲电路分为关断缓冲电路（du/dt 抑制电路）、开通缓冲电路（di/dt 抑制电路）和复合缓冲电路。关断缓冲电路的主要作用是吸收器件的关断过电压和换相过电压，抑制 du/dt，减小关断损耗。开通缓冲电路的主要作用是抑制器件开通时的电流过冲和 di/dt，减小器件的开通损耗。复合缓冲电路是关断缓冲电路和开通缓冲电路的结合。通常所说的缓冲电路专指关断缓冲电路，而将开通缓冲电路叫作 di/dt 抑制电路。

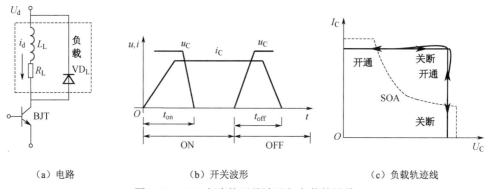

（a）电路　　　　　　　（b）开关波形　　　　　　　（c）负载轨迹线

图 2-28　BJT 电路的开关波形与负载轨迹线

缓冲电路可以改变负载轨迹，能够减少开关器件的开关损耗，把开关损耗由器件本身转移至缓冲电路内。根据这些转移的能量如何处理、怎样消耗掉，引出了两类缓冲电路：一类是耗能式缓冲电路，即开关损耗能量转移消耗在缓冲电路的电阻上，这种电路简单，但效率低；另一类是馈能式缓冲电路，即通过缓冲电路把开关损耗能量以适当的方式转移到负载或回馈给供电电源，这种电路效率高但电路复杂。

1．耗能式缓冲电路

（1）关断缓冲电路

① 关断缓冲电路原理分析

图 2-29（a）所示为典型的耗能式关断缓冲电路，它由电阻、电容和二极管网络组成，并与 BJT 开关并联。当 BJT 关断时，负载电流流经二极管 VD_U 和电容 C_U。集电极与发射极两端的电压上升率 du_C/dt 受到限制，电容越大，du_C/dt 越小。由于 BJT 集电极电压被电容电压牵制，所以不再会出现最大的瞬时尖峰损耗。图 2-29（b）、（c）、（d）分别表示缓冲电容 C_U 为零、缓冲电容 C_U 较小和缓冲电容 C_U 较大的 3 种不同情况下，BJT 集电极电流和电压的波形。如图可见，在没有缓冲电容 C_U 时，集电极电压上升时间极短，可以忽略，其关断过程只考虑集电极电流的变化，在关断初期将会出现极大的瞬时关断损耗；当缓冲电容加入后，情况有所变化，集电极电压缓慢上升，如果缓冲电容较小，那么在集电极电流下降到零以前，集电极电压已上升至电源电压，如图 2-29（c）所示；当缓冲电容 C_U 较大时，集电极电流下降到零以后，集电极电压上升至电源电压，如图 2-29（d）所示。加入关断缓冲电路后的负载轨迹线如图 2-29（e）所示。几种情况的瞬时关断损耗是不同的，缓冲电容 C_U 越大，瞬时关断损耗越小。

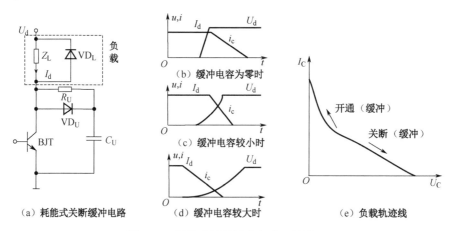

（a）耗能式关断缓冲电路　　（b）缓冲电容为零时

（c）缓冲电容较小时

（d）缓冲电容较大时　　　（e）负载轨迹线

图 2-29　耗能式关断缓冲电路及其波形

加入缓冲电容 C_U 后，BJT 的功耗确实下降了，但缓冲电路的功耗增加了，因为在 BJT 关断之后，缓冲电容 C_U 的端电压将充至电源电压 U_d，并存储 $C_U U_d^2 / 2$ 的能量，当下一次 BJT 开通时，电容 C_U 将经电阻 R_U 和 BJT 放电。电容 C_U 上存储的能量基本上消耗在电阻 R_U 上，故称耗能式关断缓冲电路。

② RCD 缓冲电路的设计

缓冲电路使 BJT 工作负载轨迹线发生了改变，提高了 BJT 的工作可靠性，缓冲电路中 RCD 参数需要设计，需要考虑以下 5 个方面。

第一，R_U、C_U 充放电时间约束。假定已知功率管最小开通时间为 t_{onmin}，则 R_U 应使 C_U 在最小导通时间内放电至所充电电压的 5%以下，即要求 $3R_U C_U \leqslant t_{onmin}$。

第二，R_U 耗散功率约束。假定功率管关断期间承受的最高电压为 U_{Cmax}（即 C_U 的最高电压）、功率管开关频率为 f_s，由于电容上的能量全部消耗在 R_U 上，则 R_U 耗散功率为

$$P_R = \frac{1}{2} f_s C_U U_{Cmax}^2 \tag{2-10}$$

第三，C_U 容量选择约束。假定功率管关断时电流下降时间为 t_f（可通过查阅相关数据手册得到）、集电极最大电流为 I_{Cmax}，则电容在关断时间 t_f 内的充电电压应不大于 U_{Cmax}。由于关断时间很短，此期间电容上充电电流上升，流过功率管的电流下降，两者之和可以视为恒定，假设电容上充电电流是线性上升的，则有

$$\frac{I_{Cmax} t_f}{2C_U} \leqslant U_{Cmax} \tag{2-11}$$

电容耐压选取要考虑几个问题：①电容的寿命与承受电压有关，电容实际承受的峰值电压比外加电压峰值稍大，如果仅考虑这一因素，取电容耐压为 1.1 倍外加电压峰值即可；②电容的寿命还与电容无功能量交换、损耗角、散热等影响电容温度的因素有关；③工作频率越高，电容充放电所交换的无功能量越多；④对于同系列的电容来说，耐压越高，则体积越大、散热越好。综上，电容耐压应大于 1.1 倍外加电压峰值，这里取外加电压峰值的 1.5 倍。

第四，VD_U 选择约束。VD_U 必须选用快恢复二极管，如果按通过电流有效值计算选择二极管，其计算值较小，则所选二极管难以满足浪涌电流要求，所以一般按额定电流不小于主电路器件的 1/10 来选择二极管即可。二极管额定电压等级要求与功率管一致。

第五，导通时最大峰值电流限制对 R_U 阻值选择的约束。功率管开通瞬间流过的电流包括负载电流和 C_U 的放电电流，假定在有限短时间内脉冲集电极最大峰值电流为 I_{Cpmax}，集电极最大负载电流为 I_{Cmax}，C_U 可能达到的最高电压为 U_{CUmax}，则有

$$\frac{U_{CUmax}}{R_U} + I_{Cmax} < I_{Cpmax} \tag{2-12}$$

【例题 2-1】某 GTR 开关构成的降压电路，如图 2-29（a）所示。负载为电阻电感并有续流二极管，电阻为 $R_L = 20\Omega$，电感极大，输入电源电压 U_d 为 200V，负载两端平均电压 U_L 在 10～180V 范围内可调节，开关周期为 0.5ms。已知功率管最小开通时间 t_{onmin} 为 0.025ms，GTR 额定电压为 600V，额定电流为 15A，关断时电流下降时间 $t_f = 135$ns，请设计耗能式关断缓冲电路 RCD 参数。

解：由于负载为电阻、电感并有续流二极管，电感极大，GTR 在工作时承受的最大电压等于输入电源电压 200V，若不考虑缓冲电路电容的放电电流，GTR 开通后通过的最大集电极电流与负载电流相同，则

$$I_{Cmax} = I_d = \frac{U_{Lmax}}{R_L} = \frac{180}{20} = 9(\text{A})$$

GTR 关断时电流下降时间为 $t_f = 135$ns，根据式（2-11），则

$$C_{U} \geq \frac{I_{Cmax}t_{f}}{2U_{Cmax}} \geq \frac{9 \times 135 \times 10^{-9}}{2 \times 200} = 3.05(\text{nF})$$

取电容 $C_{U} = 10\text{nF}$，耐压取实际承受最大电压 1.5 倍，取 300V（或以上）。

由于 $t_{onmin} = 0.025\text{ms}$，根据 $3R_{U}C_{U} \leq t_{onmin}$，$3R_{U} \times 10 \times 10^{-9} \leq 0.025 \times 10^{-3}$，则

$$R_{U} \leq 833\Omega$$

取 $R_{U} = 510\Omega$。GTR 开关周期为 0.5ms，开关频率为 2kHz，则

$$P_{R} = \frac{1}{2}f_{S}C_{U}U_{Cmax}^{2} = \frac{1}{2} \times 2 \times 10^{3} \times 10 \times 10^{-9} \times 200^{2} = 0.4 \ (\text{W})$$

实际电阻功率应取计算值的 3～4 倍以上，取 2W。

例题中没有给出该 GTR 在有限短时间内脉冲集电极的最大峰值电流 I_{Cpmax}，但 I_{Cpmax} 肯定大于额定电流，按额定电流 15A 选取。由于电容放电电流最大值为 U_{CUmax}/R_{U}，考虑缓冲电路电容的放电电流时，通过 GTR 电流为

$$\frac{U_{CUmax}}{R_{U}} + I_{Cmax} = \frac{200}{510} + 9 = 9.39 \ (\text{A}) < 15 \ (\text{A})$$

符合 $U_{CUmax}/R_{U} + I_{Cmax} < I_{Cpmax}$，校验成立，满足 GTR 参数要求。

二极管的额定电流按不小于功率管额定电流的 1/10 选取，最后选用二极管的额定电流为 2A，额定电压与 GTR 额定电压相同，故二极管选用 2A/600V 的快速恢复二极管。

（2）开通缓冲电路

开通缓冲电路称为 di/dt 抑制电路，对于 BJT 的集电极电流来说，开通时的关键因素是 di_{C}/dt，稳态电流值越大，开通时间越短，则 di_{C}/dt 影响越严重。为了限制 di_{C}/dt 的大小常采用串联电感的方法进行缓冲，典型的开通缓冲电路及相应的 BJT 电流、电压开通波形如图 2-30 所示。开通缓冲电路由电感 L_{i}、电阻 R_{i} 和二极管 VD_{i} 组成，再与 BJT 的集电极相串联，如图 2-30（a）所示。在 BJT 开通过程中，在集电极电压下降期间，电感 L_{i} 控制电流的上升率 di_{C}/dt；当 BJT 关断时，储存在电感 L_{i} 中的能量 $L_{i}I_{d}^{2}/2$，通过二极管 VD_{i} 的续流作用而消耗在 VD_{i} 和电阻 R_{i} 上。

图 2-30（b）、（c）、（d）分别表示有无缓冲电路时的 BJT 电流和电压开通波形。无缓冲电路时，在开通的瞬间集电极电流即达到最大稳态值 I_{d}，而集电极电压则以线性速度下降，故在开通瞬间出现最大的开通尖峰功耗。在加入 di_{C}/dt 缓冲电路后，集电极电流 i_{C} 的上升时间增大。电感 L_{i} 增大，上升时间越长，也即电流上升率 di_{C}/dt 越小。如果缓冲电感 L_{i} 采用饱和电抗器，则效果会更好，因为只要设计得当，使得缓冲电感在集电极电压下降到零后、电感电流较大时，处于饱和状态，而在饱和之前呈现高阻抗，因而在集电极电压下降到零之前流过 BJT 的磁化电流较小，所以开通损耗亦较小。加入开通缓冲电路后的负载轨迹线如图 2-29（e）所示。采用缓冲电路和 di/dt 抑制电路等耗能式缓冲电路的原理如图 2-31 所示。

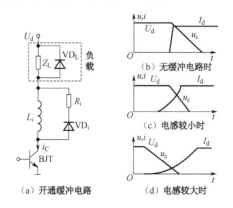

图 2-30　开通缓冲电路波形

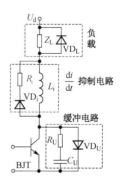

图 2-31　耗能式缓冲电路原理

（3）复合缓冲电路

在实用中，总是将关断缓冲电路与开通缓冲电路结合在一起，称为复合缓冲电路，如图 2-32 所示。在 BJT 开通时，电感 L_i 减少了 BJT 承受的电流上升率 di_C/dt，还可以限制负载反向二极管（负载续流二极管）的反向恢复电流；同时，缓冲电容 C_U 经 R_U、L_i、BJT 回路放电。在 BJT 关断时，电容 C_U 和二极管 VD_U 组成有极性的缓冲电路，限制 BJT 的 du_C/dt 及关断损耗，这样就明显地改变了集电极电压和电流同时出现最大值的情况。

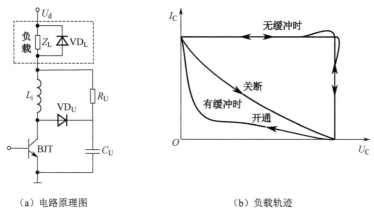

（a）电路原理图　　　　　　　　　　　　（b）负载轨迹

图 2-32　复合缓冲电路

2. 无源馈能式缓冲电路

将储能器件中的储能通过适当的方式回馈给负载和电源，借以提高效率。在馈能过程中，由于采用的器件不同，又可分为无源和有源两种方式，下面介绍无源馈能式缓冲电路。

（1）无源馈能式关断缓冲电路

无源馈能式关断缓冲电路如图 2-33 所示，能量的回馈主要由 C_0 和 VD_C 来实现，C_0 称为转移电容，VD_C 称为回馈二极管。在 BJT 关断时，缓冲电容器 C_U 充电至电源电压 U_d，在 BJT 下一次开通时，电容 C_U 上的电压通过 L_0、VD_0、C_0、BJT 通路转移至电容 C_0 上，极性如图中所示。电感 L_0 用于限制电容 C_U 在 BJT 开通时的放电电流。当 BJT 再次关断时，BJT 两端电压升高，电容 C_U 再次充电，限制了电压上升率，而电容 C_0 通过 VD_C 向负载放电，能量得到回馈。由于能量的回馈是由无源器件 C_0 和 VD_C 来实现的，所以这种电路叫作无源馈能式关断缓冲电路。

（2）无源馈能式开通缓冲电路

无源馈能式开通缓冲电路如图 2-34 所示。该电路通过变压器将磁场储能回馈到电源。变压器为双线绕制，匝比为 $1:N$，一次侧具有一定电感，起抑制电流上升的作用；二次侧的极性与一次侧相反，并接有反向二极管。BJT 开通时，一次侧承受全部电源电压，二次侧异名端电压低，无通电回路。BJT 关断时，二次侧感应电极性换向，当其异名端电压高于电源电压 U_d 时，向电源馈送能量。这种电路中变压器匝比 N 越大，关断时一次测感应电势越小，降低了 BJT 承受的电压，但 BJT 开通时变压器二次侧电压却更高，故要提高反向二极管的耐压水平。匝比的大小还影响能量回馈的时间，匝比大时又会使铁芯的恢复时间加长，反过来又增加了能量馈送的时间。由此可见各因素是相互矛盾的，使用中必须折中解决。

（3）无源馈能式复合缓冲电路

图 2-35 所示为无源馈能式复合缓冲电路。在 BJT 关断时，缓冲电容器 C_U 充电至电源电压 U_d。BJT 开通时，电感 L_i 的作用是为了抑制 BJT 开通时的电流变化率，使 BJT 电流从零开始上升到负载电流。电容 C_U 上的部分能量通过 VD_0、C_0、L_i、BJT 通路向电容 C_0 转移，极性如图中所示，当

C_0 容值远大于 C_U 容值时，电容 C_0 上的电压很低。当 BJT 再次关断时，电容 C_U 再次充电，电压升高，同时起到分流的作用，使 BJT 在电压上升过程中通过的电流减小。在此过程中，电容 C_0 两侧的电位升高，当电容 C_0 右侧的电位高于 U_d 时，通过 VD_C 向负载放电，能量得到回馈。缓冲电容 C_U 的作用与图 2-33 中的 C_U 相同，另外，当电感 L_i 能量较大、电容 C_U 的电压高于 U_d 时，电感 L_i 通过 VD_C 和 VD_0 将储存的能量馈送给负载，电流逐渐减小到零。在这段时间内，当负载为感性时，负载经二极管 VD_L 续流。

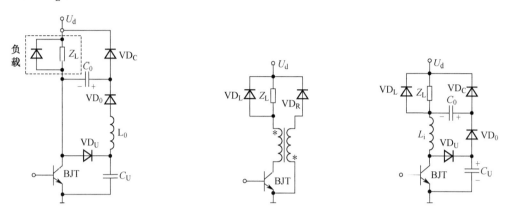

图 2-33　无源馈能式关断缓冲电路　　图 2-34　无源馈能式开通缓冲电路　　图 2-35　无源馈能式复合缓冲电路

3. 其他缓冲电路

　　当器件安全工作区域较宽时，从缓冲电路本身损耗的角度考虑，一般不对工作频率高、安全工作区域宽的单个器件采用耗能型的关断 du/dt 抑制电路和开通 di/dt 抑制电路来改善负载轨迹线。对于这类器件，往往采用并联 RC（电阻和电容串联后）或集中放置缓冲电路的方法。常用的电力电子器件中，电力 MOSFET 不存在二次击穿问题，IGBT 具有近似于矩形的安全工作区域，而且这两类器件工作频率高，其缓冲电路的设计思路与 GTR 有所不同。以 IGBT 为例，典型应用的缓冲电路如图 2-36 所示，图 2-36（c）所示电路不同于 RCD 关断 du/dt 抑制电路，在 IGBT 开关时，C_U 的电压不会被减小到零，而是吸收直流电压 PN 上过高电压的能量，即吸收 IGBT 开关过程中所产生的杂散能量。

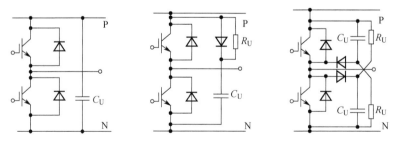

（a）并联电容缓冲电路（小容量）　　（b）RC 缓冲电路（中等容量）　　（c）放电阻止型缓冲电路（大容量）

图 2-36　IGBT 的缓冲电路

　　IGBT 的缓冲电路中，最普通的是放电阻止型缓冲电路，缓冲电路电容 C_U 可由式（2-13）求得

$$C_U = \frac{LI_C^2}{U_{CP}^2 - U_d^2} \qquad (2\text{-}13)$$

式中，L 为主电路杂散电感；I_C 为 IGBT 关断瞬间的电流；U_{CP} 为关断后电容 C_U 的电压最大值，由 RBSOA 确定，必须注意电流不同时所引起的电压差异；U_d 为直流电源电压。

缓冲电路电阻 R_U 的选择，是按希望 IGBT 在关断信号关断之前，将缓冲电路所积累的电荷放净，其值可由式（2-14）估算

$$R_U \leqslant \frac{1}{2 \times 3 \times C_U \times f_s} \qquad (2\text{-}14)$$

式中，f_s 为开关频率。

如果缓冲电路电阻过小，会使电流波动，IGBT 开通时的发射极电流初始值将会增大，因此，在满足式（2-14）的前提下，希望选取尽可能大的阻值。缓冲电阻上的功耗与其阻值无关，可由式（2-15）求出

$$P_R = \frac{L \times I_C^2 \times f_s}{2} \qquad (2\text{-}15)$$

2.3 电力电子器件的串联和并联使用

2.3.1 晶闸管的串联和并联使用原则

由于使用场合需要高压或大电流，致使电力电子器件的电压、电流达不到使用要求，或是由于从成本上考虑，使用开关器件的串并联可以降低元器件成本，在某些场合下，需要将开关器件串联以满足高压的应用场合，或将几个器件并联以满足大电流的应用。由于器件之间在静态、动态特性上总会存在一定差异，当它们被串联、并联在一起作为一个器件应用时，就会因为这些差异使得开关动作在时间上不一致，导致某些器件的损坏。因此，要有相应的措施来调整串并联器件间的差异。

1. 串联晶闸管的均压

晶闸管串联的目的是为了提高耐压。各种电力电子器件，即使同一批生产出来的同型号、同容量的器件，在静态伏安特性和开关特性上也不完全相同。如图 2-37 所示，当具有不同特性的两个晶闸管器件串联，在阻断状态及相同的漏电流 I_0 下，晶闸管承受的电压不同，VT_2 电压较低，而 VT_2 几乎已到转折电压 BU_T，因而电源电压的波动就可能造成晶闸管的损坏。此外，串联器件中由于开、关时间不一致，最后开通或最先关断的器件将承受全部电源电压，这就必然影响到它的可靠运行，所以晶闸管串联运行时应有相应的均压措施，均压包含静态和动态。在图 2-38 中，与器件并联的 R_P 用于静态均压，而并联的 R_D、C_D 串联支路用作动态均压。静态均压电阻应远小于串联开关器件阻断状态下的等效电阻。选用时，应以漏电流最大的器件作为基准，因此选用的 R_P 值较小。但过小的 R_P 会流过较大电流而使功耗增加。

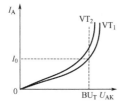

图 2-37 相同型号及容量的两个器件阻断特性的比较

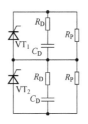

图 2-38 开关器件均压

静态均压措施包括：①选用参数和特性尽量一致的器件；②采用电阻均压，R_P 的阻值应比器件阻断时的正、反向等效电阻小得多。动态均压措施包括：①选择动态参数和特性尽量一致的器件；

②用 $R_D C_D$ 并联支路用作动态均压；③采用门极强脉冲触发可以显著减小器件开通时间的差异。

2．并联晶闸管的均流

晶闸管并联的目的是为了承担更大的电流。当电力电子开关器件并联运行时，由于通态特性不一致，如图 2-39 所示，在同样的正向通态电压 U_{on} 下器件中流过的电流大小不等，流过大电流的开关可能接近甚至超过器件允许的最大电流 I_m 而失效。在开关过程中，也会由于并联器件间开关特性不一致，先开通或后关断的器件可能承受全部或大部分负载电流，严重的动态不均可能损坏器件，因此当电力电子器件并联运行时，应当采取均流措施。

均流可用 3 种方法：①严格挑选并联连接的器件，使它们具有十分相近的正向通态特性；②通过串联电阻、电感或相互耦合的电抗器来强迫并联器件均流，如图 2-40 所示；③采用门极强脉冲触发可以显著减小器件开通时间的差异。采用电阻均流时，应使电阻上的压降大于器件的通态压降，但这样会在电阻上产生较大的功耗，降低装置效率。采用电抗器均流的办法较好，因为在器件的开、关过程中，电感对电流变化有抑制作用，可以改善器件的电流均衡度。图 2-41 所示为利用磁平衡原理的耦合电抗器均流，可得到更理想的静态和动态均流效果。采用强触发的门极信号，也有利于开通过程动态均流。

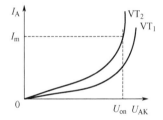
图 2-39　两个器件通态特性的比较

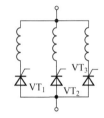
图 2-40　用串联电感均流

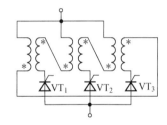
图 2-41　用磁平衡原理均流

2.3.2　电力 MOSFET 和 IGBT 并联运行

全控开关器件在高频条件下工作，线路连接引起的分布参数不均衡也会影响器件串并联运行时的均压和均流，因此，在进行系统结构设计时要特别注意串、并联器件布局的合理性。尽可能减小它们的分布参数，并使这些分布参数趋于一致。

对于 MOSFET 这样的器件，由于它的导通电阻具有正温度系数，随着温度的升高，导通电阻增大，饱和导通压降 U_{DS} 增加，因此可以将两个或多个器件直接并联。

对于 NPT 型 IGBT，通态压降具有正温度系数，可以多个管子并联使用。

对于其他工艺制造（包括 PT 型）的 IGBT，要根据特性，判断通态压降是否具有正温度系数，尤其在集电极电流较大的区段，如果通态压降具有正温度系数，并联使用时具有电流的自动均衡能力，也可以多个管子并联使用。一般情况下，PT 型 IGBT 的通态压降一般在 1/2～1/3 额定电流以下的区段具有负的温度系数，在 1/2～1/3 额定电流以上区域具有正温度系数，因而 IGBT 在并联时，也具有一定的电流自动均衡能力，可以并联使用。

MOSFET 或 IGBT 并联使用时，应尽量使多个管子型号、厂家一致，连线尽量做到一致，同时主回路各模块布线电阻和电感一致。即使这样，n 个相同等级的模块并联时，允许的电流应小于 nI_{CN}（ I_{CN} 为单个功率管的电流额定值），因为每个开关管之间的电流不可能完全均衡，所以，应适当降低允许值。

本 章 小 结

　　本章主要介绍了各种电力电子器件的驱动电路、过压与过流保护方法、电力电子器件的过热保护以及串并联运行。晶闸管（SCR）是半控型器件，其触发电路应满足与主电路同步、能平稳移相且有足够移相范围、脉冲前沿陡、有足够的幅值与脉宽、抗干扰能力强等要求。锯齿波同步移相触发电路是使用较多的 SCR 触发电路，它主要由同步检测、锯齿波形成、移相控制、脉冲形成、脉冲放大等环节组成。集成化的锯齿波同步移相触发电路有 KC、KJ 系列等。大功率晶体管（GTR）和门极可关断晶闸管（GTO）属于电流型全控型器件。GTO 的驱动电路中对门极开通波形的要求与 SCR 触发电路基本相同，要求门极关断电路能产生足够大的反向电流来关断已导通的 GTO。GTR驱动电路除满足一般驱动电路的要求外，还应防止过饱和电路，使 GTR 工作在准饱和区，提高开关速度，降低开关损耗。电力场效应晶体管（MOSFET）和绝缘栅双极型晶体管（IGBT）都属电压型全控型器件。由于电压型器件输入阻抗高、驱动电流小，因此驱动电路相对比较简单。目前，有许多专用芯片用来驱动全控型器件，如 IR2110、EXB840 等，这些芯片集成化程度高、保护功能好、抗干扰能力强，使用广泛。

　　本章还介绍了过电压的产生原因和过电压保护方法、过电流的产生原因及过电流保护方法。晶闸管的过压保护主要使用压敏电阻、阻容吸收等，过流保护则采用电流检测、快速熔断器等，另外还应对 $\mathrm{d}u/\mathrm{d}t$、$\mathrm{d}i/\mathrm{d}t$ 进行限制。全控型器件的过流保护通常采用检测电流，利用电子线路的快速动作来及时关断器件。缓冲电路的使用可对由于全控型器件的开关而引起的过电压、过电流、过大的 $\mathrm{d}u/\mathrm{d}t$ 和 $\mathrm{d}i/\mathrm{d}t$、过大的瞬时功率进行保护。RCD 缓冲是防止过电压和过大的 $\mathrm{d}u/\mathrm{d}t$ 常用的电路。

　　本章同时还介绍了电力电子器件的热路及过热保护。电力电子器件通以电流和在开关过程中，要消耗大量的功率，造成电力电子器件管芯发热、结温升高，必须通过散热的方式降低管芯温度，散热途径一般有热传导、热辐射和热对流 3 种方式。对电力电子器件来说，散热途径主要采用热传导方式：自冷、风冷、液冷、沸腾冷却等 4 种方式。

　　晶闸管的串联使用时应采取动态均压与静态均压措施，并联使用时应采取均流措施。电力MOSFET 和 NPT 型的 IGBT 的通态压降具有正温度系数，易于并联使用，但也应采取相应的措施。

思考题与习题

2-1．电力电子器件的驱动电路对整个电力电子装置的影响有哪些？

2-2．驱动电路的基本任务有哪些？

2-3．为什么要对电力电子主电路和控制电路进行电气隔离？其基本方法有哪些？

2-4．由晶闸管构成的主电路对触发脉冲一般要求有哪些？

2-5．同步信号为锯齿波的触发电路由哪些环节组成？

2-6．画出 GTO 理想的门极驱动电流波形，并说明门极开通和关断脉冲的要求。

2-7．说明电力场效应晶体管栅极驱动电路的一般要求。

2-8．GTO、GTR、电力 MOSFET 和 IGBT 的驱动电路各有什么特点？

2-9．电力电子器件过电压产生的原因有哪些？

2-10．电力电子器件发生过电流的原因有哪些？

2-11．电力电子器件过电压保护和过电流保护各有哪些主要方法？

2-12．电力电子器件过热保护有哪些主要方法？

2-13．电力电子器件缓冲电路是怎样分类的？全控器件缓冲电路的主要作用是什么？试分析 RCD 缓冲电路中各器件的作用。

2-14．某 GTR 开关构成的降压电路，如图 2-29（a）所示，负载为电阻电感并有续流二极管，电阻 R_L=15Ω，电感极大，输入电源电压 U_d 为 320V，负载两端平均电压 U_L 在 8～90V 范围内可调节，开关频率 f_S 为 2kHz。已知功率管最小开通时间 t_{onmin} 为 0.0125ms，GTR 额定电压为 650V，额定电流为 30A，关断时电流下降时间 t_f=180ns。请设计耗能式关断缓冲电路 RCD 参数。

2-15．在高压变流装置中，晶闸管串联使用以提高耐压，其均压措施有哪些？

2-16．电力 MOSFT、NPT 型 IGBT 易于并联使用的原因是什么？并联使用时还应注意哪些事项？

第 3 章　直流-直流变换技术

　　电力电子技术分为电力电子器件制造技术与电能变换技术两大类，电能变换技术也称为变流技术，它包含电路和控制两个方面。实现电能变换的电路称为变换电路或变流电路；利用电力电子技术实现电能变换并构建完整变换电路的装置称为电力变换器或变流器。无论是变换技术还是变换器都需要通过具体变换电路来实现，所以本书在讲解某一种变换技术或者分析某一种变换器的工作原理时，都会结合具体主电路或直接对其主电路的工作波形进行分析与数值计算，并阐明相关的控制技术。

　　从功能上说，直流-直流（DC-DC）变换技术是指将一种直流电源变换为另一种（固定或可调）电压或电流的直流电源的技术。直流-直流变换电路包括直接直流变换电路和间接直流变换电路，其中直接直流变换电路往往采用斩波方式来实现，输入与输出之间没有电气隔离，故也称为直流斩波电路（DC Chopper）。无电气隔离的直流斩波电路有降压斩波电路（Buck Chopper）、升压斩波电路（Boost Chopper）、升降压斩波电路（Buck-Boost Chopper）、Cuk 斩波电路（Cuk Chopper）、Sepic 斩波电路（Sepic Chopper）和 Zeta 斩波电路（Zeta Chopper）。这些电路都是由单个开关管控制的。通过前两个斩波电路的组合可以构建电流可逆斩波电路、桥式可逆斩波电路和多重化斩波电路。

　　间接直流变换电路有交流环节，在交流环节中通常采用变压器实现输入和输出间的隔离，因此也称为直-交-直电路。常见的有电气隔离的变换电路为：正激（Forward）电路、反激（Flyback）电路、半桥（Half-Bridge）电路、全桥（Bridge）电路和推挽（Push-Pull）电路。

3.1　DC-DC 变换的基本控制方式

　　直流斩波器有时间比控制和瞬时值控制两种基本控制方式。时间比控制主要有脉冲频率调制（PFM）、脉冲宽度调制（PWM，Pulse Width Modulation）及混合调制 3 种控制方式。所谓脉冲频率调制是指保持开关器件导通宽度不变，通过改变脉冲周期来控制开关器件导通与关断时间的比例。而脉冲宽度调制是指保持开关器件的脉冲周期不变，通过改变脉冲宽度来控制开关器件的导通与关断时间的比例，即通过对一系列脉冲的宽度进行调制，来等效地获得所需要的波形形状和幅值。混合调制是指脉冲宽度与脉冲周期都改变的控制方式。

　　脉宽调制是目前电能变换中最重要的变换技术，其基本原理内容为：冲量相等而形状不同的 PWM 波（或窄脉冲）加在具有惯性的环节上时，其效果基本相同。这也是采样控制理论中的一个重要结论。对于这个基本原理，说明三点：第一，冲量是指 PWM 波（或窄脉冲）幅值与时间构成的面积，所谓冲量相等指的是即使输入波形不同，而各波形构成的面积相等；第二，效果基本相同，是指输出响应的波形基本相同，如果把各输出波形用傅里叶变换分析，则其低频段非常接近，仅在高频段略有差异；第三，惯性环节应具有一定的时间常数，如果惯性环节的时间常数远大于各种输

入 PWM 波的周期，则各种输出波形的效果基本相同。PWM 基本原理反映了面积等效原理，它是
PWM 控制技术的重要理论基础。

如图 3-1 所示，u_{S1} 为 PWM 波形，脉冲宽度为 t_{on}，脉冲周期为 T_S，当 RL 电路时间常数较大且
远大于脉冲周期 T_S 时，将图 3-1（b）所示的 PWM 波形 u_{S1} 加在图 3-1（a）所示的 RL 电路上，就可
以使图 3-1（a）所示的电流波形 i 近似为一条平直的直线。类似地，当直流电压 u_{S2} 作为输入，电流
波形 i 也为一条平直的直线。如果 PWM 波形 u_{S1} 的平均值在脉冲周期 T_S 内与直流电压 u_{S2} 相等，而
且两者输出电流波形平均值相等、纹波很小或无纹波时，即两个电流波形基本相同，则认为 PWM
波形 u_{S1} 与直流电压 u_{S2} 对图中 RL 电路来说是等效的。

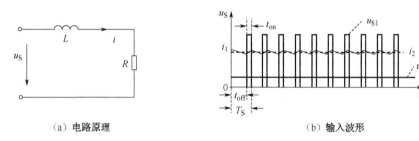

（a）电路原理　　　　　　　　　　　　　　　　（b）输入波形

图 3-1　PWM 工作原理示意图

直流斩波器另一种基本控制方式为瞬时值控制。瞬时值控制是将期望值或波
形作为参考值与被控对象的实际值进行比较，控制开关管的开通或关断，使实际
值向参考值逼近的一种控制方式。一般规定一个控制误差，当变换器实际输出瞬
时值达到指令值上限时，控制开关管使实际值减小；当斩波器实际输出瞬时值达
到指令值下限时，控制开关管使实际值增大，从而获得围绕参考值在误差带范围
内的实际输出。

3.2　基本斩波电路

3.2.1　降压斩波电路

1．降压斩波电路结构与工作原理

降压斩波电路也称 Buck 斩波电路（Buck Chopper），它是一种对输入电压进行降压变换的直流
斩波器，即输出电压低于输入电压。其电路基本结构如图 3-2 所示。

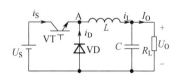

图 3-2 中，VT 是主要开关器件 IGBT，VT 也可根据应用情况
选用 MOSFET、GTR 等器件。L 为能量传递电感，C 为滤波电容，
R_L 为模拟负载，VD 为续流二极管。当 VT 断开时，VD 为 i_L 提供
续流通路。U_S 为输入直流电压，U_O 为输出电压。

电路的工作原理是：①当 VT 导通时，二极管 VD 承受反压而
图 3-2　降压斩波电路　　截止，U_S 通过 L 向负载传递能量，此时 i_L 增加，即电感上的储能
增加；②当 VT 关断时，由于 i_L 不能突变，故 i_L 将通过二极管 VD 续流，L 储能逐步消耗在 R_L 上。
i_L 降低，L 储能减少。由于二极管 VD 的单向导电性，i_L 不可能为负，即总有 $i_L > 0$ 或 $i_L = 0$，从而
在 R_L 上可获得单极性的直流电压。选择合适的电感电容值，并控制开关器件 VT 周期性地开关，可

控制输出电压平均值的高低并使输出电压纹波在容许的范围内。显然，开关器件 VT 的导通时间越长，传递到负载的能量越多，输出电压也就越高。

2. 电感电流连续模式（CCM）下稳态特性分析

现在分析采用脉冲宽度调制控制方式时降压斩波电路的稳态特性。主要分析系统的输出输入电压比，流经电源 U_S、开关管 VT、二极管 VD 及电感的电流，输出电压纹波、电感电流纹波，电感电流临界连续的条件等。

为简化分析，假设：

① 电路所用元器件均是理想的。这就意味着电感、电容不存在寄生参数，二极管、开关 VT 关断时漏电流为零，导通时通压降为零，导通与关断转换在瞬间完成。

② 负载电流 I_O 为基本恒定的直流。由于开关管 VT 开关频率很高（通常在 20kHz 以上），经过 LC 滤波后，U_O 中纹波很小、I_O 波动很小。

根据电感电流是否恒大于零，可将降压斩波电路的工作状态分为连续导电与不连续导电两种工作模式。

首先考虑连续导电模式，即电感电流恒大于零的情形。当电感电流恒为正时，开关管 VT 导通时的等效电路如图 3-3（a）所示；开关管 VT 截止时的等效电路如图 3-3（b）所示，其中 u_L 两端的正负号表示正方向规定，实际电压为负。

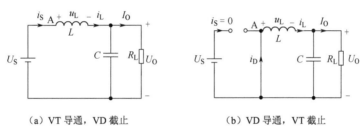

（a）VT 导通，VD 截止　　　　　（b）VD 导通，VT 截止

图 3-3　连续导电模式的降压斩波等效电路

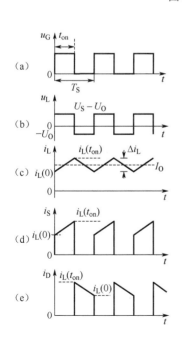

图 3-4　电感电流连续时的工作波形

开关管 VT 的导通与关断由控制信号 u_G 决定，控制信号 u_G 的波形如图 3-4（a）所示。u_G 为高电平时 VT 导通，u_G 为低电平（实际电压为负值）时 VT 关断，记 $\rho = t_{on}/T_S$。t_{on} 为导通时间，T_S 为开关周期，ρ 为导通占空比，简称为导通比或占空比。

u_G 为高电平时，开关管 VT 导通，图 3-3（a）中 A 点电压为 U_S，一个周期 T_S 时间内持续时间为 t_{on}，u_G 为低电平时，开关管 VT 关断，二极管 VD 续流导通，图 3-3（b）中 A 点电压为 0，则整个周期 A 点电压平均值为 $U_A = t_{on}U_S/T_S$，由于稳态时电感元件满足伏秒平衡律，电感元件的平均电压为 0，故稳态时输出电压 U_O 与 U_A 的电压平均值相等，即

$$U_O = t_{on}U_S/T_S \qquad (3\text{-}1)$$

对式（3-1）可做进一步分析。

u_G 为高电平时，开关管 VT 导通，L 上承受电压为 $U_S - U_O$，将 u_G 从低变高的瞬间看作时间起点 $t=0$，则 i_L 满足：

$$U_S - U_O = L\frac{di_L}{dt} \qquad (0 \leqslant t < t_{on}) \qquad (3\text{-}2)$$

由式（3-2）可得，$0 \leqslant t < t_{on}$ 时

$$i_{\mathrm{L}}(t) = \frac{U_{\mathrm{S}} - U_{\mathrm{O}}}{L} t + i_{\mathrm{L}}(0) \qquad (3\text{-}3)$$

式中，$i_{\mathrm{L}}(0)$ 为 u_{G} 高电平脉冲开始时刻电感电流值，i_{L} 在 t_{on} 时刻的电流值用 $i_{\mathrm{L}}(t_{\mathrm{on}})$ 表示，为 u_{G} 高电平脉冲结束时电感电流值，则

$$i_{\mathrm{L}}(t_{\mathrm{on}}) = \frac{U_{\mathrm{S}} - U_{\mathrm{O}}}{L} t_{\mathrm{on}} + i_{\mathrm{L}}(0) \qquad (3\text{-}4)$$

$0 \leqslant t < t_{\mathrm{on}}$ 期间电感电流增大。

在 $t_{\mathrm{on}} \leqslant t < T_{\mathrm{S}}$ 期间，u_{G} 为低电平时，L 承受电压为 $-U_{\mathrm{O}}$，L 上电压 U_{L} 如图 3-4（b）所示

$$-U_{\mathrm{O}} = L \frac{\mathrm{d}i_{\mathrm{L}}}{\mathrm{d}t} \qquad (t_{\mathrm{on}} \leqslant t < T_{\mathrm{S}}) \qquad (3\text{-}5)$$

由式（3-5）可解得

$$i_{\mathrm{L}}(t) = i_{\mathrm{L}}(t_{\mathrm{on}}) - \frac{U_{\mathrm{O}}}{L}(t - t_{\mathrm{on}}) \qquad (3\text{-}6)$$

$$i_{\mathrm{L}}(T_{\mathrm{S}}) = i_{\mathrm{L}}(t_{\mathrm{on}}) - \frac{U_{\mathrm{O}}}{L}(T_{\mathrm{S}} - t_{\mathrm{on}}) \qquad (3\text{-}7)$$

式中，$i_{\mathrm{L}}(T_{\mathrm{S}})$ 为周期结束时电感电流值，可见 $t_{\mathrm{on}} \leqslant t < T_{\mathrm{S}}$ 时 i_{L} 减少。稳态时 $i_{\mathrm{L}}(0) = i_{\mathrm{L}}(T_{\mathrm{S}})$，故有

$$\frac{U_{\mathrm{S}} - U_{\mathrm{O}}}{L} t_{\mathrm{on}} + i_{\mathrm{L}}(0) - \frac{U_{\mathrm{O}}}{L}(T_{\mathrm{S}} - t_{\mathrm{on}}) = i_{\mathrm{L}}(0)$$

整理得

$$(U_{\mathrm{S}} - U_{\mathrm{O}}) t_{\mathrm{on}} - U_{\mathrm{O}}(T_{\mathrm{S}} - t_{\mathrm{on}}) = 0 \qquad (3\text{-}8)$$

整理后可以得到式（3-1）。式（3-8）表明稳态时，电感电压在一个周期中的平均值为零，即电感元件满足伏秒平衡律。记

$$M = \frac{U_{\mathrm{O}}}{U_{\mathrm{S}}} \qquad (3\text{-}9)$$

M 称为稳态电压变换比。由式（3-1）可知

$$M = \rho = \frac{t_{\mathrm{on}}}{T_{\mathrm{S}}} \qquad (3\text{-}10)$$

由于 $\rho \leqslant 1$，稳态电压比值小于等于 1，故称为降压斩波电路。

由式（3-3）、式（3-6）可作出 $i_{\mathrm{L}}(t)$ 随时间变化的曲线，如图 3-4（c）所示。电源电流 i_{S} 及流过二极管的电流 i_{D} 如图 3-4（d）和（e）所示。由图可见，$i_{\mathrm{L}}(t_{\mathrm{on}})$ 为电感电流的最大值，$i_{\mathrm{L}}(0)$ 为其最小值。稳态时电感电流纹波（峰-峰值）为

$$\Delta i_{\mathrm{L}} = i_{\mathrm{L}}(t_{\mathrm{on}}) - i_{\mathrm{L}}(0) = \frac{U_{\mathrm{S}} - U_{\mathrm{O}}}{L} t_{\mathrm{on}} = \frac{U_{\mathrm{S}} - U_{\mathrm{O}}}{L} \rho T_{\mathrm{S}} = \frac{(1-\rho)\rho}{L} U_{\mathrm{S}} T_{\mathrm{S}} = \frac{U_{\mathrm{O}}}{L}(1-\rho) T_{\mathrm{S}} \qquad (3\text{-}11)$$

输出电压纹波的计算与电流纹波有关，因电容 C 上电压波动很小，可认为流过 R_{L} 的电流近似为直流，从而可认为电感电流纹波全部经过电容，此电容电流 $i_{\mathrm{C}} = i_{\mathrm{L}}(t) - I_{\mathrm{O}}$，由图 3-4（c）可知，$t_{\mathrm{on}}/2 \leqslant t \leqslant (t_{\mathrm{on}} + T_{\mathrm{S}})/2$ 时，$i_{\mathrm{C}} = i_{\mathrm{L}}(t) - I_{\mathrm{O}} \geqslant 0$。此区间的时间为 $T_{\mathrm{S}}/2$，电流变化量为 $\Delta I_{\mathrm{L}}/2$，该电流变化量平均值为 $\Delta I_{\mathrm{L}}/4$，即得电压纹波 ΔU_{O}

$$\Delta U_{\mathrm{O}} = \frac{1}{C} \int_{\frac{t_{\mathrm{on}}}{2}}^{\frac{t_{\mathrm{on}}+T_{\mathrm{S}}}{2}} i_{\mathrm{C}} \mathrm{d}t = \frac{\Delta i_{\mathrm{L}}}{C} \times \frac{T_{\mathrm{S}}}{8} = \frac{(1-\rho)\rho U_{\mathrm{S}} T_{\mathrm{S}}^2}{8LC} = \frac{(1-\rho) U_{\mathrm{O}} T_{\mathrm{S}}^2}{8LC} \qquad (3\text{-}12)$$

当保持 U_{S}、T_{S} 等不变时，最大电压纹波出现在 $\rho = 0.5$ 处。式（3-12）表明了 $i_{\mathrm{C}} \geqslant 0$ 时的电压

纹波 ΔU_O，使电压从最低点充电到最高点，所以 ΔU_O 为纹波的峰-峰值。

3. 电感电流断续模式（DCM）下稳态特性分析

下面分析不连续导电模式——电感电流不连续时降压斩波电路的稳态特性，电路主要工作波形如图 3-5 所示。此时电路的一个周期中存在如下 3 种工作状态。

① u_G 为高电平，开关管 VT 导通，二极管 VD 截止，电感电流 i_L、开关管电流 i_S 上升，等效电路如图 3-6（a）所示。

② u_G 为低电平，开关管 VT 截止，开关管电流 i_S 为 0，二极管 VD 续流，电感电流 i_L 下降，等效电路如图 3-6（b）所示，其中 u_L 两端的正负号表示正方向规定，实际电压为负。

③ u_G 为低电平，开关管 VT、二极管 VD 均截止，$i_L = 0$，等效电路如图 3-6（c）所示。

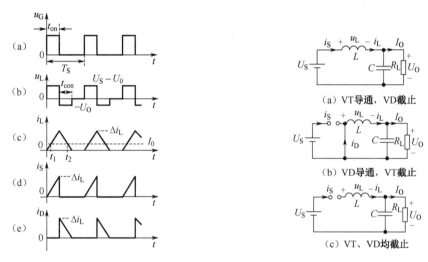

图 3-5 电感电流不连续时的工作波形　　　图 3-6 不连续导电模式的降压斩波等效电路

因电流不连续，一周期开始及结束时 i_L 必定为零，故在 $0 \leqslant t < t_{on}$ 且 VT 导通时有

$$L\frac{di_L}{dt} = U_S - U_O \tag{3-13}$$

解得

$$i_L(t) = \frac{U_S - U_O}{L}t \tag{3-14}$$

$$i_L(t_{on}) = \frac{U_S - U_O}{L}t_{on} \tag{3-15}$$

设 t_{con} 为控制信号关断后的电感电流续流时间，则在 $t_{on} \leqslant t < t_{on} + t_{con}$ 的二极管 VD 续流期间

$$L\frac{di_L}{dt} = -U_O \tag{3-16}$$

$$i_L(t) = i_L(t_{on}) - \frac{U_O}{L}(t - t_{on}) \tag{3-17}$$

因在 $t_{on} + t_{con}$ 时刻，$i_L = 0$，式（3-15）代入式（3-17）得

$$\frac{U_S - U_O}{L}t_{on} - \frac{U_O}{L}t_{con} = 0 \tag{3-18}$$

$$(U_S - U_O)t_{on} - U_O t_{con} = 0 \tag{3-19}$$

电压变换比为

$$M = \frac{U_O}{U_S} = \frac{t_{on}}{t_{on} + t_{con}} \tag{3-20}$$

记 $\rho_1 = t_{on}/T_S$，与 ρ 定义相同，用于电流断续情况，以示区别，同时设 $\rho_2 = t_{con}/T_S$，则

$$M = \frac{\rho_1}{\rho_1 + \rho_2} \tag{3-21}$$

导通占空比 ρ_1 由控制信号确定。二极管续流时间系数 ρ_2 还与系统参数有关。因此，此时电压变换比 M 不仅与控制信号有关，还与系统元件参数有关。

ρ_2 与电路参数关系可确定如下：稳态时，一个周期中 C 充放电电荷代数和为零。因此，流过电感 L 的平均电流和流过 R_L 中的平均电流相同。即

$$\frac{U_O}{R_L} = \frac{\frac{i_L(t_{on})}{2}t_{on} + \frac{i_L(t_{on})}{2}t_{con}}{T_S} = \frac{i_L(t_{on})}{2}\frac{t_{on} + t_{con}}{T_S} \tag{3-22}$$

$$\frac{U_O}{R_L} = \frac{(U_S - U_O)}{2L}\rho_1(\rho_1 + \rho_2)T_S \tag{3-23}$$

两边除以 U_S 并整理后得

$$\frac{U_O}{U_S} = \frac{R_L T_S}{2L}\rho_1(\rho_1 + \rho_2)\left(1 - \frac{U_O}{U_S}\right) \tag{3-24}$$

用 $M = \dfrac{U_O}{U_S}$ 和 $K = \dfrac{2L}{R_L T_S}$ 代入式（3-24），式中 K 为无量纲参数，与电路参数、控制信号周期有关。整理后得

$$M = \frac{\rho_1}{\rho_1 + \frac{K}{\rho_1 + \rho_2}} \tag{3-25}$$

注意到 $M = \dfrac{\rho_1}{\rho_1 + \rho_2}$，故 $\rho_2 = \dfrac{K}{\rho_1 + \rho_2}$，解得 $\rho_2 = \dfrac{\rho_1}{2}\left(\sqrt{1 + \dfrac{4K}{\rho_1^2}} - 1\right)$，最后得到不连续导电模式的电压变换比为

$$M = \frac{U_O}{U_S} = \frac{2}{1 + \sqrt{1 + \dfrac{4K}{\rho_1^2}}} \tag{3-26}$$

式（3-26）表明，不连续导电模式的电压变换比不仅与控制信号的脉冲宽度有关，还与电路的参数密切相关。

此时电流纹波为

$$\Delta i_L = i_L(t_{on}) \tag{3-27}$$

因 $\dfrac{t_{on} + t_{con}}{T_S} < 1$，由式（3-22）可知

$$I_O = \frac{U_O}{R_L} = \frac{i_L(t_{on})}{2}\frac{t_{on} + t_{con}}{T_S} < \frac{i_L(t_{on})}{2} = \frac{\Delta i_L}{2} \tag{3-28}$$

可见不连续导电模式时负载平均电流小于电感电流纹波的一半，当 $(t_{on} + t_{con})/T_S = 1$ 时，即临界

连续时有 $I_O = \Delta i_L / 2 = i_L(t_{on})/2$。

如图 3-5（c）所示，一个开关周期内 $i_L(t) \geqslant I_O$ 的起始时间为 $t_1 = I_O t_{on} / \Delta i_L$，终点为 $t_2 = t_{on} + (\Delta i_L - I_O) t_{con} / \Delta i_L$。在此区间内，$i_L(t)$ 的平均值为 $(\Delta i_L + I_O)/2$，电容电流 $i_C = i_L(t) - I_O$ 对电容 C 充电，以此来计算输出电压纹波 ΔU_O。与连续导电模式相似，对一个周期中 $i_C(t) \geqslant 0$ 部分积分得

$$\Delta U_O = \frac{1}{C}\int_{t_1}^{t_2} i_C \mathrm{d}t = \frac{1}{C}[(\Delta i_L + I_O)/2 - I_O] \times (t_2 - t_1) = \frac{1}{2C}(\Delta i_L - I_O)(t_2 - t_1) \tag{3-29}$$

$$t_2 - t_1 = \frac{\Delta i_L - I_O}{\Delta i_L}(t_{on} + t_{con}) \tag{3-30}$$

由式（3-27）、式（3-28）及 ρ_1、ρ_2 定义，则

$$\Delta i_L - I_O = i_L(t_{on}) \frac{2 - \rho_1 - \rho_2}{2} \tag{3-31}$$

将 $t_2 - t_1$、$\Delta i_L - I_O$ 表达式代入式（3-29）得

$$\Delta U_O = \frac{i_L(t_{on}) \times (2 - \rho_1 - \rho_2)^2}{8C}(t_{on} + t_{con}) = \frac{(U_S - U_O) \times (2 - \rho_1 - \rho_2)^2}{8LC}(t_{on} + t_{con})t_{on} \tag{3-32}$$

将 $U_O = M \times U_S$ 及式（3-21）代入式（3-32），整理得

$$\Delta U_O = \frac{\rho_1 \rho_2 (2 - \rho_1 - \rho_2)^2}{8LC} U_S T_S^2 \tag{3-33}$$

当 $\rho_1 + \rho_2 = 1$ 时，式（3-33）和式（3-12）相同。

下面推导电流临界连续的条件。电流断续时有：$I_O = \dfrac{U_O}{R_L} \leqslant \dfrac{\Delta i_L}{2} = \dfrac{i_L(t_{on})}{2}$，根据式（3-15），

$\dfrac{U_O}{R_L} \leqslant \dfrac{U_S - U_O}{2L} t_{on}$，由于 $U_O = M \times U_S$，代入整理得

$$\frac{2L}{R_L T_S} \leqslant \rho_1\left(\frac{1}{M} - 1\right) \tag{3-34}$$

在电流临界连续时式（3-34）应取等式，且此时 $M = \rho_1$ 也成立。故电流临界连续时 $\dfrac{2L}{R_L T_S} = 1 - \rho_1$ 成立。

记 K_C 表示电流临界连续时无量纲参数，有

$$K_C = 1 - \rho_1 \tag{3-35}$$

对给定 ρ_1，当 $K < K_C = 1 - \rho_1$ 时，系统工作在不连续导电模式；当 $K > K_C = 1 - \rho_1$ 时，系统工作在连续导电模式。反过来，对既定的电路参数 K，当导通占空比 $\rho_1 > 1 - K$ 时，系统工作在连续导电模式；$\rho_1 < 1 - K$ 时，系统工作在不连续导电模式。特别是当 $K \geqslant 1$ 时，系统总工作在连续导电模式。

【例题 3-1】某 Buck 变换电路，斩波频率 40kHz，滤波元件参数为 $L = 0.8$ mH，$C = 330\mu$F。若电源电压 $U_S = 16$V，希望输出电压 $U_O = 9$V，输出平均电流 $I_O = 1$A，试计算：

① 判断电路电流是否处于连续状态。

② 电感上电流纹波 ΔI_L。

③ 输出电压纹波比 $\Delta U_C / U_O$。

④ 若输入电压、开关周期不变，占空比 ρ 改变为 0.1，要求电感电流连续、输出电压纹波小于 1%，计算滤波电感 L 和电容 C 的参数的最小值。

解：① 斩波周期为

$$T_{\mathrm{S}} = \frac{1}{f_{\mathrm{S}}} = \frac{1}{40 \times 10^3} = 2.5 \times 10^{-5} \text{（s）}$$

负载电阻为

$$R_{\mathrm{L}} = \frac{U_{\mathrm{O}}}{I_{\mathrm{O}}} = \frac{9}{1} = 9 \text{（Ω）}$$

$$K = \frac{2L}{R_{\mathrm{L}}T_{\mathrm{S}}} = \frac{2LI_{\mathrm{O}}}{U_{\mathrm{O}}T_{\mathrm{S}}} = \frac{2 \times (0.8 \times 10^{-3}) \times 1}{9 \times 2.5 \times 10^{-5}} = 7.1 > 1$$

由于 $K_{\mathrm{C}} = 1 - \rho_1$ 小于等于 1，电路电流处于连续状态。

② 电流连续，占空比为

$$\rho = \frac{U_{\mathrm{O}}}{U_{\mathrm{S}}} = \frac{9}{16} = 0.563$$

$$\Delta I_{\mathrm{L}} = \frac{U_{\mathrm{O}}}{L}(1-\rho)T_{\mathrm{S}} = \frac{9}{0.8 \times 10^{-3}} \times (1-0.563) \times 2.5 \times 10^{-5} = 0.123 \text{（A）}$$

③ 输出电压纹波比 $\Delta U_{\mathrm{C}}/U_{\mathrm{O}}$ 为

$$\frac{\Delta U_{\mathrm{C}}}{U_{\mathrm{O}}} = \frac{1}{8LC}(1-\rho)T_{\mathrm{S}}^2 = \frac{1}{8 \times (0.8 \times 10^{-3}) \times (330 \times 10^{-6})} \times (1-0.563) \times \left(2.5 \times 10^{-5}\right)^2 = 0.0129\%$$

④ 由于占空比为

$$\rho = \rho_1 = 0.1$$
$$U_{\mathrm{O}} = \rho U_{\mathrm{S}} = 0.1 \times 16 = 1.6 \text{（V）}$$
$$I_{\mathrm{O}} = U_{\mathrm{O}}/R_{\mathrm{L}} = 1.6/9 = 0.18 \text{（A）}$$

要求电流连续，至少处于临界电流连续状态，临界电流连续时，$\dfrac{2L}{R_{\mathrm{L}}T_{\mathrm{S}}} = 1 - \rho_1$，则最小电感为

$$L = \frac{R_{\mathrm{L}}}{2}(1-\rho)T_{\mathrm{S}} = \frac{9}{2} \times (1-0.1) \times 2.5 \times 10^{-5} = 101 \text{（μH）}$$

根据

$$\frac{\Delta U_{\mathrm{C}}}{U_{\mathrm{O}}} = \frac{1}{8LC}(1-\rho)T_{\mathrm{S}}^2 < 1\%$$

$$\frac{1}{8 \times 101 \times 10^{-6}C} \times (1-0.1) \times (2.5 \times 10^{-5})^2 < 1\%$$

电容为

$$C > 70\mu\mathrm{F}$$

选取电容 C 为 100μF，额定电压应取实际承受最大电压的 1.1～1.5 倍。

3.2.2　升压斩波电路

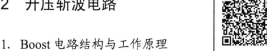

1. Boost 电路结构与工作原理

升压斩波电路又称 Boost 斩波电路（Boost Chopper），它对输入电压进行升压变换，其电路结构如图 3-7 所示，开关器件采用 IGBT，可根据应用需要选择其他开关器件。电路中还有电感 L、二极管 VD 等元件。

采用 PWM 或 PFM 等控制方法，通过控制主开关器件的导通占空比，可控制升压斩波电路的输出电压。电路工作原理是：①设开关管 VT 由信号 u_{G} 控制，当 u_{G} 为高电平时，开关管 VT 导通，$u_{\mathrm{L}} = U_{\mathrm{S}} > 0$，电感 L 承受的电压极性为左正右负，如图 3-7 所示，i_{L} 增加，电感 L 储能增加，二极

管 VD 截止，负载由电容 C 供电；②当 u_G 为低电平时，开关管 VT 关断，因电感电流不能突变，i_L 通过二极管 VD 向电容、负载供电，电感储能传递到电容和负载侧，此时 $U_O = U_S - u_L$，i_L 减少，电感 L 感应电势 $u_L < 0$，故 $U_O > U_S$。与降压斩波电路相似，根据电感电流是否连续，升压斩波电路也可分为连续导电模式与不连续导电模式两种工作状态。在下面的分析过程中仍假设器件是理想的，U_O 波动很小。

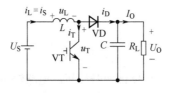

图 3-7　升压斩波电路

2. 电感电流连续模式（CCM）下稳态特性分析

首先分析连续导电模式的稳态特性，即电感电流连续时系统的稳态特性。因电感 L 电流连续，当 VT 导通时，升压斩波等效电路如图 3-8（a）所示；VT 关断时，等效电路如图 3-8（b）所示。

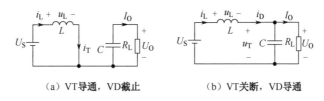

（a）VT导通，VD截止　　　　（b）VT关断，VD导通

图 3-8　连续导电模式的升压斩波等效电路

采用 PWM 控制方式，升压斩波电路连续导电模式稳态时的主要工作波形如图 3-9（a）所示。①当 u_G 为高电平时，开关管 VT 导通，$u_T = 0$，$u_L = U_S$，$i_T = i_L$ 增加，二极管 VD 截止，$i_D = 0$。②当 u_G 为低电平时，开关管 VT 关断，$u_T = U_O$，$u_L = U_S - U_O$ 为负值，$i_T = 0$，因电感电流不能突变，i_L 通过二极管 VD 向电容、负载供电，$i_D = i_L$ 减小。

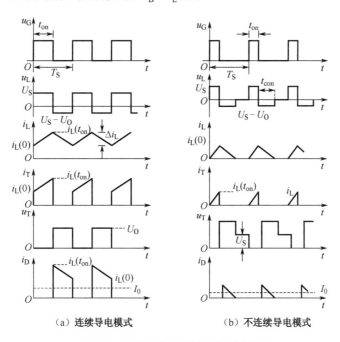

（a）连续导电模式　　　　（b）不连续导电模式

图 3-9　升压斩波电路主要工作波形

由稳态时电感元件的伏秒平衡律得

$$U_s t_{on} + (U_s - U_O) \times (T_S - t_{on}) = 0 \tag{3-36}$$

记电压变换比 $M = \dfrac{U_O}{U_S}$，导通占空比 $\rho = \dfrac{t_{on}}{T_S}$，设 $\rho' = \dfrac{t_{off}}{T_S}$，则 $\rho + \rho' = 1$，由式（3-36）有

$$M = \frac{1}{1-\rho} = \frac{1}{\rho'} \tag{3-37}$$

$$U_O = \frac{1}{1-\rho} U_S = \frac{1}{\rho'} U_S \tag{3-38}$$

由于 $0 \leqslant \rho < 1$，故总有 $M \geqslant 1$。这就证明升压斩波电路输出电压高于输入电压。

因假设元器件是理想的、电路中元器件功率损耗为零，故电源输入功率和负载消能功率相同，所以有

$$U_S I_S = \frac{U_O^2}{R_L}$$

整理得电源平均电流表达式为

$$I_S = \frac{U_S}{R_L (1-\rho)^2} = \frac{U_O}{R_L (1-\rho)} = \frac{I_O}{(1-\rho)} \tag{3-39}$$

电源电流纹波为 $\Delta i_S = \Delta i_L = U_s t_{on} / L = \rho(1-\rho) U_O T_S / L$，临界电流连续时，输入电源平均电流 $I_S = \Delta I_S / 2$。因 t_{on} 很小，故电源电流纹波较降压斩波电路小得多。注意，此时开关管 VT 截止时承受的最高电压为输出电压 U_O，它随着开关管 VT 导通占空比的增加而增加。如果容许开关管承受的最高阻断电压为 U_{max}，则导通占空比应满足：$\rho \leqslant 1 - U_S / U_{max}$。

二极管 VD 只有在开关管关断 $T_S - t_{on} = t_{off}$ 期间流过电流，在开关管开通期间无电流。设二极管 VD 中电流在 t_{off} 时间内的平均值为 I_{dbD}，一个周期中流过的平均电流为 $(T_S - t_{on}) I_{dbD} / T_S$，流过 R_L 上的平均电流为 $I_O = U_O / R_L$，两者相等，即 $I_{dbD} = T_S I_O / (T_S - t_{on})$，于是在 t_{off} 时间内充电电流为 $i_C = I_{dbD} - I_O$，输出电压纹波 ΔU_O 可表示为

$$\Delta U_O = \frac{1}{C} \int_{t_{on}}^{T_S} i_C dt = \frac{I_{dbD} - I_O}{C} (T_S - t_{on}) = \frac{t_{on}}{R_L C} U_O = \frac{U_S T_S}{R_L C} \frac{\rho}{1-\rho} = \frac{U_O T_S \rho}{R_L C} \tag{3-40}$$

可见，电压纹波随导通占空比增大而增加，特别是 $\rho \to 1$ 时，$\Delta U_O \to \infty$。

3. 电感电流断续模式（DCM）下稳态特性分析

电感电流不连续时升压斩波等效电路如图 3-10 所示，其中 VT 关断时，如果电流断续，在电感电流为零期间，二极管 VD 截止，等效电路如图 3-10（c）所示，其中 u_L 两端的正负号表示正方向规定，实际电压为零。在此期间，工作波形如图 3-9（b）所示。电感电流不连续时，①开关管 VT 导通，电感电流 i_L 从 0 开始上升，其他波形与电感电流连续时的波形对应一致；②当 u_G 为低电平时，开关管 VT 关断，在电流下降时间到 0 的时间段内，各波形与电感电流连续时的对应波形一致；③在电感电流断续期间，$u_T = U_S$，$i_D = i_L = i_T = 0$，$u_L = 0$。

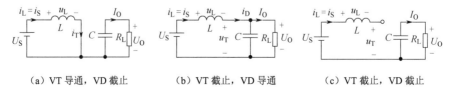

（a）VT 导通，VD 截止　　　（b）VT 截止，VD 导通　　　（c）VT 截止，VD 截止

图 3-10　不连续导电模式的升压斩波等效电路

u_G 为高电平期间，VT 导通，此时电感电流增加，电流增量为 $\Delta i_{L1}=U_s t_{on}/L$，此期间电容储能向负载释放。$u_G$ 为低电平期间，刚开始电感有电流通过 VD，然后 i_L 从最大值降到零，电流下降时间为 t_{con}，电流增量为 $\Delta i_{L2}=(U_S-U_O)t_{con}/L$。显然，$|\Delta i_{L1}|=|\Delta i_{L2}|=i_L(t_{on})$，可推得电压变换比 M 为

$$M=\frac{U_O}{U_S}=\frac{\rho_1+\rho_2}{\rho_2} \tag{3-41}$$

式中，$\rho_1=t_{on}/T_S$，$\rho_2=t_{con}/T_S$。ρ_1 由控制信号 u_G 决定，ρ_2 不仅与控制信号 u_G 有关，还与电路参数有关，具体关系做进一步推导。

由电源电流波形知，电源电流平均值为

$$I_S=\frac{1}{2}\Delta i_L(t_{on})\frac{t_{on}+t_{con}}{T_S}=\frac{U_S}{2L}T_S\rho_1(\rho_1+\rho_2) \tag{3-42}$$

不计电路损耗时，电源电流平均值还可表示为

$$I_S=M\times I_O=M\frac{U_O}{R_L}=M^2\frac{U_S}{R_L} \tag{3-43}$$

比较式（3-43）和式（3-42），得到

$$M^2=\frac{\rho_1(\rho_1+\rho_2)}{K} \tag{3-44}$$

式中，$K=\dfrac{2L}{R_L T_S}$。式（3-41）代入式（3-44）可解得

$$\rho_2=\frac{K}{\rho_1}\frac{1+\sqrt{1+\dfrac{4\rho_1^2}{K}}}{2} \tag{3-45}$$

由式（3-41）和式（3-44）还可得 $M=\dfrac{\rho_1\rho_2}{K}$，于是

$$M=\frac{1+\sqrt{1+\dfrac{4\rho_1^2}{K}}}{2} \tag{3-46}$$

式（3-46）给出了不连续导电模式时电压变换比和开关器件导通占空比及电路参数的关系。电感电流纹波为

$$\Delta i_L=i_L(t_{on})=\frac{U_S}{L}t_{on} \tag{3-47}$$

由式（3-42）和式（3-47）可知，在不连续导电模式时，$\rho_1+\rho_2<1$，有 $\Delta i_L/2>I_S$。设二极管 VD 电流在下降 t_{con} 区间内的平均值为 I_{dcD}，一个周期中流过二极管 VD 的平均电流和流过 R_L 上的平均电流相同，从而有 $I_{dcD}t_{con}/T_S=U_O/R_L=I_O$。在电流下降 t_{con} 区间内，用电流平均值等效，则电容平均电流 $i_C=I_{dcD}-I_O$ 对电容充电，输出电压纹波 ΔU_O 可表示为

$$\Delta U_O=\frac{1}{C}\int_{t_{on}}^{t_{con}+t_{on}}i_C\mathrm{d}t=(I_{dcD}-I_O)t_{con}/C=(\frac{T_S}{t_{con}}-1)\frac{t_{con}}{R_L C}U_S\frac{(\rho_1+\rho_2)}{\rho_2}=\frac{U_S T_S}{R_L C}\frac{(1-\rho_2)(\rho_1+\rho_2)}{\rho_2} \tag{3-48}$$

最后讨论连续导电模式与不连续导电模式的临界条件。由式（3-42）和式（3-47）可知，在临界连续时，$\rho_1+\rho_2=1$，并根据式（3-43），有 $\dfrac{1}{2}\Delta i_L=I_S=\dfrac{1}{2}\dfrac{U_S t_{on}}{L}=M\dfrac{U_O}{R_L}$。

另外：① 将 $\rho_1 + \rho_2 = 1$ 代入式（3-44），则 $K = \dfrac{2L}{R_L T_S} = \dfrac{\rho_1}{M^2}$；② 将 $\rho_1 + \rho_2 = 1$ 代入式（3-41），则 $M = \dfrac{1}{1-\rho_1}$，即 $\rho_1 = \dfrac{M-1}{M}$。从而临界时的 K 用 K_C 表示

$$K_C = \frac{M-1}{M^3} \tag{3-49}$$

或

$$K_C = \rho_1 \left(1-\rho_1\right)^2 \tag{3-50}$$

式（3-50）表明了临界连续时电路参数与导通占空比 ρ_1 的关系，当电路参数 $K = \dfrac{2L}{R_L T_S} > \rho_1 (1-\rho_1)^2$ 时，系统工作在连续导电模式，否则系统工作在不连续导电模式。

【例题 3-2】某 Boost 斩波电路，输出端电容很大，开关频率设为 40kHz，输入电压在 16～32V 较宽范围内变化。要求通过调整导通占空比使输出电压等于 48V，最大输出功率为 144W。如果滤波电容为 1000μF，试求：

① 导通占空比范围。

② 该斩波电路工作在电流连续状态下，可能使用的最小电感。

③ 输出最大电压纹波 ΔU_O。

解：① 当输入电压在 16～32V 较宽范围内变化时，根据

$$U_O = \frac{1}{1-\rho} U_S$$

$$48 = \frac{1}{1-\rho} \times (16\text{～}32)$$

则导通占空比

$$\rho = 1/3 \text{～} 2/3$$

② $U_O = 48$（V），$T_S = \dfrac{1}{f_S} = 25$（μs）

$$I_O = \frac{P_O}{U_O} = \frac{144}{48} = 3 \quad (\text{A})$$

根据临界电流连续时

$$\Delta I_S = 2 I_S$$

$$I_S = \frac{I_O}{(1-\rho)}$$

$$\Delta i_S = \Delta i_L = \frac{U_S}{L} t_{\text{on}} = \frac{\rho(1-\rho)U_O T_S}{L}$$

由于输出电压、电流恒定，推导公式用 U_O、I_O 表示，则临界电流连续时

$$L = \frac{U_O T_S}{2 I_O} \rho \left(1-\rho\right)^2$$

对 ρ 求导，L 极值出现在 $\rho = \dfrac{1}{3}$ 处，然后随着 ρ 增大 L 值减小，要保证电流连续，则

$$L = \frac{U_O T_S}{2 I_O} \rho (1-\rho)^2 = \frac{48 \times 25 \times 10^{-6}}{2 \times 3} \times 1/3 \times (1-1/3)^2 = 30 \quad (\mu H)$$

③ ρ 最大时，输出最大电压纹波为

$$\Delta U_O = \frac{U_O T_S \rho}{R_L C} = \frac{I_O T_S \rho}{C} = \frac{3 \times 25 \times 10^{-6} \times 2/3}{1000 \times 10^{-6}} = 0.05 \text{（V）}$$

3.2.3　升降压斩波电路

1. 升降压斩波电路结构与工作原理

升降压斩波电路又称 Buck-Boost 斩波电路（Buck-Boost Chopper），它是一种既可升压，也可降压的斩波电路。采用 IGBT 作为主开关器件的升降压斩波电路如图 3-11 所示。

电路工作原理如下：①当开关管 VT 导通、二极管 VD 截止时，输入电压 U_S 加在 L 上，电感从电源 U_S 获取能量，此时靠滤波电容 C 维持输出电压基本不变；②当开关管 VT 截止时，电感 L 中储能传递给电容 C 及负载 R_L，输出电压极性为下正上负。开关管 VT 导通占空比越高，传递到负载的能量也越多。

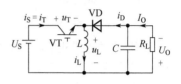

图 3-11　升降压斩波电路

特别地，当使导通占空比为零时，稳态时输出电压也将为零，另外，VT 导通占空比近似为 1 时，通过 L 的电流将趋于无穷大（不考虑 L 内的电阻），因此，此时传递给负载的能量也将会足够大。这说明，通过控制 VT 导通占空比可控制输出电压在 $0 \sim \infty$ 之间变化。

与前述升压斩波电路、降压斩波电路相似，依据电感电流是否连续，升降压斩波电路也可分为连续导电和不连续导电两种工作模式。下面仍在假设电路元件是理想的情况下分析系统的稳态特性。

2. 电感电流连续模式（CCM）下稳态特性分析

连续导电模式下，升降压斩波等效电路如图 3-12 所示，其中图 3-12（a）所示为开关管 VT 导通、二极管 VD 截止时的等效电路，图 3-12（b）所示为开关管 VT 截止、二极管 VD 导通时的等效电路，其中 u_L 两端的正负号表示正方向规定，实际电压为负。电路工作波形如图 3-13 所示。①当 u_G 为高电平时，开关管 VT 导通，$u_T = 0$，$u_L = U_S$，$i_T = i_L$ 增加，二极管 VD 截止，$i_D = 0$；②当 u_G 为低电平时，开关管 VT 关断，$i_T = 0$，因电感电流不能突变，i_L 通过二极管 VD 向电容、负载供电，$u_T = U_S + U_O$，$u_L = -U_O$，$i_D = i_L$ 减小。

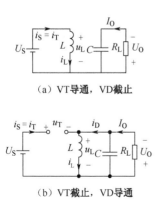

（a）VT 导通，VD 截止

（b）VT 截止，VD 导通

图 3-12　连续导电模式的升降压斩波等效电路

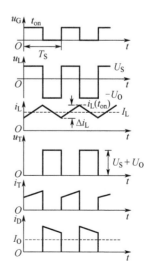

图 3-13　连续模式时升降压斩波电路工作波形

由电感元件稳态时伏秒平衡律得

$$U_O(T_S - t_{on}) = U_S t_{on} \tag{3-51}$$

可导出此时电压变换比为

$$M = U_O / U_S = \rho / (1 - \rho) \tag{3-52}$$

即

$$U_O = U_S \rho / (1 - \rho) \tag{3-53}$$

式中，$\rho = t_{on} / T_S$。控制 ρ，可使 M 在 $0 \sim \infty$ 之间变化，从而输出电压可调范围亦为 $0 \sim \infty$。这就证明升降压斩波电路既可升压，也可降压。

3. 电感电流断续模式（DCM）下稳态特性分析

不连续导电模式下，升降压斩波等效电路如图 3-14 所示。①当 u_G 为高电平、开关管 VT 导通时，电感电流 i_L 从 0 开始上升，其他波形与电感电流连续时的对应波形一致；②当 u_G 为低电平、开关管 VT 关断时，在电流下降时间到 0 的时间段内，各波形与电感电流连续时的对应波形一致；③在电感电流断续期间，$u_T = U_S$，$i_D = i_L = i_T = 0$，$u_L = 0$。

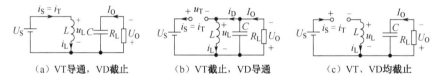

（a）VT导通，VD截止　　（b）VT截止，VD导通　　（c）VT、VD均截止

图 3-14　不连续导电模式的升降压斩波等效电路

同样地，根据电感电压伏秒平衡律，可导出此时电压变换比为

$$M = \frac{U_O}{U_S} = \frac{\rho_1}{\rho_2} \tag{3-54}$$

式中，$\rho_1 = t_{on} / T_S$，$\rho_2 = t_{con} / T_S$。同样，ρ_1 由控制信号 u_G 决定，ρ_2 与电路参数有关。

虽然升降压斩波电路实现了电压变比变化范围宽，但电源输入电流变化较大，IGBT 发射极不接地，驱动电路需隔离，因而驱动电路较复杂。另外，电路的输入、输出电压极性相反。

3.2.4　Cuk（库克）斩波电路

1. Cuk 斩波电路结构与工作原理

前述降压、升压、升降压斩波电路都很简单，且有各自的特色。Cuk 斩波电路（Cuk Chopper）综合了它们的优点，同时实现了：①输入、输出电流基本平直；②输出电压可在 $0 \sim \infty$ 范围内变化；③主开关器件 IGBT 发射极接地，驱动相对简单。

采用 IGBT 作为主开关元件时，Cuk 斩波电路如图 3-15 所示。这里 L_1、C_1 均作为能量传递的元件使用，L_2、C_2 为滤波元件。

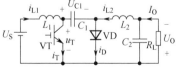

图 3-15　Cuk 斩波电路

电路工作原理分析如下。

①当控制信号使开关管 VT 导通时，电源 U_S 向电感 L_1 输送能量，电感电流 i_{L1} 上升，L_1 储能增加。导通时间越长，L_1 中储能增加越多。同时，电容 C_1 中储能通过开关管 VT 给负载侧的电阻 R_L、电容 C_2、电感 L_2 释放能量，二极管 VD 截止。所以开关管 VT 导通时，有两个导电回路，一是电源

U_S 正端、电感 L_1、开关管 VT、电源 U_S 负端；另一个是电容 C_1、开关管 VT、负载 R_L 并联电容 C_2、电感 L_2、电容 C_1。

②当控制信号使 VT 截止时，电感 L_1 中电流流经电容 C_1 和二极管 VD，即此时向电容 C_1 充电，二极管 VD 导通，电源 U_S、电感 L_1 储能同时向 C_1 传递能量，同时，输出电压 U_O 靠滤波电容 C_2 与电感 L_2 基本维持不变。显然，控制 VT 导通与关断的比例，即可控制向 C_1 传递能量的多少，从而可控制输出电压的大小。所以开关管 VT 截止时，有两个导电回路：一个是电源 U_S 正端、电感 L_1、电容 C_1、二极管 VD、电源 U_S 负端；另一个是电感 L_2、二极管 VD、负载 R_L 并联电容 C_2、电感 L_2。

为便于对系统进行稳态分析，仍假设电路中元器件均是理想的，同时还认为电容电压基本上是平直的，即忽略 C_1、C_2 上纹波的影响。

根据开关管关断期间二极管 VD 是否全程导通可将 Cuk 斩波电路的工作状态划分为二极管全程导通模式（第一模式）与二极管不全程导通模式（第二模式）两种工作模式。

2. 第一模式下稳态特性分析

根据前面的分析，二极管全程导通模式（第一模式）的等效电路如图 3-16 所示，其中图 3-16（a）所示为 VT 导通、VD 截止时的等效电路；图 3-16（b）所示为 VT 截止、VD 导通时的等效电路。

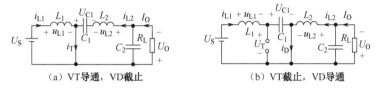

（a）VT导通，VD截止　　　　　　（b）VT截止，VD导通

图 3-16　第一模式的 Cuk 斩波等效电路

设开关管 VT 的控制信号为 u_G，仍设 u_G 为高电平时 VT 导通，反之开关管 VT 关断。稳态时电路的主要工作波形如图 3-17 所示，其中 u_L 两端的正负号仅表示正方向规定。①当 u_G 为高电平时，开关管 VT 导通，$u_T = 0$，$u_{L1} = U_S$，$i_T = i_{L1}$ 增加，i_{L2} 在 U_{C1} 的作用下增加，$u_{L2} = U_{C1} - U_O$，二极管 VD 截止；②当 u_G 为低电平时，开关管 VT 关断，$i_T = 0$，$u_T = U_{C1}$，电感 L_1 对 C_1 充电，$u_{L1} = U_S - U_{C1}$，电流 i_{L1} 下降，电感 L_2 对负载充电，$u_{L2} = -U_O$，电流 i_{L2} 下降。其中，U_{C1} 的值可根据电感电压伏秒平衡律求得，即对于电感 L_1 和电感 L_2 有

$$U_S t_{on} + U_O \times (T_S - t_{on}) = 0 \qquad (U_{C1} - U_O) t_{on} - U_O \times (T_S - t_{on}) = 0$$

可得 $U_{C1} = U_S + U_O$。

其中 u_{L1} 满足

$$u_{L1} = \begin{cases} U_S, & 0 < t \leqslant t_{on} \\ U_S - U_{C1} = -U_O & t_{on} < t \leqslant T_S \end{cases} \qquad (3\text{-}55)$$

由上可得电压变换比为

$$M = \frac{U_O}{U_S} = \frac{t_{on}}{T_S - t_{on}} = \frac{\rho}{1 - \rho} \qquad (3\text{-}56)$$

式中，ρ 为导通占空比。

3. 第二模式下稳态特性分析

开关管关断期间二极管不是全程导通（第二模式）时，Cuk 斩波等效电路如图 3-18 所示，其中图 3-18（a）所示为 VT 导通、VD 截止时的等效电路；图 3-18（b）所示为 VT 截止、VD 导通时的等效电路；图 3-18（c）所示为 VT、VD 均截止时的等效电路。

可以分析稳态时电路的工作状况：①在 t_{on} 期间，VT 导通 VD 截止，L_1 和 L_2 承受电压为 U_S，电流均增大；②在 t_{con} 期间，VT 截止 VD 导通，L_1 承受电压为 $-U_O$，电流 i_{L1} 下降到 0 后反向，L_1 的反向电流增加，只要电流 $|i_{L1}| < i_{L2}$，二极管 VD 继续导通，当 $i_{L1} = -i_{L2}$ 时，二极管 VD 无电流而截止，此时二极管 VD 阳极电压下浮到 $-U_O$；③在一周期内的其他时间，VT 和 VD 均截止，L_1 和 L_2 承受电压均为 0，$i_{L1} = -i_{L2}$ 基本无波动，电路达成了一个新的平衡。

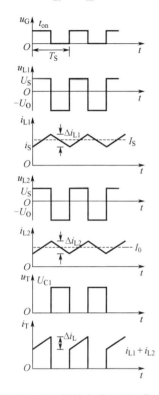

图 3-17　Cuk 斩波电路主要工作波形

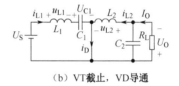

（a）VT 导通，VD 截止

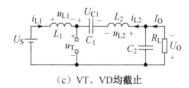

（b）VT 截止，VD 导通

（c）VT、VD 均截止

图 3-18　第二模式的 Cuk 斩波等效电路

根据电感 L_1 电压伏秒平衡律 $U_S t_{on} - U_O t_{con} = 0$，不计电路损耗时，导出电压变换比 M 为

$$M = \frac{U_O}{U_S} = \frac{I_{L1}}{I_O} = \frac{\rho_1}{\rho_2} \qquad (3\text{-}57)$$

式中，I_{L1} 为电感 L_1 的平均电流，与电源输入平均电流 I_S 相等，$\rho_1 = \dfrac{t_{on}}{T_S}$，$\rho_2 = \dfrac{t_{con}}{T_S}$。同样，$\rho_1$ 由控制信号 u_G 决定，ρ_2 与电路参数有关。

与升降压斩波电路相比，Cuk 斩波电路有一个明显的优点，其输入电源电流和输出负载电流都是连续的，且脉动很小，有利于对输入、输出进行滤波。但是，与升降压斩波电路一样，其输入、输出电压极性相反。

3.2.5　Speic 和 Zeta 斩波电路

虽然升降压斩波电路和 Cuk 斩波电路实现了升降压，但它们的输入、输出电压极性相反，使用起来不方便，下面简单介绍两种输入与输出电压极性相同的电路。

1. Speic 电路原理

图 3-19 所示为 Sepic 斩波电路（Sepic Chopper）的主电路图。由电感 L_1 和 L_2、电容 C_1、开关

管 VT、二极管 VD、输出侧电容 C_2 和负载 R_L、输入电源 U_s 构成。

当 VT 处于通态时，U_s、L_1、VT 构成一个回路，C_1、VT、L_2 也构成一个回路，两个回路同时导电，L_1 和 L_2 储能，使通过电感的电流上升。

当 VT 处于断态时，U_s、L_1、C_1、VD、负载构成一个回路，L_2、VD、负载也构成一个回路，两个回路同时导电，此阶段 U_s 通过 L_1 既向负载供电，同时也向 C_1 充电。其中，C_1 上储存的能量在 VT 处于导通时向 L_2 转移。

C_1 的电流在一个周期 T_s 内的平均值应为零，即

$$\int_0^{T_s} i_{C1}\, \mathrm{d}t = 0 \tag{3-58}$$

当电感电流连续时

$$I_{L2}t_{on} = I_{L1}t_{off} \tag{3-59}$$

$$\frac{I_{L2}}{I_{L1}} = \frac{t_{off}}{t_{on}} = \frac{T_s - t_{on}}{t_{on}} = \frac{1-\rho}{\rho} \tag{3-60}$$

忽略电路损耗，输入、输出关系为

$$\frac{U_O}{U_s} = \frac{\rho}{1-\rho} \tag{3-61}$$

Sepic 斩波电路较复杂，限制了其应用范围。由于有输出电压比输入电压可高可低的特点，它可以用于要求输出电压较低的单相功率因数校正电路。

2. Zeta 斩波电路原理

图 3-20 所示为 Zeta 斩波电路（Zeta Chopper）的主电路图。由电感 L_1 和 L_2、电容 C_1、开关管 VT、二极管 VD、输出侧电容 C_2 和负载 R_L、输入电源 U_s 构成。在开关管 VT 处于通态期间，电源 U_s 经开关管 VT 向电感 L_1 储能。同时，U_s 和电容 C_1 通过电感 L_2 共同向负载 R_L 供电，向 C_2 充电。

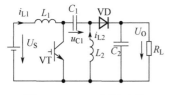
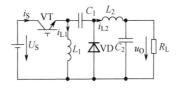

图 3-19　Sepic 斩波电路　　　　　　　　图 3-20　Zeta 斩波电路

开关管 VT 关断后，L_1、C_1、VD 构成振荡回路，L_1 的能量通过二极管 VD 转移至 C_1，二极管 VD 导通，同时，C_2 向负载供电，L_2 的电流则经负载并通过 VD 续流。L_1 能量全部转移至 C_1 上之后，VD 关断，C_1 经 L_2 向负载供电。C_1 的电流在一周期 T_s 内的平均值应为零，当电感电流都连续时

$$I_{L2}t_{on} = I_{L1}t_{off} \tag{3-62}$$

忽略电路损耗，输入、输出关系为

$$\frac{U_O}{U_s} = \frac{\rho}{1-\rho} \tag{3-63}$$

Zeta 斩波电路较复杂，限制了其应用范围。Zeta 斩波电路和 Sepic 斩波电路具有相同的输入输出关系。Sepic 电路中，电源电流连续但负载电流断续，有利于输入滤波；反之，Zeta 电路的电源电流断续而负载电流连续。两种电路的输出电压都是正极性的。

以上 6 种 DC-DC 斩波电路的输入、输出之间存在直接电连接，无电气隔离功能，都属于直流-直流变换的基本斩波电路，但前两种斩波电路最为常用，故通常所说的基本斩波电路专指降压斩波

电路和升压斩波电路。用升降压斩波电路和库克斩波电路都能够实现升降压，但输出电压的极性与输入电压极性相反，库克斩波电路中输入、输出电流纹波都很小，电路结构较佳。但库克斩波电路要求能量传递电容有较大充放电电流，而这种电容目前成本较高、可靠性也较差，因而其应用不如升降压斩波电路广泛。Sepic 斩波电路和 Zeta 斩波电路输出电压与输入电压极性相同，使用起来比较方便，但电路较复杂。

3.3　组合式斩波电路

组合式斩波电路是利用前面介绍的基本斩波电路组合而成的新的电路，分为两个不同类型：一种是由结构不同的基本斩波电路构成的，称为复合斩波电路；另一种是由结构相同的基本斩波电路构成的，称为多相多重斩波电路。

3.3.1　电流可逆斩波电路

当斩波电路用于拖动直流电动机时，常要使电动机既可电动运行，又能再生制动，将能量回馈电源。从电动状态到再生状态的切换可通过改变电路连接方式来实现，但在要求快速响应时，就需要通过对电路本身的控制来实现。前面介绍的降压斩波电路在拖动直流电动机时，电动机工作于第一象限。而将电动机电势作为输入电源的升压斩波电路中，电动机则工作于第二象限。两种情况下，电动机的电枢电流的方向不同，但均只能单方向流动。这里介绍的电流可逆斩波电路是将降压斩波电路与升压斩波电路组合在一起，在拖动直流电动机时，电动机的电枢电流可正可负，但电压只能是一种极性，故其可工作于第一象限和第二象限，该电路也称为电流可逆两象限斩波电路。图 3-21（a）给出了电流可逆斩波电路的原理图。

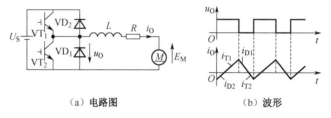

（a）电路图　　　　　　　　　（b）波形

图 3-21　电流可逆斩波电路及其波形

在该电路中，VT_1 和 VD_1 构成降压斩波电路，由电源向直流电动机供电，电动机为电动运行，工作于第一象限；VT_2 和 VD_2 构成升压斩波电路，把直流电动机的动能转变为电能反馈到电源，使电动机作再生制动运行，工作于第二象限。需要注意的是，VT_1 和 VT_2 不能同时导通，否则将导致电源短路，进而会损坏电路中的开关器件或电源，因此必须防止同时导通情况。

① 当电路只作降压斩波器运行时，VT_2 和 VD_2 总处于断态，VT_1 和 VD_1 构成了降压斩波器。若只作升压斩波器运行时，则 VT_1 和 VD_1 总处于断态，VT_2 和 VD_2 构成了升压斩波器。两种工作情况与前面讨论过的完全一样。

② 该电路还有第三种工作方式，即在一个周期内交替地作为降压斩波电路和升压斩波电路工作。在这种工作方式下，当降压斩波电路或升压斩波电路的电流断续而为零时，使另一个斩波电路

工作，让电流反方向流过，这样电动机电枢回路总有电流流过。例如，当降压斩波电路的 VT_1 关断后，由于积蓄的能量少，经过一段时间电抗器 L 的储能即释放完毕，电枢电流为零。这时使 VT_2 导通，由于电动机反电动势 E_M 的作用使电枢电流反向流过，电抗器 L 积蓄能量。待 VT_2 关断后，由于 L 积蓄的能量和 E_M 共同作用使 VD_2 导通，向电源反送能量。当反向电流变为零，即 L 积蓄的能量释放完毕时，此时再次使 VT_1 导通，又有正向电流流通，如此循环，两个斩波电路交替工作。图 3-21（b）给出的就是这种工作方式下的输出电压、电流波形，图中在负载电流 i_o 的波形上还标出了流过各器件的电流。这样，在一个周期内，电枢电流沿正、负两个方向流通，电流不断，所以响应很快。

3.3.2　桥式可逆斩波电路

电流可逆斩波电路虽可使电动机的电枢电流可逆，实现电动机的两象限运行，但其所能提供的电压极性是单向的。当需要电动机进行正、反转，以及可电动又可制动的场合时，就必须将两个电流可逆斩波电路组合起来，分别向电动机提供正向和反向电压，即成为桥式可逆斩波电路，如图 3-22（a）所示。

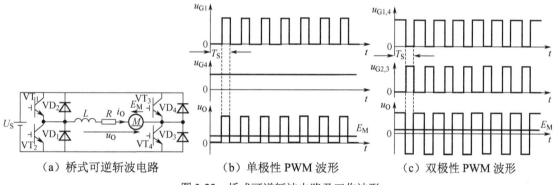

（a）桥式可逆斩波电路　　　（b）单极性 PWM 波形　　　（c）双极性 PWM 波形

图 3-22　桥式可逆斩波电路及工作波形

当使 VT_4 保持通态、VT_3 保持断态时，该斩波电路就等效为图 3-21（a）所示的电流可逆斩波电路，向电动机提供正电压，可使电动机工作于第 1、2 象限，即正转电动和正转再生制动状态。

当使 VT_2 保持通态、VT_1 保持断态时，于是 VT_3、VD_3 和 VT_4、VD_4 等效为又一组电流可逆斩波电路。向电动机提供负电压，可使电动机工作于第 3、4 象限。其中 VT_3 和 VD_3 构成降压斩波电路，向电动机供电使其工作于第 3 象限即反转电动状态，而使 VT_4 和 VD_4 构成升压斩波电路，可使电动机工作于第 4 象限即反转再生制动状态。

在上述对桥式可逆斩波电路的分析中可以发现，如图 3-22（b）所示，当 VT_4 保持通态、VT_3 保持断态时，VT_1 与 VT_2 互补并采用 PWM，u_O 电压的瞬时值大于等于零，为一种极性即单极性。当使 VT_2 保持通态、VT_1 保持断态时，VT_3 与 VT_4 互补并采用 PWM，u_O 电压的瞬时值小于等于零，也为一种极性。这两种情况下的任何一种情况，由 PWM 得到的 u_O 电压在脉宽调制周期内为单极性，那么称该 PWM 方法为单极性脉宽调制。相对应地，如图 3-22（c）所示，如果 VT_1 与 VT_4 为一组，VT_3 与 VT_2 为另一组，采用 PWM 控制，控制规律同组两管同时通、断，两组的通、断交替互补，那么，输出电压 u_O 在一个脉宽调制周期内既有小于零也有大于零的情况。具体来说，在一个 PWM 周期内，当控制信号为高电平，使 VT_1 与 VT_4 导通时，则输出电压 u_O 为正；在一个 PWM 周期内的剩余时间段，控制信号为低电平，使 VT_3 与 VT_2 导通时，则输出电压 u_O 为负。这样，输出电压 u_O 在一个脉宽调制周期内有两个极性，称该 PWM 方法为双极性脉宽调制。当 VT_1 与 VT_4 的控制信号为高电平占空比大于 0.5，输出电压 u_O 的平均值也大于零；当控制信号为高电平占空比小于 0.5，输出电压 u_O 的平均值也小于零；单极性脉宽调制与双极性脉宽调制也可以用于逆变电路和 PWM 整流电路，第4章将会介绍逆变电路的单极性与双极性 PWM 模式。

3.3.3 多相多重斩波电路

多相多重斩波电路是在电源和负载之间接入多个结构相同的基本斩波电路而构成的。下面分析三相三重降压斩波电路及波形。如图 3-23 所示，电路相当于由 3 个降压斩波电路单元并联而成，每个单元控制信号周期相同，但相位互差 1/3 周期。总输出电流为 3 个斩波电路单元输出电流之和，其平均值为单元输出电流平均值的 3 倍，脉动频率也为 3 倍。

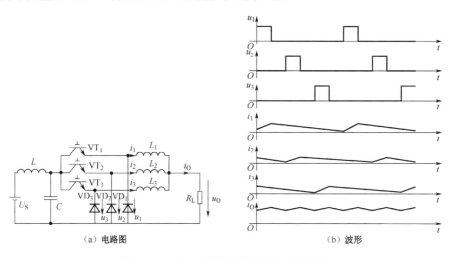

图 3-23　三相三重降压斩波电路及其波形

三相三重降压斩波电路每个支路的电感量是相同的，为了分析方便起见：设占空比为 1/6，电感电流连续，3 个开关管驱动信号相位互差 1/3 周期；设每个单元的电流最大值为 I_{max}，最小值为 I_{min}，每个支路电流脉动幅值 $\Delta I = I_{max} - I_{min}$，平均值为 $(I_{max} + I_{min})/2$。三相三重降压斩波电路总输出电流 I_O 的平均值为 $3(I_{max} + I_{min})/2$，最大值为 $9\Delta I/5 + 3I_{min}$，最小值为 $6\Delta I/5 + 3I_{min}$，总输出电流脉动幅值为 $\Delta I_O = 3\Delta I/5$。以上是占空比为 1/6 的情况，如果占空比发生变化，总的输出电流脉动幅值也有所变化。

在总输出平均电流相同的情况下，对三相三重降压斩波电路与单个降压斩波电路进行比较，如果当各电感量相同、占空比相同时，单个降压斩波电路总电流脉动幅值为 $\Delta I_O = \Delta I = I_{max} - I_{min}$，与三相三重降压斩波电路每个支路电流脉动幅值相同，那么三相三重降压斩波电路总电流脉动幅值更小。

当电流脉动幅值相同时，三相三重降压斩波电路各单元电感量也可以减小，而且每个支路平均电流约为总平均电流的 1/3，根据电感储能与电感量成正比、与电流的平方成正比，那么三相三重降压斩波电路在工作过程中，3 个电感总储能大大减少，若按前面所述的参数计算，这 3 个电感总储能大约为单个降压斩波电路电感储能的 1/5。于是，三相三重降压斩波电路所需平波电抗器总重量也大为减轻。

综上，当用多相多重斩波电路代替单个斩波电路时，则多相多重斩波电路具有以下优点：总输出电流脉动率降低；如果多相多重斩波电路和单个斩波电路各电感量相同，总输出电流脉动幅值降低，电源侧的电流谐波分量显著减小；当要求总输出电流脉动率相同时，所需平波电抗器总重量大为减轻；多相多重斩波电路还具有备用功能，各斩波电路单元可互为备用，万一某个斩波单元发生故障，其余各单元可以继续运行，使得总体的可靠性提高。多相多重斩波电路的缺点是所需的器件较多，结构复杂。

图 3-23 中，当上述电路电源公用而负载为 3 个独立负载时，则为三相一重斩波电路，当电源为 3 个独立电源，向 1 个负载供电时，则为一相三重斩波电路。

3.4　隔离型直流变换电路

3.4.1　正激电路

前面介绍了几种 DC-DC 斩波电路结构，它们有一个共同特点是输入输出存在直接电连接，然而许多应用场合要求输入输出实现电气隔离，这时可在基本的 DC-DC 变换电路中加入变压器，就可得到采用变压器实现输入输出电气隔离的 DC-DC 变换电路。

由于变压器可插入在 DC-DC 变换电路中的多个位置，从而可得到多种形式变压隔离的 DC/DC 变换器主电路。在降压变换器中插入变压器，即得图 3-24（a）所示的正激（Forward）电路原理图。

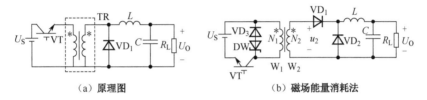

（a）原理图　　　　　　　　　　（b）磁场能量消耗法

图 3-24　正激电路

由于图中变压器原边通过单向脉动电流，因此变压器铁芯（磁芯）极易饱和，为此，主电路中还须考虑变压器铁芯磁场防饱和措施，即应如何使变压器铁芯磁场周期性地复位。另外，此时开关器件位置可稍作变动，使其发射极与电源 U_S 相连，便于设计控制电路。

为了防止正激变换电路工作时变压器铁芯磁饱和问题，有很多铁芯磁场复位方案，常见的有磁场能量消耗法、磁场能量转移法等。磁场能量消耗法如图 3-24（b）所示，图中变压器原边绕组用 W_1 表示，另外两个绕组分别用 W_2、W_3 表示。磁场能量转移法如图 3-25 所示。下面分析图 3-25 所示电路的工作原理。

图 3-25 中，N_1、N_2、N_3 分别为绕组 W_1、W_2 和 W_3 的匝数，开关管 VT 导通后，原边绕组 W_1 电压 u_{w1} 为上正下负，副边 W_2 也是上正下负，故 VD_1 为通态，VD_2 为断态，此时在忽略开关管与二极管导通压降的情况下，$u_2 = N_2 U_S / N_1$，电感 L 电流 i_L 逐渐增长。

$$L \frac{\Delta I_L}{t_{on}} = U_S \frac{N_2}{N_1} - U_O \tag{3-64}$$

式中，ΔI_L 为电感 L 的电流变化量，电流临界连续时 ΔI_L 等于 2 倍的输出电流 I_O，电源能量经变压器传递到负载侧。开关管 VT 截止时，由于电感电流不能突变，电感 L 通过 VD_2 续流，VD_1 关断。原、副边绕组 W_1 和 W_2 会产生下正上负的感应电势，同时线圈 W_3 也会产生感应电势 e_3，同名端电位低，被输入电源 U_S 钳位。当忽略二极管 VD_3 压降时，e_3 值等于 U_S，VD_3 导通，磁场储能转移到电源 U_S 中，绕组 W_1 感应电势上负下正，大小为 $N_1 U_S / N_3$，此时开关管 VT 承受的最高电压为

$$u_T = U_S + \frac{N_1}{N_3} U_S = \left(\frac{N_3 + N_1}{N_3} \right) U_S \tag{3-65}$$

正激电路的理想化波形如图 3-26 所示，其中开关管开通时段，其电流 i_T 与 i_L 波形相同，数值等于对应绕组匝数的反比。正激电路可看作是由具有隔离变压器的降压斩波电路演变而来，因而具

有降压斩波电路的一些特性。开关管 VT 导通 t_{on} 时间段内， u_2 的电压值为 N_2U_S/N_1 ，二极管 VD_1 导通，输出滤波电感电流连续时，输出电压 U_O 平均值为 $\rho N_2U_S/N_1$ ，电压变换比为

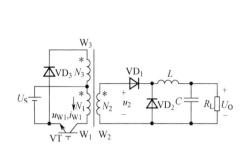

图 3-25　磁场能量转移法的正激电路

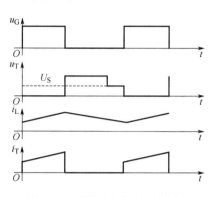

图 3-26　正激电路的理想化波形

$$M = \frac{U_O}{U_S} = \frac{N_2}{N_1}\rho \qquad (3\text{-}66)$$

M 与导通占空比 ρ 成正比。

输出电感电流不连续时，在负载为零的极限情况下，输出电压为

$$U_O = \frac{N_2}{N_1}U_S \qquad (3\text{-}67)$$

若按等效电路分析，开关管 VT 开通后，变压器的原边电流 i_{W1} 由两部分构成，一是副边电流的折算值，二是激磁电流 i_m ， i_m 随时间线性增长。线圈通过的是单向脉动激磁电流，如果没有磁场复位电路，剩余磁通的累加可能导致磁场饱和。磁场饱和使开关导通时电流很大，断开时使电压过高，导致开关器件的损坏。所以，一方面限制开关管持续导通时间，另一方面必须设法使激磁电流 i_m 在 VT 关断后到下一次再开通的时间内降回零，这一过程称为变压器的铁芯磁场复位，如图 3-27 所示。

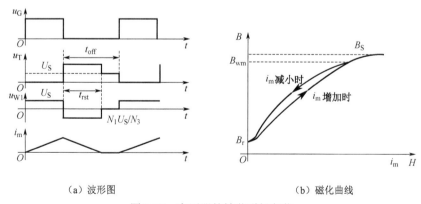

（a）波形图　　　　　　　　　　（b）磁化曲线

图 3-27　变压器的铁芯磁场复位

图 3-27（a）中，在开关管 VT 开通时 W_1 承受的电压为 U_S ，磁场能量是通过副边 W_2 线圈转移的，激磁电流 i_m 同时增加，磁通密度 B 增加。如图 3-27（b）所示，在 t_{on} 时间内磁链变化量为 U_St_{on} ，增加的磁变化量为 $\Delta\phi = U_St_{on}/N_1$ 。在 VT 关断时 W_3 绕组感应电势被钳位， W_1 绕组感应电势为 N_1U_S/N_3 ，激磁电流 i_m 同时减小，磁通密度 B 减小。在 t_{rst} 时间内磁链变化量为 U_St_{rst} ，减小的磁通变化量为 $\Delta\phi = U_St_{rst}/N_3$ ，减少的磁通等于 VT 开通时增加的磁通，求出变压器的铁芯复位所需的时间为

$$U_S t_{rst} / N_3 = U_S t_{on} / N_1 \qquad (3\text{-}68)$$

$$t_{rst} = \frac{N_3}{N_1} t_{on} \qquad (3\text{-}69)$$

式中，t_{rst} 必须小于关断时间 t_{off}，保证在下次开通前已经实现磁场复位，复位后，激磁电流为 0，u_{W1} 的电压也降为 0。正激电路工作过程中，开关管 VT 开通时间 t_{on} 不能过大，应使最大工作磁通密度 B_{wm} 小于饱和磁通密度 B_s，如图 3-27（b）所示。

3.4.2　反激电路

典型的反激（Flyback）电路如图 3-28（a）所示。当开关管 VT 导通时，输入电压 U_S 便加到变压器原边匝数为 N_1 的 W_1 绕组上，原边电感电流 i_T 线性增长，变压器储存能量。根据变压器同名端的极性，可得副边匝数为 N_2 的 W_2 绕组中的感应电动势为下正上负，二极管 VD 截止，副边绕组 W_2 中没有电流流过。当 VT 截止时，W_2 中的感应电动势极性上正下负，二极管 VD 导通。在开关管 VT 导通期间储存在变压器中的能量便通过二极管 VD 向负载释放，电流 i_D 逐渐下降。在工作的过程中，变压器起储能电感的作用。

图 3-28（b）所示为工作过程中电流的波形图。VT 开通前，如果原边绕组中的电流已经下降到零，则称工作于电流断续模式（DCM）。当 VT 开通时，如果副边电流尚未下降到零，为电流连续模式（CCM）。VT 开通这段时间内，若不考虑 IGBT 导通压降的影响，有

$$U_S = L_1 \frac{\Delta I_1}{t_{on}} \qquad (3\text{-}70)$$

式中，L_1 为原边绕组的电感量；I_1 为通过原边绕组的电流，$I_1 = I_T$。而在 VT 关断时，匝数为 N_2 的副边 W_2 绕组上承受的电压被 U_O 钳位，若不考虑二极管 VD 导通压降的影响，有

$$U_O = -L_2 \frac{\Delta I_2}{t_{off}} \qquad (3\text{-}71)$$

式中，L_2 为副边绕组的电感量，与原边绕组的电感量 L_1 的关系为匝数比的平方，I_2 为通过副边绕组的电流。根据减少的磁通等于增加的磁通，在 VT 开通期间磁通增加量 $\Delta \phi$ 为 $U_S t_{on} / N_1$，在 VT 关断期间磁通减小量 $\Delta \phi$ 为 $U_O t_{off} / N_2$，所以

$$U_O = \frac{N_2}{N_1} \frac{t_{on}}{t_{off}} U_S = \frac{N_2}{N_1} \frac{\rho}{1-\rho} U_S \qquad (3\text{-}72)$$

反激电路的输出电压 U_O 决定于原副边绕组的变比 N_2 / N_1、输入电压 U_S 和导通关断时间。一般情况下，反激电路的工作占空比小于 0.5。

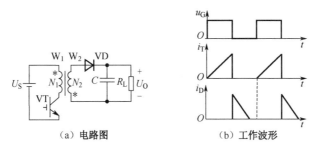

（a）电路图　　　　　　（b）工作波形

图 3-28　反激电路与工作波形

关断后，原边绕组的电流被切断，变压器中的磁场能量通过副边绕组和二极管 VD 向输出端释

放，变压器副边电压为 U_O，原边感应电势为 $N_1 U_O / N_2$，开关管承受电压为

$$u_T = U_S + \frac{N_1}{N_2} U_O \qquad (3\text{-}73)$$

由于高频隔离变压器除隔离一次侧与二次侧外，还有变压器和扼流圈的作用，所以理论上反激电路的输出无须电感。但是在实际应用中，往往需要在电容 C 之前加一个电感量小的平波电感来降低开关噪声。

在负载为零的极限情况下，从原边转移到副边的能量，使输出电压升高，理论上输出电压可达无穷大，所以应该避免负载开路状态，或者采用闭环控制，使输出电压可控。

反激电路已经广泛应用于几百瓦以下的计算机电源和控制电源等小功率直流变换电路。

【例题 3-3】某变换电路中，输入直流电压为 U_S =15V，开关频率为 f_s =50kHz，导通占空比为 ρ =0.45，输出电压 U_O 为 30V 恒定，负载电流为 1A，忽略开关管与二极管的通态压降，要求变换电路工作在电流连续状态，试计算：

① 如果该变换电路为正激电路，钳位绕组匝数 $N_3 = N_1$，那么变压器变比 N_2 / N_1、最小滤波电感 L、开关管承受的最大电压是多少？

② 如果该变换电路为反激电路，当开关管关断期间，变压器副边电流变化量 ΔI_2 =2A 时，其变压器变比 N_2 / N_1、原边电感 L_1、开关管承受的最大电压是多少？

解：① 根据题意，忽略开关管与二极管的通态压降，$M = \dfrac{U_O}{U_S} = \dfrac{N_2}{N_1} \rho$，则

$$\frac{30}{15} = \frac{N_2}{N_1} \times 0.45$$

$$\frac{N_2}{N_1} = 4.44$$

开关周期为

$$T_S = 1 / f_s = 1/(50 \times 10^3) = 2.0 \times 10^{-5}(\text{s})$$

$$t_{on} = T_S \rho = 2.0 \times 10^{-5} \times 0.45 = 0.9 \times 10^{-5}(\text{s})$$

由于

$$L \frac{\Delta I_L}{t_{on}} = U_S \frac{N_2}{N_1} - U_O$$

电流临界连续时 ΔI_L 等于 2 倍的输出电流 I_O，则

$$L \times \frac{2 \times 1}{0.9 \times 10^{-5}} = 15 \times 4.44 - 30$$

$$L = 164.7(\mu\text{H})$$

开关管关断时，绕组 W_3 反电势钳位在 15V，开关管承受的最大电压 u_T 为

$$U_S + \frac{N_1}{N_3} U_S = 15 + 1 \times 15 = 30(\text{V})$$

② 如果该变换电路为反激电路

$$t_{off} = T_S(1 - \rho) = 2.0 \times 10^{-5} \times (1 - 0.45) = 1.1 \times 10^{-5}(\text{s})$$

根据

$$U_O = \frac{N_2}{N_1} \frac{t_{on}}{t_{off}} U_S$$

$$30 = \frac{N_2}{N_1} \times \frac{0.9 \times 10^{-5}}{1.1 \times 10^{-5}} \times 15$$

$$\frac{N_2}{N_1} = 2.44$$

由于 $\Delta I_2 = 2\text{A}$，有

$$U_\text{O} = -L_2 \frac{\Delta I_2}{t_\text{off}}$$

$$30 = -L_2 \times \frac{-2 \times 1}{1.1 \times 10^{-5}}$$

$$L_2 = 165(\mu\text{H})$$

$$L_1 = (\frac{N_1}{N_2})^2 L_2 = 27.7(\mu\text{H})$$

开关管承受的最大电压为

$$u_\text{T} = U_\text{S} + \frac{N_1}{N_2} U_\text{O} = 15 + \frac{1}{2.44} \times 30 = 27.3(\text{V})$$

上面的例题没有考虑开关管与二极管的通态压降，如果考虑通态压降各为1V，则开关管开通时，一次绕组只承受了 15-1=14（V）的电压。而输出相当于需要 30+1=31（V）电压，经过二极管 1V 的压降，才能实际输出 30V。因此，可以将 U_O=31V，U_S=14V 代入前面的计算，但在计算开关管承受的最大电压时，应根据实际输入电压 15V 代入相关式子计算。

3.4.3　半桥电路

半桥（Half-Bridge）电路原理如图 3-29 所示，变压器原边绕组 W_1 的匝数为 N_1，一般取两个容量相同的输入电容 C_1 和 C_2，当开关管 VT_1 和 VT_2 均截止时，C_1 和 C_2 的中点 A 的电位 u_A 是输入电压 U_S 的一半，即 $U_{C1} = U_{C2} = U_\text{S}/2$。开关管 VT_1 和 VT_2 的驱动信号分别为 u_{G1} 和 u_{G2}，它们为两个互为反向的 PWM 信号。副边绕组 W_2 的匝数为 N_2，其能量通过 $VD_3 \sim VD_6$ 构成的单相桥式整流电路并经电感电容滤波后输出直流电压，在"模拟电子技术"课程中已经学过二极管单相桥式整流电路，所以下面主要分析开关管构成半桥电路的工作原理。

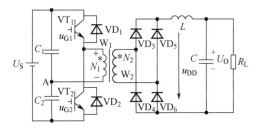

图 3-29　半桥电路原理图

当 u_{G1} 为高电平，u_{G2} 为低电平时，VT_1 导通，VT_2 截止，电容 C_1 将通过 VT_1 和高频变压器的一次绕组放电，同时电容 C_2 充电，副边 W_2 绕组同名端电位高，二极管 VD_3 和 VD_6 导通，VD_4 和 VD_5 截止，u_{DD} 电压约为 $N_2 U_\text{S}/2N_1$，电感 L 上的电流 i_L 上升

$$L\frac{\Delta I_\text{L}}{t_\text{on}} = U_\text{S}\frac{N_2}{2N_1} - U_\text{O} \tag{3-74}$$

式中，t_on 为某个开关管在一个周期中的导通时间，其他参数定义与前面相同。在此期间 $i_{D3} = i_\text{L}$，开关管 VT_1 通过的电流 i_{T1} 为 $N_2 i_\text{L}/N_1$，$u_{T2} = U_\text{S}$，在 VT_1 截止之前，u_A 将上升到 $(U_\text{S}/2 + \Delta U)$。

为了防止两个开关管 VT_1、VT_2 共同导通，在 VT_1 截止瞬间，不允许 VT_2 立即导通，在 VT_1 和 VT_2 共同截止期间，一次绕组上是没有施加电压的，变压器绕组 W_1 和 W_2 中的电流为零，电感 L 上的电流只能通过二极管续流，假设 $VD_3 \sim VD_6$ 通态电阻相等，则它们都处于通态，各分担一半的电感 L 上的电流，$i_{D3} = i_{D5} = i_L / 2$，$u_{DD}$ 为 0，电感 L 上的电流 i_L 下降。所以 $u_{T1} = u_{C1}$，$u_{T2} = u_{C2}$，且两个电容上的电压 u_{C1} 和 u_{C2} 均接近输入电压的一半。

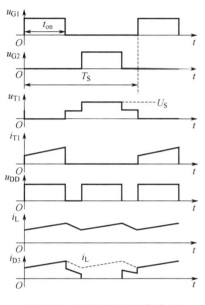

图 3-30　半桥电路的工作波形

在 u_{G1} 为低电平、u_{G2} 为高电平期间，VT_2 导通，VT_1 截止，电容 C_1 将被充电，电容 C_2 将放电，副边 W_2 绕组异名端电位高，二极管 VD_4 和 VD_5 导通、VD_3 和 VD_6 截止，u_{DD} 电压约为 $N_2 U_S / (2N_1)$，电感 L 上的电流 i_L 上升，开关管 VT_2 通过的电流 i_{T2} 为 $N_2 i_L / N_1$，$i_{D5} = i_L$，$i_{D3} = 0$，$u_{T1} = U_S$。A 点的电位 u_A 在 VT_2 截止前将下降至 $U_S / 2 - \Delta U$，因此 A 点的电位在 VT_1 和 VT_2 开关过程中将在 $U_S / 2$ 电位附近波动，当 C_1、C_2 容值较大，波动值 ΔU 很小，可忽略。半桥电路的工作波形见图 3-30。

半桥变换电路的特点如下：①在前半个周期内流过高频变压器的电流与在后半个周期流过的电流大小相等、方向相反，因此变压器的铁芯工作在 B-H 磁滞回线的两端，铁芯得到充分利用；②在一个开关管导通时，处于截止状态的另一个开关管所承受的电压与输入电压相等；③开关管由导通转为截止的瞬间，漏感引起的尖峰电压被二极管 VD_1 或 VD_2 钳位，因此开关管所承受电压在理想情况下不会超过输入电压；④由于 C_1、C_2 电容的充放电作用，会抑制由于 VT_1 和 VT_2 导通时间长短不同而造成的铁芯偏磁现象，抗不平衡能力极强，或者说，半桥电路不容易发生变压器偏磁和直流磁饱和，这是半桥电路获得广泛应用的一个重要原因。

施加在高频变压器上的电压只是输入电压的一半，滤波电感 L 的电流连续时，计算输出电压 U_O 的平均值应考虑 u_{DD} 在一个周期 T_S 内有两个波头，所以输入输出电压的关系为

$$\frac{U_O}{U_S} = \frac{N_2}{N_1} \frac{t_{on}}{T_S} \tag{3-75}$$

输出电感电流不连续，输出电压 U_O 将高于式（3-75）的计算值，并随负载减小而升高，在负载为零的极限情况下，输出电压为

$$U_O = \frac{N_2}{N_1} \frac{U_S}{2} \tag{3-76}$$

半桥变换电路适用于数百瓦至数千瓦的开关电源。当输出电压较低时，变压器副边一般采用带中心抽头绕组，用仅有的两个二极管的全波整流电路整流。该电路将在第 5 章中介绍。

3.4.4　全桥电路

将半桥电路中的两个电解电容 C_1 和 C_2 换成两只开关管，调整连接并配上适当的驱动器，即可组成如图 3-31 所示的全桥（Bridge）电路，变压器原边绕组 W_1 的匝数为 N_1，副边绕组 W_2 匝数为 N_2。驱动信号 u_{G1} 与 u_{G4} 同相，u_{G2} 和 u_{G3} 同相，而且两组信号互为反相。4 个驱动信号需要 3 组隔离的电源，其工作原理如下。

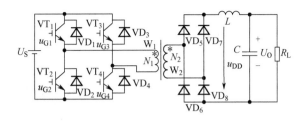

图 3-31　全桥电路

当 u_{G1} 与 u_{G4} 为高电平、u_{G2} 和 u_{G3} 为低电平时，开关管 VT_1 和 VT_4 导通、VT_2 和 VT_3 截止，$u_{T2}=u_{T3}=U_S$，变压器建立磁化电流，磁通密度正向增加并向负载传递能量，副边 W_2 绕组感应电势上正下负，二极管 VD_5 和 VD_8 导通、VD_6 和 VD_7 截止，u_{DD} 电压约为 $N_2 U_S / N_1$，电感 L 上的电流 i_L 上升，开关管 VT_1、VT_4 通过的电流为 $N_2 i_L / N_1$

$$L\frac{\Delta I_L}{t_{on}} = U_S \frac{N_2}{N_1} - U_O \tag{3-77}$$

式中，参数定义与半桥电路相同。

当 u_{G1} 与 u_{G4} 为低电平，u_{G2} 和 u_{G3} 为高电平时，开关管 VT_2 和 VT_3 导通、VT_1 和 VT_4 截止，$u_{T1}=u_{T4}=U_S$，在此期间变压器建立反向磁化电流，也向负载传递能量，这时铁芯工作在 BH 磁滞回线中的磁通密度减小然后反向增加，匝数为 N_2 的副边 W_2 绕组感应电势下正上负，二极管 VD_6 和 VD_7 导通、VD_5 和 VD_8 截止，u_{DD} 电压约为 $N_2 U_S / N_1$，电感 L 上的电流 i_L 上升。在 VT_1、VT_4 导通期间（或 VT_2 和 VT_3 导通期间），施加在一次绕组 W_1 上的电压约等于输入电压 U_S。与半桥电路相比，一侧绕组上的电压增加了 1 倍，而每个开关的耐压仍为输入电压。

当 4 个 IGBT 都关断时，变压器绕组 W_1 和 W_2 中的电流为零，一次绕组上是没有施加电压的，二次绕组上电压为 0，u_{DD} 电压为 0。假设 $VD_5 \sim VD_8$ 通态电阻相等，则它们都处于通态，各分担一半的电感 L 的电流，电感 L 的电流 i_L 逐渐下降，各开关管承受电压为 $U_S / 2$，全桥电路的工作波形见图 3-32，与半桥电路类似。

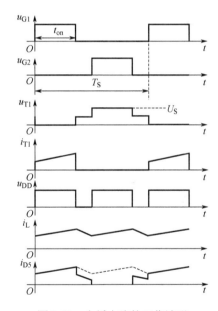

图 3-32　全桥电路的工作波形

开关管 VT_1、VT_2、VT_3 和 VT_4 的集电极与发射极之间反接二极管 VD_1、VD_2、VD_3 和 VD_4 起着为无功能量提供通路和钳位的作用，当开关管从导通到截止时，变压器一次侧磁化电流的能量，以及漏感储能引起的尖峰电压的最高值，在理想情况下不会超过电源电压 U_S，同时还可将磁化电流的能量反馈给电源，从而提高整机的效率。施加在高频变压器上的电压为 U_S，滤波电感 L 的电流连续时，计算输出电压 U_O 的平均值应考虑 u_{DD} 在一个周期 T_S 内有两个波头，所以输入输出电压的关系为

$$\frac{U_O}{U_S} = \frac{N_2}{N_1} \frac{2t_{on}}{T_S} \tag{3-78}$$

输出电感电流不连续，输出电压 U_O 将高于式（3-78）的计算值，并随负载的减小而升高，在负载为零的极限情况下，输出电压为

$$U_{\mathrm{O}} = \frac{N_2}{N_1} U_{\mathrm{S}} \tag{3-79}$$

全桥变换电路适合用于数百瓦至数千瓦的开关电源。

3.4.5 推挽电路

推挽（Push-Pull）电路实际由两个正激电路组成，只是它们用同一个铁芯工作且磁场交替激励、

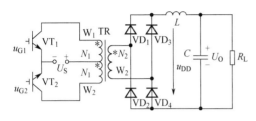

图 3-33 推挽电路

方向相反。在每个周期内，两个开关管交替导通和截止，在各自导通的半个周期内，分别将能量传递给负载，所以称为推挽电路。基本的推挽电路如图 3-33 所示，变压器原边两绕组 W_1 和 W_2 的匝数都为 N_1，顺向绕制，中心抽头接电源一端，绕组另两端分别接开关管，副边绕组 W_3 的匝数为 N_2，接二极管单相桥式整流电路并经电感电容滤波后输出直流电压。

推挽电路的工作波形如图 3-34 所示，当驱动信号 u_{G1} 为高电平、u_{G2} 为低电平时，开关管 VT_1 导通，VT_2 截止，在变压器 TR 的一次绕组 W_1 中建立磁化电流，此时副边绕组 W_3 上的感应电压使二极管 VD_2 和 VD_3 导通，整流二极管 VD_2 和 VD_3 的电流为 $i_{\mathrm{D2}} = i_{\mathrm{D3}} = i_{\mathrm{L}}$，将能量传给负载，$u_{\mathrm{DD}}$ 电压约为 $N_2 U_{\mathrm{S}}/N_1$，电感 L 上的电流 i_{L} 上升

$$L \frac{\Delta I_{\mathrm{L}}}{t_{\mathrm{on}}} = U_{\mathrm{S}} \frac{N_2}{N_1} - U_{\mathrm{O}} \tag{3-80}$$

式中，参数定义与全桥电路相同。开关管 VT_1 通过的电流为 $N_2 i_{\mathrm{L}}/N_1$。

假设忽略开关管的饱和压降，在 VT_1 导通、VT_2 截止期间，加在 W_1 绕组上的电压为 U_{S}，同名端电位低。由于 W_1 绕组和 W_2 绕组的匝数相等，在 W_2 上感应出的电势也是 U_{S}，其极性为上负下正，所以 VT_2 承受的电压为 $2U_{\mathrm{S}}$。

当 u_{G1} 为低电平，u_{G2} 为高电平时，VT_1 截止，VT_2 导通，在一次绕组 W_2 中建立磁化电流，此时二次绕组 W_3 上的感应电势使 VD_1 和 VD_4 导通，同名端电位高，向负载传递能量，u_{DD} 电压约为 $N_2 U_{\mathrm{S}}/N_1$，电感 L 上的电流 i_{L} 上升，开关管 VT_2 通过的电流为 $N_2 i_{\mathrm{L}}/N_1$，VT_1 承受的电压为 $2U_{\mathrm{S}}$。

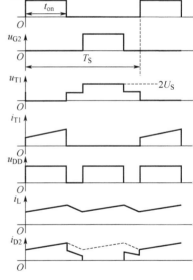

图 3-34 推挽电路的工作波形

在开关管导通的瞬间，由于整流二极管的反向恢复时间会造成高频变压器二次侧短路现象，IGBT 集电极稳态电流上伴随尖峰电流；在开关管截止的瞬间，由于高频变压器漏感上的储能，在 IGBT 集电极稳态截止电压上会形成一个尖峰电压，该尖峰电压有可能使开关管所承受的电压超过 2 倍的输入电压 U_{S}。为了避免两个开关同时导通而引起损坏，其工作占空比必须保持小于 0.5，一次侧的两个绕组 W_1 和 W_2 最多只在一半时间内工作，所以变压器的利用率也较低。

施加在高频变压器上的电压为 U_{S}，滤波电感 L 的电流连续时，计算输出电压 U_{O} 的平均值应考虑 u_{DD} 在一个周期 T_{S} 内有两个波头，输入输出电压的关系为

$$\frac{U_{\mathrm{O}}}{U_{\mathrm{S}}} = \frac{N_2}{N_1} \frac{2 t_{\mathrm{on}}}{T_{\mathrm{S}}} \tag{3-81}$$

输出电感电流不连续，输出电压 U_O 将高于式（3-81）的计算值，并随负载减小而升高，在负载为零的极限情况下，输出电压为

$$U_O = \frac{N_2}{N_1}U_s \qquad\qquad (3\text{-}82)$$

推挽电路的优点为：输入电源电压直接加在高频变压器 TR 上，因此只用两个高压开关管就能获得较大的输出功率；两个开关管的射极相连，两组基极驱动电路无需彼此绝缘，所以驱动电路也比较简单，推挽电路适用于数瓦至数千瓦的开关电源。

以上 5 种隔离型变换电路各具特点，表 3-1 对上面 5 种间接直流变流电路进行了比较。

表 3-1　5 种间接直流变流电路的比较

电路	优点	缺点	功率范围	应用领域
正激	电路较简单，成本低，可靠性高，驱动电路简单	变压器单向激磁，利用率低	百瓦～几千瓦	各种中、小功率电源
反激	电路非常简单，成本很低，可靠性高，驱动电路简单	难以达到较大的功率，变压器单向激磁，利用率低	几瓦～几十瓦	小功率电子设备、计算机设备、消费电子设备的电源
全桥	变压器双向励磁，容易达到大功率	结构复杂，成本高，有直通问题，可靠性低，需要复杂的多组隔离驱动电路	几百瓦～几百千瓦	大功率工业用电源、焊接电源、电解电源等
半桥	变压器双向励磁，没有变压器偏磁问题，开关较少，成本低	有直通问题，可靠性低，需要复杂的隔离驱动电路	几百瓦～几千瓦	各种工业用电源，计算机电源等
推挽	变压器双向励磁，两个开关管轮流导通，激磁回路只有一个开关管导通压降，通态损耗较小，驱动简单	使用中需要注意偏磁问题	几百瓦～几千瓦	低输入电压的电源

本 章 小 结

本章主要介绍直接直流变换电路、间接直流变换电路及反激式开关电源设计。无电气隔离的直流斩波电路有降压斩波电路、升压斩波电路、升降压斩波电路、Cuk 斩波电路、Speic 斩波电路、Zeta 斩波电路、电流可逆斩波电路、桥式可逆斩波电路和多重化电路，其中最基本的是 Buck（降压型）和 Boost（升压型）变换电路。对于这两种电路的深入研究是本章学习的关键和核心，也是学习其他 DC-DC 变换电路的基础。直流-直流（DC-DC）变换是一种可以进行直流变压和实现电流大小变化的变换技术，广泛用于直流电机调速和开关电源，特别是后者，是目前通信、计算机电源技术的核心。

间接直流变换电路有隔离型正激电路、隔离型反激电路、隔离型半桥电路、隔离型全桥电路、隔离型推挽电路。结合工程应用，掌握间接直流变换电路主要参数的设计计算。

本章重点是根据 PWM 控制原理，对这些电路的工作原理进行分析，分析这些电路的输入、输出关系，以及主要元件的计算。通过本章的学习，应能设计直接直流变换电路与间接直流变换电路，根据实际性能指标要求，能够对电路的电压电流等主要参数进行设计计算。

思考题与习题

3-1．时间比控制有哪 3 种控制方式？

3-2．试述脉冲宽度调制（PWM）基本原理。

3-3．结合原理图，简述降压斩波电路的工作原理。

3-4．在图 3-2 所示的降压斩波电路中，已知 U_S =100V，L=2mH，C=330μF，采用脉宽调制控制方式，当 T_s =40μs，t_{on} =20μs 时，输出平均电流 I_O =1A，计算：

① 输出电压的平均值 U_O。

② 电感上电流纹波 ΔI_L。

③ 输出电压纹波比 $\Delta U_O / U_O$。

3-5．一个降压斩波电路，要通过占空比 ρ 控制保持输出电压 U_O =8V 恒定，并希望输出功率 $P_O \geqslant$ 8W，斩波频率为 20kHz，电源电压 U_S 在 16～48V 范围内，试计算：为保持变换器工作在电流连续导通模式下所需的最小电感 L_m。

3-6．有一个开关频率为 50kHz 的降压变换电路，工作在电感电流连续的情况下，L=0.2mH，输入电压 U_S =36V，输出电压 U_O =15V，求：

① 占空比 ρ 的大小。

② 电感中电流的峰-峰值 ΔI_L。

③ 若允许输出电压纹波比 $\Delta U_O / U_O$ = 2%，求滤波电容 C 的最小值。

3-7．一个降压斩波电路，滤波元件参数为 L=2mH，C=330μF。希望 U_O =12V，斩波频率为 25kHz。若 U_S =25V，输出电流平均值 I_O =0.3A，试计算：

① 输出电压纹波 ΔU_O（峰-峰值）。

② 电感上纹波电流 ΔI_L。

3-8．结合原理图，简述升压斩波电路的基本原理。

3-9．一个升压斩波电路，已知 U_S =30V，L 值和 C 值极大，负载 R_L =20Ω，采用脉宽调制控制方式，当 T_s =20μs，t_{on} =12μs 时，计算输出电压平均值 U_O，输出电流平均值 I_O。

3-10．一个升压斩波电路，滤波电容 C=470μF。希望输出电压 U_O =24V，输出功率≥12W，当开关周期 T_s =20μs 时，电源电压 U_S 为 10～15V，试计算：使变流器工作在连续导通模式下所需最小电感 L_m。

3-11．一个升压斩波电路，滤波元件为 L=2000μH，C=470μF，已知 U_S =24V，U_O =36V，I_O = 0.5A，斩波频率为 25kHz，试计算 ΔU_O（峰-峰值）。

3-12．分别简述 Boost-Buck 变换电路与 Cuk 变换电路的工作原理，并比较它们的异同点。

3-13．一个理想的 Boost-Buck 变换电路，若斩波频率为 25kHz，U_S 从 8V 变化至 36V，希望保持 U_O =15V，电流连续，试计算占空比 ρ 范围。

3-14．分别简述 Sepic 变换电路与 Zeta 变换电路的工作原理，并写出输入输出电压关系。

3-15．分析图 3-21（a）所示的电流可逆斩波电路，并结合图 3-21（b）所示的波形，绘制出各阶段电流流通的路径并标明电流方向。

3-16．多相多重斩波电路有何优点？

3-17．为什么正激变换器需要磁场复位电路？

3-18．某正激变换器，输入直流电压为 U_S =200V，开关频率为 f_s =50kHz，导通占空比为 ρ =0.45，输出电压为 20V 恒定，负载电流为 1.5A，忽略开关管与二极管的通态压降，要求变换器工作在电流连续状态，如果钳位绕组匝数 $N_3 = N_1$，试计算变压器变比 N_2 / N_1、最小滤波电感 L、开关管承受的最大电压。

3-19．某反激变换器，输入直流电压为 U_S =315V，开关频率为 f_s =25kHz，导通占空比为 ρ =0.45，输出电压为 15V 恒定，负载电流为 1A，忽略开关管与二极管的通态压降，要求变换器工作在电流连续状态，当开关管关断期间，变压器副边电流变化量 ΔI_2 =2A 时，试计算变压器变比 N_2 / N_1、原边电感 L、开关管承受的最大电压。

3-20．试分析全桥、半桥和推挽电路中的开关和整流二极管在工作时承受的最大电压，以及输入输出电压关系。

3-21．试分析全桥式变换器的工作原理。

第 4 章　直流-交流变换技术

随着电力半导体器件的发展，直流-交流（DC-AC）变换技术的应用范围得到进一步拓宽，它几乎渗透到国民经济的各个领域。尤其是高压、大电流、高频自关断器件的迅速发展，使高频脉宽调制（PWM）技术得到了广泛应用，使电力电子技术的应用进入了比较灵活自如地改变频率的发展阶段。

直流-交流变换是将直流电变成交流电的过程，是整流的逆向过程，也称为逆变变换。逆变是与整流相对应的，实现逆变的电路称为逆变电路，实现逆变的装置称为逆变器。当逆变电路的交流侧接电网（源），则电网（源）成为负载，在运行中将直流电能变换为交流电能并回送到电网（源）中去，称为有源逆变。当逆变电路交流侧接负载时，在运行中将直流电能变换为某一频率或可调频率的交流电能供给交流负载，称为无源逆变。通常所说的变频电路与逆变电路有所不同，变频电路分为交-交变频和交-直-交变频两种。交-直-交变频由交-直变换（整流）和直-交变换（逆变）两部分组成，后一部分是逆变电路。

逆变器的应用场合很多，比如蓄电池、干电池、太阳能电池等各种直流电源的逆变变换，另外交流电动机调速用变频器、不间断电源、感应加热电源等电力电子装置的核心部分也都是逆变电路。

4.1　逆变器的分类与换流方式

4.1.1　逆变器的分类

逆变器的分类方法很多，常用的有以下几种分类方法。

① 根据输入直流电源的特点，可分为电压型逆变器和电流型逆变器。电压型逆变器的输入直流电源为恒压源，直流电压稳定，在直流侧一般接有储能电容器。电流型逆变器的输入直流电源为恒流源，直流电流稳定，在直流侧一般接有储能大电感。

② 根据电路的结构特点，可分为半桥式逆变电路、全桥式逆变电路、推挽式逆变电路等。

③ 根据开关器件的工作状态，可分为软开关逆变电路和硬开关逆变电路。

④ 根据输出波形，可分为正弦波逆变器和非正弦波逆变器。

⑤ 根据输出相数，可分为单相逆变电路和三相逆变电路。

早期的逆变电路采用简单频控方式，其输出电压为方波，故有方波逆变电路之称，其调制方法有 180°导通型和 120°导通型等方式，但它存在无法调节电压幅值、输出端谐波含量过高以及谐波次数较低等弱点。随着全控型器件大量应用，鉴于 PWM 技术在直流-直流变换电路中被成功应用，则将斩波技术与频控方式相结合，产生了 PWM 逆变电路，该类电路兼具调压和变频功能，输出谐波含量小。此种电路的调制方法主要有正弦脉宽调制、电流跟踪 PWM 调制和电压矢量控制等。

电力电子器件在任何电力电子电路中的开通关断，都可能引起电路工作电流通路的改变，即电路工作电流从一个导电支路转移到另一个导电支路，这个过程称为换流（也称为换相）。换流过程就是使原来处于阻断状态的某个支路转变为导通状态，而原来处于导通状态的某个支路转变为阻断状态。电力电子器件的换流过程，是电路工作的一个必然过程。

4.1.2　换流方式

对于全控型器件来说，可以通过改变加在门极的驱动信号实现器件的开通与关断，从而实现换流过程。但是对于晶闸管这种半控型器件，由断态到通态的转变，给门极施加适当的驱动信号即可完成，然而要使器件从通态转变为断态就不那么简单了。只能利用外部电路条件或采取一定的措施，使晶闸管中的阳极电流为零后再施加一定时间的反向电压，才能使其可靠关断。可见，对于不同电力电子器件所组成的不同电力电子电路，其要求的换流方式是不同的，电力电子电路中采用的换流方式有以下几种。

1．器件换流

利用全控型器件的自关断能力进行换流称为器件换流（Device Commutation）。器件换流是换流方式中最简单的一种，适用于各种由全控型器件构成的电力电子电路，在采用 IGBT、电力 MOSFET、GTO、GTR 等全控型器件的电路中的换流方式是器件换流。

2．电网换流

电网提供换流电压的换流方式称为电网换流（Line Commutation）。将负的电网电压施加在欲关断的晶闸管上并保持一定时间即可使其关断。这种换流方式主要适用于半控型器件，不需要为换流添加任何元件，不需要器件具有门极可关断能力。这种换流方式不适用于没有交流电网的无源逆变电路。

3．负载换流

采用负载换流（Load Commutation）时，要求负载电流的相位必须超前于负载电压的相位，即负载为电容性负载，且负载电流超前电压的时间应大于晶闸管的关断时间，即能保证该导通晶闸管可靠关断，触发导通另一晶闸管，完成电流转移。

4．强迫换流

设置附加的换流电路，给欲关断的晶闸管强迫施加反压或反电流的换流方式称为强迫换流（Forced Commutation）。通常利用附加电容上所储存的能量来实现，因此也称为电容换流。图 4-1 所示为直接耦合式强迫换流原理图，当晶闸管 VT 处于通态时，预先给电容充电，极性为下正上负。当 S 合上，就可使 VT 被施加反压而关断，这种方式也叫电压换流。

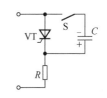

图 4-1　直接耦合式强迫换流原理图

上述 4 种换流方式中，器件换流适用于全控型器件，其余 3 种方式针对晶闸管。器件换流和强迫换流属于自换流，电网换流和负载换流属于外部换流。

4.2　单相方波逆变电路

按照逆变电路直流侧电源性质分类，直流侧为电压源的逆变电路称为电压型逆变电路。电压型逆变电路的特点如下：

①　直流侧为电压源或并联大电容，直流侧电压基本无脉动。

②　输出电压为矩形波，输出电流因负载阻抗不同而不同。

③　阻感负载时需提供无功功率。为了给交流侧向直流侧反馈的无功能量提供通道，逆变桥各桥臂并联反馈二极管。

直流侧为电流源的逆变电路称为电流型逆变电路。电流源型逆变电路采用大电感作为储能元件，电流源型逆变器有如下特点：

①　直流侧为电流源或串联大电感，直流侧电流基本无脉动。

②　直流回路串以大电感，储存无功功率，构成了逆变器高阻抗的电源内阻特性（电流源特性），即输出电流波形接近矩形，而输出电压波形与负载有关，通常为在正弦波基础上叠加换流电压尖峰。

③　由于直流环节电流不能反向，只有改变逆变器两端的直流电压极性来改变能量流动方向并反馈无功功率，不需要设置无功二极管作为反馈通道。

从上面两类逆变器的特点可以看出：电压源型逆变器适合于稳频稳压电源、不可逆电力拖动系统、多台电动机协同调速和快速性要求不高的应用场合。电流源型逆变器适用于频繁加、减速，正、反转的单电动机可逆拖动系统。电流源型逆变器抗电流冲击能力强，能有效抑制电流突变、延缓故障电流上升速率，过电流保护容易。电压源型逆变器一旦出现短路电流则上升极快，难以获得保护处理所需时间，过电流保护困难。电压源型逆变器必须设置反馈二极管来给负载提供感性无功电流通路，主电路结构较电流源型逆变器复杂。电流源型逆变器无功功率由滤波电感储存，无须二极管续流，主电路结构简单。

4.2.1　电压型单相方波逆变电路

1. 电压型单相半桥方波逆变电路

电压型单相半桥方波逆变电路如图 4-2（a）所示。它由两个导电臂构成，每个导电臂由一个可控元件和一个反并联二极管组成。在直流侧接有两个相互串联的足够大的电容 C_1 和 C_2，且满足 $C_1 = C_2$。设感性负载连接在 A、O 两点间，下面分析其工作原理。

在一个周期内，IGBT 管子 VT_1 和 VT_2 的栅极信号各有半周正偏，半周反偏，且互补。逆变器工作波形如图 4-2（b）所示。输出电压 u_O 为矩形波，其幅值为 $U_d / 2$。输出电流 i_O 波形随负载阻抗角而异。

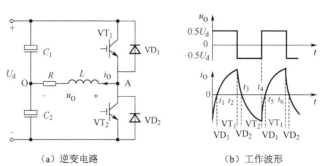

（a）逆变电路　　　　　　　　　（b）工作波形

图 4-2　电压型单相半桥方波逆变电路及其工作波形

在 $t_1 \sim t_2$ 期间，VT_1 导通 VT_2 关断，$u_O = \dfrac{U_d}{2}$。

在 $t_2 \sim t_3$ 期间，t_2 时刻 VT_1 关断，同时给 VT_2 发出导通信号。由于感性负载中的电流 i_O 不能立即改变方向，于是 VD_2 导通续流，$u_O = -\dfrac{U_d}{2}$。

在 $t_3 \sim t_4$ 期间，t_3 时刻 i_o 降至零，VD_2 截止，VT_2 才有电流通过，i_o 开始反向增大。

在 $t_4 \sim t_5$ 期间，在 t_4 时刻关断 VT_2，同时给 VT_1 发出导通信号，VD_1 先导通续流，t_5 时刻 VT_1 才有电流通过，$t_4 \sim t_5$ 区间与前一周期的 $0 \sim t_1$ 区间对应。

当 VT_1 或 VT_2 导通且有电流通过时，负载电流与电压同方向，直流侧向负载提供能量。而当 VD_1 或 VD_2 导通时，负载电流和电压反方向，负载中电感的能量向直流侧反馈，即负载将其吸收的无功能量反馈回直流侧，反馈的能量暂时储存在直流侧的电容器中。直流侧电容器起着缓冲这种无功能量的作用。

半桥逆变电路优点是使用的元器件少，其缺点是输出交流电压的幅值仅为 $U_d/2$，且需要分压电容器。

2. 电压型单相全桥方波逆变电路

电压型单相全桥逆变电路原理图如图 4-3 所示。桥臂 VT_1 和 VT_4 构成一组，桥臂 VT_2 和 VT_3 构成一组，成组的桥臂同时导通与关断，两组桥臂交替各导通 180°。其输出电压、电流波形如图 4-3 所示，与单相半桥逆变电路基本相同，但幅值不相同。

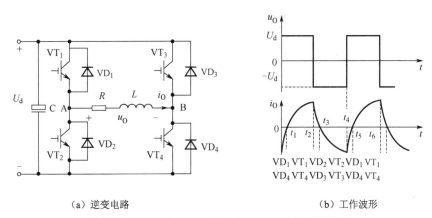

（a）逆变电路　　　　　　　　　　（b）工作波形

图 4-3　电压型单相全桥方波逆变电路及其工作波形

当 VT_1、VT_4 导通时，$u_O = U_d$，如果输出电流 i_O 为负值时，VD_1 和 VD_4 导通，电流并不流过 VT_1 和 VT_4，如果输出电流 i_O 为正值时，电流流过 VT_1 和 VT_4。

当 VT_2、VT_3 导通时，$u_O = -U_d$，如果输出电流 i_O 为正值时，VD_2 和 VD_3 导通，电流并不流过 VT_2 和 VT_3，如果输出电流 i_O 为负值时，电流流过 VT_2、VT_3。

对于感性负载，$VD_1 \sim VD_4$ 起负载电流续流作用，输出电压的幅值为 U_d，在相同负载的情况下，其输出电流的幅值为单相半桥逆变电路的 2 倍。

全桥逆变电路应用广泛，下面对其输出电压波形作定量分析。将图 4-3 中的电压波形 u_O 展开成傅里叶级数得

$$u_O = \frac{4U_d}{\pi}\left(\sin \omega t + \frac{1}{3}\sin 3\omega t + \frac{1}{5}\sin 5\omega t + \cdots\right) \tag{4-1}$$

式中，$\omega = 2\pi f$，$f = 1/T$ 为输出电压的频率，与开关频率相同。其中，基波的幅值 U_{O1m} 和基波的有效值 U_{O1} 分别为

$$U_{O1m} = \frac{4}{\pi}U_d = 1.27U_d \tag{4-2}$$

$$U_{O1} = \frac{4U_d}{\pi\sqrt{2}} = 0.9U_d \tag{4-3}$$

波形中各特定次谐波含量所引起的畸变，可以表示为电压的 n 次谐波均方根值对基波均方根值的比。总谐波畸变因数 THD（Total Harmonic Distortion）为所有谐波分量的均方根总值对基波之比。总谐波畸变因数为

$$\text{THD} = \frac{1}{U_{\text{AB1m}}} \sqrt{\sum_{n=2}^{\infty} U_{\text{ABnm}}^2} = \sqrt{\sum_{n=2}^{\infty} C_n^2} \qquad (4\text{-}4)$$

式中，$C_n = 1/n$ 为各次谐波相对于基波幅值的标幺值，偶次谐波的系数为零。

输出电压、电流波形与半桥电路形状相同，幅值高出 1 倍。改变输出交流电压的有效值只能通过改变直流电压 U_{d} 来实现。

3．单相全桥方波逆变电路的移相调压方式

阻感负载时，还可采用移相的方式来调节输出电压，即移相调压。当 VT_3 的栅极信号比 VT_1 的栅极信号落后 θ 角度（$0 < \theta < 180°$），即控制移相角为 θ。VT_3、VT_4 的栅极信号分别比 VT_2、VT_1 的栅极信号前移 $180° - \theta$。输出电压是正负各为 θ 的方波。图 4-4 所示为单相全桥方波逆变电路的移相调压方式。

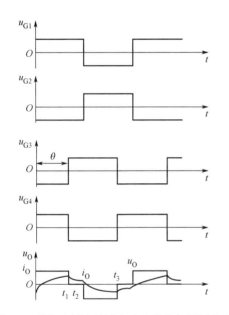

图 4-4　单相全桥方波逆变电路的移相调压方式

在 $0 \sim t_1$ 期间，VT_1 和 VT_4 导通，$u_{\text{O}} = U_{\text{d}}$。

在 $t_1 \sim t_2$ 期间，VT_1 继续导通，VT_3 导通 VT_4 截止，而因负载电感中的电流 i_{O} 不能突变，负载电流还是为正，VT_3 不能立刻通过电流，VD_3 导通续流，$u_{\text{O}} = 0$。

在 $t_2 \sim t_3$ 期间，VT_3 继续导通，VT_2 导通 VT_1 截止，负载电流为正，VT_2 不能立刻通过电流，VD_2 导通续流，和 VD_3 构成电流通道，$u_{\text{O}} = -U_{\text{d}}$。感性负载电流下降，当负载电流过零并开始反向时，$VD_2$ 和 VD_3 截止，VT_2 和 VT_3 开始导通，u_{O} 仍为 $-U_{\text{d}}$。

在 t_3 时刻之后，VT_2 继续导通，VT_4 导通 VT_3 截止，负载电流为负，VT_4 不能立刻通过电流，VD_4 导通续流，u_{O} 再次为零。从输出波形可以看出，调节 θ 的大小就可调节输出电压。

将图 4-4 中的电压波形 u_o 展开成傅里叶级数得

$$u_o = \frac{4U_{\text{d}}}{\pi} \left(\sin\frac{\theta}{2} \cos\omega t + \frac{1}{3} \sin\frac{3\theta}{2} \cos 3\omega t + \frac{1}{5} \sin\frac{5\theta}{2} \cos 5\omega t + \cdots \right) \qquad (4\text{-}5)$$

各次谐波的幅值 U_{Onm} 和有效值 U_{On} 分别为

$$U_{\text{Onm}} = \frac{4}{n\pi} U_{\text{d}} \sin\frac{n\theta}{2}, \quad n = 1, 3, 5 \cdots \qquad (4\text{-}6)$$

$$U_{\text{On}} = \frac{4U_{\text{d}}}{n\pi\sqrt{2}} \sin\frac{n\theta}{2}, \quad n = 1, 3, 5 \cdots \qquad (4\text{-}7)$$

【例题 4-1】采用移相调压控制的单相全桥方波逆变电路，已知直流电压 $U_{\text{d}} = 310\text{V}$，当两个桥臂的控制移相角 θ 为 120°，输出电压是正负各为 θ 角度的方波，求输出电压的有效值 U_{O} 和输出电压的基波有效值 U_{O1}。

解：由于输出电压为方波，其有效值为

$$U_{\text{O}} = \sqrt{\frac{\theta}{180°}} U_{\text{d}} = \sqrt{\frac{120°}{180°}} \times 310 = 253 \quad (\text{V})$$

输出电压的基波有效值为

$$U_{O1} = \frac{4U_d}{\pi\sqrt{2}}\sin\frac{1\times120°}{2} = \frac{4\times310}{\pi\sqrt{2}}\sin\frac{1\times120°}{2} = 242\ （V）$$

4．带中心抽头变压器的方波逆变电路

图 4-5 所示为带中心抽头变压器的方波逆变电路。变压器原边两个绕组顺向绕制，中间抽头接电源一端，另外两端分别为两个开关管。副边绕组与原边绕组电气隔离，为了分析方便起见，设变压器 3 个绕组匝比为 1∶1∶1。

当 VT_1 导通时，W_1 绕组被施加 U_d 电压，异名端电位高，副边输出电压 u_O 为 $-U_d$，VT_2 承受电压为电源 U_d 与绕组 W_2 的电势之和，为 $2U_d$。同理，当 VT_2 导通时，同名端电位高，副边输出电压 u_O 为 U_d，只要交替驱动两个 IGBT，那么经变压器耦合就可以给负载加上矩形波交流

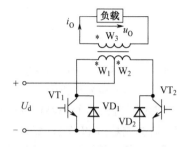

图 4-5　带中心抽头变压器的方波逆变电路

电压。图中两个二极管的作用也是提供无功能量的反馈通道。当 U_d 和负载参数相同时，u_O 和 i_O 波形及幅值与全桥逆变电路完全相同。

与全桥逆变电路相比：带中心抽头变压器的逆变电路必须有一个变压器，它比全桥电路少用一半开关器件，但器件承受的电压为 $2U_d$，比全桥电路高 1 倍。

4.2.2　电流型单相方波逆变电路

电流型单相桥式方波逆变电路如图 4-6（a）所示，输入侧为串接大电感的电流源，主电路开关管采用自关断器件时，如果其反向不能承受高电压，则需在各开关器件支路串入二极管。当 VT_1、VT_4 导通，VT_2、VT_3 关断时，$i_O = I_d$；反之，当 VT_2、VT_3 导通，VT_1、VT_4 关断时，$i_O = -I_d$。当以频率 f 交替切换开关 VT_1、VT_4 和 VT_2、VT_3 时，则在负载上获得如图 4-6（b）所示的电流波形。不论电路负载性质如何，其输出电流波形不变，为矩形波，而输出电压波形由负载性质决定。

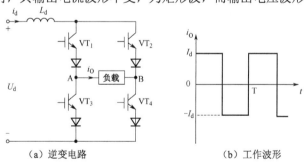

（a）逆变电路　　　　　　　（b）工作波形

图 4-6　电流型单相桥式方波逆变电路与工作波形

下面对其电流波形做定量分析，将图 4-6（b）所示的电流波形 i_O 展开成傅里叶级数，有

$$i_O = \frac{4I_d}{\pi}\left(\sin\omega t + \frac{1}{3}\sin3\omega t + \frac{1}{5}\sin5\omega t + \cdots\right) \tag{4-8}$$

式中，基波幅值 I_{O1m} 和基波有效值 I_{O1} 分别为

$$I_{O1m} = \frac{4I_d}{\pi} = 1.27I_d \tag{4-9}$$

$$I_{O1} = \frac{4I_d}{\pi\sqrt{2}} = 0.9I_d \tag{4-10}$$

4.3　单相 SPWM 逆变技术

4.3.1　三角波调制法及其控制模式

脉冲宽度调制（PWM）技术在逆变电路中的应用最为广泛，对逆变电路的影响也最为深刻，现在大量应用的逆变电路中，绝大部分都是 PWM 型逆变电路。

在前面已经讲述了 PWM 等面积原理，利用 PWM 技术，可以尝试用 PWM 波代替正弦半波：将正弦半波看成是由 N 个彼此相连的、脉冲宽度为 π/N 的、幅值顶部大小按正弦规律变化的脉冲序列组成。把上述脉冲序列利用相同数量的等幅而不等宽的矩形脉冲代替，使矩形脉冲的中点和相应正弦波部分的中点重合，且使矩形脉冲和相应的正弦波部分面积（冲量）相等，这就是 PWM 波形，如图 4-7 所示。对于正弦波的负半周，也可以用同样的方法得到 PWM 波形。得到脉冲序列的脉冲宽度按正弦规律变化，与正弦波等效的 PWM 波形，也称 SPWM（Sinusoidal PWM）波形。PWM 波形可分为等幅 PWM 波和不等幅 PWM 波两种，由直流电源产生的 PWM 波通常是等幅 PWM 波。基于等效面积原理，PWM 波形还可以等效成其他所需要的波形，如等效所需要的非正弦交流波形等。

PWM 波形的每个脉冲宽度可以采用计算法或调制法得到。计算法根据正弦波频率、幅值和半周期脉冲数，准确计算 PWM 波各脉冲宽度和间隔，据此控制逆变电路开关器件的通断，从而得到所需 PWM 波形。该方法较烦琐，当输出正弦波的频率、幅值或相位变化时，结果都要变化，该方法在实际应用中很少被采用。

调制法是把希望输出的波形作为调制信号，把接受调制的信号（波形）作为载波，通过信号波的调制得到所期望的 PWM 波形，即用脉冲宽度不等的一系列矩形脉冲去逼近一个所需要的电压或电流信号。等腰三角形具有左右对称、腰线线性上升或下降的特点，将等腰三角波形作为载波，可以得到上面所说的中点基本重合、脉冲宽度与信号波实时值成正比的 PWM 脉冲系列，称为三角波调制法（或称△调制法）。

图 4-8 所示为三角波调制法原理。它利用三角波电压与参考电压（一般为正弦波）相比较，以确定各分段矩形脉冲的宽度。△调制法的电路原理如图 4-8（a）所示。在电压比较器 A 的两输入端分别输入正弦波参考电压 u_{R} 和三角波电压 u_{C}，在 A 的输出端便得到 PWM 调制电压脉冲。PWM 脉冲宽度的确定可由图 4-8（b）看出。

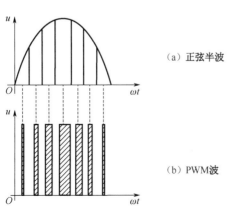

图 4-7　PWM 波代替正弦半波

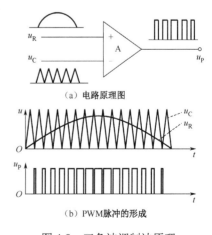

图 4-8　三角波调制法原理

由于 u_C 和 u_R 分别接至电压比较器 A 的-和+输入端。显然当 $u_C < u_R$ 时，A 的输出为高电平，反之，$u_C > u_R$ 时，输出为低电平。图 4-8（b）中 u_R 与 u_C 的交点之间的距离随参考电压 u_R 的大小而变，而该交点之间的距离决定了电压比较器输出电压脉冲的宽度，因而可得到幅值相等而脉冲宽度不等的 PWM 电压信号 u_P。

4.3.2　同步调制与异步调制

载波频率 f_C 与调制信号频率 f_R 之比 $m_f = f_C / f_R$ 称为载波比，也称为频率调制比。根据载波和信号波是否同步及载波比的变化情况，PWM 调制方式可分为异步调制和同步调制两种。

1．同步调制方式

三角波电压的频率 f_C 与参考电压的频率（即逆变器的输出频率）之比 f_C / f_R 为常数，变频时，使载波和信号波保持同步的方式称为同步调制方式。

同步调制方式在逆变器输出电压每个周期内所采用的三角波电压数目是固定的，因而所产生的 PWM 脉冲数是一定的。为了减少谐波，一般取载波比为奇数，其优点是在逆变器输出频率变化的整个范围内，皆可保持输出波形的正、负半波完全对称，输出电压只有奇次谐波存在，偶数次谐波为 0，如果保持 1/4 周期输出波形对称，则可以消除傅里叶级数中的余弦项，输出波形谐波较小。然而，同步调制方式的一个严重缺点是：当逆变器低频输出时，每个周期内的 PWM 脉冲数没有增多，低次谐波分量较大，难以用滤波的办法去除。当图 4-2 所示电压型单相半桥逆变电路用于 PWM 调制时，若用 $N=9$ 时的同步调制，则可以得到 PWM 波形，如图 4-9 所示。如果用于三相逆变电路，要求载波比为 3 的倍数，而且要严格保证逆变器输出三相波形之间具有 120° 相位移的对称关系。

2．异步调制方式

异步调制方式与同步调制方式不同，载波比 f_C / f_R 不等于常数，且随着 f_R 的变化而变化，载波信号和调制信号不保持同步的调制方式称为异步调制。其缺点是：异步调制时，通常采用的是固定不变的三角载波频率 f_C，在信号波的半个周期内，PWM 波的脉冲个数不固定，相位也不固定，正负半周期的脉冲不对称，半周期内前后 1/4 周期的脉冲也不对称，在三相电路中也不能保证三相之间的严格对称关系，这些在信号波频率 f_R 较高时影响较大，输出波形谐波大。对于电动机负载，将会导致转速和转矩的波动。不过异步调制也有优点：当信号波频率 f_R 较低时，逆变器输出电压每个周期内的 PWM 脉冲数相应增多，因而可减少谐波。对于电动机负载，可减少电动机的转矩脉动和噪声，使调速系统具有较好的低频特性。

3．分段同步调制方式

实际应用中，多采用分段同步调制方式，集同步和异步调制方式之所长，并克服两者的不足。把 f_R 范围划分成若干个频段，每个频段内都保持载波比 m_f 为恒定，不同频段的载波比不同。在低频运行时，采用较高的载波比，保持载波与三相参考波形都具有相同的对应关系，使输出三相电压对称且谐波少，从而改善了系统的低频运行特性，并可消除由于逆变器输出电压波形不对称所产生的不良影响。随着输出频率的增加，使三角载波与参考波的频率比 f_C / f_R 有级地增大，在有级地改变逆变器输出电压半波内 PWM 脉冲数目的同时，仍保持载波与三相的对称关系。在 f_R 高的频段采用较低的载波比，以使 f_C 不致过高，限制在功率开关器件允许的范围内。为了防止 f_C 在切换点附近的来回跳动，在各频率切换点采用了滞后切换的方法，如图 4-10 所示。还有的装置在很低的低频输出时，采用异步调制方式，而在稍高频率输出时，切换到分段同步调制方式或同步调制方式。

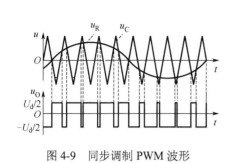

图 4-9　同步调制 PWM 波形

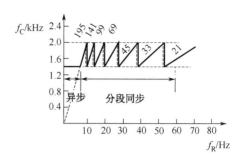

图 4-10　分段同步调制方式

采用分段同步调制方式，需要增加调制脉冲切换电路，从而增加了控制电路的复杂性。

4.3.3　单极性与双极性 SPWM 模式

在第 3 章已经介绍了直流-直流变换器的单极性与双极性 PWM 模式时的输出电压情况，本节介绍逆变时的单极性与双极性 SPWM 控制模式时的输出电压波形。

1. 单极性 SPWM 模式

产生单极性 SPWM 模式的基本原理如图 4-11 所示。图中的调制电路由比较电路、反相电路组成，其中三角波调制电压 u_C 与正弦波参考电压 u_R 比较（如图 4-8 所示）产生 SPWM 脉冲，参考电压 u_R 与零电压比较产生电平信号。

电路图 4-11（a）所示的控制信号由图 4-11（b）、（c）和（d）来描述，在参考电压 u_R 为正弦波正半周时，三角载波也应为正极性的三角波。在参考电压 u_R 为正弦波负半周时，三角载波也应为负极性的三角波。该三角载波与参考电压 u_R 通过比较电路产生 SPWM 信号波，该 SPWM 信号波控制 VT_1，其反相信号控制 VT_2。

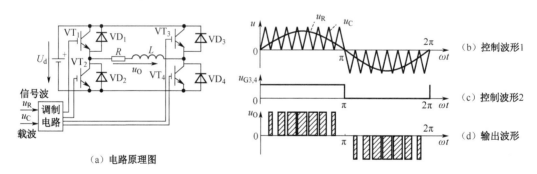

（a）电路原理图

图 4-11　单极性 SPWM 模式（单相）

当参考电压 u_R 高于三角载波时，SPWM 信号波 u_{G1} 为高电平，则 VT_1 导通，其反相信号使 VT_2 关断。反之，当参考电压 u_R 低于三角载波时，SPWM 信号波 u_{G1} 为低电平，则 VT_1 关断，其反相信号使 VT_2 导通。同时，在图 4-11（a）中，参考电压 u_R 也与零比较，由比较电路产生高低电平 u_{G4} 控制 VT_4，其反相信号控制 VT_3，如图 4-11（c）所示，当该信号为高电平时 VT_4 导通，其反相信号控制 VT_3 关断。当该信号为低电平时 VT_4 关断，其反相信号控制 VT_3 导通。

在 u_R 的正半周，VT_4 导通 VT_3 关断，当 $u_R > u_C$ 时，VT_1 导通 VT_2 关断，$u_O = U_d$。$u_R < u_C$ 时，VT_1 关断 VT_2 导通，$u_O = 0$。

在 u_R 的负半周，VT_4 关断 VT_3 导通，$u_R < u_C$ 时，VT_1 关断 VT_2 导通，$u_O = -U_d$。$u_R > u_C$ 时，VT_1 导通 VT_2 关断，$u_O = 0$。

单极性 SPWM 模式的输出电压在一个载波周期内大于等于 0 或者小于等于 0，只有一种电压极性。若参考电压 u_R 为非正弦波，则为单极性 PWM 模式。从图 4-11 可知，单极性 SPWM 模式的三角波载波随着参考电压 u_R 的正负半周而变化，在 u_R 正半周期内，输出 SPWM 波大于等于 0，在参考电压 u_R 负半周内，输出 SPWM 波小于等于 0，如图 4-11（d）所示。

2. 双极性 SPWM 模式

如图 4-12 所示，双极性 SPWM 控制模式采用的是正负交变的双极性三角载波 u_C 与正弦波参考电压 u_R 的比较，直接得到 SPWM 脉冲，在双极性 SPWM 模式下，VT$_1$ 和 VT$_4$ 同时通断，VT$_2$ 和 VT$_3$ 同时通断，同一桥的上下桥臂开关互补。SPWM 脉冲信号为高电平时，控制 VT$_1$ 和 VT$_4$ 导通，而 VT$_2$ 和 VT$_3$ 关断，反之，SPWM 脉冲信号为低电平时控制 VT$_1$ 和 VT$_4$ 关断，而 VT$_2$ 和 VT$_3$ 导通。

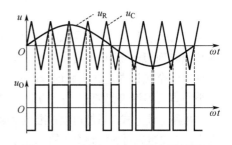

图 4-12　双极性 SPWM 模式调制原理

当 $u_R > u_C$ 时，VT$_1$ 和 VT$_4$ 导通，VT$_2$ 和 VT$_3$ 关断，输出电压 $u_O = U_d$。此时，如果 $i_O > 0$，则电流通过 VT$_1$ 和 VT$_4$；如果 $i_O < 0$，则电流通过 VD$_1$ 和 VD$_4$。当 $u_R < u_C$ 时，VT$_2$ 和 VT$_3$ 导通，VT$_1$ 和 VT$_4$ 关断，输出电压 $u_O = -U_d$。此时，如果 $i_O < 0$，则电流通过 VT$_2$ 和 VT$_3$；如果 $i_O > 0$，电流通过 VD$_2$ 和 VD$_3$。

双极性 SPWM 模式的输出电压在一个载波周期内有 $\pm U_d$ 两种电平，若参考电压 u_R 为非正弦波，则为双极性 PWM 模式。与单极性 SPWM 模式相比，双极性 SPWM 模式控制电路比较简单，然而对比图 4-11（d）和图 4-12（b）可看出，单极性 SPWM 模式开关切换所引起的输出电压变化小，比双极性 SPWM 模式输出电压中高次谐波分量小得多，这是单极性模式的一个优点。

4.3.4　SPWM 的自然取样法和规则取样法

为了减小谐波影响、提高电动机的运行性能，要求采用对称的三相正弦波电源为三相交流电动机供电，因此，PWM 逆变器采用正弦波作为参考信号，这种正弦波脉宽调制型逆变器称为 SPWM 逆变器。目前，广泛应用的 PWM 型逆变器为 SPWM 逆变器。

实现 SPWM 的控制方式有 3 类：一是采用模拟电路，二是采用数字电路，三是采用模拟与数字电路相结合的控制方式。

采用模拟电路实现 SPWM 控制的原理如图 4-11（a）所示，首先由模拟元件构成的三角波和正弦波发生器分别产生三角载波信号 u_C 和正弦波参考信号 u_R，然后送入电压比较器，产生 SPWM 脉冲序列。这种采用模拟电路调制方式的优点是完成 u_C 与 u_R 信号的比较和确定脉冲宽度几乎是瞬间完成的，不像数字电路采用软件计算需要一定的时间。然而，这种方法的缺点是所需硬件较多，而且不够灵活，改变参数和调试比较麻烦。

采用数字电路的 SPWM 逆变器，可采用以软件为基础的控制模式。其优点是所需硬件少，灵活性好和智能性强，缺点是需要通过计算确定 SPWM 的脉冲宽度，有一定的延时和响应时间。然而，随着高速度、高精度多功能微处理器和微控制器及 SPWM 专用芯片的发展，采用微机控制的数字化 SPWM 技术已占当今 PWM 逆变器的主导地位。

微机控制的 SPWM 控制模式有多种，常见的有以下两种方式。

1. 自然取样法

该法与采用模拟电路由硬件自然确定 SPWM 脉冲宽度的方法相类似，故称为自然取样法，也称自然采样法。然而微机是采用计算的办法寻找三角载波 u_C 与参考正弦波 u_R 的交点从而确定

SPWM 脉冲宽度的。

如图 4-13 所示，只要通过对 u_C 和 u_R 的数字表达式联立求解，找出其交点对应的时刻 t_0、t_1、t_2、t_3、t_4、t_5…即可确定相应 SPWM 的脉冲宽度。虽然微机具有复杂的运算功能，但需要一定的时间，而 SPWM 逆变器的输出需要实时控制，因此没有充分的时间去联立求解方程并准确计算 u_C 和 u_R 的交点。一般实际采用的方法是，先将在参考正弦波 1／4 周期内各时刻的 u_C 和 u_R 值算好，以表格形式存在计算机内，以后需要计算某时刻的 u_C 和 u_R 值时，不用临时计算而采用查表的方法即可很快得到。由于波形对称，仅需知道参考正弦波 1／4 周期不同时刻的 u_C 和 u_R 值就可以了，在一个周期内其他时刻的 u_C 和 u_R 值可由对称关系求得。u_C 和 u_R 波形的交点求法可采用逐次逼近的数值解法，即规定一个允许误差 ε，通过修改 t_1 值，当满足 $|u_C(t_1) - u_R(t_1)| \leqslant \varepsilon$ 时，则认为找到 u_C 和 u_R 波形的一个交点。根据求得的 t_0、t_1、t_2、…值便可确定 SPWM 的脉冲宽度。

采用上述方式，虽然可以较准确地确定 u_C 和 u_R 的交点，但计算工作量较大，特别是当变频范围较大时，需要事先对各种频率下的 u_C 和 u_R 值计算列表，将占用大量的内存空间。而只有在某个变化不大的范围内变频调速时，采用此法才是可行的。为了简化计算工作量，可采用下述规则取样法。

2．规则取样法

如图 4-14 所示，按自然取样法求得的 u_C 和 u_R 的交点为 A′ 和 B′，对应的 SPWM 脉宽为 t_2'。为了简化计算，采用近似地求 u_C 和 u_R 交点的方法。通过两个三角波峰之间的中线与 u_R 的交点 M 作水平线与三角波分别交于 A 和 B 点。由交点 A 和 B 确定的 SPWM 脉宽为 t_2，显然，t_2 与 t_2' 数值相近。只是两脉冲相差了一个很小的时间。

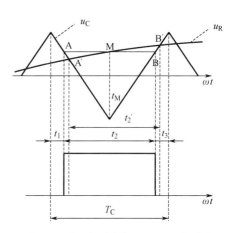

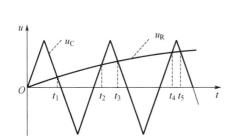

图 4-13　自然取样法 SPWM 模式计算　　　图 4-14　规则取样法 SPWM 调制模式

SPWM 波形的规则化取样法是指信号为正弦波，以规则时间点对信号波进行取样来计算脉冲宽度的 PWM 波形生成方法。规则取样法也称规则采样法，在采样周期内，用规则化的采样值代替实际值，具体来说，就是用 u_C 和 u_R 近似交点 A 和 B 代替实际的交点 A′ 和 B′，确定 SPWM 脉冲信号。这种方法虽然有一定的误差，但却大大减小了计算工作量。由图 4-14（b）可以很容易地求出规则取样法的计算公式。

设三角波幅值为 U_{Cm}、正弦信号波 $u_R = U_{Rm} \sin\left(\dfrac{2\pi}{T_R} t_M\right)$、周期分别为 T_C 和 T_R，脉宽 t_2 和间隙时间 t_1 及 t_3 可计算如下

$$t_2 = \frac{T_C}{2} + \frac{T_C}{2}\frac{U_{Rm}}{U_{Cm}}\sin\left(\frac{2\pi}{T_R}t_M\right) = \frac{T_C}{2} + \frac{T_C}{2}m_a\sin\omega_R t_M \tag{4-11}$$

$$t_1 = t_3 = \frac{1}{2}(T_C - t_2) = \frac{T_C}{4}(1 - m_a \sin \omega_R t_M) \tag{4-12}$$

式中，$m_a = \dfrac{U_{Rm}}{U_{Cm}}$ 称为幅度调制比，$\omega_R = \dfrac{2\pi}{T_R}$ 为信号波的角频率，由式（4-11）和式（4-12）可很快地求出 t_1 和 t_2 的值，进而确定相应的 SPWM 脉冲宽度。t_2 具体计算也可采用查表法，仅需对 $\dfrac{T_C(\sin \omega_R t_M)}{2}$ 值列表存放即可。

规则采样法的计算比较简单，计算量大大减少，而效果接近自然采样法，得到的 SPWM 波形仍然很接近正弦波。

PWM 调制方法有两种：一是采样法，包括自然采样法和规则采样法，其中规则采样法有对称规则采样法和不对称规则采样法。采样法是为了使输出的 PWM 波形接近于信号波。二是特定谐波消去法。该方法是为了消去指定的低次谐波，有兴趣的读者可参考相关文献。

4.3.5 电流跟踪 SPWM 逆变控制技术

与直流变换器一样，逆变变换器也有时间比（占空比）控制和瞬时值控制两种基本控制方式，上面讨论的 SPWM 控制方法，主要是从逆变器如何产生 SPWM 控制波形的角度出发的，属于时间比控制。实际上，可以有多种控制方式的 SPWM 逆变器。跟踪控制方法指的是将电流或电压波形作为指令信号，把实际值作为反馈信号。通过两者瞬时值比较来决定器件的通断，使实际输出跟踪指令信号变化。本小节所要讨论的是电流跟踪型 SPWM 逆变器，属于瞬时值控制。

电流跟踪型 SPWM 又称电流控制型电压源 SPWM 逆变器（CRSPWM），它兼有电压型和电流型逆变器的优点：结构简单、工作可靠、响应快、谐波小，采用电流控制，可实现对电动机定子相电流的在线自适应控制，特别适用于高性能的矢量控制系统。

1. 电流滞环控制方式

电流滞环跟踪型 SPWM 逆变器除有上述特点外，还因其电流动态响应快，系统运行不受负载参数的影响，实现方便，而得到了广泛的重视。

电流滞环跟踪型 SPWM 逆变器的单相结构示意图如图 4-15（a）所示。假设滞环的环宽为 2Δ，i_R 为给定参考电流，是电流跟踪目标。当 i_R 与实际负载电流反馈值 i_f 之差达到滞环的上限值 Δ 时，即 $i_R - i_f \geqslant \Delta$，使 VT_2 导通、VT_1 截止，负载电压为 $+U_d/2$，负载电流 i_f 上升。当 i_R 与 i_f 之差达到滞环的下限时，即 $i_R - i_f \leqslant -\Delta$，则使 VT_2 截止 VT_1 导通，负载电压变为 $-U_d/2$，电流 i_f 下降。这样，通过 VT_1、VT_2 的交替通断，使 $|i_R - i_f| \leqslant \Delta$，实现 i_f 对 i_R 的自动跟踪。i_R 为正弦电流，则 i_f 也近似为正弦电流，输出电压也近似为 SPWM 波形。

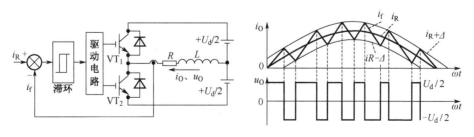

（a）控制电路 　　　　　　　（b）电压 SPWM 波形的产生

图 4-15　电流滞环跟踪型 SPWM 逆变器

图 4-15(b)所示为电流滞环跟踪型逆变器通过反馈电流 i_f 与给定电流 i_R 相比较产生输出 SPWM 电压信号的波形图。可以看出，设 SPWM 脉冲频率（即功率管的开关频率）为 f_C，f_C 是变量，与以下因素有关：① f_C 与滞环宽 Δ 成反比，滞环越宽，f_C 越低；②逆变器电源电压 U_d 越大，负载电流上升（或下降）的速度越快，i_f 到达滞环上限或下限的时间越短，因而 f_C 随 U_d 值增大而增大；③负载电感 L 值越大，电流的变化率越小，i_f 到达滞环上限或下限的时间越长，因而 f_C 越小；④ f_C 与参考电流 i_R 的变化率有关，di_R/dt 越大，f_C 越小，这可由图 4-15 中看出，越接近 i_R 的峰值，di_R/dt 越小，而 SPWM 脉宽越小，即 f_C 越大。

在不同的条件下电流滞环跟踪型逆变器的开关频率变化很大，开关频率过高会使主电路的开关功耗增大，影响系统效率，开关频率过低时会使输出滤波器的体积增大。电流滞环跟踪型 SPWM 的特点为：

① 控制电路简单，其核心只是一个滞环比较器。

② 属于非线性砰-砰控制，使得跟踪输出响应快。

③ 当选取滞环较小时，跟踪精度可以很高。

④ 属于闭环控制，其稳定性和输出控制精度受系统参数影响较小，具有很好的鲁棒性。

⑤ 开关频率不固定，带来开关损耗和输出滤波器设计方面的矛盾，与三角波调制方法相比，这是其主要缺点。

⑥ 滞环电流跟踪控制的研究工作主要集中在如何稳定开关频率，减少开关频率的波动范围。

2．三角形比较方式

（1）基本原理

图 4-16 所示为三角波比较方式电流跟踪型逆变电路，把正弦指令电流 i_R 和实际输出电流 i_f 进行比较，求出偏差，通过放大器 A 放大后，再去和三角波进行比较，产生 SPWM 波形。放大器 A 通常具有比例特性，其系数直接影响电流跟踪特性。

（2）特点

三角波比较方式电流跟踪型逆变电路中，器件的开关频率是固定的。器件的开关频率等于载波频率，方便高频滤波器设计。与滞环比较控制方式相比，这种控制方式输出电流所含的谐波少。

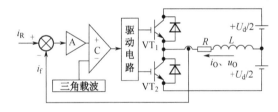

图 4-16　三角波比较方式电流跟踪型逆变电路

3．定时比较方式

不用滞环比较器，而是设置一个固定的时钟。以固定采样周期对指令信号和被控制变量进行采样，根据偏差的极性来控制开关器件通断。在时钟信号到来的时刻，当 $i_f < i_R$，则使 VT$_2$ 导通、VT$_1$ 截止，负载电压为 $+U_d/2$，使负载电流 i_f 增大。当 $i_f > i_R$，则 VT$_2$ 截止 VT$_1$ 导通，负载电压变为 $-U_d/2$，电流 i_f 下降。每个采样时刻的控制作用都使实际电流与指令电流的误差减小。采用定时比较方式时，器件的最高开关频率为时钟频率的 1/2。和滞环比较方式相比，电流控制误差没有一定的环宽，控制的精度低一些。

4．关于跟踪控制的讨论

下面对于上述 3 种跟踪控制方法，做进一步讨论。

① 当指令信号不是正弦波时，则上述控制为其他波形的电流跟踪 PWM 逆变控制。

② 如果上述 3 种控制方法用于电压跟踪控制，那么其指令信号和反馈信号都针对输出电压，此时，由于输出电压为 PWM 波，故其检测反馈值应经过滤波。如果对输出电压幅值精度要求不高，

还可以采用电压开环控制。

③ 当指令信号为直流信号，则上述变换器就成为直流变换器。也就是说，当主电路相同、指令信号与控制方法不同时，电能变换形式也有所不同。跟踪控制还可以用于后面的 PWM 整流等场合。

④ 单相电流跟踪 SPWM 逆变控制采用半桥逆变电路时，输出电压在开关周期内有正负两种电平，只能为双极性。对于单相桥式逆变电路，主电路如图 4-11（a）所示，分两种情况讨论。一是该电路用于电压跟踪控制时，可以实现单极性电压输出，也可以实现双极性电压输出，对于双极性调制，此时图 4-11（a）中的 VT_1 和 VT_4 同时通断，VT_2 和 VT_3 同时通断；二是该电路用于电流跟踪控制时，由于输出电压与输出电流存在相位差，不建议采用单极性控制模式。

⑤ 3 个半桥逆变电路可以组成三相逆变电路，不过，三相指令信号应为对称信号，即幅值频率相同，相位互差 120°。

4.4 三相桥式方波逆变电路

三相桥式方波逆变电路中共有 6 个开关管，依据每个开关管在一个周期中的导通时间分为 120° 导电型与 180° 导电型。120° 导电型指的是每个开关管在一个周期的导通角度为 120°，同理，180° 导电型指的是每个开关管在一个周期的导通角度为 180°。120° 导电型与 180° 导电型仅针对方波逆变而言，不适用于 PWM 逆变。对于 180° 导电型三相桥式方波逆变电路，每一时刻有 3 个开关管导通，每个桥臂的上下两个管子开通关断是互补的。对于 120° 导电型三相桥式方波逆变电路，每一时刻有 2 个开关管导通。

4.4.1 电压型三相逆变电路

电压型三相桥式逆变电路如图 4-17 所示。电路由 3 个半桥电路组成，图中采用 IGBT 作为开关元件，二极管 $VD_1 \sim VD_6$ 为续流二极管，3 个中点接三相负载。

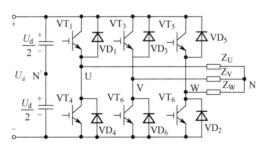

图 4-17　电压型三相桥式逆变电路

电压型三相桥式逆变电路的基本工作方式为 180° 导电型，即每个桥臂的导电角为 180°，同一相上下桥臂交替导电，各相开始导电的时间依次相差 120°。因为每次换流都在同一相上下桥臂之间进行，因此称为纵向换流。在一个周期内，6 个管子触发导通的次序为 $VT_1 \sim VT_6$，依次相隔 60°，任一时刻均有 3 个管子同时导通，导通的组合顺序为 $VT_1VT_2VT_3$，$VT_2VT_3VT_4$，$VT_3VT_4VT_5$，$VT_4VT_5VT_6$，$VT_5VT_6VT_1$，$VT_6VT_1VT_2$，每种组合工作 60° 电角度。

下面分析各相负载相电压和线电压波形。设负载为星型连接，三相负载对称，中性点为 N。图 4-18 所示为电压型三相桥式逆变电路的工作波形。为了分析方便，将一个工作周期分成 6 个区域。

在 $0 < \omega t \leqslant \pi / 3$ 区域，设 $u_{G1} > 0$，$u_{G2} > 0$，$u_{G3} > 0$，则有 VT_1、VT_2、VT_3 导通，该时区逆变桥的等效电路如图 4-18 所示。

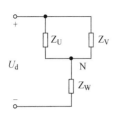

图 4-18 逆变桥的等效电路
（VT_1、VT_2、VT_3 导通）

线电压为

$$\begin{cases} u_{UV} = 0 \\ u_{VW} = U_d \\ u_{WU} = -U_d \end{cases} \quad (4\text{-}13)$$

式中，U_d 为逆变器输入直流电压。输出相电压为

$$\begin{cases} u_{UN} = U_d / 3 \\ u_{VN} = U_d / 3 \\ u_{WN} = -2U_d / 3 \end{cases} \quad (4\text{-}14)$$

根据同样的思路可得其余 5 个时域的相电压和线电压的值，如表 4-1 所示。

表 4-1 三相逆变桥工作状态表

ωt		$0 \sim \pi/3$	$\pi/3 \sim 2\pi/3$	$2\pi/3 \sim \pi$	$\pi \sim 4\pi/3$	$4\pi/3 \sim 5\pi/3$	$5\pi/3 \sim 2\pi$
导通开关管		$VT_1VT_2VT_3$	$VT_2VT_3VT_4$	$VT_3VT_4VT_5$	$VT_4VT_5VT_6$	$VT_5VT_6VT_1$	$VT_6VT_1VT_2$
负载等效电路							
输出相电压	U_{UN}	$U_d/3$	$-U_d/3$	$-2U_d/3$	$-U_d/3$	$U_d/3$	$2U_d/3$
输出相电压	U_{VN}	$U_d/3$	$2U_d/3$	$U_d/3$	$-U_d/3$	$-2U_d/3$	$-U_d/3$
	U_{WN}	$-2U_d/3$	$-U_d/3$	$U_d/3$	$2U_d/3$	$U_d/3$	$-U_d/3$
输出线电压	U_{UV}	0	$-U$	$-U_d$	0	U_d	U_d
	U_{VW}	U_d	U_d	0	$-U_d$	$-U_d$	0
	U_{WU}	$-U_d$	0	U_d	U_d	0	$-U_d$

根据表 4-1 的数值，可以画出各相、线电压波形。从图 4-19 中可以看出，负载线电压为 120° 正负对称的矩形波，相电压为 180° 正负对称的阶梯波，三相负载电压相位相差 120°。

对于 180° 导电型逆变电路为了防止同一相上下桥臂同时导通而引起直流电源的短路，必须采取"先断后通"的方法，即上下桥臂的驱动信号之间必须存在同时关断的时间，即死区时间。

除 180° 导电型外，三相桥式逆变电路还有 120° 导电型的控制方式，即每个桥臂导通 120°，同一相上下两臂的导通有 60° 间隔，各相导通依次相差 120°。120° 导通型不存在上下直通的问题，但当直流电压一定时，其输出交流线电压有效值比 180° 导电型低得多，直流电源电压利用率低。因此，一般电压型三相逆变电路都采用 180° 导电型控制方式。

改变逆变桥晶体管的触发频率或者触发顺序（VT_6、VT_5、VT_4、VT_3、VT_2、VT_1），则能改变输出电压的频率及相序。若采用晶闸管作为逆变桥的开关元件，必须附加换流电路。

把输出线电压 u_{UV} 展开成傅里叶级数得

$$\begin{aligned} u_{UV} &= \frac{2\sqrt{3}U_d}{\pi}\left(\sin\omega t - \frac{1}{5}\sin 5\omega t - \frac{1}{7}\sin 7\omega t + \frac{1}{11}\sin 11\omega t + \frac{1}{13}\sin 13\omega t - \cdots\right) \\ &= \frac{2\sqrt{3}U_d}{\pi}\left[\sin\omega t + \sum_n \frac{1}{n}(-1)^k \sin n\omega t\right] \end{aligned} \quad (4\text{-}15)$$

式中，$n = 6k \pm 1$，k 为自然数。

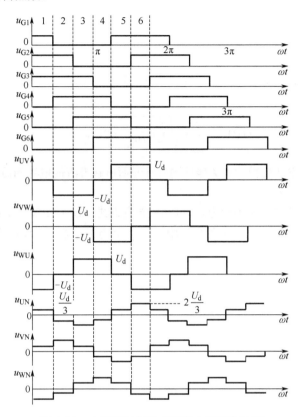

图 4-19　电压型三相桥式逆变电路工作波形

输出线电压有效值 U_{UV} 为

$$U_{\text{UV}} = \sqrt{\frac{1}{2\pi} \int_0^{2\pi} u_{\text{UV}}^2 \mathrm{d}(\omega t)} = 0.816 U_{\text{d}} \tag{4-16}$$

式中，基波幅值 U_{UV1m} 和基波有效值 U_{UV1} 分别为

$$U_{\text{UV1m}} = \frac{2\sqrt{3} U_{\text{d}}}{\pi} = 1.1 U_{\text{d}} \tag{4-17}$$

$$U_{\text{UV1}} = \frac{U_{\text{UV1m}}}{\sqrt{2}} = \frac{\sqrt{6}}{\pi} U_{\text{d}} = 0.78 U_{\text{d}} \tag{4-18}$$

下面分析相电压的基本数值关系，把 u_{UN} 展开成傅里叶级数得

$$
\begin{aligned}
u_{\text{UN}} &= \frac{2U_{\text{d}}}{\pi}\left(\sin \omega t + \frac{1}{5} \sin 5\omega t + \frac{1}{7} \sin 7\omega t + \frac{1}{11} \sin 11\omega t + \frac{1}{13} \sin 13\omega t + \cdots \right) \\
&= \frac{2U_{\text{d}}}{\pi}\left(\sin \omega t + \sum_n \frac{1}{n} \sin n\omega t \right)
\end{aligned}
\tag{4-19}
$$

式中，$n = 6k \pm 1$，k 为自然数。

负载相电压有效值 U_{UN} 为

$$U_{\text{UN}} = \sqrt{\frac{1}{2\pi} \int_0^{2\pi} u_{\text{UN}}^2 \mathrm{d}(\omega t)} = 0.471 U_{\text{d}} \tag{4-20}$$

式中，n 次谐波幅值 U_{UNnm} 和谐波有效值 U_{UNn} 分别为

$$U_{\text{UNnm}} = \frac{2U_{\text{d}}}{n\pi} = 0.637 U_{\text{d}} / n \qquad (4\text{-}21)$$

$$U_{\text{UNn}} = \frac{U_{\text{UNnm}}}{\sqrt{2}} = 0.45 U_{\text{d}} / n \qquad (4\text{-}22)$$

如果用 $n = 1$ 代入式（4-22），就是基波表达式。输出电压谐波含量比较高，输出相电压谐波失真度为

$$THD = \frac{1}{U_{\text{UO1m}}} \sqrt{\sum_{n=2}^{\infty} U_{\text{UOnm}}^2} = 26\% \qquad (4\text{-}23)$$

为了防止同一相上下两桥臂的开关器件同时导通而引起直流侧电源的短路，要采取"先断后通"的方法。

【例题 4-2】三相桥式电压型逆变电路，180° 导电方式，$U_{\text{d}} = 510\text{V}$。试求输出相电压的基波幅值 U_{UN1m} 和有效值 U_{UN1}、输出线电压的基波幅值 U_{UV1m} 和有效值 U_{UV1}、输出线电压中 5 次谐波的有效值 U_{UV5}。

解：

$$U_{\text{UN1m}} = \frac{2U_{\text{d}}}{\pi} = 0.637 U_{\text{d}} = 0.637 \times 510 = 325 \text{ （V）}$$

$$U_{\text{UN1}} = \frac{U_{\text{UN1m}}}{\sqrt{2}} = 0.45 U_{\text{d}} = 0.45 \times 510 = 230 \text{ （V）}$$

$$U_{\text{UV1m}} = \frac{2\sqrt{3} U_{\text{d}}}{\pi} = 1.1 U_{\text{d}} = 561 \text{ （V）}$$

$$U_{\text{UV1}} = \frac{U_{\text{UV1m}}}{\sqrt{2}} = \frac{\sqrt{6}}{\pi} U_{\text{d}} = 0.78 U_{\text{d}} = 0.78 \times 510 = 398 \text{ （V）}$$

$$U_{\text{UV5}} = \frac{2\sqrt{3} U_{\text{d}}}{\sqrt{2}\pi n} = \frac{2\sqrt{3} \times 510}{\sqrt{2}\pi \times 5} = 79.6 \text{ （V）}$$

4.4.2 电流型三相逆变电路

1. 电流型三相桥式逆变电路

图 4-20 所示为电流型三相桥式逆变电路原理图。输入直流侧串接大电感，逆变桥采用 GTO 作为可控元件。电流型三相桥式逆变电路的基本工作方式是 120° 导通方式，任意瞬间只有两个桥臂导通，导通顺序为 $VT_1 \sim VT_6$，即 $VT_1 VT_2$、$VT_2 VT_3$、$VT_3 VT_4$、$VT_4 VT_5$、$VT_5 VT_6$、$VT_6 VT_1$，依次间隔 60°，每个桥臂导通 120°。这样，每个时刻上桥臂组和下桥臂组中都各有一个臂导通，换流时，在上桥臂组或下桥臂组内依次换流，属于横向换流。

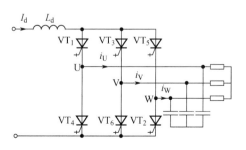

图 4-20 电流型三相桥式逆变电路原理

将一个工作周期分成 6 个区域，则可以得到图 4-21 所示的电流型三相桥式逆变电路的输出电流波形，它与负载性质无关。输出电压波形由负载的性质决定。输出电流的基波有效值 I_1 和直流电流的关系式为

$$I_1 = \frac{\sqrt{6}}{\pi} I_d = 0.78 I_d \tag{4-24}$$

2. SCR 构成的电流型直-交变换电路

图 4-22 所示为一种常用的 SCR 构成的直-交电流型变频电路。直流环节用大电感 L_d 滤波，保证了 I_d 的稳定不变。逆变器采用晶闸管构成的串联二极管式电流逆变电路，完成直流到交流变换，并实现输出频率的调节。

从图 4-22 可以看出，电力电子器件 SCR 的单向导电性使得 I_d 不能反向，如果直流侧电压 U_d 可以迅速反向，那么电流型变频很容易实现能量回馈。

电流源型逆变器换流电路由换流电容、隔离二极管和负载阻抗组成。该电路工作于 120 导通方式，在任意瞬间只有两个桥臂导通，晶闸管导通顺序为 VT_6 与 VT_1、VT_1 与 VT_2、VT_2 与 VT_3、VT_3 与 VT_4、VT_4 与 VT_5、VT_5 与 VT_6。由于负载为换流电路的一部分，换流过程要比电压源型逆变器复杂，应用越来越少，故其工作原理在此不做分析，感兴趣的读者可参阅相关文献。

三相桥式电流源型逆变器还可以用于过激同步电动机的调速驱动，利用滞后于电流相位的电动机反电势可以实现自然换流。因为同步电动机是逆变器的负载，因此这种换流方式也属于负载换流。

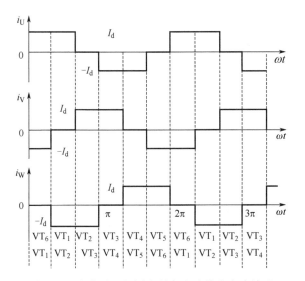

图 4-21　电流型三相桥式逆变电路输出电流波形

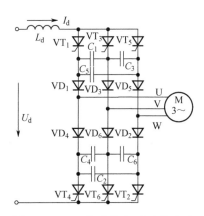

图 4-22　SCR 构成的直-交变换电路

4.5　三相 SPWM 逆变技术

4.5.1　三相 SPWM 逆变控制信号

三相 SPWM 逆变电路结构与三相方波逆变电路结构是一样的，如图 4-17 所示，所不同的是控

制方法。

假设逆变电路采用双极性控制，三相共用一个三角载波 u_C 时，三相正弦调制信号 u_{RU}、u_{RV}、u_{RW} 互差 120°，可用 U 相来说明功率开关器件的控制规律，如图 4-23 所示。当 $u_{RU} > u_C$ 时，在两电压的交点处，给 U 相上桥臂元件 VT_1 导通信号 u_{G1}、下桥臂元件 VT_4 关断信号 u_{G4}，则 U 相与电源中点 N'间的电压 $u_{UN'} = U_d / 2$。当 $u_{RU} < u_C$ 时，在两电压的交点处给 VT_4 导通信号，给 VT_1 关断信号，则 $u_{UN'} = -U_d / 2$。实际上，当给 VT_1（或 VT_4）导通信号时，开关管电压降为 0，电流可能通过 VT_1（或 VT_4），也可能是 VD_1（或 VD_4）续流导通，要由感性负载中的电流方向来决定。V 相控制信号 u_{G3} 与 u_{G6} 和 W 相的控制信号 u_{G5} 与 u_{G2} 也如图 4-23 所示。控制信号的特点为：

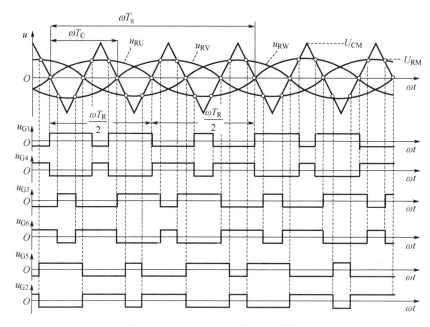

图 4-23　三相 SPWM 逆变控制信号

① 各相上下桥臂控制信号在相位上互补。

② 为提高器件的关断速度和可靠性，关断后加上负电压。

③ 任何时刻，有 3 个控制信号处于高电平，其余 3 个处于低电平。

④ 已调制控制信号的脉宽随时间按正弦规律变化，但在同一时间内其脉宽则随参考电压的实际值而变。

4.5.2　三相 SPWM 逆变电路输出电压波形分析

三相 SPWM 的幅度调制比和频率调制比的定义与单相时相同。以三相负载中点 N 为输出相电压的参考点，各桥臂输出电压之差构成输出线电压。为了分析方便，假设直流电源中点 N' 电位为零，设定载波比 $m_f = 3$（实际应用一般远大于此值），取调制比 $m_a \leqslant 1$，图 4-24 所示具体控制规律如下。

1. 输出电压波形分析

当 $u_{RU} > u_C$ 时，控制脉冲 u_{G1} 输出高电平开通 VT_1，控制脉冲 u_{G4} 输出低电平关断 VT_4，反之当 $u_{RU} < u_C$ 时控制脉冲输出电平相反。其他几个桥臂脉冲产生规律与此类似。

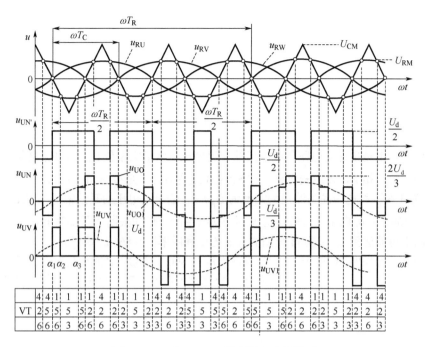

图 4-24　三相 SPWM 逆变输出电压波形

（1）$\alpha_1 \sim \alpha_2$ 区间

该时段 VT_1、VT_5、VT_6 所在桥臂导通，VT_2、VT_3、VT_4 所在桥臂关断，与表 4-1 分析方法相同，根据负载等效电路，其输出电压为

$$u_{UN'} = \frac{U_d}{2} ,\quad u_{UN} = u_{WN} = \frac{U_d}{3} ,\quad u_{VN} = -\frac{2U_d}{3} ,\quad u_{UV} = U_d ,\quad u_{NN'} = u_N - u_{N'} = \frac{2U_d}{3} - \frac{U_d}{2} = \frac{U_d}{6}$$

式中，u_N、$u_{N'}$ 分别表示 N 和 N' 对电源负极的电压。

（2）$\alpha_2 \sim \alpha_3$ 区间

该时段 VT_1、VT_3、VT_5 所在桥臂导通，VT_2、VT_4、VT_6 所在桥臂关断，其输出电压为

$$u_{UN'} = \frac{U_d}{2} ,\quad u_{UN} = u_{WN} = u_{VN} = 0 ,\quad u_{UV} = u_{UN} - u_{VN} = 0 ,\quad u_{NN'} = u_N - u_{N'} = U_d - \frac{U_d}{2} = \frac{U_d}{2}$$

式中，各时段的分析与上述类似，u_{UN}、u_{UV} 波形如图 4-24 所示，也可以求出并画出其他波形，负载中点对输入电源中点的电压 $u_{NN'}$ 是波动的。

（3）输出电压分析

在满足电压幅值调制比 $m_a \leqslant 1$、频率调制比 $m_f \gg 1$ 的条件下，输出电压存在如下关系。

① 输出相电压基波幅值为

$$U_{UN1m} = \frac{m_a U_d}{2} \tag{4-25}$$

② 输出相电压基波有效值为

$$U_{UN1} = \frac{m_a U_d}{2\sqrt{2}} = 0.354 m_a U_d \tag{4-26}$$

③ 输出线电压基波幅值为

$$U_{UV1m} = \sqrt{3} U_{UN1m} = 0.866 m_a U_d \tag{4-27}$$

④ 输出线电压基波有效值为

$$U_{\mathrm{UV1}} = \frac{\sqrt{6}U_{\mathrm{UN1m}}}{2} = 0.612 m_{\mathrm{a}} U_{\mathrm{d}} \qquad (4\text{-}28)$$

⑤ 输出线电压直流电压利用率为

$$A_{\mathrm{V}} = \frac{U_{\mathrm{UV1m}}}{U_{\mathrm{d}}} = 0.866 m_{\mathrm{a}} \qquad (4\text{-}29)$$

直流电压利用率是指逆变电路所能输出的交流电压基波最大幅值 U_{1m} 和直流电压 U_{d} 之比。

正弦波调制的三相 PWM 逆变电路，即 SPWM 逆变电路，是按每相的正弦波信号进行调制的，当调制比 m_{a} 为 1 时，相电压的基波最大幅值为 $U_{\mathrm{d}}/2$，输出线电压的基波幅值为 $\sqrt{3}U_{\mathrm{d}}/2$，直流电压利用率为 0.866。实际电路工作时，考虑到功率器件的开通和关断都需要时间，如果不采取其他措施，调制比不可能达到 1，实际能得到的直流电压利用率比 0.866 还要低。

【例题 4-3】三相 SPWM 逆变电路，当直流电压在 800～1000V 之间变化时，要求输出基波电压为 380V，电流为 10A，三相电阻负载，如果该逆变变换器的效率 η 为 97%，求幅值调制比 m_{a} 的范围、输出功率 P_{O} 和最大输入平均电流 I_{dmax}。

解：输出线电压基波有效值为

$$U_{\mathrm{UV1}} = \frac{\sqrt{6}U_{\mathrm{UN1m}}}{2} = 0.612 m_{\mathrm{a}} U_{\mathrm{d}} = 380 \ (\mathrm{V})$$

$$m_{\mathrm{a}} = 0.62 \sim 0.78$$

输出功率为

$$P_{\mathrm{O}} = \sqrt{3} U_{\mathrm{UV1}} I_{\mathrm{U}} = \sqrt{3} \times 380 \times 10 = 6582 \ (\mathrm{W})$$

输入功率与效率的乘积等于输出功率，直流电压最小值 U_{dmin} 时，输入平均电流 I_{dmax} 最大

$$U_{\mathrm{dmin}} I_{\mathrm{dmax}} \eta = \sqrt{3} U_{\mathrm{UV1}} I_{\mathrm{U}}$$

$$800 \times I_{\mathrm{dmax}} \times 0.97 = 6582$$

$$I_{\mathrm{dmax}} = 8.5 \ (\mathrm{A})$$

2. 提高直流电压利用率

提高直流电压利用率、减少开关次数是三相 PWM 逆变的重要技术，可以提高逆变器的输出能力，降低开关损耗。为此，要进一步分析调制技术。实际上 SPWM 调制时并没有要求调制比 $m_{\mathrm{a}} < 1$。当增大调制比 m_{a} 时，可使 SPWM 电压基波幅值增大，相应地提高了逆变器直流母线电压的利用率，因此也可采用 $m_{\mathrm{a}} > 1$ 的过调制方式。当然，提高调制比 m_{a} 并不能无限制提高直流电压利用率，而是以输出方波为上限。另外，当输出相电压在局部区域为方波，即没有调制时，开关频率可以降低，减少了开关次数。

（1）梯形波调制方法的原理及波形

梯形波调制方法的思路为：采用梯形波作为调制信号，当梯形波幅值和三角波幅值相等时，梯形波所含的基波分量幅值超过了三角波幅值，相当于 $m_{\mathrm{a}} > 1$ 的过调制状态，可有效提高直流电压利用率，如图 4-25 所示。

图 4-25 所示为梯形波调制信号的 PWM 控制波形，决定功率开关器件通断的方法和用正弦波作为调制信号波时完全相同，梯形波的幅值和三角化率决定了输出波形的幅值。梯形波三角化率用 $s = \dfrac{U_{\mathrm{t}}}{U_{\mathrm{to}}}$ 描述，U_{t} 为以横轴为底时梯形波的实际高度，U_{to} 为以横轴为底边把梯形两腰延长后相交所形成的三角形的高。$s=0$ 时梯形波变为矩形波，$s=1$ 时梯形波变为三角波。梯形波含低次谐波，PWM 波含同样的低次谐波。用梯形波调制时，输出波形中含有 5 次、7 次等低次谐波，这是梯形波调制

的缺点，实际应用时，可以考虑将正弦波和梯形波结合使用。

（2）线电压控制方式

为了克服梯形波调制的缺点，采用线电压控制方式。线电压控制方式的目标是使输出线电压不含低次谐波，提高直流电压利用率，减少器件开关次数。该方法的直接控制手段仍是对相电压进行控制，在相电压调制信号中叠加 3 次谐波，使之成为鞍形波，输出相电压中也含 3 次谐波，且三相的 3 次谐波相位相同。合成线电压时，线电压向量等于一个相电压的向量减去另一个相电压的向量，3 次谐波相互抵消，这样，线电压向量等于一个相电压基波向量减去另一个相电压基波向量，所以线电压为正弦波。而且，只要鞍形波中的基波与 3 次谐波幅值选择得当，即使基波分量幅值大于 1，鞍形波的调制信号幅值也可以小于 1。于是，线电压就由两个基波调制信号大于 1 的相电压得到，提高了直流电压利用率，也没有由于调制信号谐波引起的输出谐波，如图 4-26 所示。

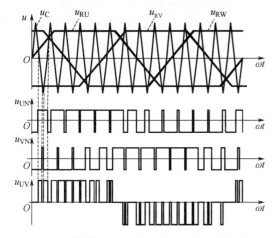

图 4-25 梯形波为调制信号的 PWM 控制波形

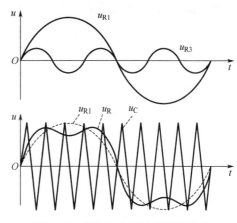

图 4-26 叠加 3 次谐波的调制信号

除叠加三次谐波外，还可叠加其他 3 倍频的信号，也可叠加直流分量，都不会影响线电压。比如叠加 u_p，既包含 3 倍次谐波，也包含直流分量，u_p 大小随正弦信号的大小而变化。

（3）三相 SPWM 逆变电路的特点

三相 SPWM 逆变电路的特点如下。

① 采用 SPWM 控制的三相逆变电路输出电压谐波特性相对于三相方波逆变电路大为改善，最低次谐波在开关频率（载波频率）附近。

② 与单相 SPWM 电路相同，单级电路实现输出电压的频率、幅度可调。

③ 直流电压利用率不高，比单相电路更低，常采用调制波注入 3 次谐波的方法。

④ 三相 SPWM 逆变电路带纯电阻性负载时，输出的相电压与相电流波形相似，遵从欧姆定律。带感性负载时，输出的电流波形分析比较复杂。感性负载的时间常数一般远远大于逆变器开关周期，输出电流可以看成是平滑的基波正弦电流，其幅值和相位都由电压基波和负载阻抗决定。

4.5.3 空间电压矢量 PWM（SVPWM）控制技术

空间矢量调制技术（SVPWM）是从交流电动机的角度出发，在电动机坐标变换理论和电动机统一理论基础上建立电动机数学模型，通过逆变器不同开关状态的变化，使电动机的实际磁链最大限度地逼近理想磁链。SVPWM 的目标是利用逆变器在不同开关状态下产生的 8 个基本空间电压矢量（2 个零空间电压矢量和 6 个非零空间电压矢量）合成所需要的空间电压矢量。其主要的思想是在一个 PWM 周期内，选择相邻的 2 个非零电压矢量和零电压矢量，通过合理分配电压矢量的工作时间来合成所需的参考空间电压矢量。跟直接的正弦波调制技术相比，采用 SVPWM 算法的逆变器输出电压谐波小，畸变少，从而定子绕组中的电流谐波也少，更重要的是它具有较高的直流电压利用率。

SVPWM 的控制方案有 3 个部分，即空间电压矢量的区间分配、空间矢量的合成和控制算法。一般来说，SVPWM 的算法主要由如下步骤完成：

① 判断参考空间电压矢量的所处扇区。

② 计算所在扇区的开关空间电压矢量的工作时间。

③ 根据电压矢量工作时间合成 PWM 信号。

将三相逆变器及电动机结合起来分析 SVPWM 算法的原理，三相逆变器及负载结构如图 4-27 所示。其输出电压由 3 组桥臂 6 个功率开关器件控制通断，由于逆变器的上桥臂和下桥臂开关状态互补，因此可以用 S_U、S_V、S_W 分别代表 U、V、W 三相 S_1 与 S_4、S_3 与 S_6、S_5 与 S_2 的开关情况，其中 1 表示上桥臂功率器件开通、下桥臂功率器件断开，0 代表下桥臂功率器件开通、上桥臂功率器件断开。用（S_U、S_V 和 S_W）的开关状态来描述逆变器的工作状态，分别为（0，0，0）、（0，0，1）、（0，1，0）、（0，1，1）、（1，0，0）、（1，0，1）、（1，1，0）、（1，1，1），对应着 8 种开关模式。

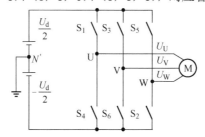

图 4-27　三相逆变器及负载结构图

1. 空间电压矢量与正六边形磁链轨迹

空间电压矢量表达式为

$$U_s = \sqrt{\frac{2}{3}}(u_{UN'} + u_{VN'}e^{j\gamma} + u_{WN'}e^{j2\gamma}) = \sqrt{\frac{2}{3}}(u_U + u_V e^{j\gamma} + u_W e^{j2\gamma}) \qquad (4\text{-}30)$$

式（4-30）表明空间电压矢量与三相电动机输入端的电压参考点无关。

当 u_U、u_V、u_W 为角频率 ω_1 的三相对称正弦波时，$U_s = u_s e^{j\omega_1 t}$，幅值 U_s 等于线电压的有效值。当 u_U、u_V、u_W 由 8 种开关序列产生时，则根据式（4-30），得到 2 个零空间电压矢量和 6 个非零基本空间电压矢量，如表 4-2 所示，可以得到如图 4-28 所示的 SVPWM 空间电压矢量图。

表 4-2　功率器件不同开关模式下的空间矢量

	S_U	S_V	S_W	u_U	u_V	u_W	U_s
U_0	0	0	0	$-\dfrac{U_d}{2}$	$-\dfrac{U_d}{2}$	$-\dfrac{U_d}{2}$	0
U_1	1	0	0	$\dfrac{U_d}{2}$	$-\dfrac{U_d}{2}$	$-\dfrac{U_d}{2}$	$\sqrt{\dfrac{2}{3}}U_d$
U_2	1	1	0	$\dfrac{U_d}{2}$	$\dfrac{U_d}{2}$	$-\dfrac{U_d}{2}$	$\sqrt{\dfrac{2}{3}}U_d e^{j\frac{\pi}{3}}$
U_3	0	1	0	$-\dfrac{U_d}{2}$	$\dfrac{U_d}{2}$	$-\dfrac{U_d}{2}$	$\sqrt{\dfrac{2}{3}}U_d e^{j\frac{2\pi}{3}}$

续表

	S_U	S_V	S_W	u_U	u_V	u_W	U_s
U_4	0	1	1	$-\dfrac{U_d}{2}$	$\dfrac{U_d}{2}$	$\dfrac{U_d}{2}$	$\sqrt{\dfrac{2}{3}}U_d e^{j\frac{\pi}{3}}$
U_5	0	0	1	$-\dfrac{U_d}{2}$	$-\dfrac{U_d}{2}$	$\dfrac{U_d}{2}$	$\sqrt{\dfrac{2}{3}}U_d e^{j\frac{4\pi}{3}}$
U_6	1	0	1	$\dfrac{U_d}{2}$	$-\dfrac{U_d}{2}$	$\dfrac{U_d}{2}$	$\sqrt{\dfrac{2}{3}}U_d e^{j\frac{5\pi}{3}}$
U_7	1	1	1	$\dfrac{U_d}{2}$	$\dfrac{U_d}{2}$	$\dfrac{U_d}{2}$	0

根据定子磁链矢量等于电压矢量对时间的积分，磁链矢量变化量 $\Delta\psi_s = U_s \Delta t$，在一个周期内，6 个非零电压矢量按顺序相等时间作用一次，定子磁链矢量轨迹将构成一个封闭的正六边形。正六边形定子磁链的大小与直流侧电压成正比，与电源角频率成反比，与非零电压矢量作用时间成正比。要保持正六边形定子磁链不变，必须使非零电压矢量作用时间保持不变，同时插入零电压矢量的作用时间，从而既可以改变磁链的旋转速度，又可以保持正六边形定子磁链大小不变。也就是说，零矢量的插入有效地解决了定子磁链矢量幅值与旋转速度的矛盾。但是，六边形旋转磁场带有较大的谐波分量，这将导致转矩与转速的脉动。

2. 任意角度的期望电压矢量

要获得更多边形（$6N$ 边形），或接近圆形的旋转磁场，就必须有更多的、空间位置不同的空间电压矢量以供选择。PWM 逆变器只有 8 个基本矢量，用这 8 个基本矢量合成出其他多种不同的矢量。

SVPWM 技术是利用基本电压矢量产生正 $6N$ 边形旋转磁场轨迹所需的期望电压矢量 U_s，并获得其相应的开关状态。设正 $6N$ 边形旋转磁场每个边需要的时间为 T_s，则 $T_s = \pi/(3\omega_1 N)$ 或 $T_s = 1/(6N f_1)$。式中，ω_1 为旋转磁场的电角速度，f_1 为输出电压基波频率。

将空间分为 6 个扇区，如图 4-28 所示，空间电压矢量在扇区 I 中的合成图如图 4-29 所示，以第一扇区为例，用零矢量和最近的两个相邻非零电压矢量 U_1、U_2 合成参考矢量 U_s，图中 θ 表示 U_s 和 U_1 之间夹角的角度，得到

$$U_s T_s = U_1 T_1 + U_2 T_2 + U_0 T_0 \tag{4-31}$$

$$T_s = T_1 + T_2 + T_0 \tag{4-32}$$

式中，T_s 为期望电压矢量需要的时间，即上述正 $6N$ 边形旋转磁场每个边需要的时间；T_1 为 U_1 工作时间；T_2 为 U_2 工作时间；T_0 为 U_0 或者 U_7 工作时间。

由图 4-29 和三角关系得

$$T_1 = \sqrt{2}U_s T_s \sin(\frac{\pi}{3}-\theta)/U_d \tag{4-33}$$

$$T_2 = \sqrt{2}U_s T_s \sin\theta/U_d \tag{4-34}$$

式（4-33）与（4-34）中 U_s 是期望矢量 U_s 的幅值，它也反映了输出电压的大小。将式（4-33）与（4-34）相加，再根据 $T_1+T_2 \leqslant T_s$，可求得 U_s 的最大值出现在 $\theta = 30°$、$T_1+T_2 = T_s$，U_s 的最大值等于 $U_d/\sqrt{2}$，与三相正弦波线电压有效值为 $U_d/\sqrt{2}$ 等效，线电压峰值为 U_d，直流电压利用率为 1，比 SPWM 方法的直流电压利用率 0.866 高出 15%。

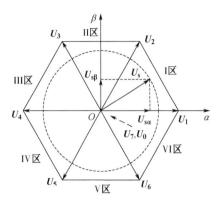

图 4-28   SVPWM 空间电压矢量图

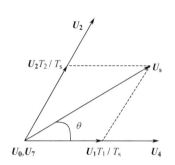

图 4-29   空间电压矢量在扇区 I 中的合成图

当期望产生正 $6N$ 边形旋转磁场时，需要 $6N$ 个电压矢量，其中已有 6 个基本矢量，另外的期望矢量 U_s 通过以上的计算得到，也就是说每个扇区还需要产生 $N-1$ 个期望矢量 U_s，它们与每个扇区第 1 个电压矢量的夹角 θ 分别为 $2\pi / (6N)$、$4\pi / (6N)$ … $(N-1)2\pi / (6N)$。通过式（4-33）与（4-34）的计算，就可以得到两个基本电压矢量作用时间，构成期望电压矢量，然后构成期望的正 $6N$ 边形旋转磁场。两个基本电压矢量的作用时间不同，期望电压矢量的方向或角度、幅值也不同，期望电压矢量是由两个基本电压矢量的作用时间决定的。

3．正 $6N$ 边形磁链轨迹

正 $6N$ 边形磁链，需要非零电压矢量与零电压矢量合成期望电压矢量。以第 I 扇区中的合成期望电压矢量为例，非零电压矢量 U_1、U_2、零矢量（U_0 或 U_7），分成多次作用产生磁链，只要 U_1 总工作时间为 T_1，U_2 总工作时间为 T_2，零矢量（U_0 或 U_7）总工作时间为 T_0，合成的期望电压矢量 U_s 就基本相同。为了避免合成期望电压矢量的方法过多而造成混乱，本节仅介绍一种合成方法，该合成方法以开关损耗和谐波分量都较小为原则，在减少开关次数的同时，尽量使 PWM 输出波形对称，以减少谐波分量。据此，该方法将两

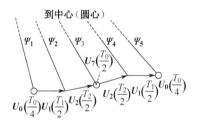

图 4-30   期望 $6N$ 边形某一边磁链轨迹

个基本电压矢量分别分为两次产生作用，其作用时间分别等分为 1/2，放在合成期望矢量的首末端或中间，其中首尾为同一矢量，中间同一矢量。另外，将零电压矢量分为 4 次产生作用，作用时间平均分为 1/4，在合成期望矢量的首、尾各作用 1/4 时间，在中间作用 2 次 1/4 时间，即 1/2 时间，并按开关次数最少的原则选择零矢量。具体来说，磁链轨迹 $\Delta\boldsymbol{\Psi}_s$ 某一个边由 $U_0\left(\dfrac{T_0}{4}\right)$、$U_1\left(\dfrac{T_1}{2}\right)$、$U_2\left(\dfrac{T_2}{2}\right)$、$U_7\left(\dfrac{T_0}{2}\right)$、$U_2\left(\dfrac{T_2}{2}\right)$、$U_1\left(\dfrac{T_1}{2}\right)$、$U_0\left(\dfrac{T_0}{4}\right)$ 七步组成，图 4-30 所示为期望 $6N$ 边形某一边磁链轨迹。在这种方式下，正 $6N$ 边形旋转磁场每个边需要的时间 T_s 即为开关管的开关周期。

对于图 4-30，说明以下 4 点。

① 根据对称原则，第一步与第七步、第二部与第六步、第三步与第五步分别为同一矢量，要符合对称原则，还要符合下面的开关次数最少原则。

② 依据开关次数最少的原则，图中第四步应选择 U_7（111），理由在于第三步和第五步为 U_2，对应开关状态为（110），这样，从第三步到第四步、第五步，只有 W 相开关状态发生变化，而 U、V 相不变。如果选择 U_0（000），U、V 两相开关状态发生变化，只有 W 一相不变，开关次数增多，不符合开关频率最小原则。

③ 每个周期均以零矢量开始，并以零矢量结束。从一个矢量切换到另一个矢量时，只有一相状态发生变化。在一个开关周期内，三相状态均各变化一次。

④ 在实际应用过程中，根据以上分析，就可以产生期望输出的三相电压与频率。假设期望三相线电压幅值为 U_s，频率为 f_1，直流电压 U_d 已知或检测得到，那么只要确定 $6N$，就可以得到 $T_s = 1/(6Nf_1)$，也可以求得某一扇区中 $N-1$ 个期望电压矢量与第一个基本矢量的 $N-1$ 个夹角 θ。根据式（4-33）和式（4-34）分别求得 T_1、T_2 以及零电压作用时间 T_0。T_1、T_2 和 T_0 在不同扇区中具有不同的计算值，这样，可以得到 $6N$ 边形磁链轨迹任意一个边所对应的矢量与作用时间，按逆时针（或顺时针）以及相邻边的顺序，依次产生 $6N$ 边形各个边磁链轨迹。正 $6N$ 边形定子磁链矢量轨迹相比于 6 边形来说更接近于圆，输出电压谐波分量小，能有效减小转矩脉动。

4．三相 SVPWM 逆变电路的特点

① 开关状态改变对应相邻矢量输出，仅有一次开关状态切换，开关损耗小。

② 在输出电压基波频率不变的情况下，构造的期望电压矢量越多，开关周期 T_s 越小，产生的磁场轨迹更接近于圆，但功率器件的开关频率越高，损耗也会增加。

③ 利用空间电压矢量直接生成三相 PWM 波，计算相对简便，动态性能较好。

④ 与一般的三相 SPWM 逆变电路相比，直流电压利用率更高，最多可高出 15%。

4.6　多重逆变电路和多电平逆变电路

在本章所介绍的逆变电路中，对电压型电路来说，输出电压是矩形波；对电流型电路来说，输出电流是矩形波。矩形波中含有较多的谐波，对负载会产生不利影响。为了减少矩形波中所含的谐波，常常采用多重逆变电路把几个矩形波组合起来，使之成为接近正弦波的波形。也可以改变电路结构，构成多电平逆变电路，它能够输出较多的电平，从而使输出电压向正弦波靠近。下面就这两类电路分别加以介绍。

4.6.1　多重逆变电路

电压型逆变电路和电流型逆变电路都可以实现多重化。下面以电压型逆变电路为例说明逆变电路多重化的基本原理。

用几个逆变器输出波形迭加的方法可以得到阶梯波，即采用多重化连接实现，采用变压器的多重化连接如图 4-31 所示。常用的波形迭加法是多重移相迭加法。图 4-31（a）所示电路图为，将两个单相桥式逆变器的输出，通过变压器（原副边匝数比为 1:1）进行迭加，$u_o = u_{o1} + u_{o2}$，两个单相逆变电路的输出电压 u_{o1} 和 u_{o2} 都是导通 180° 的矩形波，包含所有的奇次谐波。改变 u_{o1} 和 u_{o2} 的相对相位，就可以得到阶梯波。设 u_{o1} 和 u_{o2} 为大小相同的方波，将 u_{o2} 相对 u_{o1} 移后 60°，则 u_{o1}、u_{o2} 和 u_o 的波形如图 4-31（b）所示，两个单相逆变电路导通的相位错开 $\varphi = 60°$，则对于 u_{o1} 和 u_{o2} 中的 3 次谐波来说，它们就错开了 $3 \times 60° = 180°$。通过变压器串联合成后，两者中所含 3 次谐波互相抵消，所得到的总输出电压中就不含三次谐波。

若 u_{o1} 和 u_{o2} 是脉宽为 $2\pi/3$ 的矩形波，u_{o2} 比 u_{o1} 移后 $\pi/5$，波形如图 4-31（c）所示。该波形为阶梯波，与 180° 的矩形波相比，可以证明谐波含量小。

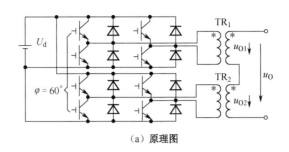

（a）原理图

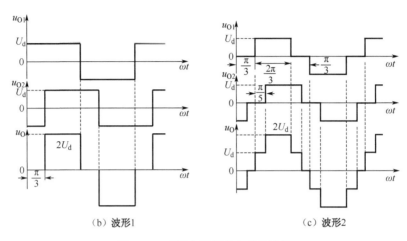

（b）波形1　　　　　　　　　　　（c）波形2

图 4-31　采用变压器的多重化连接

　　把若干个逆变电路的输出按一定的相位差组合起来，使它们所含的某些主要谐波分量相互抵消，就可以得到较为接近正弦波的波形。从电路输出的合成方式来看，多重逆变电路有串联多重和并联多重两种方式。串联多重是把几个逆变电路的输出串联起来，电压型逆变电路多用串联多重方式；并联多重是把几个逆变电路的输出并联起来，电流型逆变电路多用并联多重方式。

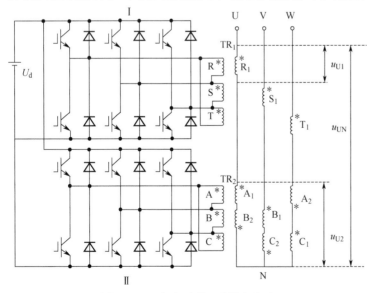

图 4-32　三相电压型二重逆变电路

　　图 4-32 所示为三相电压型二重逆变电路基本构成。该电路由 2 个三相桥式逆变电路构成，其输入直流电源公用，输出电压通过变压器 TR_1 和 TR_2 串联合成。两个逆变电路均为 $180°$ 导通方式，这样它们各自的输出线电压都是 $120°$ 矩形波。工作时，使逆变桥 II 的相位比逆变桥 I 滞后$30°$。变压器 TR_1 和 TR_2 的原边各相绕组用 R、S、T、A、B、C 表示，副边绕组用不同的下标以示区别，同相绕组是绕在同一铁芯柱上的。TR_1 为 △/Y 连接，一次和二次组匝数相等，线电压电压比为$1:\sqrt{3}$。变压器 TR_2 一次侧也是三角形连接，但二次侧有两个绕组，采用曲折星型接法，一相绕组异名端和另一相绕组异名端相连、绕组串联、三相构成星型，如图 4-32 所示。

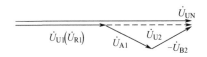

如图 4-33 所示的二次侧基波电压合成向量，可以看出，TR_2 的 B 相滞后 A 相120°，异名端相连的串联使其二次合成电压 $\dot{U}_{A1} - \dot{U}_{B2}$ 相对于一次电压 $\dot{U}_A$ 或二次电压 $\dot{U}_{A1}$ 超前30°，以抵消逆变桥 II 比逆变桥 I 滞后的30°。这样，u_{U1} 和 u_{U2} 的基波相位就相同。如果 TR_2 和 TR_1 一次侧匝数相同，为了使 u_{U1} 和 u_{U2} 基波幅值相同，TR_2 和 TR_1 二次侧间的匝比就应为 $1/\sqrt{3}$。

图 4-33 二次侧基波电压合成向量图

图中 $\dot{U}_{R1}$、$\dot{U}_{A1}$、$\dot{U}_{B2}$ 分别是变压器绕组 R_1、A_1、B_2 上的基波电压相量。

图 4-34 所示为三相电压型二重逆变电路波形图，图中总结出了 u_{U1}（u_{R1}）、u_{A1}、$-u_{B2}$、u_{U2} 和 u_{UN} 的波形图，可以看出，u_{UN} 比 u_{U1} 更接近于正弦波。

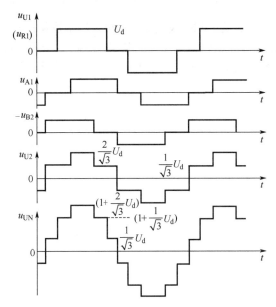

图 4-34 三相电压型二重逆变电路波形图

把 u_{U1} 展开成傅里叶级数得

$$u_{U1} = \frac{2\sqrt{3}U_d}{\pi}\left[\sin\omega t + \frac{1}{n}\sum_n (-1)^k \sin n\omega t\right] \tag{4-35}$$

式中，$n = 6k \pm 1$，k 为自然数。

u_{U1} 的基波分量有效值为

$$U_{U11} = \frac{\sqrt{6}U_d}{\pi} = 0.78U_d \tag{4-36}$$

u_{U1} 的 n 次谐波有效值为

$$U_{U1n} = \frac{\sqrt{6}U_d}{n\pi} \tag{4-37}$$

把由变压器合成后的输出相电压 u_{UN} 展开成傅里叶级数，可求得其基波电压有效值为

$$U_{UN1} = \frac{2\sqrt{6}U_d}{\pi} = 1.56U_d \tag{4-38}$$

合成相电压 u_{UN} 的 n 次谐波有效值为

$$U_{\text{UN}n} = \frac{2\sqrt{6}U_d}{n\pi} = \frac{1}{n}U_{\text{UN}1} \qquad (4\text{-}39)$$

式中，$n = 12k \pm 1$，k 为自然数。在 u_{UN} 中已不含 5 次、7 次等谐波。

由图 4-34 可以看出，该三相电压型二重逆变电路的直流侧电流每周期脉动 12 次，称为 12 脉波逆变电路。一般来说，使 m 个三相桥式逆变电路的相位依次错开 $\dfrac{\pi}{(3m)}$ 运行，并采用输出变压器作 m 重化串联且抵消上述相位差，就可以构成脉波数为 $6m$ 的逆变电路。

4.6.2 PWM 逆变电路的多重化

与一般逆变电路一样，大容量 PWM 逆变电路也可采用多重化技术。采用 SPWM 技术理论上可以不产生低次谐波，因此，在构成 PWM 多重化逆变电路时，一般不再以减少低次谐波为目的，而是为了提高等效开关频率，减少开关损耗，减少和载波有关的谐波分量。

PWM 逆变电路多重化连接方式有变压器方式和电抗器方式，利用电抗器连接实现二重 PWM 逆变电路的例子如图 4-35 所示，电路的输出从电抗器中心抽头处引出。

两个逆变电路单元的载波信号相互错开 180°，I 组逆变器三角载波用实线表示，与参考电压 u_{RU}、u_{RV}（u_{RW} 未画出）的交点分别得到 u_{U1N} 和 v_{1N} 的波形。II 组逆变器三角载波用虚线表示，与参考电压 u_{RU}、u_{RV} 的交点分别得到 $u_{\text{U2N}'}$ 和 $u_{\text{V2N}'}$ 的波形。所得到的输出电压波形如图 4-36 所示。图中，输出端 U 相对于直流电源中点 N′ 的电压 $u_{\text{UN}'}$ 为（$\dfrac{u_{\text{U1N}'} + u_{\text{U2N}'}}{2}$），输出端 V 相对于直流电源中点 N′ 的电压 $u_{\text{VN}'}$ 为（$\dfrac{u_{\text{V1N}'} + u_{\text{V2N}'}}{2}$），$u_{\text{UN}'}$ 和 $u_{\text{VN}'}$ 已变为单极性 PWM 波了。输出线电压 $u_{\text{UV}} = u_{\text{UN}'} - u_{\text{VN}'}$，有 0、$\pm \dfrac{U_d}{2}$、$\pm U_d$ 共 5 个电平，比非多重化时谐波有所减少。

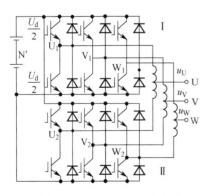

图 4-35 二重 PWM 逆变电路

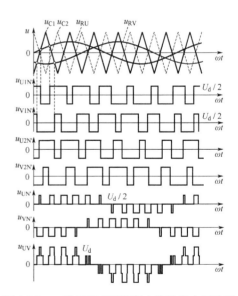

图 4-36 二重 PWM 型逆变电路输出电压波形

一般多重化逆变电路中电抗器所加电压频率为输出频率，因而需要的电抗器较大。而在多重 PWM 型逆变电路中，电抗器上所加电压的频率为载波频率，比输出频率高得多，因此只要很小的电抗器就可以了。

二重化后，当 ω_{c}、ω_{R} 分别为三角波与信号波角频率时，则输出电压中所含谐波的角频率仍可表示为 $n\omega_{\mathrm{c}}+k\omega_{\mathrm{R}}$，$k=1,2,3\cdots$，其中 n 为奇数的谐波已全部被除去，谐波的最低频率在 $2\omega_{\mathrm{c}}$ 附近，相当于电路的等效载波频率提高了 1 倍。

4.6.3　多电平逆变电路

先来回顾一下图 4-17 所示的三相电压型桥式逆变电路和图 4-18 所示的该电路工作波形。以直流侧中点 N′ 为参考点，对于 U 相输出来说，桥臂 1 导通时，$u_{\mathrm{UN'}}=U_{\mathrm{d}}/2$，桥臂 4 导通时，$u_{\mathrm{UN'}}=-U_{\mathrm{d}}/2$。V、W 两相类似。可以看出，电路的输出相电压有 $U_{\mathrm{d}}/2$ 和 $-U_{\mathrm{d}}/2$ 两种电平。这种电路称为两电平逆变电路。

如果能使逆变电路的相电压输出更多种电平，就可以使其波形更接近正弦波，这是逆变电路多电平化的目的。图 4-37 就是一种三电平逆变电路，这种电路也称为中点钳位型（Neutral Point Clamped）逆变电路，下面简要分析其工作原理。

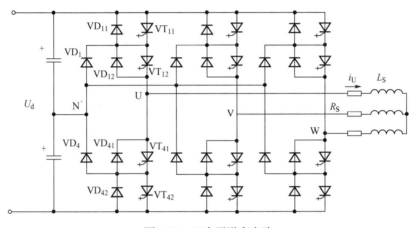

图 4-37　三电平逆变电路

该电路的每个桥臂由两个全控型器件串联构成，两个器件都反并联了二极管。两个串联器件的中点通过钳位二极管和直流侧电容的中点相连接。例如，U 相的上下两桥臂分别通过钳位二极管 $\mathrm{VD_1}$ 和 $\mathrm{VD_4}$ 与 N′ 点相连接。

以 U 相为例，当 $\mathrm{VT_{11}}$ 和 $\mathrm{VT_{12}}$（或 $\mathrm{VD_{11}}$ 和 $\mathrm{VD_{12}}$）导通，$\mathrm{VT_{41}}$ 和 $\mathrm{VT_{42}}$ 关断时，U 点和 N′ 点间电位差为 $U_{\mathrm{d}}/2$；当 $\mathrm{VT_{41}}$ 和 $\mathrm{VT_{42}}$（或 $\mathrm{VD_{41}}$ 和 $\mathrm{VD_{42}}$）导通，$\mathrm{VT_{11}}$ 和 $\mathrm{VT_{12}}$ 关断时，U 和 N′ 间电位差为 $-U_{\mathrm{d}}/2$；当 $\mathrm{VT_{12}}$ 和 $\mathrm{VT_{41}}$ 导通，$\mathrm{VT_{11}}$ 和 $\mathrm{VT_{42}}$ 关断时，U 和 N′ 间电位差为 0。实际上在最后一种情况下，$\mathrm{VT_{12}}$ 和 $\mathrm{VT_{41}}$ 不可能同时导通，哪一个导通取决于负载电流 i_{U} 的方向。按图 4-37 所规定的方向，$i_{\mathrm{U}}>0$ 时，$\mathrm{VT_{12}}$ 和钳位二极管 $\mathrm{VD_1}$ 导通；$i_{\mathrm{U}}<0$ 时，$\mathrm{VT_{41}}$ 和钳位二极管 $\mathrm{VD_4}$ 导通。即通过钳位二极管 $\mathrm{VD_1}$ 或 $\mathrm{VD_4}$ 的导通把 U 点电位钳位在 N′ 点电位上，所以，U 和 N′ 间电位差有 $U_{\mathrm{d}}/2$、$-U_{\mathrm{d}}/2$ 和 0 三种电平，称为三电平逆变电路。

通过相电压之间的相减可得到线电压。两电平逆变电路的输出线电压共有 $\pm U_{\mathrm{d}}$ 和 0 三种电平，而三电平逆变电路的输出线电压则有 $\pm U_{\mathrm{d}}$、$\pm U_{\mathrm{d}}/2$ 和 0 五种电平。因此，通过适当的控制，三电平逆变电路输出电压谐波可大大少于两电平逆变电路。

三电平逆变电路还有一个突出的优点就是每个主开关器件关断时所承受的电压仅为直流侧电压的一半。因此，这种电路特别适合于高压大容量的应用场合。

用与三电平电路类似的方法，还可构成五电平、七电平等更多电平的电路。三电平及更多电平的逆变电路统称为多电平逆变电路。

本 章 小 结

　　本章讲述了基本的逆变电路的结构及其工作原理，首先介绍了逆变器的分类与换流方式。逆变电路的分类有不同方法。本章主要采用了按直流侧电源性质分类的方法，即把逆变电路分为电压型和电流型两类。这样分类更能抓住电路的基本特性，使逆变电路基本理论的框架更为清晰。值得指出的是，电压型和电流型电路也不是逆变电路中特有的概念。把这一概念用于整流电路等其他电路，可以更为深刻地认识这些电路。对电压型和电流型电路的认识，源于对电压源和电流源本质和特性的理解。深刻地认识和理解电压源和电流源的概念和特性，对正确理解和分析各种电力电子电路都有十分重要的意义。另外，换流并不是逆变电路特有的概念，在 AC-DC、DC-DC、AC-AC 和 DC-AC 四大类基本变换电路中都有换流的问题，但在逆变电路中换流的概念表现得最为集中。换流方式分为外部换流和自换流两大类，外部换流包括电网换流和负载换流两种，自换流包括器件换流和强迫换流两种。在晶闸管时代，换流的概念十分重要。到了全控型器件时代，换流概念的重要性已有所下降，但它仍是电力电子电路的一个重要而又基本的概念。

　　本章介绍了逆变电路与控制技术，包括单相方波逆变、单相 SPWM 逆变、三相桥式方波逆变、三相 SPWM 逆变、多重逆变电路和多电平逆变电路、PWM 逆变电路的多重化等技术，其中对三相 SPWM 逆变控制技术进行比较深入地分析，对空间电压矢量 PWM（SVPWM）控制技术进行较简单地介绍。

　　在实际装置中，可能只用 AC-DC、DC-DC、AC-AC、DC-AC 四大类基本电路中的一种电路，但大多数电力电子装置使用的都是各种电力电子电路的组合。对于逆变电路来说，其直流电源往往由整流电路而来，二者结合就构成 AC-DC-AC 电路，即间接交流交流电路。如果其中的逆变电路输出频率可调，这种间接交流变换电路就构成变频器。变频器广泛用于交流电动机调速传动，在电力电子技术中占有突出的地位，变频器中的核心电路就是逆变电路。UPS（不间断电源）采用的也是 AC-DC-AC 电路，但其输出频率是固定的，UPS 的核心电路也是逆变电路。

思考题与习题

　　4-1. 无源逆变电路和有源逆变电路有何不同？

　　4-2. 逆变电路与变频电路有什么区别？

　　4-3. 换流方式有哪几种？各有什么特点？

　　4-4. 什么是电压型逆变电路？什么是电流型逆变电路?二者各有何特点？

　　4-5. 电压型逆变电路中，反馈二极管的作用是什么？为什么电流型逆变电路中没有反馈二极管？

　　4-6. 说出总谐波畸变因数 THD 的含义。

　　4-7. 采用移相调压控制的单相全桥方波逆变电路，已知直流电压 U_d=110V，当两个半桥的控制移相角 θ 为150°，输出电压是正负各为 θ 角度的方波，求输出电压的有效值 U_O 和输出电压的基波有效值 U_{O1}。

　　4-8. 什么是异步调制？什么是同步调制？两者各有何特点？分段同步调制有什么优点？

　　4-9. 什么是 SPWM 波形的规则化采样法？与自然采样法相比规则采样法有什么优点？

4-10．PWM 调制有哪些方法？它们各自的出发点是什么？

4-11．电流跟踪 SPWM 逆变有哪几种控制方式？

4-12．三相桥式电压型逆变电路中，180°导电方式，U_d =110V。试求输出相电压的基波幅值 U_{UN1m} 和有效值 U_{UN1}，输出线电压的基波幅值 U_{UV1m} 和有效值 U_{UV1}，输出线电压中 7 次谐波的有效值 U_{UV7}。

4-13．串联二极管式电流型逆变电路中，二极管的作用是什么?试分析换相过程。

4-14．三相 SPWM 逆变电路，当幅度调制比 m_a 的范围为 0.6～0.9，要求输出基波电压为 400V，电流为 15A，三相电阻负载，如果该逆变变换器的效率 η 为 97%，求直流电压的范围、输出功率 P_O 和最大输入平均电流 I_{dmax}。

4-15．三相 SPWM 逆变电路采用什么样的控制方法可以提高直流电压利用率？

4-16．SVPWM 控制方法中，直流电压利用率（线电压峰值与直流电压的比值）最大值是多少？

4-17．逆变电路多重化、多电平化的目的是什么？三电平逆变电路有什么突出优点？

第 5 章　交流−直流变换技术

　　交流−直流（AC-DC）变换是把交流电变换为直流电的变流过程，这个过程称为整流，由二极管作为整流元件所获得的直流电压值是固定的，这种变流方式称为不可控整流。如果采用晶闸管作为整流元件，则可以通过控制门极触发脉冲施加的时刻来控制输出整流电压的大小，这种变流称为可控整流。随着自关断器件的应用与 PWM 技术的发展，为了减小电网谐波、提高装置效率，通过 PWM 整流的方式将交流电变换为直流电，称为 PWM 整流，它使电能质量得到提高。

　　AC-DC 整流电路的工作原理、特性、电压电流波形及电量间的数量关系与整流电路所带负载的性质密切相关，必须根据不同负载性质分别进行讨论。然而实际负载的情况是复杂的，属于单一性质负载的情况很少，往往是几种性质负载的综合。在所有电能基本转换中，整流是最早出现的一种，整流电路应用十分广泛，例如直流电动机、电镀、电解电源、同步发电动机励磁、通信系统电源等。

5.1　单相可控整流电路

5.1.1　单相全控桥式整流电路

　　在分析可控整流电路时，为突出主要矛盾，忽略一些次要因素，认为晶闸管为理想开关元件，即晶闸管导通时其管压降等于零，晶闸管关断时其漏电流等于零，且认为晶闸管的导通与关断瞬时完成。

1. 电阻性负载

（1）工作原理

　　在生产中，如电阻加热炉、电解、电镀等都属于电阻性负载。图 5-1（a）所示为单相桥式全控整流电路，由整流变压器供电。晶闸管 VT_1、VT_4 和 VT_2、VT_3 组成两对桥臂，整流变压器 TR 主要用来变换电压，u_1 为变压器初级电压，变压器次级电压 u_2 接在两半桥的中点 a、b 端上，$u_2 = \sqrt{2}U_2 \sin\omega t$，其有效值 U_2 是根据输出直流电压平均值 U_d 来决定，R 为负载电阻。

　　下面分析单相全控桥式带电阻负载时的电路的工作状态。

①　$0 \leqslant \omega t < \alpha$ 阶段

　　当变压器次级电压 u_2 进入正半周 $0 \leqslant \omega t < \alpha$ 时，a 端电位高于 b 端电位，两个晶闸管 VT_1、VT_1 同时承受正向电压，如果此时门极无触发信号，则两个晶闸管处于正向阻断状态；忽略晶闸管的正向漏电流，电源电压 u_2 将全部加在 VT_1 和 VT_4 上。当 VT_1 和 VT_4 正向阻断、VT_2 和 VT_3 反向截止时的等效电阻相同时，各晶闸管承受 $\frac{1}{2}u_2$ 的电压。

②　$\alpha \leqslant \omega t < \pi$ 阶段

　　当 $\omega t = \alpha$，给 VT_1 和 VT_4 同时加触发脉冲，则两晶闸管立即触发导通，电源电压将 u_2 通过 VT_1、

VT_4 加在负载电阻 R 上，负载电流 i_d 从电源 a 端经 VT_1、电阻 R、VT_4 回到电源 b 端，此时输出电压 $u_d = u_2$，$i_2 = i_d$。在 u_2 正半周期，VT_2、VT_3 均承受反向电压而处于阻断状态。假设晶闸管导通时管压降为零，则负载 R 两端的整流电压 u_d 与电源电压 u_2 正半周的波形相同。当电源电压 u_2 降到零时，电流 i_d 也降为零，VT_1 和 VT_4 关断。

③ $\pi \leqslant \omega t < \pi + \alpha$ 阶段

在 u_2 的负半周 $\pi \leqslant \omega t < \pi + \alpha$ 时，b 端电位高于 a 端电位，VT_2、VT_3 承受正向电压，当 VT_2 和 VT_3 正向阻断、VT_1 和 VT_4 反向截止时的等效电阻相同时，各承受 $u_2 / 2$ 的电压。

④ $\pi + \alpha \leqslant \omega t < 2\pi$ 阶段

当 $\omega t = \pi + \alpha$ 时，同时给 VT_2、VT_3 加触发脉冲使其导通，电流从 b 端经 VT_2 负载电阻 R、VT_3 回到电源 a 端，在负载 R 两端获得与 u_2 负半周相反的电压，整流电压和电流的波形与 u_2 正半周相同，输出电压 $u_d = -u_2$，$i_2 = -i_d$。这期间 VT_1 和 VT_4 均承受反向电压而处于阻断状态。当 u_2 过零变正时，VT_2、VT_3 关断，u_d、i_d 又降为零。

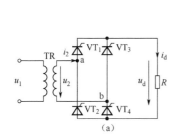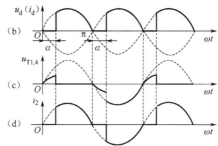

图 5-1　单相全控桥式带电阻负载时的电路及波形

此后，VT_1、VT_4 又承受正压并在相应时刻 $\omega t = 2\pi + \alpha$ 触发导通，如此循环工作。输出整流电压 u_d 和电流 i_d、晶闸管两端电压 u_T、变压器副边电流 i_2 波形如图 5-1（b）、（c）和（d）所示。由以上电路工作原理可知，在交流电源 u_2 的正负半周里，VT_1、VT_4 和 VT_2、VT_3 两组晶闸管轮流触发导通，将交流电转变成脉动的直流电。改变触发脉冲出现的时刻即改变 α 角的大小，u_d、i_d 的波形就会相应变化，其直流平均值也相应改变。晶闸管 VT_1 的阳极和阴极两端承受的电压 u_{T1} 的波形如图 5-1（c）所示，认为晶闸间管在导通段的管压降为 $u_{T1} = 0$，故其波形为与横轴重合的直线段；关断时漏电流为零，故其承受的最大反向电压为 $\sqrt{2}U_2$；假定各晶闸管正向阻断等效电阻相等，则每个元器件承受的最大正向电压等于 $\sqrt{2}U_2 / 2$。

结合上述电路工作原理，介绍几个名词术语和概念。

① 控制角 α：从晶闸管承受正向电压起到加触发脉冲使其导通为止，这段时间所对应的角度。

② 导通角 θ：晶闸管在一个周期内导通的时间所对应的角度，在该电路中，$\theta = \pi - \alpha$。

③ 移相：改变触发脉冲出现的时刻，即改变控制角 α 的大小，称为移相。改变控制角 α 的大小，使输出整流平均电压 U_d 值发生变化称为移相控制。

④ 移相范围：改变 α 角使输出整流电压平均值从最大值降到最小值（零或负最大值），控制角 α 的变化范围称为触发脉冲移动范围。在单相桥式全控整流电路接电阻性负载时，其移相范围为 180°。

⑤ 同步：使触发脉冲与可控整流电路的电源电压之间保持频率和相位的协调关系称为同步。使触发脉冲与电源电压保持同步是电路正常工作必不可少的条件。关于同步问题将在触发电路定相中详细讨论。

下面具体讲述各电量与控制角 α 的关系。

（2）基本数量关系

① 输出直流电压平均值 U_d 和有效值 U。由于 $u_2 = \sqrt{2}U_2 \sin \omega t$，则负载及两端

直流平电压 U_d 为

$$U_d = \frac{1}{\pi}\int_{\alpha}^{\pi}\sqrt{2}U_2\sin\omega t\mathrm{d}(\omega t) = \frac{\sqrt{2}U_2}{\pi}(1+\cos\alpha) = 0.9U_2\frac{1+\cos\alpha}{2} \tag{5-1}$$

$$\frac{U_d}{U_2} = 0.9\frac{1+\cos\alpha}{2} \tag{5-2}$$

由式（5-1）知，直流平均电压 U_d 是控制角 α 的函数；α 越大 U_d 越小，当 $\alpha = 0°$ 时，$U_d = 0.9U_2$ 为最大值；$\alpha = \pi$ 时，$U_d = 0$，故移相范围为 $180°$。输出直流电压有效值为

$$U = \sqrt{\frac{1}{\pi}\int_{\alpha}^{\pi}(\sqrt{2}U_2\sin\omega t)^2\mathrm{d}(\omega t)} = U_2\sqrt{\frac{1}{2\pi}\sin 2\alpha + \frac{\pi-\alpha}{\pi}} \tag{5-3}$$

② 输出直流电流平均电流 I_d 为

$$I_d = \frac{1}{\pi}\int_{\alpha}^{\pi}i_d\mathrm{d}(\omega t) = \frac{1}{\pi}\int_{\alpha}^{\pi}\frac{\sqrt{2}U_2\sin\omega t}{R}\mathrm{d}(\omega t) = 0.9\frac{U_2}{R}\frac{1+\cos\alpha}{2} = \frac{U_d}{R} \tag{5-4}$$

③ 晶闸管电流平均值 I_{dT} 和有效值 I_T。两组晶闸管 VT_1、VT_4 和 VT_2、VT_3 在一个周期中轮流导通，故流过每个晶闸管的平均电流为负载平均电流 I_d 的一半

$$I_{dT} = \frac{1}{2}I_d = 0.45\frac{U_2}{R}\frac{1+\cos\alpha}{2} \tag{5-5}$$

流过晶闸管的电流有效值为

$$I_T = \sqrt{\frac{1}{2\pi}\int_{\alpha}^{\pi}(\frac{\sqrt{2}U_2\sin\omega t}{R})^2\mathrm{d}(\omega t)} = \frac{1}{\sqrt{2}}\frac{U_2}{R}\sqrt{\frac{\sin 2\alpha}{2\pi} + \frac{\pi-\alpha}{\pi}} \tag{5-6}$$

④ 变压器次级绕组电流有效值 I_2 和负载电流有效值 I 如下。两组晶闸管轮流导通，变压器次级绕组正负半周均流过电流，其有效值与负载电流有效值相等，故

$$I_2 = I = \sqrt{\frac{1}{\pi}\int_{\alpha}^{\pi}(\frac{\sqrt{2}U_2\sin\omega t}{R})^2\mathrm{d}(\omega t)} = \frac{U_2}{R}\sqrt{\frac{\sin 2\alpha}{2\pi} + \frac{\pi-\alpha}{\pi}} = \sqrt{2}I_T \tag{5-7}$$

⑤ 电路的功率因数为

$$\cos\phi = \frac{P}{S} = \frac{I^2R}{U_1I_1} = \frac{I^2R}{U_2I_2} = \frac{IR}{U_2} = \sqrt{\frac{1}{2\pi}\sin 2\alpha + \frac{\pi-\alpha}{\pi}} = \sqrt{2}\sqrt{\frac{1}{4\pi}\sin 2\alpha + \frac{\pi-\alpha}{2\pi}} \tag{5-8}$$

不考虑变压器的损耗时，变压器的容量 $S=U_2I_2=U_1I_1$。

【例题 5-1】单相桥式全控整流电路，电阻性负载，要求电路输出的直流平均电压 U_d 在 30～150V 范围内连续可调，负载平均电流 I_d 均能达到 15A，考虑最小控制角 $\alpha_{\min} = 30°$。试计算晶闸管控制角的变化范围，并选择晶闸管。

解：由题意，$\alpha_{\min} = 30°$ 时，对应 U_d 最大值为 150V，由式（5-1）计算出变压器次级电压有效值为

$$U_2 = \frac{U_d}{0.45(1+\cos\alpha)} = \frac{150}{0.45\times(1+\cos 30°)} = 179 \quad (\mathrm{V})$$

α 值越大 U_d 越小。在 $U_d = 30V$ 时，求出最大控制角，将 α 值代入式（5-1）

$$\cos\alpha = \frac{U_d}{0.45U_2} - 1 = \frac{30}{0.45\times 179} - 1 = -0.6276$$

$\alpha = 129°$，晶闸管控制角的变化范围为 $30° \sim 129°$。

根据式（5-4），$I_d = U_d/R$，在 $U_d = 30V$ 时，电路仍能输出 15A 电流，负载电阻 $R=2\Omega$。当输

出电压为 150V 时，负载电流为 75A，则控制角 $\alpha_{\min} = 30° = \pi/6$，则据式（5-6），晶闸管的电流有效值为

$$I_{\mathrm{T}} = \frac{1}{\sqrt{2}} \frac{U_2}{R} \sqrt{\frac{\sin 2\alpha}{2\pi} + \frac{\pi - \alpha}{\pi}} = \frac{1}{\sqrt{2}} \times \frac{179}{2} \times \sqrt{\frac{\sin 2(\pi/6)}{2\pi} + \frac{\pi - \pi/6}{\pi}} = 62.4(\mathrm{A})$$

考虑晶闸管有效值与通态平均电流的 1.57 倍关系，并考虑电流安全裕量 1.5～2 倍，则

$$I_{\mathrm{T(AV)}} = (1.5\text{～}2)I_{\mathrm{T}}/1.57 = (1.5\text{～}2) \times 62.4/1.57 = 59.6\text{～}79.5(\mathrm{A})$$

考虑晶闸管电压安全裕量 2～3 倍，则晶闸管额定电压为

$$U_{\mathrm{N}} = (2\text{～}3)\sqrt{2}U_2 = = (2\text{～}3)\sqrt{2} \times 179 = 506\text{～}759(\mathrm{V})$$

根据上述数值选取晶闸管型号。

2．电感性负载

（1）工作原理

当负载中的感抗与电阻 R 的大小相比不可忽略时，这个负载称为电感性负载。例如各种电动机的激磁绕组，整流输出端接有平波电抗器的负载等。为了便于分析，将电感与电阻分开，如图 5-2（a）所示。

由于电感具有阻碍电流变化的作用，因而电感中的电流不能突变。当流过电感中的电流变化时，在电感两端将产生感应电动势，引起电压降 u_{L}，由于负载中电感量的大小不同，整流电路的工作情况及输出 u_{d}、i_{d} 的波形具有不同的特点。下面将分别讨论。

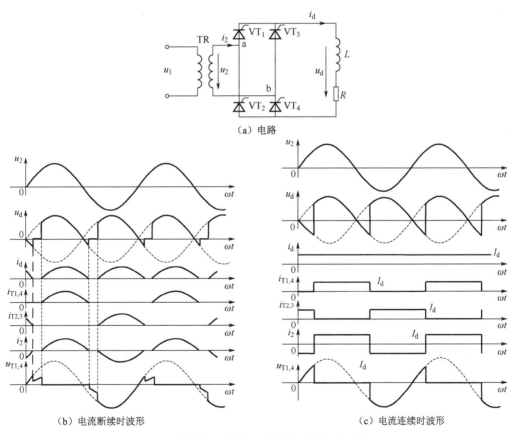

图 5-2　单相全控桥带阻感负载时的电路及波形

电感量 L 较小时，分析如下。

① 在 u_2 的正半周 $\omega t = \alpha$ 时刻触发 VT_1、VT_4 使其导通，u_2 立即加到负载两端，输出电压 $u_{\mathrm{d}} = u_2$，

由于电感的作用，负载电流 i_d 从零开始逐渐上升，电感线圈两端有电势 $L(di_d / dt)$，方向是阻止 i_d 增长。这时由交流电网供给电阻的损耗和电感吸收的磁场能量。当 i_d 经过最大值下降时，$L(di_d / dt)$ 极性改变，有阻止 i_d 减小的作用，这期间电感释放能量，电阻消耗的能量由电网和电感磁能供给。晶闸管 VT_1、VT_4 导通时，变压器副边电流 i_2 为正值，i_2 等于 i_d，晶闸管 VT_1、VT_4 上的压降 $u_{T1,4}$ 为 0。

② 当 u_2 降到零变负时，由于 $L(di_d / dt)$ 电势大于电源的负压，晶闸管 VT_1、VT_4 仍承受正向电压继续保持导通，此时输出电压 $u_d = u_2$ 变为负值；应注意到现在电流 i_d 方向没变而电源方向反向，所以电感在释放磁场能量除供电阻消耗外，还反馈给电网。从上述分析可知，由于负载中电感的存在，输出电压 u_d 波形出现负值如图 5-2（b）所示。

③ 在 L 较小而 α 较大时，电感储能较少，在 i_d 下降过程中，电感释放的能量不足以维持晶闸管 VT_1、VT_4 导通，到 VT_2、VT_3 触发导通时刻，负载电流就已下降到零，i_d 波形出现断续，见图 5-2（b）。当电流断续时，如果各相同状态的晶闸管等效电阻相等，则晶闸管 VT_1、VT_2、VT_3、VT_4 上的压降为电源电压 $u_2 / 2$。

④ 在 u_2 的负半周 $\omega t = \pi + \alpha$ 时刻触发 VT_2 和 VT_3 使之导通，u_2 通过 VT_2 和 VT_3 加到负载两端，输出电压 $u_d = -u_2$，由于电感的作用，负载电流 i_d 从零开始逐渐上升，VT_2 和 VT_3 导通时 i_2 为负值，i_2 等于 $-i_d$，晶闸管 VT_1、VT_4 上的压降 $u_{T1,4}$ 为电源电压 u_2。

⑤ 当 $\omega t = 2\pi$ 时，由于电感的作用，VT_2 和 VT_3 继续导通。

⑥ 电感能量不足以维持 VT_2 和 VT_3 导通到 $\omega t = 2\pi + \alpha$，负载电流下降到 0，当电流断续时，如果各相同状态的晶闸管等效电阻相等，则晶闸管 VT_1、VT_2、VT_3、VT_4 上的压降为电源电压 $u_2 / 2$。

如果电感量较大而控制角较小，负载电流 i_d 会出现连续情况，分析如下。

① $\alpha \leqslant \omega t < \pi + \alpha$ 阶段。在 u_2 的正半周 $\omega t = \alpha$ 时刻触发晶闸管 VT_1、VT_4 导通后，u_2 立即加到负载两端，$u_d = u_2$，由于 α 值较小在电源的正半周里供给电感的能量增多，而电感 L 值越大，电感的储能也越多，因此，在 i_d 下降过程中电感释放能量的时间增长，直到 u_2 的负半周 $\omega t = \pi + \alpha$ 时刻，i_d 还未降到零。在此期间，通过 VT_1、VT_4 的电流以及 i_2 等于 i_d。

② $\pi + \alpha \leqslant \omega t < 2\pi + \alpha$ 阶段。在负半周 $\omega t = \pi + \alpha$ 时刻触发 VT_2 和 VT_3 使之导通，VT_1、VT_4 承受反压关断，u_2 通过 VT_2 和 VT_3 加到负载两端，输出电压 $u_d = -u_2$，负载电流 i_d 还未降到零又开始上升，可见负载电流 i_d 连续。在此期间，通过 VT_2 和 VT_3 的电流等于 i_d，i_2 等于 $-i_d$。

电流连续时，稳态时初值与终值相等，晶闸管导通角 $\theta = \pi$，负载电流 i_d 为连续的波形。当电感量极大，$\omega L \gg R$ 的情况下，负载电流 i_d 的脉动分量变得很小，其电流波形近似于一条平行于横轴直线，流过晶闸管的电流近似为矩形波，整流电路的工作波形如图 5-2（c）所示。

（2）基本数量关系

下面推导电感电流连续时的基本数量关系。

① 整流电压平均值

由图 5-2（c）可得整流电压平均为

$$U_d = \frac{1}{\pi} \int_\alpha^{\alpha+\pi} \sqrt{2} U_2 \sin \omega t d(\omega t) = \frac{2\sqrt{2}}{\pi} U_2 \cos \alpha = 0.9 U_2 \cos \alpha \qquad (5-9)$$

$\alpha = 0°$ 时，$U_d = 0.9 U_2$，$\alpha = 90°$ 时，$U_d = 0$。故单相桥式全控整流电路大电感负载时的控制角移相范围为 $90°$。

② 电流平均值

前已述及，电感为储能元件，其两端电压平均值为零，因电流平均值 I_d 的计算只决定于负载电阻，故有

$$I_d = \frac{U_d}{R} \qquad (5-10)$$

③ 晶闸管电流有效值 I_{T} 和平均值 I_{dT}

$$I_{\mathrm{T}} = \sqrt{\frac{1}{2\pi}\int_{\alpha}^{\alpha+\pi} I_{\mathrm{d}}^{2}\mathrm{d}(\omega t)} = \frac{1}{\sqrt{2}}I_{\mathrm{d}} \tag{5-11}$$

$$I_{\mathrm{dT}} = \frac{1}{2}I_{\mathrm{d}} \tag{5-12}$$

④ 变压器次级电流有效值 I_2 和负载电流有效值 I

$$I_2 = I = \sqrt{\frac{1}{\pi}\int_{\alpha}^{\alpha+\pi} I_{\mathrm{d}}^{2}\mathrm{d}(\omega t)} = I_{\mathrm{d}} \tag{5-13}$$

⑤ 电路的功率因数

$$\cos\phi = \frac{P}{S} = \frac{I^2R}{U_1 I_1} = \frac{I^2R}{U_2 I_2} = \frac{IR}{U_2} = \frac{U_{\mathrm{d}}}{U_2} = 0.9\cos\alpha \tag{5-14}$$

不考虑变压器的损耗时，变压器的容量 $S = U_2 I_2 = U_1 I_1$。

3．反电势电阻负载

（1）工作原理

正在运行的直流电动机的电枢（忽略电枢电感）和被充电的蓄电池等负载本身是一个直流电源，对于可控整流电路来说，它们是反电势负载，其等效电路用电势 E 和内阻 R 表示，负载电势的极性如图 5-3（a）所示。

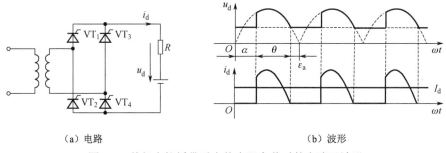

（a）电路　　　　　　　　　　　（b）波形

图 5-3　单相全控桥带反电势电阻负载时的电路及波形

整流电路接有反电势负载时，只有当电源电压 u_2 大于反电势 E 时，晶闸管才能触发导通。$u_2 < E$ 时，晶闸管承受反压关断。在晶闸管导通期间，输出整流电压 $u_{\mathrm{d}} = E + i_{\mathrm{d}}R$；在晶闸管关断期间，负载端电压保持原有电势，故整流平均电压比电感性负载时大。整流电流波形出现断续，导通角 $\theta < \pi$，其波形如图 5-3（b）所示。与电阻负载时相比，晶闸管提前了电角度 ε_{a} 停止导电，ε_{a} 称为停止导电角。

（2）数值关系

图 5-3（b）中，停止导电角 ε_{a} 为

$$\varepsilon_{\mathrm{a}} = \sin^{-1}\frac{E}{\sqrt{2}U_2} \tag{5-15}$$

输出整流电压平均值为

$$U_{\mathrm{d}} = E + \frac{1}{\pi}\int_{\alpha}^{\pi-\varepsilon_{\mathrm{a}}}(\sqrt{2}U_2\sin\omega t - E)\mathrm{d}(\omega t) = \frac{1}{\pi}[\sqrt{2}U_2(\cos\varepsilon_{\mathrm{a}} + \cos\alpha)] + \frac{\varepsilon_{\mathrm{a}}+\alpha}{\pi}E \tag{5-16}$$

晶闸管导通后，根据电压平衡关系 $\sqrt{2}U_2\sin\omega t = E + Ri_{\mathrm{d}}$，负载电流为

$$i_{\mathrm{d}} = \frac{u_2 - E}{R} = \frac{\sqrt{2}U_2\sin\omega t - E}{R} \tag{5-17}$$

整流电流平均值为

$$I_{\mathrm{d}} = \frac{1}{\pi}\int_{\alpha}^{\pi-\varepsilon_{\mathrm{a}}} i_{\mathrm{d}}\mathrm{d}(\omega t) = \frac{1}{\pi}\int_{\alpha}^{\pi-\varepsilon_{\mathrm{a}}} \frac{\sqrt{2}U_2\sin\omega t - E}{R}\mathrm{d}(\omega t) = \frac{1}{\pi R}[\sqrt{2}U_2(\cos\varepsilon_{\mathrm{a}} + \cos\alpha) - E\theta] \tag{5-18}$$

当整流输出直接带反电势负载时，由于晶闸管导通角小，电流断续，而负载回路中的电阻又很小，故输出同样的平均电流，峰值电流大，因而电流有效值将比平均值大许多倍。这样，对于直流电动机来说，将使其机械特性变软，并且使整流子换向电流加大易产生火花。对于电源来说，因电流有效值大，故要求电源的容量大，而功率因数低。所以，一般反电势负载回路中串联平波电抗器。

4. 反电势阻感负载

反电势负载回路中串联平波电抗器可以平稳电流的脉动，使输出整流电压中的交流分量降落在电抗器上，输出电流波形变得连续平直，大大改善了整流装置及电动机的工作条件。为保证电流连续所需的电感量 L 可由式（5-19）求出

$$L = \frac{2\sqrt{2}U_2}{\pi\omega I_{\mathrm{dmin}}} = 2.87\times10^{-3}\frac{U_2}{I_{\mathrm{dmin}}} \tag{5-19}$$

式中，U_2 的单位为 V，I_{dmin} 为电流连续时的最小值，单位为 A；ω 为工频角频率；L 为主电路的总电感量，单位为 H。

当电路中负载为反电势、电阻、电感，且电感值极大时，电流连续，那么整流输出平均电压 U_{d} 及 u_{d} 的理想波形没有变化（如图 5-2（c）所示），晶闸管每次导通 $180°$，但是平均电流值则与反电动势有关

$$I_{\mathrm{d}} = \frac{U_{\mathrm{d}} - E}{R} \tag{5-20}$$

其他参数的算式与电感性负载相同。

【例题 5-2】单相桥式全控整流电路，输入交流侧电压为 $U_2 = 110\,\mathrm{V}$，负载中电阻为 $R = 3\,\Omega$，电感 L 值极大，反电势为 $E = 48\,\mathrm{V}$，当控制角为 $\alpha = 30°$ 时，求：

① 画出输出整流电压 u_{d}、电流 i_{d} 和整流变压器二次侧电流 i_2 的波形。

② 计算整流输出平均电压 U_{d}、电流 I_{d}、变压器二次侧电流有效值 I_2。

③ 考虑安全裕量，确定晶闸管的额定电压和额定电流。

解：① u_{d}、i_{d} 和 i_2 的波形如图 5-4 所示。

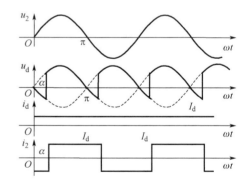

图 5-4　例题 5-2 单相桥式全控整流电路波形图

② 整流输出平均电压 U_{d}、电流 I_{d}、变压器二次侧电流有效值 I_2 分别为

$$U_{\mathrm{d}} = 0.9U_2\cos\alpha = 0.9\times110\times\cos30° = 85.7(\mathrm{V})$$

$$I_{\mathrm{d}} = (U_{\mathrm{d}} - E)/R = (85.7 - 48)/3 = 12.6(\mathrm{A})$$

$$I_2 = I_{\mathrm{d}} = 12.6(\mathrm{A})$$

③ 晶闸管承受的最大反向电压为

$$\sqrt{2}U_2 = 110\sqrt{2} = 156(\mathrm{V})$$

流过每个晶闸管的电流的有效值为

$$I_T = I_d / \sqrt{2} = 12.6/\sqrt{2} = 8.9(A)$$

晶闸管的额定电压为

$$U_N = (2 \sim 3)\sqrt{2}U_2 = (2 \sim 3) \times 156 = 312 \sim 468(V)$$

晶闸管的额定电流为

$$I_{T(AV)} = (1.5 \sim 2) \times 8.9/1.57 = 8.5 \sim 11.3(A)$$

晶闸管额定电压和电流的具体数值可按晶闸管产品系列参数选取。

5.1.2　单相全波可控整流电路

单相全波可控整流电路又称双半波可控整流电路，有多种电路形式，本节介绍变压器带中心抽头的单相全波可控整流电路。

1. 无续流二极管的单相全波可控整流电路

（1）电阻性负载

单相全波可控整流电路电阻性负载如图 5-5（a）所示，变压器带中心抽头接负载一端，变压器次级另两端分别接晶闸管，图中晶闸管共阴极连接。

工作原理分析如下：①当电源电压在正半周时（a 为正，b 为负），VT_1 承受正压，$\omega t = \alpha$ 时刻加上触发脉冲 u_{G1} 触发 VT_1 导通，电流路径为 $a \rightarrow VT_1 \rightarrow R \rightarrow O$，$u_d = u_2$，通过 VT_1 的电流等于 i_d，变压器原边电流波形与 i_d 形状相同。而 VT_2 处于反压而呈阻断状态，电源电压过零时 VT_1 关断。②当电源电压在负半周时（a 为负，b 为正），$\omega t = \pi + \alpha$ 时刻加上触发脉冲 u_{G2} 触发 VT_2 导通，电流路径为 $b \rightarrow VT_2 \rightarrow R \rightarrow O$，$u_d = -u_2$，通过 VT_2 的电流等于 i_d，变压器原边电流波形与 i_d 形状相反。而 VT_1 处于反压而呈阻断状态。一个周期内，负载上得到两个半波电压（即全波），如图 5-5（b）所示。

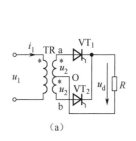

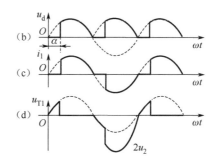

图 5-5　单相全波可控整流带电阻负载时电路及波形

由图可见，晶闸管可能承受的最大正向电压为 $\sqrt{2}U_2$，而最大反向电压为 $2\sqrt{2}U_2$。变压器一次绕组电流 i_1 波形如图 5-5（c）所示，正负对称，无直流分量。在每半周内触发脉冲到来之前（α 角内），两个元件均处于阻断状态，一个元件承受正压，一个元件承受反压，其值均为 u_2。一旦触发，则承受正压的元件导通，处于反压的元件承受全部电压 $2u_2$，元件 VT_1 的电压波形 u_{T1} 如图 5-5（d）所示。控制角 α 的移相范围及导通角 θ 的变化范围与单相桥式相同，即 $\alpha = 0° \sim 180°$，$\theta = 180° - \alpha$。

从波形分析可以看出，电阻负载时，单相全波可控整流电路输出直流电压与单相桥式全控整流电路相同，输出直流电压平均值 U_d、输出直流电压有效值 U、输出直流平均电流 I_d、晶闸管电流平均值 I_{dT}、晶闸管电流有效值 I_T、负载电流有效值 I 的计算公式也相同，可以参照式（5-1）～式（5-8）。但变压器次级有 2 个绕组，次级绕组电流有效值计算公式不一样，此处 $I_2 = I_T$。

（2）电感性负载

单相全波可控整流电路带电感性负载时电路如图 5-6（a）所示，工作情况与单相桥式相同，如前分析，强调如下两点。

① 单相全波可控整流电路带大电感负载时，只要在 $\alpha < 90°$ 范围内，U_d 均可在 $0 \sim 0.9U_2$ 范围内调节，波形如图 5-6（b）所示。在 ωt_1 时刻 VT_1 被其触发信号 u_{G1} 触发导通后，由于电感 L 自感电势的作用，使其一直维持到电源电压为负值，VT_1 导通期间，$u_d = u_2$。

② 待相隔 $180°$ 的触发信号 u_{G2} 出现时，VT_2 被触发导通，VT_1 承受反压关断，VT_1 与 VT_2 进行换流，VT_2 导通期间，$u_d = -u_2$。

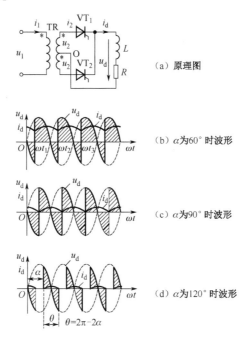

（a）原理图

（b）α 为 $60°$ 时波形

（c）α 为 $90°$ 时波形

（d）α 为 $120°$ 时波形

图 5-6　单相全波可控整流电路带电感性负载

VT_1 与 VT_2 换流是自然进行的，不需任何换流措施。这种利用电源电压极性的变化，使得待导通的管子承受正压才能触发导通，使已导通的管子承受反压关断的换流方式称为自然换流或电源换流。图 5-6（b）中的 ωt_1、ωt_2、ωt_3 等处即为换流点。若 L 足够大，在 $0° \leqslant \alpha \leqslant 90°$ 范围内，晶闸管的导通角 $\theta \equiv 180°$。当 $\alpha = 90°$ 时，输出电压 u_d 正负面积近似相等，$U_d \approx 0$，电流为一条与横轴十分接近的脉动波，如图 5-6（c）所示。当 $\alpha > 90°$ 时，或者当 L 不够大时，则不能维持电流连续，i_d 波形断续，脉动较大，u_d 也为断续的波形，导通的管子将在电源负半周的 $90°$ 前提早关断。如图 5-6（d）所示。全波电路带电感性负载时，元件可能承受的最大反向电压也为 $2\sqrt{2}U_2$，与电阻性负载时相同。

当电感量极大，$\omega L \gg R$ 的情况下，负载电流 i_d 的脉动分量变得很小，其电流波形近似于一条平行于横轴直线，流过晶闸管的电流近似为矩形波，电阻电感负载、且电路在 $0° \leqslant \alpha \leqslant 90°$ 范围工作时，单相全波可控整流电路输出直流电压与单相桥式全整流电路相同，输出直流电压平均值 U_d、输出直流电压有效值 U、输出直流平均电流 I_d、晶闸管电流平均值 I_{dT}、晶闸管电流有效值 I_T、负载电流有效值 I 的计算公式也相同，可以参照式（5-9）～式（5-14）。但变压器次级有 2 个绕组，次级绕组电流有效值计算公式不一样，此处 $I_2 = I_T$。

2．带续流二极管的单相全波可控整流电路

为了提高输出电压，消除 u_d 负值部分，同时使输出电流更加平直，在实用中，可接续流二极管 VD，其电路如图 5-7（a）所示。当 L 足够大时，其波形如图 5-7（b）所示。这时 U_d 和 I_d 的计算公式与电阻性负载时相同。从图 5-7 不难看出：在一个周期中每只晶闸管导通角为 $\theta = \pi - \alpha$。续流二极管导通角 $\theta_{\mathrm{D}} = 2\alpha$。

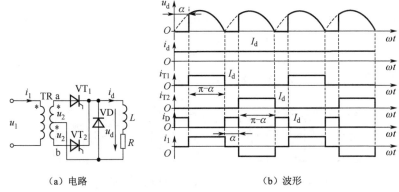

（a）电路　　　　　　　　　　　（b）波形

图 5-7　带续流二极管的单相全波可控整流电路

晶闸管电流平均值为

$$I_{\mathrm{dT}} = \frac{\pi - \alpha}{2\pi} I_{\mathrm{d}} \qquad (5\text{-}21)$$

晶闸管电流有效值为

$$I_{\mathrm{T}} = \sqrt{\frac{\pi - \alpha}{2\pi}} I_{\mathrm{d}} \qquad (5\text{-}22)$$

续流管电流平均值为

$$I_{\mathrm{dD}} = \frac{\alpha}{\pi} I_{\mathrm{d}} \qquad (5\text{-}23)$$

续流管电流有效值为

$$I_{\mathrm{D}} = \sqrt{\frac{\alpha}{\pi}} I_{\mathrm{d}} \qquad (5\text{-}24)$$

单相全波电路与单相全控桥电路相比，单相全波要求有带中心抽头的变压器，每个次级绕组每周期只工作半个周期，变压器利用率较低，结构较复杂，材料消耗多。不过变压器中两个次级绕组的直流安匝正负变化、相互抵消，与单相全控桥电路一样都不会引起直流磁化。单相全波导电回路只含 1 个晶闸管，比单相桥少 1 个，因而管压降也少 1 个。单相全波电路只用 2 个晶闸管，比单相全控桥少 2 个，相应地，门极驱动电路也少 2 个，但是晶闸管承受的最大电压是单相全控桥的 2 倍，故只适用于较小容量场合。

5.1.3　其他单相可控整流电路

1. 单相半波可控整流电路

图 5-8（a）所示为电阻性负载时的单相半波可控整流电路，在 u_2 正半周，改变触发时刻，输出 u_{d} 和 i_{d} 随之改变；在 u_2 负半周，晶闸管截止。输出直流电压 u_{d} 是变化的脉动直流，其波形只在 u_2 正半周内出现，故称"半波"整流。加之电路中采用了可控器件晶闸管，且交流输入为单相，故该电路称为单相半波可控整流电路。整流电压 u_{d} 波形在一个电源周期中只脉动 1 次，故该电路也称为单脉波整流电路。

图 5-8（b）所示为阻感负载时带续流二极管的单相半波可控整流电路，整流电压 u_d 波形与电阻负载时一致；在 u_2 负半周，负载电流通过二极管续流，负载两端电压为零。

单相半波可控整流电路线路简单，只有 1 只晶闸管，调整方便，但电流脉动大。变压器副边电流只能单方向流过，交流回路中有直流分量，造成变压器铁芯直流磁化，容量不能充分利用。若要使变压器铁芯不饱和，必须增大铁芯截面，所以设备体积大。若不用整流变压器，则引起电网波形畸变，增加额外功耗。所以单相半波电路只适用于容量小、技术要求不高的场合。为了克服单相半波可控整流电路的缺点，可以采用单相全波可控整流电路。

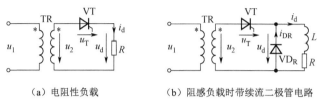

(a) 电阻性负载　　　　　　(b) 阻感负载时带续流二极管电路

图 5-8　单相半波可控整流电路

2. 单相桥式半控整流电路

单相桥式半控整流电路与全控电路在电阻负载时的工作情况相同。电阻电感负载时，工作情况与带续流二极管全波可控整流电感电路一样，输出直流电压 u_d 无负值，在晶闸管截止期间，负载电流通过 VD_R 续流，如图 5-9（a）所示，或者通过 VD_3 和 VD_4 续流，如图 5-9（b）所示。图 5-9（b）相当于把图 5-2（a）中的 VT_3 和 VT_4 换为二极管 VD_3 和 VD_4，这样可以省去续流二极管 VD_R，续流由 VD_3 和 VD_4 来实现。这种接法的两个晶闸管阴极电位不同，二者的触发电路需要隔离。

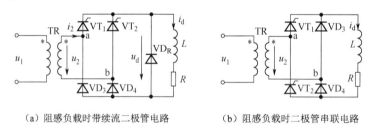

(a) 阻感负载时带续流二极管电路　　　　(b) 阻感负载时二极管串联电路

图 5-9　单相桥式半控整流电路

5.2　三相可控整流电路

5.2.1　三相半波可控整流电路

单相可控整流电路元器件少，线路简单调整方便，但其输出电压的脉动较大，同时由于单相供电，引起三相电网不平衡，故适用小容量的设备上。当容量较大、要求输出电压脉动较小、对控制的快速性有要求时，则多采用三相可控整流电路。

三相可控整流电路有三相半波、三相桥式等多种形式。其中，三相半波可控整流电路是多相整流电路的基础，其他电路可以看作是三相半波电路不同形式的组合。下面按不同负载从电路的工作原理、电压电流波形及各参量间的关系分别讨论。

1. 电阻性负载

（1）电路结构

三相半波可控整流电路又称三相零式电路，由三相整流变压器供电，为得到零线，变压器二次侧必须接成星型，初级接成△型，以减少 3 次谐波的影响。3 个晶闸管 VT_1、VT_2、VT_3 阳极分别接在变压器次级绕阻 a 相、b 相和 c 相上，它们的阴极连在一起经负载与三相变压器次级绕组的中线相连，这种接法称为共阴极电路，见图 5-10（a）。

（2）工作原理

整流变压器次级绕组三相正弦波电压相互差120°的波形 u_a、u_b、u_c，如图 5-10（b）所示。下面分析在不同控制角 α 时整流电路的工作原理，仍假定晶闸管为理想开关元件。

① 控制角 $\alpha = 0°$ 的情况

若 VT_1、VT_2、VT_3 为 3 个整流二极管，则如图 5-10（b）所示，$\omega t_1 \sim \omega t_2$ 期间，a 相电压最高，输出 $u_d = u_a$；$\omega t_2 \sim \omega t_3$ 期间，b 相电压最高，输出 $u_d = u_b$；$\omega t_3 \sim \omega t_4$ 期间，c 相电压最高，输出 $u_d = u_c$ 等等依上述相序轮流输出。

当某个整流二极管导通时，其他两个整流二极管则因承受反向电源电压不可能导通。可见，此时 u_d 输出波形为三相电压的正半周包络线，见图 5-10（d）。ωt_1、ωt_2、ωt_3 时刻称"自然换相点"。

图中，VT_1、VT_2、VT_3 实际为晶闸管，当控制角 $\alpha = 0°$ 时，用相差120°的触发脉冲在"自然换相点"轮流触发 VT_1、VT_2、VT_3，也将得到三相电压正半周包络线输出；在 ωt_2 时刻触发 VT_2 后，VT_1 被关断是自然的，因为此时 u_b 电压最高 VT1 承受反压而关断；在 ωt_3 时刻 VT_3 被触发后 VT_2 被关断，以及在 ωt_1 时刻，VT_1 被触发 VT_3 被关断，这几种情况都是一样的。一个周期中，各相晶闸管导电输出120°。

自然换相点是各相晶闸管开始承受正向电压的时刻，也是可能被触发导通的最早时刻，在此之前由于受反压，导通是不可能的。因此把自然换相点作为计算控制角 α 的起点，即该处 $\alpha = 0°$。可见，对于起始相位等于零的 a 相来说，$\omega t = 30°$ 相当于 $\alpha = 0°$。图 5-10（e）所示为晶闸管 VT_1 和与其相串联的变压器 a 相绕组中的电流波形，其他两相电流波形形状相同，只是相位依次相差120°，可见变压器副边绕组通过的是直流脉动电流。整流电路的输出电流与电压波形类似，见图 5-10（d）。图 5-10（f）所示为晶闸管 VT_1 上的电压波形。VT_1 导通时，因忽略正向导通管压降，u_{T1} 为零与横轴重合；b 相元件 VT_2 导通时，VT_1 承受 a 相和 b 相的电压差，即线电压 $u_{ab} = u_a - u_b$；c 相元件 VT_3 导通时，VT_1 承受 a 相和 c 相的电压差，即线电压 $u_{ac} = u_a - u_c$。可见，晶闸管应能承受线电压峰值 $\sqrt{2}U_{2l}$。晶闸管 VT_2 和 VT_3 上的电压波形与 VT_1 上的相同，只是依次相差120°。

② 控制角 $\alpha = 30°$ 的情况

图 5-11 所示为三相半波可控整流电路电阻负载 $\alpha = 30°$ 时的波形。

$\alpha = 30°$ 时的输出电压波形如图 5-11（c）所示。当 VT_1 在 $\omega t_1(\alpha = 30°)$ 处被触发导通后，输出电压为 u_a。与 $\alpha = 0°$ 时不同之处是，过 u_a 与 u_b 交点即自然换相点时，虽然 b 相电压高于 a 相电压，但此时 VT_2 未被触发，故 VT_1 将继续导通，直到 $\alpha = 30°$ 的相应时刻 ωt_2，给 VT_2 加触发脉冲使之导通。此时，相电压 u_a 正好下降到零，电流 i_d 也降为零，$u_b > u_a$，故 VT_1 关断。其他晶闸管导通、关断情况与此相同，负载两端的整流电压 u_d 为三相电压波形的一部分，如图 5-11（c）所示。

由图 5-11（c）可知，$\alpha = 30°$ 正好是 u_d、i_d 波形连续的临界状态，各相仍导电120°，如果 $\alpha > 30°$ 电压电流波形将出现断续。图 5-11（d）所示为 i_{T1} 电流波形。图 5-11（e）所示为晶闸管 VT_1 上的电压波形，在整个周期里，晶闸管 VT_1 承受电压波形由直线段（导通段）、u_{ab} 及 u_{ac} 组成，即 b 相元件 VT_2 导通时，VT_1 承受 a 相和 b 相的电压差，即线电压 $u_{ab} = u_a - u_b$；c 相元件 VT_3 导通时，VT_1 承受 a 相和 c 相的电压差，即线电压 $u_{ac} = u_a - u_c$。

③ 控制角 $30° < \alpha < 150°$ 的情况

图 5-12 所示为 $\alpha = 60°$ 时 u_d 及晶闸管 VT_1 电流 i_{T1} 的波形。当 $\alpha = 60°$ 时，ωt_1 时刻触发 VT_1 使之导通，输出整流电压 $u_d = u_a$，$i_d = i_a = \dfrac{u_d}{R}$，a 相电压 u_a 降到零时，$i_d = 0$ 晶闸管 VT_1 关断，u_d、i_d 波形断续，直到 $\alpha = 60°$ 的相应时刻 ωt_2，触发 VT_2 导通，此时 $u_d = u_b$，$i_d = i_b = \dfrac{u_d}{R}$。同样，当 b 相电压过零时，$VT_2$ 关断，此后在 ωt_3 触发 VT_3 导通等。由图 5-12 可见，输出整流电压 u_d、电流 i_d 均为不连续的脉动波形。控制角 α 增大，u_d 波形的平均值减小，当 $\alpha = 150°$ 时，$u_d = 0$，故三相半波可控整流电路电阻性负载时的移相范围为 $150°$。

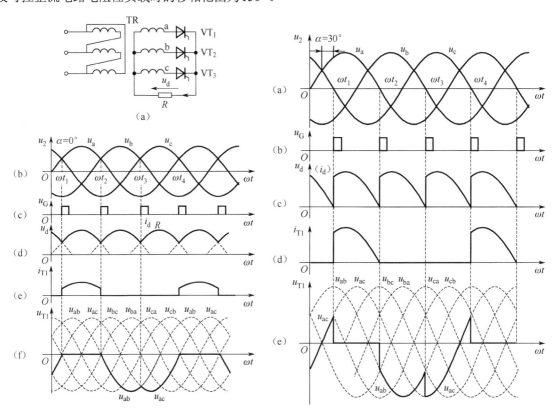

图 5-10　三相半波可控整流电路共阴极接法电阻
负载时的电路及 $\alpha = 0°$ 时的波形

图 5-11　三相半波可控整流电路电阻负载
$\alpha = 30°$ 时的波形

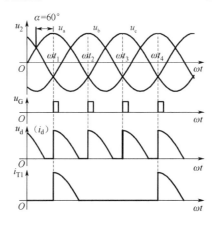

图 5-12　三相半波可控整流电路 $\alpha = 60°$ 时的波形

$\alpha > 30°$ 后，由于电流波形断续，晶闸管 VT_1 承受的电压波形，在 u_a 过零变负，VT_1 关断而 VT_2 还未触发导通的区间里，负载电压为 0，本相电源电压 u_a 全部降落在晶闸管 VT_1 上，b 相元件 VT_2 导通时，VT_1 承受 a 相和 b 相的电压差，c 相元件 VT_3 导通时，VT_1 承受 a 相和 c 相的电压差，故在整个周期里，晶闸管 VT_1 承受电压波形由导通段、u_a、u_{ab}、u_a、u_{ac}、u_a 组成。

由上述电路工作原理可知，根据波形的特点和分析方法，对于深入理解电路的工作原理、参数计算及实验调试都是非常重要的。

（3）基本数量关系

① 输出整流电压平均值 U_d

每个晶闸管在一个周期里轮流导通一次，u_d 为三相电压波形的一部分，故计算平均电压 U_d 只需取一相波形在 1/3 周期内的平均值即可。设相电压 $u_a = \sqrt{2}U_2 \sin \omega t$，晶闸管导通角为 θ，则输出整流平均电压为

$$U_d = \frac{3}{2\pi} \int_{\frac{\pi}{6}+\alpha}^{\frac{\pi}{6}+\alpha+\theta} \sqrt{2}U_2 \sin \omega t \mathrm{d}(\omega t) \tag{5-25}$$

$\alpha \leqslant 30°$ 时，波形连续。晶闸管导通角 $\theta = 120°$，则

$$U_d = \frac{3}{2\pi} \int_{\frac{\pi}{6}+\alpha}^{\frac{5\pi}{6}+\alpha} \sqrt{2}U_2 \sin \omega t \mathrm{d}(\omega t) = \frac{3\sqrt{6}}{2\pi}U_2 \cos \alpha = 1.17U_2 \cos \alpha \tag{5-26}$$

当 $\alpha = 0°$ 时，$U_d = U_{da} = 1.17U_2$ 为最大值。

$\alpha > 30°$，u_d 波形断续，导通角 $\theta = \frac{5\pi}{6} - \alpha$，则

$$U_d = \frac{3}{2\pi} \int_{\frac{\pi}{6}+\alpha}^{\frac{\pi}{6}+\alpha+\theta} \sqrt{2}U_2 \sin \omega t \mathrm{d}(\omega t) = \frac{3}{2\pi} \int_{\frac{\pi}{6}+\alpha}^{\pi} \sqrt{2}U_2 \sin \omega t \mathrm{d}(\omega t)$$

$$= \frac{3\sqrt{2}}{2\pi}U_2[1+\cos(\frac{\pi}{6}+\alpha)] = 0.675U_2[1+\cos(\frac{\pi}{6}+\alpha)] \tag{5-27}$$

当 $\alpha = 150°$ 时，$\cos(\frac{\pi}{6}+\frac{5\pi}{6}) = -1$，$u_d = 0$，故三相半波可控整流电路电阻性负载的移相范围为 $150°$，与前述分析结论一致。U_d / U_2 与 α 关系如图 5-13 中曲线 1 所示。

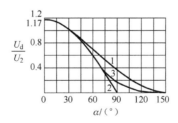

注：1——电阻负载；2——电感负载；3——电阻电感负载。

图 5-13　三相半波可控整流电路 U_d/U_2 随 α 变化的关系

② 输出电流平均值 I_d

当 $\alpha \leqslant 30°$ 时

$$I_d = 1.17\frac{U_2}{R}\cos \alpha \tag{5-28}$$

当 $30° < \alpha < 150°$ 时

$$I_d = 0.675\frac{U_2}{R}[1+\cos(\frac{\pi}{6}+\alpha)] \tag{5-29}$$

③ 晶闸管的平均电流

3 个晶闸管轮流导通，每个晶闸管的平均电流为

$$I_{dT} = \frac{1}{3} I_d \qquad (5\text{-}30)$$

晶闸管承受的最大反向电压为线电压峰值为 $\sqrt{6}U_2$，晶闸管阳极与阴极间的最大电压等于相电压的峰值 $\sqrt{2}U_2$。

2．电感性负载

（1）工作原理

当整流电路带电感性负载工作 $\alpha \leqslant 30°$ 时，输出的整流电压 u_d 波形与电阻负载相同，在此不再分析。

当 $\alpha > 30°$，比如 $\alpha = 60°$ 时，ωt_1 时刻触发 VT_1，使之导通，输出整流电压 $u_d = u_a$，当 a 相电压 u_a 降到零时，由于电感中感应电势的作用，仍能使原导通相的晶闸管承受正向电压继续导通，整流电压 u_d 波形出现负值。如果负载电感值较大，电感储能较多，则本相晶闸管能维持导通到下一相晶闸管触发导通，才使本相晶闸管承受反压而关断，i_d 波形连续。直到 $\alpha = 60°$ 的相应时刻 ωt_2，触发 VT_2 导通，此时 $u_d = u_b$，工作过程与 a 相类似，以此类推。

整流电压 u_d 波形出现负值时，电流 i_d 是减小的，电感释放能量，在电源电压下降到零并变为负值时，电感较大则负载电流 i_d 波形连续，每个晶闸管导通角 $\theta = 120°$，见图 5-14（c）、(d）和（e）。电感量越大，电流 i_d 脉动越小。当电感量足够大时，输出电流 i_d 波形近似于一条直线见图 5-14（f）。晶闸管 VT_1 承受的电压波形由导通段、u_{ab} 及 u_{ac} 组成，如图 5-14（g）所示。

图 5-14 所示为三相半波可控整流电路阻感负载及 $\alpha = 60°$ 时的波形，由于负载电流 i_d 连续，晶闸管承受的最大反向和最大正向电压一样都是线电压峰值 $\sqrt{2}U_{2l}$。

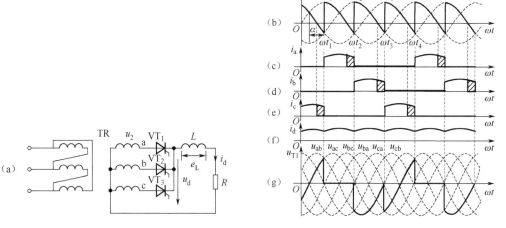

图 5-14　三相半波可控整流电路阻感负载时的电路及 $\alpha = 60°$ 时的波形

（2）基本数量关系

① 输出整流电压平均值

在电流连续情况下，晶闸管导通角 $\theta = 120°$，整流电压平均值为

$$U_d = \frac{3}{2\pi} \int_{\frac{\pi}{6}+\alpha}^{\frac{5\pi}{6}+\alpha} \sqrt{2}U_2 \sin \omega t \, d(\omega t) = \frac{3\sqrt{6}U_2}{2\pi} \cos \alpha = 1.17 U_2 \cos \alpha \qquad (5\text{-}31)$$

$\alpha = 0°$ 时，$U_d = u_{d0} = 1.17U_2$ 为最大；$\alpha = 90°$ 时，$u_d = 0$ 从整流电压 u_d 的波形看，正负面积相等，平均值为 0，故三相半波可控整流电路大电感负载移相范围为 $90°$。$\dfrac{U_d}{U_2}$ 与关系曲线如图 5-13 曲线 2。

② 电流平均值

$$I_d = \frac{U_d}{R} = 1.17\frac{U_2}{R}\cos\alpha \tag{5-32}$$

③ 晶闸管电流有效值 I_T 和变压器次级电流有效值 I_2

当电感量足够大时，负载电流脉动分量很小，i_d 近似为平行于横轴的直线，$i_d = I_d$，$\theta = 120°$，故

$$I_T = I_2 = \sqrt{\frac{120°}{360°}I_d{}^2} = \frac{1}{\sqrt{3}}I_d = 0.5777I_d \tag{5-33}$$

（3）线路中电感量较小时的情况

如果负载电感量 L 较小而电阻 R 较大或控制角 α 较大，则在电流 i_d 上升时电感储能较小，i_d 下降时电感储能全部放出不足以维持电流连续，这时电流 i_d 将出现断续。从输出电压 u_d 波形来看，大电感负载当 $\alpha = 90°$ 时，u_d 波形与横轴所包围的正负面积相等，因此平均电压 U_d 为零。若此时电感不大，储能有限，i_d 断续，u_d 波形包围的负面积将小于正面积。当 $\alpha > 90°$ 时，这个现象将继续存在，α 等于 $150°$ 时，u_d 或 U_d 都为零。因此控制特性 U_d/U_2 与 α 的关系表示为图 5-13 上的曲线 3，最终仍将终止于 $150°$。α 最大移相范围为 $150°$。

（4）三相半波共阳极可控整波电路

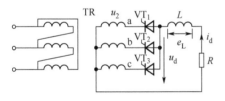

图 5-15　三相半波共阳极可控整波电路

以上讨论的是三相半波可控整流共阴极电路。此外，还有一种共阳极电路，即将 3 个晶闸管的阳极连在一起，其阴极分别接变压器三相绕组，变压器的零线作为输出电压的正端，晶闸管共阳极端作为输出电压的负端，如图 5-15 所示。这种共阳极电路接法，对于螺栓型晶闸管的阳极可以共用散热器，使装置结构简化，但 3 个触发器的输出必须彼此绝缘，是其不方便之处。

由于 3 个晶闸管的阴极分别与三相电源相连，阳极经过负载与三相绕组中线连接，故各晶闸管只能在相电压为负时触发导通，换流总是从电位较高的相换到电位更低的那一相去。对于大电感负载，负载电流连续，晶闸管导通角 θ 仍为 $120°$。输出整流电压平均值等其他特性与计算均与共阴极相同。

三相半波可控整流电路，晶闸管元件少，接线简单，只需用 3 套触发装置，控制比较容易。但变压器每相绕组只有 1/3 周期流过电流，变压器利用率低，由于绕组中电流是单方向的，故存在直流磁势，为避免铁芯饱和，需加大变压器铁芯的截面积。这种线路一般用于中小容量的设备上。

5.2.2　三相桥式全控整流电路

三相桥式全控整流电路与三相半波电路相比，输出整流电压提高 1 倍，输出电压的脉动较小，变压器利用率高且无直流磁化问题。由于在整流装置中，三相桥电路晶闸管的最大失控时间只为三相半波电路的一半，故控制快速性较好，因而在大容量负载供电、电力拖动控制系统等方面获得了广泛的应用。

1．电路的构成

从图 5-16 可以看出，三相桥式全控整流电路共有 6 个晶闸管，上面的 3 个管子的阴极连接在一起，下面的 3 个晶闸管的阳极连接在一起，即三相桥式全控整流电路相当于三相半波共阴极可控整流电路与三相半波共阳极可控整流电路的串联连接，由三相半波可控整流电路原理可知，共阴极电路工作时，变压器每相绕组中流过正向电流，同理，共阳极电路工作时，每相绕组流过反向电流。将共阴极组电路和共阳极组电路输出串联，并接到变压器次级绕组上，可以提高变压器利用率。

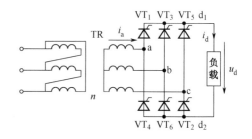

图 5-16 三相桥式全控整流电路原理图

在三相桥式电路的变压器绕组中，一个周期里既流过正向电流，又流过反向电流，提高了变压器的利用率，且直流磁势相互抵消，避免了直流磁化。

由于三相桥式整流电路是两组三相半波整流电路的串联，因此输出电压是三相半波的两倍。当输出电流连续时，$U_d = 2 \times 1.17 U_2 \cos\alpha = 2.34 U_2 \cos\alpha = 1.35 U_{2L} \cos\alpha$。式中，$U_2$ 和 U_{2L} 为电源变压器次级相电压和线电压有效值。

由于变压器规格并未改变，整流电压却比三相半波时大 1 倍。如果增加变压器容量 $\sqrt{2}$ 倍，即原副边绕组线径增加 $\sqrt{2}$ 倍，额定电流增加 $\sqrt{2}$ 倍，三相桥式整流电路输出功率加大 1 倍。变压器利用率提高了，而晶闸管的电流定额不变。在输出电压相同的情况下，三相桥式晶闸管的电压定额可以比三相半波线路的晶闸管低一半。

上面从整体上分析了三相桥式整流电路的特性，为了更具体深入地了解三相桥式整流电路，下面详细分析它的工作过程。

2．三相桥式全控整流电路的工作过程

（1）带电阻负载时的工作情况

先看控制角 $\alpha = 0°$ 的情况，根据图 5-16，在电源电压正半周每自然换相点依次触发晶闸管 VT_1、VT_3、VT_5，而在电源电压负半周每自然换相点依次触发 VT_4、VT_6、VT_2。图 5-17 所示为工作波形。为了分析方便，从 VT_1 触发时刻 ωt_1 开始将电源供电周期分成 6 段，每段 $60°$。

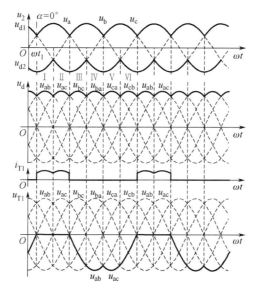

图 5-17 三相桥式全控整流电路带电阻负载 $\alpha=0°$ 时的波形

晶闸管触发导通的原则是：共阴极组的晶闸管，哪个阳极电位最高时，那个相应的晶闸管应触发导通；共阳极组的晶闸管，哪个阳极电位最低时，那个相应的晶闸管应触发导通。

① 第 I 时段

设晶闸管 VT_6 已通，ωt_1 时刻 a 相电压最高，应触发晶闸管 VT_1，则晶闸管 VT_1、VT_6 导通。电流由（正）a 相输出，经晶闸管 VT_1、负载、晶闸管 VT_6 回到（负）b 相。因此，输出给负载的整流电压 u_d 为 $u_d = u_a - u_b = u_{ab}$，即为线电压 u_{ab}，晶闸管 VT_1 因导通而承受的电压近似为零。

② 第 II 时段

a 相电压仍最高，晶闸管 VT_1 仍导通，而 c 相电压负值最大，所以在这一段开始时就应当触发晶闸管 VT_2 使之导通，电流从 b 相换到 c 相，同时晶闸管 VT_6 换到了 VT_2。电流由 a 相输出，经 VT_1、负载、VT_2 回到（负）c 相。此时输出整流电压 u_d 为 $u_d = u_a - u_c = u_{ac}$，晶闸管 VT_1 承受电压近似为零。

③ 第 III 时段

此时 c 相电压仍负值最大，VT_2 导通。而 b 相电压变为最高，故应触发晶闸管 VT_3 导通，电流从 a 相换到 b 相，变压器 b、c 两相工作，整流电压 u_d 为 $u_d = u_b - u_c = u_{bc}$，晶闸管 VT_1 承受的电压为线电压 u_{ab}。

④ 第 IV 时段、第 V 时段、第 VI 时段

依次输出整流电压为 u_{ba}、u_{ca}、u_{cb}，导通的晶闸管依次为（VT_3VT_4）、（VT_4VT_5）、（VT_5VT_6），晶闸管 VT_1 承受电压依次为线电压 u_{ab}、u_{ac}、u_{ac}。

由以上分析可以得到以下几点。

① 三相桥式全控整流电路，必须有共阴极组和共阳极组各一个晶闸管都导通，才能形成输出通路。

② 三相桥式全控整流电路是 2 组三相半波电路的串联，因此与三相半波电路一样，对于共阴极组触发脉冲应依次触发 VT_1、VT_3、VT_5，故它们的触发脉冲之间的相位差为 120°；对于共阳极组触发脉冲应依次触发 VT_4、VT_6、VT_2，故它们触发脉冲之间的相位差也是 120°。在负载 i_d 电流连续的情况下，每个晶闸管导电 120°。

③ 共阴极组晶闸管是在正半周触发，共阳极组晶闸管是在负半周触发的，因此接在同一相的两个晶闸管的触发脉冲的相位差应是 180°。比如接在 a 相的 VT_1 和 VT_4，又比如接在 b 相的 VT_3 和 VT_6，以及接在 c 相的 VT_5 和 VT_2，它们触发脉冲之间的相位差都是 180°。

④ 晶闸管的换流在共阴极组 VT_1、VT_3、VT_5 之间或共阳极组 VT_4、VT_6、VT_2 之间进行。但从整个电路来说，每隔 60° 有一个晶闸管要换流，因此每隔 60° 要触发一个晶闸管，从图 5-17 可看出其顺序为：$VT_1 \rightarrow VT_2 \rightarrow VT_3 \rightarrow VT_4 \rightarrow VT_5 \rightarrow VT_6$ 的顺序，相位依次差 60°。

⑤ 为了保证电路在接通电源合闸后，共阴极组和共阳极组应各有一个晶闸管同时导电，或者由于电流断续后再次导通，必须对两组中应导通的一对晶闸管同时有触发脉冲。常用的方法是采用间隔为 60° 的双触发脉冲，即在触发某一个晶闸管时，同时给前一个晶闸管补发一个脉冲，使共阴极组和共阳极组的两个应导通的晶闸管都有触发脉冲。比如，当触发 VT_1 时给 VT_6 也送触发脉冲；给 VT_2 加触发时，同时再给 VT_1 送一次触发脉冲等。因此用双脉冲触发，在每个周期内对每个晶闸管要触发两次，两次触发脉冲间隔 60°。如果把每个晶闸管一次触发的脉冲宽度延至 60° 以上，一般取 80°~100° 而小于 120°，则称宽脉冲触发，也可以达到与双脉冲触发的相同效果。通常仍多采用双窄脉冲触发电路，采用双窄脉冲可以使脉冲变压器体积减小，且易于达到脉冲前沿较陡，需用功率也较小，只是线路接线稍复杂。

⑥ 整流后的输出电压是两相电压相减后的波形，即线电压，控制角为零时的输出电压 u_d 是线电压的包络线。线电压的交点与相电压的交点在同一角度位置上，所以线电压的交点同样是自然换相点。由图 5-17 可见，三相桥式全控电路的整流电压在一个周期内脉动 6 次，输入为工频电源时

其脉动频率为 $6 \times 50 \mathrm{Hz} = 300 \mathrm{Hz}$，比三相半波时大 1 倍。$u_{\mathrm{d}}$ 一周期脉动 6 次，每次脉动的波形都一样，故该电路为 6 脉波整流电路。

⑦ 在图 5-17 所示的以 $\mathrm{VT_1}$ 晶闸管为例的晶闸管电压 u_{T1} 波形，用实线表示。在第 I 段和第 II 段时，由于晶闸管 $\mathrm{VT_1}$ 导通，忽略导通压降故与横轴重合。在第 III 和第 IV 段期间，由于 $\mathrm{VT_3}$ 导通，$\mathrm{VT_1}$ 承受反压，其大小为线电压 $u_{\mathrm{ab}} = u_{\mathrm{a}} - u_{\mathrm{b}}$；在第 V 和第 VI 段期间，由于晶闸管 $\mathrm{VT_5}$ 导通，$\mathrm{VT_1}$ 承受反向电压，其大小为线电压 $u_{\mathrm{ac}} = u_{\mathrm{a}} - u_{\mathrm{c}}$。所以晶闸管应能承受峰值电压为 $\sqrt{2}U_{2\mathrm{l}}$。晶闸管及输出整流电压的情况如表 5-1 所示。

表 5-1　晶闸管导通情况及输出整流电压

时段	I	II	III	IV	V	VI
共阴极组中导通的晶闸管	$\mathrm{VT_1}$	$\mathrm{VT_1}$	$\mathrm{VT_3}$	$\mathrm{VT_3}$	$\mathrm{VT_5}$	$\mathrm{VT_5}$
共阳极组中导通的晶闸管	$\mathrm{VT_6}$	$\mathrm{VT_2}$	$\mathrm{VT_2}$	$\mathrm{VT_4}$	$\mathrm{VT_4}$	$\mathrm{VT_6}$
整流输出电压 u_{d}	$u_{\mathrm{a}}-u_{\mathrm{b}}=u_{\mathrm{ab}}$	$u_{\mathrm{a}}-u_{\mathrm{c}}=u_{\mathrm{ac}}$	$u_{\mathrm{b}}-u_{\mathrm{c}}=u_{\mathrm{bc}}$	$u_{\mathrm{b}}-u_{\mathrm{a}}=u_{\mathrm{ba}}$	$u_{\mathrm{c}}-u_{\mathrm{a}}=u_{\mathrm{ca}}$	$u_{\mathrm{c}}-u_{\mathrm{b}}=u_{\mathrm{cb}}$
晶闸管 $\mathrm{VT_1}$ 电压 u_{T1}	0	0	u_{ab}	u_{ab}	u_{ac}	u_{ac}

当 $\alpha \leqslant 60°$ 时，u_{d} 波形均连续，对于电阻负载，i_{d} 波形与 u_{d} 波形形状一样，也连续。三相桥式全控整流电路带电阻负载 $\alpha = 30°$ 时的波形如图 5-18 所示。

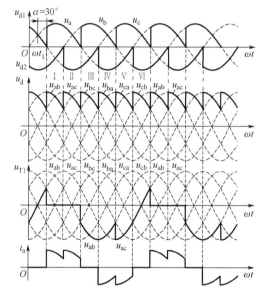

图 5-18　三相桥式全控整流电路带电阻负载 $\alpha = 30°$ 时的波形

画 u_{d} 波形有两种方法。

第一种是相电压合成法。如上所述，先画出在 $\alpha = 30°$ 时共阴极的电压波形和共阳极的电压波形，然后得到输出整流电压 u_{d}。每个晶闸管都是从自然换相点后移一个 α 角开始换相的。例如，晶闸管 $\mathrm{VT_1}$ 和 $\mathrm{VT_6}$ 导通时，共阴极和共阳极的电位为 u_{a} 和 u_{b}，输出线电压 $u_{\mathrm{d}} = u_{\mathrm{a}} - u_{\mathrm{b}} = u_{\mathrm{ab}}$，该线电压经过共阳极 b 相和 c 相间自然换相点，c 相电压虽然低于 b 相，但是 $\mathrm{VT_2}$ 尚未触发导通，因而 $\mathrm{VT_1}$、$\mathrm{VT_6}$ 继续导通输出电压 u_{ab}，直到经过自然换相点后 $\alpha = 30°$ 触发晶闸管 $\mathrm{VT_2}$ 导通，则 $\mathrm{VT_6}$ 受反压关断，电流由 $\mathrm{VT_6}$ 换到了 $\mathrm{VT_2}$，此时 $\mathrm{VT_1}$ 和 $\mathrm{VT_2}$ 导通，共阴极和共阳极的电位为 u_{a} 和 u_{c}，输出线电压 $u_{\mathrm{d}} = u_{\mathrm{a}} - u_{\mathrm{c}} = u_{\mathrm{ac}}$。其余类似。由波形分析可见，$\alpha = 30°$，输出整流电压减小。

第二种是线电压法。首先确定 $\alpha = 30°$ 位置，自然换相点或线电压交点向后移位 30°，图 5-18 中所示的 ωt_1 位置为起始位置，以 60° 宽度依次标定时段，根据表 5-1，直接在各时段中画出 u_{d} 由各段线电压组成，比如，在第 I 时段，画出 u_{ab}，在第 II 时段，画出 u_{ac}，以此类推，周而复始。晶闸管电压 u_{T1} 也可根据表 5-1 画出，相应地，画出变压器副边电流波形 i_a，在 VT$_1$ 导通时为正，在 VT$_4$ 导通时为负。由于是电阻性负载，i_a 形状与 i_d 波形一样或反向。

当控制角 $\alpha \leqslant 60°$ 时，由于输出电压 u_d 波形连续，负载电流 $i_d = \dfrac{u_d}{R}$，因此电流波形也连续，在一个周期内每个晶闸管导电120°。

当 $\alpha = 60°$ 时，如图 5-19 所示。从自然换相点后移60°划分时段表示为 I、II、III、IV、V、VI，根据表 5-1，分别画出输出整流电压 u_d 和晶闸管电压 u_{T1}。$\alpha = 60°$ 时，由于线电压过零时晶闸管关断，输出电压为零，电流波形变为临界连续。

当 $\alpha > 60°$ 时，用同样的地方法画出 u_d 波形，但是，晶闸管反向不能导通，电阻性负载，u_d 波形不能出现负值，每60°中有一段为零。图 5-20 所示为 $\alpha = 90°$ 时的波形，从自然换相点后移90°划分时段表示为 I、II、III、IV、V、VI，根据表 5-1，画出 u_d 波形。此时一个周期中每个晶闸管导电 2 次，每次时间为（120°－α）。为了保证晶闸管的两次导通，应使用双窄脉冲或宽脉冲触发晶闸管。负载电流 i_d、晶闸管电流 i_{T1} 和变压器副边电流 i_a 波形如图 5-20 所示。

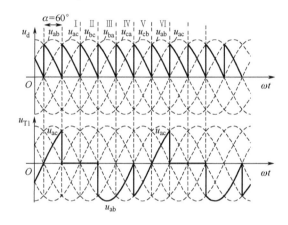

图 5-19 三相桥式全控整流电路带电阻
负载 α=60° 时的波形

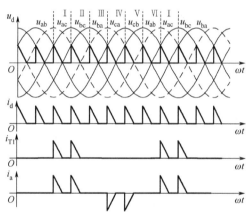

图 5-20 三相桥式全控整流电路带电阻
负载 α=90° 时的波形

$\alpha = 120°$ 时，输出电压为零。所以电阻负载时最大移相范围是120°。

（2）阻感负载时的工作情况

以图 5-21 所示电感性负载电路为例，对电路工作物理过程进行分析。假设电感较大，负载电流连续，i_d 波形平直。

先看控制角 $\alpha = 0°$ 的情况，即在电源电压正半周每个自然换相点依次触发晶闸管 VT$_1$、VT$_3$、VT$_5$，而在电源电压负半周每个自然换相点依次触发 VT$_4$、VT$_6$、VT$_2$。图 5-22 所示为工作波形。为了分析方便，将电源供电周期分成 6 段，每段60°。

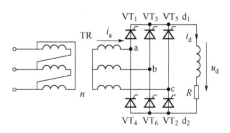

图 5-21 阻感负载时三相桥式全控整流电路原理图

与前述一样，晶闸管触发导通的原则是：共阴极组的晶闸管，哪个阳极电位最高时，那个晶闸管应触发导通；共阳极组的晶闸管，哪个阳极电位最低时，那个晶闸管应触发导通。输出整流电压 u_d 波形分析方法与电阻性负载一样，可以用线电压法。首先划分时段，第 I 段晶闸管 VT_1、VT_6 导通，负载的整流电压 u_d 为 $u_d = u_a - u_b = u_{ab}$，即为线电压 u_{ab}。第 II 段，晶闸管 VT_1、VT_2 导通，输出整流电压 u_d 为 $u_d = u_a - u_c = u_{ac}$。第 III 段晶闸管 VT_2、VT_3 导通整流电压 u_d 为 $u_d = u_b - u_c = u_{bc}$。以后各阶段依次输出为 u_{ba}，u_{ca}，u_{cb}，u_{ab}，u_{ac}…。

电感性负载三相桥式全控整流电路中的晶闸管导通规律与电阻性负载一样，包括晶闸管导通顺序、相位差、共阴极组和共阳极组应各有一个晶闸管导通、采用宽脉冲或双窄脉冲触发等。图 5-22 所示为三相桥式全控整流电路带阻感负载 $\alpha = 0°$ 时的波形，电感较大时，负载电流 i_d 连续，波形平直，晶闸管电流 i_{T1} 在 VT_1 导通时等于 i_d，关断时为零。

当控制角不为零时，晶闸管在触发导通前承受正向电压，其大小与 α 有关。

现在分析 $\alpha < 60°$ 时的工作波形，当 $\alpha = 30°$ 时，波形如图 5-23 所示。此时每个晶闸管是从自然换相点后移一个 α 角开始换相。首先确定 $\alpha = 30°$ 位置，自然换相点或线电压交点向后移位 $30°$，以 $60°$ 依次标定时段，同样根据表 5-1，直接在各时段中画出 u_d 所对应的线电压，在第 I 时段，画出 u_{ab}，在第 II 时段，画出 u_{ac}，以此类推，周而复始。电感极大时，负载电流 i_d 连续，波形平直，同时画出变压器副边电流波形 i_a，在 VT_1 导通时为正，在 VT_4 导通时为负。形状与大小与 i_d 波形一样或反向。由 u_d 波形可见，由于 $\alpha = 30°$，使得输出线电压的包络面积减小了，因而使输出整流电压减小。

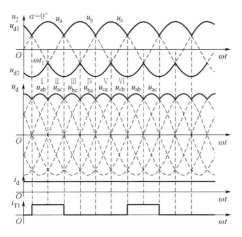

图 5-22 三相桥式全控整流电路带阻感负载 $\alpha=0°$ 时的波形

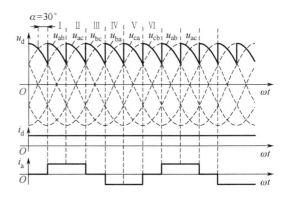

图 5-23 三相桥式全控整流电路带阻感负载 $\alpha=30°$ 时的工作波形

当 $\alpha > 60°$ 时，比如当 $\alpha = 90°$ 时，波形如图 5-24 所示。无论是相电压还是线电压都经历由正变负的过程，当线电压瞬时值过零变负时，如果是电阻性负载，晶闸管不能继续导通。但负载为电感性负载且电感值极大时，由于电感释放能量维持原方向电流，导通的晶闸管继续导通，整流输出电压出现负压，从而使整流输出平均电压进一步减小。同样要确定 $\alpha = 90°$ 时的位置，划分时段 I、II、III、IV、V、VI，分别画出输出整流电压 u_d 和晶闸管电压 u_{T1}。

从图 5-24 在 $\alpha = 90°$ 时的工作波形中可以看出，当电流连续时，输出电压波形正负两部分面积相等，因而输出平均电压等于零。从此也可见，电感性负载当电感大小能保证输出电流连续时，控制角 α 的最大移相范围为 $90°$。

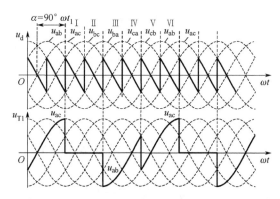

图 5-24　三相桥式全控整流电路带阻感负载 $\alpha=90°$ 时的工作波形

（3）定量分析

下面计算输出整流电压与控制角 α 的关系。

电阻负载且当 $0°\leqslant\alpha\leqslant60°$ 时，或者电感性负载时，u_d 波形连续，整流输出电压也一样。输出电压波形每隔 $\pi/3$ 重复一次，所以计算输出电压平均值在 $60°$ 周期内取其平均值即可。

$$U_\mathrm{d}=\frac{1}{\frac{\pi}{3}}\int_{\frac{\pi}{3}+\alpha}^{\frac{2\pi}{3}+\alpha}\sqrt{2}U_{2l}\sin\omega t\mathrm{d}(\omega t)=1.35U_{2l}\cos\alpha=2.34U_2\cos\alpha \tag{5-34}$$

从式（5-34）也可得，当 $\alpha=90°$ 时 $U_\mathrm{d}=0$，即阻感负载时最大控制角移相范围为 $90°$。

电阻负载且当 $60°<\alpha<120°$ 时，电流断续，输出电压平均值为

$$U_\mathrm{d}=\frac{1}{\frac{\pi}{3}}\int_{\frac{\pi}{3}+\alpha}^{\pi}\sqrt{2}U_{2l}\sin\omega t\mathrm{d}(\omega t)=2.34U_2[1+\cos(\frac{\pi}{3}+\alpha)] \tag{5-35}$$

由式（5-35）也可见，$\alpha=\frac{2\pi}{3}$ 时，$U_\mathrm{d}=0$，即电阻负载时最大移相范围为 $120°$。输出电流平均值为 $I_\mathrm{d}=\frac{U_\mathrm{d}}{R}$。

当整流变压器副边为图 5-21 所示的采用星型接法且带阻感负载时，变压器二次侧电流波形如图 5-23 所示，其有效值为

$$I_2=\sqrt{\frac{1}{2\pi}\left(I_\mathrm{d}^2\times\frac{2}{3}\pi+(-I_\mathrm{d})^2\times\frac{2}{3}\pi\right)}=\sqrt{\frac{2}{3}}I_\mathrm{d}=0.816I_\mathrm{d} \tag{5-36}$$

晶闸管电压、电流等的定量分析与三相半波时一致。

根据式（5-36），可以得到输入视在功率 $3U_2I_2$ 与 I_d 的关系，在忽略损耗情况下输入侧的有功功率为 $U_\mathrm{d}I_\mathrm{d}$，这样就可以计算出输入侧的功率因数；另外，变压器二次侧电流 i_2 为方波，展开成傅里叶级数，可以计算变压器二次侧的总谐波畸变因数 THD，感兴趣的读者可自行分析。

接反电势阻感负载时，在负载电流连续的情况下，电路工作情况与电感性负载时相似，电路中各处电压、电流波形均相同，仅在计算 I_d 时有所不同，接反电势阻感负载时的 I_d 为

$$I_\mathrm{d}=\frac{U_\mathrm{d}-E}{R} \tag{5-37}$$

式中，R 和 E 分别为负载中的电阻值和反电动势的值。

【例题 5-3】三相桥式全控整流电路，输入交流侧电压 $U_2=110\mathrm{V}$，带阻感反电动势负载，$R=3\Omega$，L 值极大，$E=20\mathrm{V}$，当 $\alpha=60°$ 时，求：

① 画出整流电压 u_d、电流 i_d 和通过晶闸管电流 i_{T1} 的波形。

② 计算整流输出平均电压 U_d、电流 I_d、通过晶闸管电流平均值 I_{dT} 和有效值 I_T。

③ 如果该整流电路为三相半波可控整流电路，其他参数不变，整流输出平均电压 U_d 为多少？

解：① 整流电压 u_d、电流 i_d 和通过晶闸管电流 i_{T1} 的波形如图 5-25 所示。

② 整流输出平均电压 U_d、电流 I_d、通过晶闸管电流平均值 I_{dT} 和有效值 I_T 为

$$U_d = 2.34 U_2 \cos\alpha = 2.34 \times 110 \times \cos 60° = 128.7 \ （V）$$

$$I_d = \frac{U_d - E}{R} = \frac{128.7 - 20}{3} = 36.2 \ （A）$$

$$I_{dT} = \frac{I_d}{3} = \frac{36.2}{3} = 12.1 \ （A）$$

$$I_T = \frac{I_d}{\sqrt{3}} = \frac{36.2}{\sqrt{3}} = 20.9 \ （A）$$

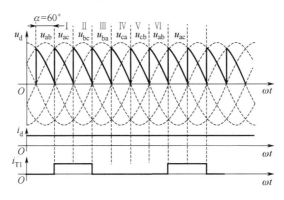

图 5-25　例题 5-3 三相桥式全控整流电路波形图

③ 如果该整流电路为三相半波可控整流电路，整流输出平均电压为

$$U_d = 1.17 U_2 \cos\alpha = 1.17 \times 110 \times \cos 60° = 64.4 \ （V）$$

式中，$U_d > E$，该电路能够正常工作。

三相桥式可控整流电路输出电压波形为 6 个波头，比单相桥式可控整流电路的输出电压波形脉动小。可以说，在一个工频周期内，输出电压波形波头数 m 越多，输出电压越平直，当然，各波头的相位差应为 $2\pi/m$ 的倍数。利用整流变压器绕组连接，以及三相桥式可控整流电路串联或并联可构成 12 脉波等多相整流电路。

5.2.3　触发电路的定相

在 2.1.1 节中讲述了同步信号为锯齿波的触发电路，同步信号就是给各晶闸管触发器提供与晶闸管承受的电源电压保持适合相位关系的电压，让各触发器在对应的电压作用下，使其触发脉冲的相位出现在应被触发的晶闸管承受正向电压的区间，确保主电路各晶闸管能按要求触发导通。在图 2-4 所示的驱动控制电路中，同步信号电压是由同步电源电压 u_{ST} 供给的。由于各晶闸管所承受的电压相位不同，要求的同步电源电压的相位也不一样，可以根据变压器的不同连接方式来得到。

本节分析触发电路的定相，触发电路的定相指的是触发电路应保证每个晶闸管触发的脉冲与施加于晶闸管的交流电压保持固定、正确的相位关系。其基本方法是利用一个同步变压器保证触发电路和主电路频率一致，其实质是选择同步电源电压信号，以保证触发脉冲相位正确，确定同步信号与晶闸管阳极电压的关系。在 2.1.1 节中，已经分析了同步电源电压信号与锯齿波的相位关系，图 2-8 也给

出了同步电压与锯齿波电压的关系，下面说明几个与触发电路的定相有关的问题。

① 锯齿波宽度为 240° 左右。调节图 2-4 中的 R_1C_1 可使锯齿波的上升段为 240°，上升段起始的 30° 和终了的 30° 线性度不好，舍去不用，使用中间的 180°，满足一些整流电路移相范围为 180° 的要求。

② 锯齿波的中点处于 $\alpha = 90°$ 的位置。因为 $\alpha = 90°$ 是整流与逆变的分界角度，输出电压 $U_d = 0$，而且该点可以使锯齿波向前向后各有 90° 的移相范围，即当控制电压为正且增加时，控制角逐渐减小，输出整流电压正值也增大，当控制电压为负且反向增加时，输出逆变电压负值也增大。具体触发电路中，可加直流偏置电压 u_P 使锯齿波下移，使中点与横轴相交，当控制电压 $u_K = 0$ 时，锯齿波中点产生触发脉冲相当于在 $\alpha = 90°$ 产生触发脉冲。

③ 根据以上两点，在图 2-8 的基础上，再画出电源电压如图 5-26 所示，如果将这一触发电路的触发脉冲用来触发阳极接 +a 相的晶闸管，可以从图中直接看出触发电路的同步电源电压信号应与该晶闸管阳极电压 u_a 反相。这个结论具体验算如下：①锯齿波的起始点与同步信号从正到负过零点对应。②锯齿波的中点距离起始点为 120°（宽度 240°）对应 u_a 的 $\alpha = 90°$，那么也就对应主电源电压 u_a 的相角 $\omega t = 120°$，说明主电源电压 u_a 的零点与锯齿波零点对应。根据以上两点：锯齿波起始点对应主电源电压 u_a 从负到正的零点，也对应同步信号从正到负过零点，所以，同步电压应与被触发晶闸管阳极电压反相。具体来说，比较 u_a 与同步电源电压信号的相位，显然应选择 -a 相电压（"−" 表示反相，"+" 表示同相，下同）作为这一触发电路的同步变压器交流输入电压，这样，相位就满足了触发电路的同步要求。

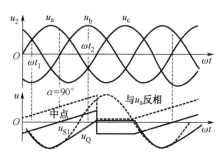

图 5-26　与主电源同步的锯齿波电压

所以，触发电路的同步电源电压信号应与该晶闸管阳极电压反相，或相位差 180°，同理，若某晶闸管阴极接电源，则触发电路的同步电源电压信号应与该晶闸管阴极电压同相位。现以用于三相桥式全控电路中同步电压为锯齿波的触发电路为例，来说明如何选择同步电源电压。

三相全控桥电路中，6 个晶闸管的触发脉冲依次相隔 60°，所以输入的同步电源电压相位也必须依次相隔 60°。这 6 个同步电源电压通常用一台具有 2 组二次绕组的三相变压器获得。下面以某一相为例，分析如何确定同步电源电压。图 5-27（a）中，当主电源变压器接法为 △/Y-5 时，同步变压器应采用 △/Y-11 接法获得 -a、-b、-c 各相同步电压，采用 △/Y-5 接法以获得 +a、+b、+c 各相同步电压。图 5-27（b）所示为主电路电压与同步电源电压的相位关系。根据相位关系，VT_1 晶闸管阳极电压为 $+u_a$，其触发电路的同步电源电压应选与阳极电压反相的 $-u_{sa}$，VT_4 晶闸管阴极电压为 $+u_a$，相当于阳极电压为 $-u_a$，其触发电路的同步电源电压应选与阳极电压反相的 $+u_{sa}$。其他晶闸管触发电路的同步电源电压可根据图 5-27 所示的同步变压器和整流变压器的接法及各电压相位关系，同理推之。

对于各种不同的系统，同步电源与主电源的相位关系是不同的，应根据具体情况按上述原则选取同步变压器的连接方法，采用图 5-27 所示的变压器接法时，三相全控桥各晶闸管的同步电源电压选取如表 5-2 所示。

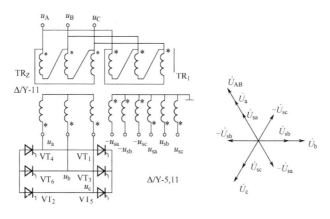

（a）同步变压器的接法　　　　　　　（b）矢量图

图 5-27　同步变压器和整流变压器的接法及矢量图

表 5-2　一种三相全控桥各晶闸管的同步电源电压

晶闸管	VT$_1$	VT$_2$	VT$_3$	VT$_4$	VT$_5$	VT$_6$
主电路电压	$+u_a$	$-u_c$	$+u_b$	$-u_a$	$+u_c$	$-u_b$
同步电源电压	$-u_{sa}$	$+u_{sc}$	$-u_{sb}$	$+u_{sa}$	$-u_{sc}$	$+u_{sb}$

为防止电网电压波形畸变对触发电路产生干扰，可对同步电压进行 RC 滤波，当 RC 滤波器滞后角为 60°时，同步电源电压选取结果如表 5-3 所示。例如，VT$_1$ 晶闸管的阳极电压为 $+u_a$，其触发电路的同步电压应与阳极电压反相，由于已经有 60°的滞后角，则应选同步电压比 $+u_a$ 滞后 120°。该同步电压为 $+u_{sb}$，这样 $+u_{sb}$ 再经过 60°的滤波，到触发电路输入侧的同步信号滞后了 180°，即反相。其他同步信号的选择类似。

表 5-3　三相桥各晶闸管的同步电压（有 RC 滤波滞后 60°）

晶闸管	VT$_1$	VT$_2$	VT$_3$	VT$_4$	VT$_5$	VT$_6$
主电路电压	$+u_a$	$-u_c$	$+u_b$	$-u_a$	$+u_c$	$-u_b$
同步电源电压	$+u_{sb}$	$-u_{sa}$	$+u_{sc}$	$-u_{sb}$	$+u_{sa}$	$-u_{sc}$

5.3　变压器漏感对整流电路的影响

前面分析可控整流电路的工作过程，都是忽略电源变压器漏抗的影响，认为晶闸管的换流是瞬时完成的。实际上，由于变压器存在漏抗，在换相时，电流不能突然变化，因而换相过程需要一定的时间来完成。

5.3.1　换相的物理过程和整流电压波形

现以三相半波可控整流电路电感性负载为例，如图 5-28 所示，讨论换相的物理过程，分析变压器漏抗对输出整流电压的影响。

假设负载为大电感负载，输出电流为恒定值 I_d，变压器每相初级绕组漏感折合到次级用一个集中电感 L_B 表示。由于漏感 L_B 有阻止电流变化的作用，所以当在 α 角触发 b 相上的晶闸管 VT$_2$ 时，b

相电流 i_b 不能瞬时突变到 I_d，而是从零逐渐上升到 I_d。同时，流经 VT_1 和 a 相的电流 i_a 也不能瞬时降为零，而是逐渐减小到零，因而换相有一时间过程，直到 i_a 降到零，i_b 上升到 I_d，换相过程结束，VT_1 关断，电流从 a 相换到 b 相。换相期间所对应的角度 γ 称为换相重叠角。

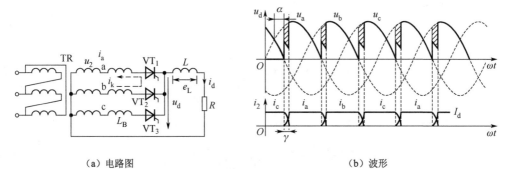

（a）电路图　　　　　　　　　　　　（b）波形

图 5-28　考虑漏感影响时的三相半波可控整流电路电感性负载

在换相期间，两相晶闸管 VT_1 和 VT_2 同时导通，相当于 a、b 两相间短路，短路电压即相间电位差 $u_b - u_a$，它在两相回路中产生一个假想的短路环流 i_k，如图 5-28（a）中虚线所示。由于两相都有电感 L_B，所以 i_k 是逐渐增加的，a 相电流为 $i_a = I_d - i_k$，b 相电流为 $i_b = i_k$，当 $i_b = i_k$ 增长到 I_d 时，i_a 下降到零，晶闸管 VT_3 关断，完成了换相过程。忽略晶闸管上压降和变压器内阻压降，短路电压与回路中的漏感电势相平衡，则有

$$u_b - u_a = 2L_B \frac{di_k}{dt} \tag{5-38}$$

在换相过程中，整流电压为

$$u_d = u_b - L_B \frac{di_k}{dt} = u_b - \frac{u_b - u_a}{2} = \frac{u_b + u_a}{2} \tag{5-39}$$

式（5-39）表明，换相期间，输出整流电压是换相的两相相电压的平均值，其整流电压的波形如图 5-28（b）所示。

5.3.2　换相压降和换相重叠角

由于变压器漏抗的存在，使输出整流电压的平均值有所下降，其减小的数值即图 2-36（b）中阴影表示的面积。它是负载电流 I_d 在换相期间引起的电压降，故称为换相压降，用 ΔU_d 表示，下面直接给出换相压降的计算公式而不进行详细推导。

对于 m 相可控整流电路，一个周期中有 m 个波头，换相 m 次，其换相压降

$$\Delta U_d = \frac{mX_B}{2\pi} I_d \tag{5-40}$$

式（5-40）中 $X_B = \omega L_B$ 称为变压器漏抗，对于单相桥式全控整流电路来说，由于 X_B 在一周期的两次换相中都起作用，用 $2X_B$ 代入。

考虑漏抗造成换相压降后，输出整流电压平均值为

$$U_d = U_{d0} \cos\alpha - \frac{mX_B}{2\pi} I_d \tag{5-41}$$

式中，U_{d0} 为 $\cos\alpha = 0°$ 时不考虑漏抗影响的整流电压平均值，对于单相桥式可控整流电路电感性负载，$U_{d0} = 0.9U_2$，对于三相半波可控整流电路 $U_{d0} = 1.17U_2$，三相桥式可控整流电路 $U_{d0} = 2.34U_2$。

由式（5-40）可知，换相压降 ΔU_d 正比于负载电流 I_d，负载电流越大，换相压降越大，就其对

输出整流电压平均值的影响而言，相当于在整流电源增加了一项"内阻"，其值为 $\dfrac{mX_B}{2\pi}$。但是这项感抗"内阻"，并不消耗功率。

换相重叠角 γ 是由于电路中存在漏感引起的，在实际工程应用中，往往根据整流变压器的规格，查阅电工手册来获得额定工况下的换相重叠角 γ，下面直接给出换相重叠角的计算公式而不进行详细推导。

对于 m 相可控整流电路，换相重叠角

$$\cos\alpha - \cos(\alpha+\gamma) = \frac{X_B I_d}{\sqrt{2}U_2 \sin\dfrac{\pi}{m}} \tag{5-42}$$

或

$$\gamma = \cos^{-1}(\cos\alpha - \frac{X_B I_d}{\sqrt{2}U_2 \sin\dfrac{\pi}{m}}) - \alpha \tag{5-43}$$

式中的符号含义与前面相同。

由式（5-43）可以看出，当 α 一定时，I_d、X_B 越大，换相重叠角就越大。这是由于 I_d、X_B 越大，漏感中储存能量越多，换相过程加长，换相重叠角增加。当 I_d、X_B 不变时，控制角 α 增大，电源供给能量减少，能量释放快，换相重叠角 γ 减小。已知电路的形式和参数 X_B，根据负载电流 I_d 和控制角 α 的大小，就可以利用式（5-43）计算出换相重叠角，详细计算见表 5-4。

表 5-4 各种整流电路换相压降和换相重叠角的计算

电路形式	单相全波	单相全控桥	三相半波	三相全控桥	m 脉波整流电路
ΔU_d	$\dfrac{X_B}{\pi}I_d$	$\dfrac{2X_B}{\pi}I_d$	$\dfrac{3X_B}{2\pi}I_d$	$\dfrac{3X_B}{\pi}I_d$	$\dfrac{mX_B}{2\pi}I_d$
$\cos\alpha - \cos(\alpha+\gamma)$	$\dfrac{I_d X_B}{\sqrt{2}U_2}$	$\dfrac{2I_d X_B}{\sqrt{2}U_2}$	$\dfrac{2X_B I_d}{\sqrt{6}U_2}$	$\dfrac{2X_B I_d}{\sqrt{6}U_2}$	$\dfrac{I_d X_B}{\sqrt{2}U_2 \sin\dfrac{\pi}{m}}$

表 5-4 最右列为通用式子，注意两点：①单相全控桥电路中，由于 X_B 在一周期的两次换相中都起作用，用 $2X_B$ 代入；②三相桥 $m=6$，相电压按 $U_{2l}=\sqrt{3}U_2$ 代入。

变压器漏抗有利于限制短路电流，使电流变化比较平缓，对限制晶闸管的 $\mathrm{d}i/\mathrm{d}t$ 有利。但由于漏感的存在，使晶闸管之间的换流不能瞬时完成，出现两相晶闸管同时导通的情况。在换相期间相当于两相短路，产生换相压降，使相电压与线电压波形出现缺口，造成电网电压波形发生畸变。它将成为一个干扰源，不仅影响变流装置，使其功率因数下降，输出电压调整率降低，而且由于电压脉动程度增加，谐波分量加大，对电网上的其他用电设备造成不良影响。此外，电压波形中缺口将使晶闸管承受的 $\mathrm{d}u/\mathrm{d}t$ 值加大，对晶闸管的工作不利。因此在晶闸管容量较大时，必须采取加装滤波器等方法拉平缺口，减少谐波分量对电网的影响。

5.4　可控整流电路的有源逆变工作状态

本章前面讨论的是把交流电能通过晶闸管变换为直流电能并供给负载，即可控整流电路。但在生产实际中，往往出现需要将直流电能变换为交流电能与整流相反的过程。例如，应用晶闸管的电

力机车，当机车下坡运行时，机车上的直流电动机由于机械能的作用将作为直流发电动机运行，此时就需要将直流电能变换为交流电能回送电网，以实现电动机制动。又例如，运转中的直流电动机，要实现快速制动，较理想的办法是将该直流电动机作为直流发电动机运行，并利用晶闸管将直流电能变换为交流电能回送到电网，从而实现直流电动机的发电制动。

相对于整流而言，逆变是它的逆向过程，也有称整流为顺变，则逆变的含义就十分明显了。下面的有关分析将会说明：整流装置在满足一定条件下可以作为逆变装置应用，即同一套电路，既可以工作在整流状态，也可以工作在逆变状态，这样的电路统称为变流装置。由于变流装置交流侧连接交流电源，所以本节所研究的逆变专指有源逆变。

5.4.1 单相可控整流电路的有源逆变分析

1. 电源间能量的流转关系

分析有源逆变电路工作时，正确把握住电源间能量的流转关系至关重要。整流和有源逆变的根本区别就表现在能量传送方向上的不同，下面针对图 5-29 所示的电路进行分析。

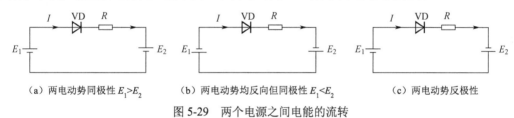

（a）两电动势同极性 $E_1 > E_2$ 　　（b）两电动势均反向但同极性 $E_1 < E_2$ 　　（c）两电动势反极性

图 5-29　两个电源之间电能的流转

图 5-29（a）表示直流电源 E_1 和 E_2 同极性相连。当 $E_1 > E_2$ 时，回路中的电流为

$$I = \frac{E_1 - E_2}{R} \tag{5-44}$$

式中，R 为回路的总电阻。此时电源 E_1 输出电能（$E_1 I$），其中一部分为 R 所消耗（$I^2 R$），其余部分则为电源 E_2 所吸收（$E_2 I$）。注意上述情况中，输出电能的电源其电势方向与电流方向一致，而吸收电能的电源与电流方向相反，另外，如果 $E_2 > E_1$，则无能量流转。

在图 5-29（b）中，两个电源的极性均与图 5-29（a）中相反，如果电源 $E_2 > E_1$，则电流方向如图，回路中的电流 I 为

$$I = \frac{E_2 - E_1}{R} \tag{5-45}$$

此时，电源 E_2 输出电能，电源 E_1 却吸收电能。由于电路中存在二极管 VD，电流只能在一个方向流通，两个电源的极性均应反向，才有能量流转。如果 $E_2 < E_1$，则无能量流转。

在图 5-29（c）中，两个电源反极性相连，则电路中的电流 I 为

$$I = \frac{E_1 + E_2}{R} \tag{5-46}$$

此时，电源 E_1 和 E_2 均同时输出电能，输出的电能全部消耗在电阻 R 上，如果电阻值很小，则电路中的电流必然很大，若 $R \approx 0$ 则形成两个电源几乎短路的情况。

综上所述，可得出下面有关结论。

① 两电源同极性相连，电流总是顺着二极管导通方向从高电势流向低电势电源，其电流的大小取决于两个电势之差与回路总电阻的比值。如果回路电阻很小，则很小的电势差，也足以形成较大的电流，两电源之间发生较大能量的交换。

② 电流从电源的正极流出时，该电源输出电能。而电流从电源的正极流入时，该电源吸收电能。其输出或吸收功率的大小由电势与电流的乘积来决定，若两个电势方向、大小都改变，则电能的传送方向也随之改变。

③ 两个电源反极性相连时，如果电路的总电阻很小，将形成电源间的短路，应当避免。

2．单相有源逆变电路的工作原理

为便于分析有源逆变电路的工作原理，现以单相全控桥晶闸管整流电路对直流电动机供电的系统为例加以说明。具体电路如图 5-30 所示。图中，直流电动机带动的设备为卷扬机。

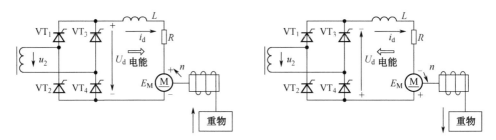

（a）提升重物（整流电动）示意图　　　　　（b）下放重物（能量回馈）示意图

图 5-30　SCR-M 系统电路原理图

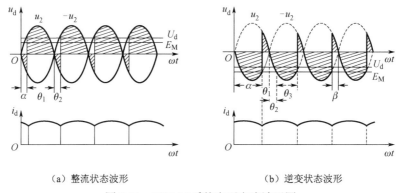

（a）整流状态波形　　　　　　　　　（b）逆变状态波形

图 5-31　SCR-M 系统电压电流波形图

卷扬系统中，当单相全控整流桥控制角 α 在 $0 \sim \pi/2$ 之间的某个对应角度触发晶闸管，U_d 为正值，如图 5-30（a）所示。在该电压作用下，直流电动机转动，卷扬机将重物提升起来。当重物放下时，由于重力对重物的作用，必将牵动电动机使之与重物上升的相反方向转动，电动机产生的反电势 E_M 的极性也将随之反相，如果变流器仍工作在 $\alpha < \pi/2$ 的整流状态，从上面曾分析过的电源能量流转关系不难看出，此时将发生电源间类似短路的情况。为此，只能让变流器工作在 $\alpha > \pi/2$ 的状态，因为当 $\alpha > \pi/2$ 时，其输出直流平均电压 U_d 为负，出现类似图 5-30（b）中两电源极性同时反向的情况，有关波形如图 5-31（b）所示。此时如果能满足 $|E_M| > |U_d|$，则回路中的电流为

$$I_d = \frac{|E_M| - |U_d|}{R} = \frac{U_d - E_M}{R} \tag{5-47}$$

电流的方向是从电势 E_M 的正极流出，从电压 U_d 的正极流入。显然，这时电动机为发电状态运行，对外输出电能，变流器则吸收上述能量并馈送回交流电网，此时的电路进入到有源逆变工作状态。

现在应深入分析的问题是，上述电路在 $\alpha > \pi/2$ 时是否能够工作？如何理解此时输出直流平均电压 U_d 为负值的含义？

上述晶闸管供电的卷扬系统中，当重物下降，电动机反转并进入发电状态运行时，电动机电势

E_M 实际上成了使晶闸管正向导通的电源：当 $\alpha > \pi/2$ 时，只要满足 $E_M > |u_2|$，则晶闸管可以导通工作，此期间内，电压 u_d 大部分时间均为负值，其平均电压 U_d 自然为负，电流则依靠电动机电势及 L 两端感应电势共同作用加以维持。正因为上述工作的特点，使之出现电动机输出能量，变流器吸收并通过变压器向电网回馈能量的情况。

由于电流方向未变，故电动机电磁转矩方向也保持不变，由于此时电动机已反向旋转，上述电磁转矩为制动转矩。若制动转矩与重力形成的机械转矩平衡时，重物匀速下降，电动机运行于发电制动状态。如图 5-31（b）所示，$\alpha > \pi/2$，$u_2 > 0$，触发晶闸管 VT$_1$ 和 VT$_4$ 导通，在 θ_1 期间 $u_2 > 0$，晶闸管 VT$_1$ 和 VT$_4$ 承受正向电压导通。在 θ_2 期间虽然 $u_2 \leq 0$，但 $u_2 > E_M$，晶闸管 VT$_1$ 和 VT$_4$ 承受正向电压继续导通。在 θ_3 期间虽然 $u_2 \leq E_M$，但由于电感 L 储能释放能量，使晶闸管 VT$_1$ 和 VT$_4$ 承受正向电压继续导通，直到 θ_3 结束，此时触发晶闸管 VT$_2$ 和 VT$_3$，由于 $u_2 < 0$，VT$_2$ 和 VT$_3$ 承受正向电压导通，工作情况与前段类似。在 θ_1、θ_2 和 θ_3 期间，当 u_2 大于 E_M 和电阻压降之和时，电流 i_d 增加，反之减小。

由上面所分析的单相全控桥有源逆变工作的情况，不难得出下述实现有源逆变的基本条件。

① 外部条件

务必要有一个极性与晶闸管导通方向一致的直流电势源。这种直流电势源可以是直流电动机的电枢电势，也可以是蓄电池电势。它是使电流从变流器的直流侧回馈交流电网的源泉，其数值应稍大于变流器直流侧输出直流平均电压。

② 内部条件

要求变流器中晶闸管的控制角 $\alpha > \pi/2$，这样才能使变流器直流侧输出一个负的平均电压，以实现直流电源的能量向交流电网的流转。

上述两个条件必须同时具备才能实现有源逆变。

对于半控桥或者带有续流二极管的可控整流电路，因为它们在任何情况下均不可能输出负电压，也不允许直流侧出现反极性的直流电势，所以不能实现有源逆变。

有源逆变条件的获得，必须视具体情况进行分析。例如上述的直流电动机拖动卷扬机系统，电动机电势 E_M 的极性可随重物的提升与下降自行改变并满足逆变的要求。对于电力机车，上下坡道行驶时，因车轮转向不变，故在下坡发电制动时，其电动机电势 E_M 的极性不能自行改变，为此必须采取相应措施，例如可利用极性切换开关来改变电动机电势 E_M 的极性，否则系统将不能进入有源逆变状态运行。

5.4.2　三相整流电路的有源逆变工作状态

1. 三相半波逆变电路

根据上面的讨论，三相半波逆变电路与三相半波可控整流电路的主回路结构是一致的，本节主要针对共阴极接法的三相半波逆变电路进行分析，至于共阳极的结构，其逆变工作原理是相同的。三相半波整流和逆变电路及波形如图 5-32 所示。负载为直流电动机，回路中具有平波电感 L。

在控制角 $0 < \alpha < \pi/2$ 范围内，输出平均电压 U_d 和电动机电势 E_M 的极性如图 5-32（a）所示，电路处于整流工作状态,输出电压的波形如图 5-32（c）。在图 5-32（b）中，假设此时电动机端电势已反向，即下正上负。设控制角 $\alpha = 150°$，依次触发相应晶闸管，如图 5-32（d），在 ωt_1 所在时刻触发 a 相晶闸管 VT$_1$，虽然此时 $u_a = 0$，但晶闸管 VT$_1$ 因承受 E_M 的作用，仍可满足导电条件而工作，并相应输出 u_a 相电压，VT$_1$ 被触发导通后，虽然 u_a 已为负值，因 E_M 的存在，且 $|E_M| > |u_a|$，VT$_1$ 仍然承受正向电压而导通，即使不满足 $|E_M| > |u_a|$，由于平波电感释放电能，L 的感应电势最终仍可使 VT$_1$ 承受正向电压继续导通。因电感 L 足够大，主回路电流连续，VT$_1$ 导电 120° 后 VT$_2$ 被触发，由

于此时 $u_b > u_a$，VT$_2$ 被触发导通，故 VT$_1$ 承受反压关断，完成 VT$_1$ 与 VT$_2$ 之间的换流，这时电路输出电压为 u_b，VT$_2$ 导电 120° 后 VT$_3$ 被触发……，按 3 个晶闸管轮换导通继续循环工作。

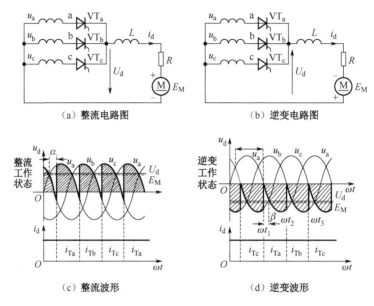

（a）整流电路图   （b）逆变电路图

（c）整流波形   （d）逆变波形

图 5-32   三相半波电路及波形

电路输出电压的波形如图 5-32（d）中阴影所示。当 α 在 $\pi/2 \sim \pi$ 范围内变化时，其输出电压的瞬时值 u_d 在整个周期内也有正有负或者全部为负，负电压面积将总是大于正面积。故输出电压的平均值 U_d 为负值，其极性如图为下正上负。此时，电动机端电势 E_M 稍大于 U_d，主回路电流 I_d 方向依旧，但它是从 E_M 的正极流出，从 U_d 的正极流入，这时电动机向外输出能量，作为发电动机状态运行，交流电网吸收能量，电路作为有源逆变状态运行。因晶闸管 VT$_1$、VT$_2$、VT$_3$ 交替导通工作完全与交流电网变化同步，从而可以保证能够把直流电能变换为与交流电源同频率的交流电回馈电网。一般均采用直流侧的电压和电流平均值来分析变流器所连接的交流电网，判断究竟是输出功率还是输入功率，这样，变流器中交流电源与直流电源能量的流转就可以按有功功率 $P_d = U_d I_d$ 来分析，整流状态时，$U_d > 0$，$I_d > 0$ 则表示电网输出功率；逆变状态时，$U_d < 0$，$P_d < 0$ 则表示电网吸收功率。

在整流状态中，变流器内的晶闸管在阻断时主要承受反向电压。而在逆变状态工作中，晶闸管阻断时主要承受的则为正向电压。变流器中的晶闸管，无论是整流或是逆变，其阻断时承受的正向或反向电压峰值均应为线电压的峰值，在选择晶闸管额定参数时应予注意。

为分析和计算方便起见，通常把逆变工作时的控制角改用 β 表示，令 $\beta = \pi - \alpha$，称为逆变角。规定 $\alpha = \pi$ 时作为计算 β 的起点，和 α 的计量方向相反，β 的计量方向是由右向左。变流器整流工作时 $\alpha < \pi/2$，相应的 $\beta > \pi/2$，而在逆变工作时 $\alpha > \pi/2$，相应的 $\beta < \pi/2$。

逆变时，其输出电压平均值的计算公式可改写成

$$U_d = U_{d0} \cos \alpha = -U_{d0} \cos \beta \tag{5-48}$$

三相半波时 $U_{d0} = 1.17U_2$。式（5-48）表明，用 α 或 β 都可以计算输出电压平均值。当 β 从 $\pi/2$ 逐渐减小时，其输出电压平均值 U_d 的绝对值逐渐增大，其符号为负值。

逆变电路中，晶闸管之间的换流完全由触发脉冲控制，输出电压趋势总是从刚结束换流的高电压向更低的阳极电压过渡。这样，对触发脉冲就提出了格外严格的要求，其脉冲必须严格按照规定的顺序发出，而且要保证触发可靠，否则极容易造成因晶闸管之间的换流失败而导致逆变颠覆。

2. 三相桥式逆变电路

三相桥式逆变电路必须采用三相全控桥。其主电路的结构与三相全控桥式整流电路完全相同，相当于共阴极三相半波与共阳极三相半波逆变电路的串联，其逆变工作原理的分析方法与三相半波逆变电路基本相同。因其变压器不存在直流磁势，利用率高，而且输出电压脉动较小，主回路所需电抗器的电感量较三相半波小，故应用较广泛。

（1）逆变工作原理及波形分析

三相桥式逆变电路结构与三相桥式可控整流电路相同。如果变流器输出电压 U_d 与直流电动机电势 E_M 的极性与整流时均相反，当电势 E_M 绝对值略大于平均电压 U_d 的绝对值时，电流 I_d 的流向是从 E_M 的正极流出，而从 U_d 的正极流入，即电动机向外输出能量，作发电状态运行；变流器则吸收能量并以交流形式回馈到交流电网，此时电路即为有源逆变工作状态。

电势 E_M 的极性由电动机的运行状态决定，而变流器输出电压 U_d 的极性则取决于触发脉冲的控制角。欲得到上述有源逆变的运行状态，显然电动机应作发电状态运行，而变流器晶闸管的触发控制角 α 应大于 $\pi/2$，或者逆变角 β 小于 $\pi/2$。有源逆变工作状态下，电路中输出电压的波形如图 5-33 所示。晶闸管导通的大部分区域对应交流电的负电压，但晶闸管在大部分区域由于 E_M 的作用仍承受极性为正向的电压，所以晶闸管能够导通，输出的平均电压为负值。

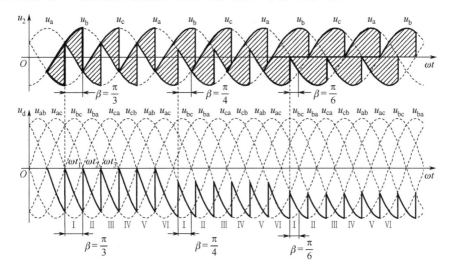

图 5-33　三相桥式整流电路工作于有源逆变状态时的输出电压波形

三相桥式逆变电路中，一个周期中输出电压由 6 个形状相同的波头组成，其形状随 β 的不同而异。该电路要求 6 个脉冲，两脉冲之间的间隔为 $\pi/3$，并分别按照 1,2,3,…,6 的顺序依次发出；其脉冲宽度应大于 $\pi/3$ 或者采用"双脉冲"输出。图 5-33 分别划分 β 为 $\pi/3$、$\pi/4$ 和 $\pi/6$ 时的 I、II、III、IV、V、VI 时段，时段的起始点为逆变角 β 的起始点，根据表 5-1，分别画出输出的整流电压 u_d 波形。

三相桥式逆变电路，晶闸管阻断期间主要承受正向电压，其最大值为线电压的峰值。

（2）基本电量的计算

由于三相桥式逆变电路相当于两组三相半波逆变电路的串联，故该电路输出平均电压应为三相半波逆变电路输出平均电压的 2 倍。即

$$U_d = -2 \times 1.17 U_2 \cos\beta = -2.34 U_2 \cos\beta \tag{5-49}$$

式中，U_2 为交流侧变压器副边相电压有效值。

输出电流平均值为

$$I_d = \frac{U_d - E_M}{R} \tag{5-50}$$

式中， $R = R_B + R_D$ 为回路总电阻， R_B 为变压器绕组的等效电阻， R_D 为变流器直流侧总电阻。式（5-50）与整流时的平均电流计算公式是相同的，但逆变时反电动势用 E_M 表示，以示与整流时反电动势 E 的区别， U_d 和 E_M 均为负值，且 $|U_d| < |E_M|$ ， I_d 仍然为正值，电流方向不变。

从交流电源送到直流侧负载的有功功率为

$$P_d = RI_d^2 + E_M I_d \tag{5-51}$$

当逆变工作时，由于 E_M 为负值，故 P_d 一般为负值，表示功率由直流电源输送到交流电源。

其他有关参数的计算均可依照整流电路的计算方法进行。

三相桥式逆变电路电压脉动小，变压器利用率高，晶闸管电压定额低，电抗器比相同容量的三相半波逆变电路小。所以在大中容量可逆系统中得到广泛的应用。

5.4.3 逆变失败与最小逆变角的限制

电路在逆变状态运行时，如果出现晶闸管换流失败，则变流器输出电压与直流电压将顺向串联并相互加强，由于回路电阻很小，必将产生很大的短路电流，以至于可能将晶闸管和变压器烧毁，上述事故称之为逆变失败，或称为逆变颠覆。

造成逆变失败的原因很多，大致可归纳为以下几个方面。

① 触发电路工作不可靠。因为触发电路不能适时、准确地供给晶闸管触发脉冲，造成脉冲丢失、延迟或触发功率不够，均可导致换流失败。一旦晶闸管换流失败势必形成一个元件从负半周电压导通延续到承受正半周电压导通。 U_d 反向后将与 E_M 顺向串联，出现逆变颠覆。读者可结合具体逆变电路自行分析。

② 晶闸管出现故障。如果晶闸管参数选择不当。例如额定电压选择裕量不足，或者晶闸管质量本身的问题，使晶闸管在应该阻断时丧失了阻断能力，而应该导通时却无法导通，也将导致电路的逆变失败。

③ 交流电源出现异常。从逆变电路电流公式 $I_d = (U_d - E_M)/R$ 可看出，当电路在有源逆变状态下，如果交流电源突然断电，或电源电压过低，上述公式中的 U_d 将为零或减小，从而使电流 I_d 增大以至发生电路逆变失败。

④ 电路换相时间不足。有源逆变电路设计时，应充分考虑到变压器漏电感对晶闸管换流时的影响，以及晶闸管由导通到关断存在着关断时间的影响，否则，由于逆变角 β 太小造成换流失败，从而导致逆变颠覆的发生。

现以共阴极三相半波电路为例，分析由于 β 太小对逆变电路的影响。交流侧电抗对逆变换相过程的影响的电路结构及有关波形如图 5-34 所示。设电路变压器漏电感引起的电流重叠角为 γ ，原来的逆变角为 $\beta > \gamma$ ，电路能够正常工作。触发 u_a 相对应的 VT_1 导通后，如果将逆变角减小 β ，且 $\beta < \gamma$ ， VT_1 和 VT_2 换流是在以 P 为起点向左 β 角度、 ωt_1 时刻，触发 VT_3 ，此时 VT_3 的电流逐渐下降， VT_1 的电流逐渐上升，由于 $\beta < \gamma$ ，到达 P 点（ $\beta = 0$ ），晶闸管 VT_3 中的电流尚未降至零，故 VT_3 此时并未关断，以后 VT_3 承受的阳极电压高于 VT_1 承受的阳极电压，所以它将继续导通， VT_1 则由于承受反压而关断， VT_3 继续导通的结果使电路从逆变过渡到整流状态，电动机电势与变流器输出电压顺向串联，造成逆变失败。

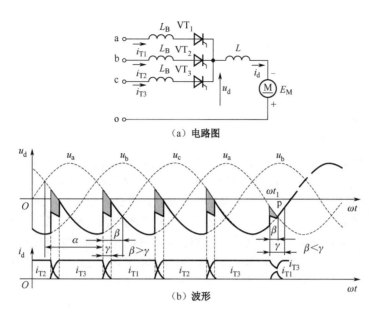

（a）电路图

（b）波形

图 5-34　交流侧电抗对逆变换相过程的影响

　　鉴于上述原因，在设计逆变电路时，应考虑到最小 β 限制。$\beta_{\min}$ 除上述重叠角 γ 的影响外，还应考虑到元件关断时间 t_q（对应的电角度为 ε_q）以及一定的安全裕量角 θ_a，从而取

$$\beta_{\min} = \gamma + \varepsilon_q + \theta_a \tag{5-52}$$

　　一般取 $\beta_{\min} = 30°\sim35°$，以保证逆变时正常换流。一般在触发电路中均设有最小逆变角保护，触发脉冲移相时，确保逆变角 β 不小于 $\beta_{\min}$。

　　【例题 5-4】三相全控桥变流器，反电动势阻感负载，电阻 $R=1\Omega$，电感 $L=\infty$，交流侧电压 $U_2=220\text{V}$，忽略漏感，当反电动势 $E_M=-400\text{V}$，逆变角 $\beta=60°$ 时，求直流侧平均电压 U_d、电流 I_d 的值，此时送回电网的有功功率是多少？

　　解：由题意可列出如下两个等式

$$U_d = -2.34U_2\cos\beta$$
$$I_d = (U_d - E_M)/R$$

　　得

$$U_d = -2.34U_2\cos\beta = -2.34\times220\times\cos60° = -257.4(\text{V})$$
$$I_d = (-2.34U_2\cos\beta - E_M)/R = (-2.34\times220\times\cos60° + 400)/1 = 142.6(\text{A})$$

　　有功功率为

$$P_d = E_M I_d + I_d^2 R = -400\times142.6 + 142.6^2\times1 = -36.7(\text{kW})$$

有功功率为负值表示送回给电网。

5.5　电容滤波的不可控整流电路

　　电容滤波的不可控整流电路在交-直-交变频器、不间断电源、开关电源等应用场合中大量应用。最常用的是单相桥和三相桥两种接法。由于电路中的电力电子器件采用整流二极管，故也称这类电路为二极管整流电路。

5.5.1 电容滤波的单相不可控整流电路

常用于小功率单相交流输入的场合，如目前大量普及的微机、电视机等家电产品中。

1. 工作原理及波形分析

如图 5-35 所示，在 u_2 正半周过零点至 $\omega t = 0$ 期间，因 $u_2 < u_d$，故二极管均不导通，电容 C 向 R 放电，提供负载所需电流。至 $\omega t = 0$ 之后，u_2 电压将要超过 u_d，使 VD_1 和 VD_4 开通，此时，$u_d = u_2$，交流电源向电容充电，电容 C 充电电流较大，同时向负载 R 供电，变压器副边电流 i_2 较大。随着 u_2 升高，交流电源继续对电容 C 充电，充电电流与电压上升率成正比，随着电压 u_2 上升率的减小，变压器副边电流 i_2 也减小。在 u_2 最大值之后，负载 R 的电流一部分通过电容 C 放电得到，另一部分由电源提供，电源电流 i_2 越来越小，直到 $u_2 < u_d$ 时，变压器副边电流 $i_2 = 0$。在此期间，电容 C 上的储能减小，u_d 电压略有下降。在负半周，直到 $\omega t = \pi$ 之后，u_2 绝对值将要超过 u_d，使得 VD_2 和 VD_3 开通，$u_d = -u_2$，交流电源向电容充电，同时向负载 R 供电，变压器副边电流 i_2 波形与正半周类似，方向相反。电容滤波的单相桥式不可控整流电路及其工作波形如图 5-35 所示，图中的 ε_b 指 VD_1 和 VD_4 导通的时刻与 u_2 过零点相距的角度，θ 指 VD_1 和 VD_4 的导通角。

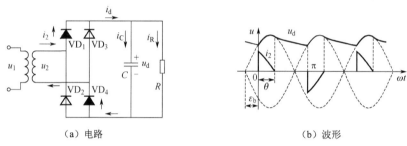

（a）电路   （b）波形

图 5-35   电容滤波的单相桥式不可控整流电路及其工作波形

2. 主要的数量关系

输出电压平均值为 U_d，空载时 U_d 逐渐趋近于 $\sqrt{2}U_2$，重载时 u_d 波形趋近于接近电阻负载时的波形，那么 U_d 逐渐趋近于 $0.9U_2$

$$U_d = 0.9U_2 \sim 1.414U_2 \tag{5-53}$$

负载越小，电容值越大，输出电压平均值 U_d 越大，反之越小。在设计时，根据负载的情况选择电容 C 值，使 $RC \geqslant (3 \sim 5)T/2$，$T$ 为电网周期。

输出电流平均值 I_R 为

$$I_R = \frac{U_d}{R} \tag{5-54}$$

$$I_d = I_R \tag{5-55}$$

二极管电流平均值 I_{dD} 为

$$I_{dD} = \frac{I_d}{2} = \frac{I_R}{2} \tag{5-56}$$

二极管承受的最大反向电压为 $\sqrt{2}U_2$。

3. 感容滤波的二极管整流电路

实际应用时，有感容滤波的二极管整流电路，u_d 波形更平直，电流 i_2 的上升段平缓了许多，这对于电路的工作是有利的。感容滤波的单相桥式不可控整流电路及其工作波形如图 5-36 所示。

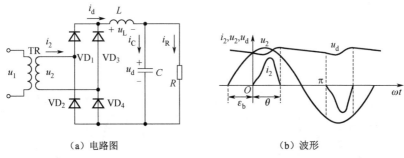

（a）电路图　　　　　　　　　　　　　　（b）波形

图 5-36　感容滤波的单相桥式不可控整流电路及其工作波形

5.5.2　电容滤波的三相不可控整流电路

1. 基本原理

三相不可控整流电路若有一对二极管导通时，输出电压等于交流侧线电压中最大的一个，该线电压既向电容供电，也向负载供电。当没有二极管导通时，由电容向负载放电，u_d 按指数规律下降。

如图 5-37 所示，至 $\omega t = 0$ 之后，u_{ab} 将要超过目前的 u_d，使得 VD_1 和 VD_6 开通，此时，$u_d = u_{ab}$，交流电源向电容充电，电容 C 充电电流较大，同时向负载 R 供电。随着 u_{ab} 升高，交流电源继续对电容 C 充电，充电电流与电压上升率成正比，随着电压 u_{ab} 上升率的减小，变压器副边电流 i_a 也减小。在 u_{ab} 最大值之后，负载 R 的电流一部分通过电容 C 放电得到，另一部分由电源提供，电源电流 i_a 越来越小，直到 $u_{ab} < u_d$ 时，变压器副边电流下降到零，VD_1 和 VD_6 截止，在此期间，电容 C 上的储能减小，u_d 电压略有下降。直到 $\omega t = \dfrac{\pi}{3}$ 之后，u_{ac} 将要超过目前的 u_d，使得 VD_1 和 VD_2 导通，$u_d = u_{ac}$，交流电源向电容充电，同时向负载 R 供电，变压器副边电流 i_a 波形与前段类似。如图 5-37 所示，图中的 ε_b 指 VD_1 和 VD_6 导通的时刻与线电压 u_{ab} 过零点相距的角度，θ 指 VD_1 的第 1 段导通角，每个二极管在一个工频周期内两次导通，直流侧电流 i_d 与各相电流有关，在一个工频周期内有 6 个波头。

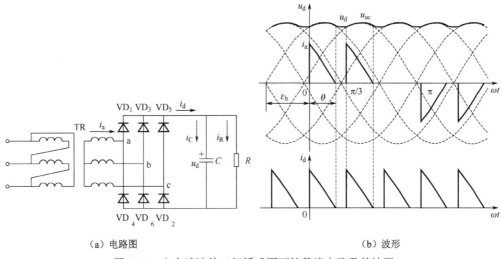

（a）电路图　　　　　　　　　　　　　　　　　（b）波形

图 5-37　电容滤波的三相桥式不可控整流电路及其波形

考虑实际电路中存在的交流侧电感以及为抑制冲击电流而串联的电感时，电流波形的前沿平缓了许多，有利于电路的正常工作。图 5-38 所示为考虑电感时电容滤波的三相桥式整流电路及其波形，当轻载时，交流侧电流波形在正负半周都是双波头的，但是断续的。当重载时，交流侧电流波形在正负半周也是双波头的，但是连续的。

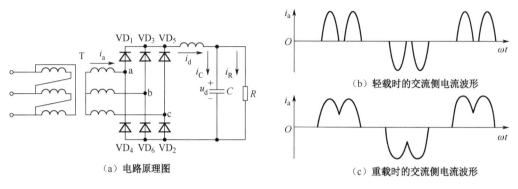

图 5-38　考虑电感时电容滤波的三相桥式整流电路及其波形

2．主要数量关系

（1）输出电压平均值

输出电压平均值，最小值为 $2.34U_2$，最大值为 $\sqrt{6}U_2$，即

$$U_d = 2.34U_2 \sim 2.45U_2 \tag{5-57}$$

负载越小，电容值越大，输出电压平均值 U_d 越大，反之越小。

（2）电流平均值

输出电流平均值 I_R 为

$$I_R = I_d = \frac{U_d}{R} \tag{5-58}$$

与单相电路情况一样，电容电流平均值 i_C 为零，因此 $I_d = I_R$。二极管电流平均值为 I_d 的 1/3，即

$$I_{dD} = \frac{I_d}{3} = \frac{I_R}{3} \tag{5-59}$$

（3）二极管承受的电压

二极管承受的最大反向电压为线电压的峰值 $\sqrt{6}U_2$。

5.6　电压型单相 PWM 整流电路

　　不控整流电路或晶闸管可控整流电路的网侧功率因数低，目前应用于微机和家电的小容量开关电源普遍采用不控整流加电容输入滤波。传统的整流电路的谐波电流对电网产生危害，由于严重畸变而产生了大量谐波，网侧电流包含各次谐波，它们不仅使线路阻抗产生谐波压降，使原为正弦的电压也产生畸变，还使网侧功率因数下降，导致发电、配电及变电设备的利用率降低，功耗加大和效率下降。谐波电流还使配电变压器和线路过热，高次谐波还会使电网高压电容过电流、温度过高以至损坏。谐波对通信系统的干扰会引起噪声，降低通信质量，不仅危害电网，还可对网间各种负载造成不良影响，诸如电动机、变压器和继电器等。传统的 SCR 相控整流电路一般有两个方面的惯性：一是为了抑制输出端谐波，附加输出滤波器。由于滤波元件参数较大，不仅增加电磁惯性，

而且降低功率密度。二是整流电路自身因 SCR 在导通后就失控。对于三相桥式电路，相邻两转换点时间为 3.3ms，故时滞在 0～3.3ms 间随机分布。因此，此种电路具有较大惯性，因而难于对外扰动做出快速反应，采用 PWM 整流电路可以较好地解决这些问题。

PWM 控制技术首先是在直流斩波电路和逆变电路中发展起来的。随着 IGBT 为代表的全控型器件的不断进步，在逆变电路中采用 PWM 控制技术已相当成熟。把逆变电路中的 SPWM 控制技术用于整流电路，就形成了 PWM 整流电路。PWM 整流电路也称具有功率因数校正（Power Factor Correction）的整流电路，简称 PFC。通过对 PWM 整流电路的适当控制，可以使输入电流非常接近正弦波，而且与输入电压同相位，功率因数近似为 1。由于 PWM 整流电路在不同程度上解决了传统低频整流电路存在的问题，得到国内外的重视。随着全控型功率器件开关容量的增大、微机及数字信号处理器（DSP）性能的提高、SVPWM 技术的日渐成熟，也由于其主电路拓扑结构与逆变电路十分相似，逆变电路获得成功的经验和技术都可以顺利地移植到 PWM 整流电路，所以近年来发展较快。可以期望 PWM 整流终将成为整流电路的主流。

所有的网侧功率因数校正技术（PFC）是围绕网侧电流正弦化和等效电阻线性化展开的，也具有许多优点。①当功率因数等于 1 时，电网对整流电路仅提供有功功率；②输出电压 $u_d = U_d$（电压型）或输出电流 $i_d = I_d$（电流型）；③具有双向传递电能的能力，当输出功率 $P_d > 0$ 时，电路工作于整流状态，电网向负载传送电能；④当输出功率 $P_d < 0$ 时，电路工作于有源逆变状态，有源负载（如直流电动机）向电网反馈电能。具备上述能力的电压型整流电路，可工作于电流双象限，其输出端电流平均值必定可逆，电流型整流电路也可工作于电压双象限，其输出端电压平均值必定可逆。PWM 整流电路能实现输出电压的快速调节以保证系统有良好的动态性能，它具有较高的功率密度。随着技术的进步，电子产品正向着小型轻量化迅速发展，功率密度不断提高，作为这些产品的电源装置，若不设法提高功率密度，便会妨碍整机的发展。

在变压器隔离 DC-DC 变换电路中，其中间环节为变压器，变压器输出往往为高频交变 PWM 波形，将 PWM 波形的交流电转换为直流电也属于 PWM 整流，PWM 整流电路在低压大电流场合也有较多的应用，倍流整流电路和同步整流电路是两种常用的电路。

5.6.1 低压大电流高频整流电路

1. 倍流整流电路

在变压器隔离 DC-DC 变换电路中，输出端整流属于 PWM 整流，输出常为对称方波。在低压大电流输出时，全桥整流电路存在两个二极管压降，二极管的导通损耗会大大降低电路的效率，而全波整流虽然只需要两个二极管，一个二极管导通损耗小，但变压器二次侧绕组有中心抽头，绕制比较困难，此时可采用如图 5-39（a）所示的倍流不控整流电路。

在 0～t_1 时段，u_T 处于正半周，VD_1 截止，VD_2 导通，i_{L1} 在 u_T 作用下线性增长并为负载 R 提供能量，L_1 充电储能，导电路径为 W_2 绕组同名端、L_1、负载、VD_2、W_2 绕组异名端。而此时 L_2 经 VD_2 释放能量给负载 R，i_{L2} 减小，导电路径为 L_2 的一端、负载、VD_2、L_2 的另一端。两个电感电流都经过负载，则有 $i_L = i_{L1} + i_{L2} \approx 2i_{L1}$。

在 t_2～t_3 时段，u_T 处于负半周，VD_1 导通，VD_2 截止，i_{L2} 在 u_T 作用下线性增长并为负载 R 提供能量，L_2 充电储能，导电路径为 W_2 的异名端、L_2、负载、VD_1、W_2 的同名端。而此时 L_1 经 VD_1 释放能量给负载 R，i_{L1} 减小，导电路径为 L_1 的一端、负载、VD_1、L_1 的另一端。两个电感电流都经过负载，则同样有 $i_L = i_{L1} + i_{L2} \approx 2i_{L1}$。

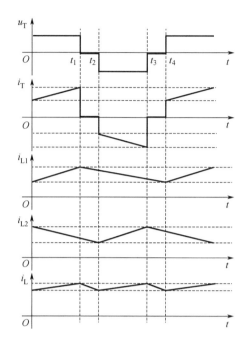

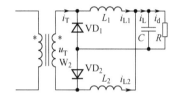

（a）倍流不控整流电路　　　　　　　　　（b）倍流不控整流电路工作波形

图 5-39　倍流不控整流电路及工作波形

在 $t_1 \sim t_2$ 及 $t_3 \sim t_4$ 时段，$u_T = 0$，L_1、L_2 分别通过 VD_1、VD_2 续流，i_{L1} 和 i_{L2} 减小，同样有 $i_L = i_{L1} + i_{L2} \approx 2 i_{L1}$ 也减小。

倍流整流不需要变压器二次侧中心抽头，仅用两个二极管就完成全波整流功能，输出电流约为一个电感电流的两倍，，故称为倍流整流。

为了使电路输出直流电压纹波小，输出滤波电容 C 值大，滤波电感 $L_1 = L_2 = L$ 数值较大，i_L 中谐波均从 C 流过，负载 R 中仅流过直流分量 I_d，故输出电压基本无脉动，u_T 为 PWM 波形，当 u_T 的脉冲宽度发生变化时，输出电压平均值也随之改变。

2．同步整流电路

同步整流是采用通态电阻极低的专用功率 MOSFET 来取代整流二极管，以降低整流损耗的技术，它一般用于整流电压较低的场合，能大大提高变换器的效率。

图 5-40（a）所示为一个由半桥式高频方波逆变电路供电的全波零式同步整流电路。图中 L_S 为变压器的漏感，C_1、C_2 为 MOSFET 管 VT_3 和 VT_4 栅极输入电容，附加绕组 W_4 输出电压 u_{S2} 作为同步驱动信号控制 MOSFET 管 VT_3 和 VT_4，整流电路属于对称型，电压 u_p、u_{S11}、u_{S12}、u_{S2} 均为交变方波，变压器副边两个绕组匝数 $N_2 = N_3$，则 $u_{S11} = u_{S12}$。

电路工作波形如图 5-40（b）所示，设交变方波 u_{S2} 正负半波宽度均为 τ，正负半波对称，其零电压宽度为 τ_K。

在 $0 \sim t_1$ 时段，$u_{S11} = u_{S12}$ 输出正电压，绕组 W_4 输出电压 $u_{S2} = U_{S2m}$，通路为绕组 W_4 同名端、L_S、C_2、VD_4、W_4 异名端，即 VT_4 的栅源之间承受正向电压 U_{S2m}，u_{G4} 为高电平。VT_3 的栅源极与 VD_4 反并联，承受 VD_4 导通压降 U_D 的负值，等于 $-U_D$，u_{G3} 为低电平。VT_4 导通 VT_3 截止，i_L 在 u_{S11} 作用下线性增长并为负载提供能量。

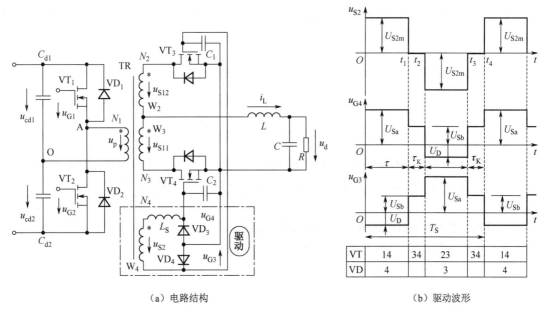

（a）电路结构　　　　　　　　　　　　　　（b）驱动波形

图 5-40　全波零式同步整流电路

在 $t_1 \sim t_2$ 时段，$u_{S11} = u_{S12} = 0$，$u_{S2} = 0$，电容 C_2 沿 L_S 和 W_4 向 C_1 放电（绕组 W_4 输出电压 $u_{S2} = 0$，可忽略），直至两者电荷平衡，当 $C_2 = C_1$ 时，$u_{G4} = u_{G3} \approx U_{Sa} / 2$，用 U_{Sb} 表示，此电压值大于 MOSFET 的开启电压，VT_3 和 VT_4 导通，L 通过 VT_3 和 VT_4 续流。根据磁势平衡原理，在此期间，绕组 W_3 同名端输出电流，绕组 W_2 异名端输出电流，两者维持安匝平衡，$N_2 = N_3$ 时，VT_3 和 VT_4 各分担一半的电感 L 上电流，$i_{T3} = i_{T4} = i_L / 2$，变压器各绕组电压为零，电感 L 上的电流 i_L 下降。在第 3 章隔离型半桥电路、全桥电路、推挽电路中，如果变压器副边为带中心抽头绕组并经过全波整流，则在开关管全部断开期间，同样要遵循磁势平衡原理，即当副边两个（半）绕组匝数相同时，通过的电流各分担一半的电感 L 上电流。

在 $t_2 \sim t_3$ 时段，$u_{S11} = u_{S12}$ 输出负电压，绕组 W_4 输出电压 $u_{S2} = -U_{S2m}$，绕组 W_4 异名端、C_1、VD_3、L_S、W_4 同名端，即 VT_3 的栅源极之间承受正向电压 U_{S2m}，u_{G3} 为高电平。VT_4 的栅源极与 VD_3 反并联，承受 VD_3 导通压降 U_D 的负值，等于 $-U_D$，u_{G4} 为低电平。VT_3 导通 VT_4 截止，i_L 在 u_{S12} 作用下线性增长并为负载提供能量。

在 $t_3 \sim t_4$ 时段，$u_{S11} = u_{S12} = 0$，$u_{S2} = 0$，电容 C_1 沿 L_S 和 W_4 向 C_2 放电（绕组 W_4 输出电压 $u_{S2} = 0$，可忽略），直至两者电荷平衡，此时 $u_{G3} = u_{G4} \approx U_{Sa} / 2$，此电压值大于 MOSFET 的开启电压，$VT_3$ 和 VT_4 导通，L 通过 VT_3 和 VT_4 续流。

一方面整流电流通过 MOSFET 本体而不是体内二极管，另一方面 MOSFET 的导通关断是根据交流波形同步进行的，故称为同步整流。图 5-40 所示的同步整流电路中，即使 VT_3 和 VT_4 一直没有导通，由于 MOSFET 存在体内二极管，电路也能工作，但损耗大，利用低压 MOSFET 具有很小的通态电阻，可以降低损耗，所以同步整流仅用于低压整流场合。而高压 MOSFET 具有很大的通态电阻，不适用于高压同步整流场合。最后必须指出，适用于对称型电路的驱动电路不适用于非对称型电路，即便是驱动电路所依据的原理相同，在非对称型电路中的结构也会不同。

5.6.2　电压型单相 BOOST 型 PWM 整流电路

随着技术的发展，PFC 技术逐渐趋向于以有源校正方式的方向发展。在有源功率因数校正（APFC，Active Power Factor Correction）发展初期，功率因数 $\lambda = 1$ 的要求曾普遍采用，这对大功率应用是正确的，但对小功率负载，则显得产品的性价比太低。目前应用较多的有以下两种结构。

① 两级结构：第一级是 PFC 级，通常采用 Boost 电路，其任务是实现网侧电流正弦化，此外对输出电压进行粗调；第二级是直流变换电路（直接式或间接式），其任务是对输出电压进行细调。该方案的优点是高性能、结构相对简单、技术成熟；缺点是整机效率较低和性价比依然不高，适用于精密仪器电源等场合。

② 单级结构：对计算机电源和电子镇流器等家电而言，效率和性价比都是至关重要的，为此将两级变换合并为一级成为单级单管电路，兼具 APFC 和调压功能，迄今为止已发展出多种单管电路。

输入端电源相数有单相电路和三相电路之分，两者工作状态不同。即使是单相电路也有很多形式，有单相 Boost 型 APFC 电路和单相 Flyback 型 APFC 电路等。

对于单相 Boost 型 APFC 电路，可以分为电感电流连续（CCM）和电感电流断续（DCM）两种工作模式。CCM 控制模式时，转换电感的电流始终是连续的，其基本特点就是电感能量的不完全传输，在每一个开关周期中，转换电感都只把部分能量转移到蓄能电容（输出电容）中。而在 DCM 控制时，基本特点就是电感能量的完全传输，即在每一个开关周期中，转换电感都必须把从电源中获得的能量完全转移到蓄能电容（输出电容）中。

CCM 模式多以乘法器的方法来实现 APFC，其特点是电感电流连续，相对于 DCM 模式它具有电感电流纹波小、滤波容易、THD 和 EMI 小等优点。由于器件导通损耗小，电流有效值相对较小，适用于较大功率场合。CCM 模式的控制结构如图 5-41 所示，电路中电感 L、二极管 VD、开关管 VT 将输入电压和输出电压连接起来，构成了 Boost 斩波电路，该电路用于 PWM 整流时，其控制方法有峰值电流控制、电流滞环控制、平均电流控制 3 种。下面介绍常用的 CCM 模式单相 Boost 型 APFC 的平均电流控制方法以及主要数值计算。

1. CCM 模式单相 Boost 型 APFC 原理

单相 Boost 型 APFC 采用平均电流控制时，其实质就是 SPWM 控制方法。这种控制方法中被控制量是输入电流的平均值，反馈量是输入电流。由于被控制量是输入电流的平均值，因此 THD 和 EMI 都很小，同时开关频率是固定的，并且平均电流对噪声不敏感，因此适用于大功率的场合，是目前 APFC 中应用最多的一种控制方式。

含 Boost APFC 的 PWM 整流 CCM 控制结构如图 5-41 所示。图 5-41 中，电压基准作为输出电压的给定量，与实际输出电压比较（相减）后通过电压调节器（比例-积分）进行调节，电压调节器输出 u_{im} 反映了输入电流峰值，也与负载大小相关。输入电压检测信号为正弦双半波，它和 u_{im} 共同输入模拟乘法器，模拟乘法器的输出产生一个和输入电压同频、同相的正弦双半波信号作为电流的参考信号 u_i^*。电感电流（输入电流）信号 u_{if} 应跟随 u_i^* 的变化而变化，控制方法由"电流与 PWM 控制"决定，对输入电流检测平均值进行控制。输入电流反馈值与电流的参考信号 u_i^* 进行比较，通过"电流控制"，调节 PWM 的占空比。当检测到输入电流小于乘法器的输出时，电流调节器输出增大，与内部的三角波进行比较，则"PWM 控制"使开关管控制信号的占空比增加，从而使输入电流增大；而当输入电流大于乘法器的输出时，"PWM 控制"使开关管控制信号的占空比减小，从而使输入电流减小。这样就使得电感 L 上的电流（即输入电流）平均值跟踪了模拟乘法器输出的双半正弦波信号，也就跟踪了输入电压波形，使功率因数接近 1。该控制方案电路中因为有两个反馈量：输入电流的反馈信号和输出电压的反馈信号，采用了电压、电流双环反馈控制。

图 5-42 所示为在半个工频周期内，功率开关管的平均电流控制波形和电感电流波形的示意图。

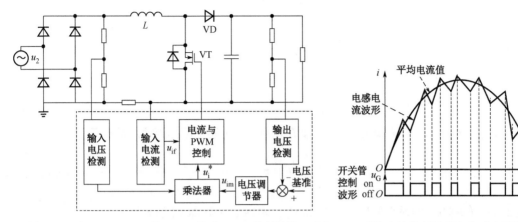

图 5-41　含 Boost APFC 的 PWM 整流 CCM 控制结构　　图 5-42　平均电流控制波形和电感电流波形示意图

2．电感量与运行状态的关系

（1）电感量与运行状态分析

含 Boost APFC 的单相 PWM 整流主电路结构如图 5-43 所示，由于 PWM 开关频率远大于电网工频，所以在一个开关周期内可以将输入电压近似地看成不变。假定输入工频电压为 $u_2(t) = \sqrt{2}U_2 \sin\omega t$，开关频率为 f_S（对应周期为 T_S），第 k 个开关周期内输入电压通过不控桥整流后电压 $u_{2DL} = |u_2(k)|$，输出直流电压 U_d 恒定，则当电感电流连续时，再根据 Boost 电路输出电压与输入电压比值与占空比的关系，第 k 个开关周期的占空比为

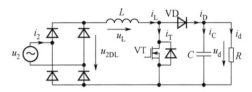

图 5-43　含 Boost APFC 的单相 PWM 整流主电路结构

$$\rho(k) = 1 - \frac{|u_2(k)|}{U_d} \tag{5-60}$$

第 k 个开关周期内 VT 开通时，电感电流增长，有

$$\Delta i_L(k) = \frac{|u_2(k)\rho(k)T_S|}{L} \tag{5-61}$$

当输入功率因数为 1 时，$u_2(t)$、$i_2(t)$ 同频同相，整流电路输入端等效为纯电阻负载，即 $R_{in} = U_2(t)/I_2(t)$。

忽略电路损耗，考虑输入、输出功率平衡，有

$$R_{in} = \left(\frac{U_2}{U_d}\right)^2 R \tag{5-62}$$

式中，R 为整流电路输出负载。

第 k 个开关周期内电感电流平均值为

$$i_{Lav}(k) = \frac{|u_2(k)|}{R_{in}} \tag{5-63}$$

当电感电流连续时，有

$$i_{\text{Lav}}(k) \geqslant \frac{1}{2}\Delta i_{\text{L}}(k) \tag{5-64}$$

其中，等式表示临界连续的状态，综合式（5-60）～式（5-64）可以得到电感电流连续时电感量的表达式为

$$L \geqslant \frac{1}{2}\left(\frac{U_2}{U_d}\right)^2\left[1 - \frac{|u_2(k)|}{U_d}\right]RT_s = \frac{1}{2}\left(\frac{U_2}{U_d}\right)^2\left[1 - \frac{\left|\sqrt{2}U_2\sin(\omega t)\right|}{U_d}\right]RT_s \tag{5-65}$$

式中，$1 - \left|\sqrt{2}U_2\sin(\omega t)\right|/U_d$ 最大值为 1，要保证在任何时候电感电流都连续，就要有

$$L \geqslant \frac{1}{2f_s}\left(\frac{U_2}{U_d}\right)^2 R \tag{5-66}$$

$1 - \left|\sqrt{2}U_2\sin(\omega t)\right|/U_d$ 的最小值为 $1 - \left|\sqrt{2}U_2\right|/U_d$，电路运行于 DCM 的条件是

$$L < \frac{1}{2f_s}\left(\frac{U_2}{U_d}\right)^2\left(1 - \frac{\sqrt{2}U_2}{U_d}\right)R \tag{5-67}$$

当电感量处于式（5-66）、式（5-67）之间时，输入电压接近于零时电路处于 DCM 状态，而接近于峰值时，运行于 CCM 状态。

实际应用时，输入电压有效值 U_2 是变化的，若要保证在不同输入电压情况下电流都是连续的，则应该用最大输入电压有效值 $U_{2\text{max}}$ 代入式（5-66）进行计算；另外，不等式（5-67）右边随着 U_2 而变化，存在极大值，若要保证在不同输入电压情况下电流都是断续的，则应该用最大输入电压有效值 $U_{2\text{max}}$ 和最小输入电压有效值 $U_{2\text{min}}$ 分别代入式（5-67）进行计算，取较小值。

【例题5-5】一个 Boost APFC 电源（如图5-41所示），输入电压 U_2 为 176～265V，输入电源频率 f 为 50Hz，输出功率 $P_d = 100\text{W}$，输出电压 U_d 为 400V，开关频率 f_s 为 50 kHz，忽略电路工作损耗。试求：

① 若采用 CCM 控制模式，输入电感的电感量为多少？

② 若采用 DCM 控制模式，输入电感的电感量为多少？

解：① 在 CCM 模式下，由于输入电压 U_2 是变化的，用最大值 265V 代入式（5-66）

$$L \geqslant \frac{1}{2f_s}\left(\frac{U_2}{U_d}\right)^2 R$$

负载等效电阻 R 为

$$R = U_d^2/P_d = 400^2/100 = 1.6(\text{k}\Omega)$$

$$L \geqslant \frac{1}{2f_s}\left(\frac{U_2}{U_d}\right)^2 R = \frac{1}{2\times 50\times 10^3}\times\left(\frac{265}{400}\right)^2\times 1.6\times 10^3 = 7.0(\text{mH})$$

电感量应大于 7.0 mH。

② 在 DCM 模式下，根据式（5-67），由于输入电压 U_2 是变化的，当输入电压 U_2 为 176V 时

$$L < \frac{1}{2f_s}\left(\frac{U_2}{U_d}\right)^2\left(1 - \frac{\sqrt{2}U_2}{U_d}\right)R = \frac{1}{2\times 50\times 10^3}\times\left(\frac{176}{400}\right)^2\times\left(1 - \frac{\sqrt{2}\times 176}{400}\right)\times 1.6\times 10^3 = 1.17(\text{mH})$$

当输入电压 U_2 为 265V 时

$$L < \frac{1}{2f_s}\left(\frac{U_2}{U_d}\right)^2\left(1 - \frac{\sqrt{2}U_2}{U_d}\right)R = \frac{1}{2\times 50\times 10^3}\times\left(\frac{265}{400}\right)^2\times\left(1 - \frac{\sqrt{2}\times 265}{400}\right)\times 1.6\times 10^3 = 0.44(\text{mH})$$

电感量应小于 0.44 mH。

（2）CCM 状态下电感量与电流脉动的关系

在 CCM 状态下，一般开关频率是恒定值，考虑器件的功耗和输入滤波的负担，电感的选择通常还要考虑电感电流的脉动。一般输入电压在一个电压范围内变化，考虑电感电流的脉动量为输入最大电流基波峰值的 ξ 倍，通常取 $\xi \leqslant 20\%$，假设输入电压最小值 $u_{2\min}(t)$ 表达式为 $\sqrt{2}U_{2\min}\sin\omega t$，忽略电路损耗，由输入、输出功率平衡关系，输入最大电流基波峰值 $i_{L\max}$ 为 $\sqrt{2}P_{d}/U_{2\min}$，P_{d} 为直流输出功率，则

$$\Delta i_{L\max} = \frac{\sqrt{2}P_{d}\xi}{U_{2\min}} \tag{5-68}$$

根据式（5-60），峰值点的占空比为

$$\rho_{\text{peak}} = \frac{U_{d} - \sqrt{2}U_{2\min}}{U_{d}} \tag{5-69}$$

根据式（5-61），在最小输入电压峰值点，若要保证电感电流的脉动量不大于 ξ 倍，电感选择应该满足

$$L \geqslant \frac{\sqrt{2}U_{2\min}\rho_{\text{peak}}T_{S}}{\Delta i_{L\max}} = \frac{U_{2\min}^{2}\left(U_{d} - \sqrt{2}U_{2\min}\right)}{\xi P_{d}U_{d}f_{S}} \tag{5-70}$$

5.6.3 电压型单相桥式 PWM 整流电路

电压型单相半桥和全桥PWM整流电路结构如图5-44所示，图中暂不考虑输入电阻的影响，若电阻阻值较大时需考虑电阻上的压降，它等于电阻与输入电流的乘积。对于半桥电路来说，直流侧电容必须由两个电容串联，其中点和交流电源连接，对于全桥电路来说，直流侧有一个滤波电容。

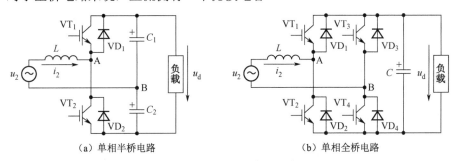

（a）单相半桥电路 　　　　　　　　　　　（b）单相全桥电路

图 5-44 PWM 整流主电路

1. 间接电流控制的单相 PWM 整流

图 5-44(a)所示为单相半桥电路对 VT$_1$、VT$_2$ 进行 SPWM 控制，输入端 AB 可以产生一个 SPWM 电压 u_{AB}。同样，图 5-44（b）所示为单相全桥电路，需要对 VT$_1$、VT$_2$、VT$_3$、VT$_4$ 进行控制，产生一个 SPWM 电压 u_{AB}。由于输入电感 L_S 具有滤波作用，输入电流 i_2 高频脉动很小，故输入电流 i_2 接近于正弦波，与电源 u_2 频率相同。当电源 u_2 一定时，若要改变输入电流 i_2 的幅值与相位，电压 u_{AB} 的幅值和相位也随着改变，单相 PWM 整流主电路中输入电流 i_2 与 SPWM 电压 u_{AB} 具有对应关系。控制 SPWM 电压 u_{AB} 的基波幅值和相位，就可以间接控制输入电流 i_2 幅值和相位。

（1）输入电压电流关系

在单相 PWM 整流电路中，为了得到期望的输入电流 i_2 波形，通过开关管的导通与关断，对输入电流 i_2 进行控制，不仅希望输入电流 i_2 为正弦波，而且还希望能够控制输入电流 i_2 与输入电压 u_2

的相位差。图 5-44 中的电压向量关系为

$$\dot{U}_{AB} = \dot{U}_2 - \dot{U}_L \tag{5-71}$$

输入电压 u_2 的相位与幅值通过检测得到，以输入电压 u_2 的相位为基准 0°，那么就可以确定向量 $\dot{U}_2$。输入电流 i_2 与输入电压 u_2 的相位差是期望的，即该相位差是已知的，若检测得到或通过控制方法得到输入电流 i_2 的幅值，那么就可以得到电感 L 上的压降，其幅值为 $\omega L I_{2m}$，电感上的电压向量 $\dot{U}_L$ 超前电流向量 $\dot{I}_2$ 90°，那么就可以得到 $\dot{U}_L$ 的幅值与角度。从而根据式（5-71）得到 $\dot{U}_{AB}$ 的幅值与角

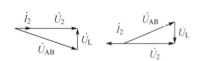

（a）整流运行　（b）逆变运行

图 5-45　PWM 整流电路的运行方式向量图

度。比如当期望整流时，输入电流与输入电压同相位，检测输入电压和电流的幅值，参考相位为 0°，确定向量 $\dot{U}_2$、$\dot{I}_2$ 和 $\dot{U}_L$，那么 $\dot{U}_{AB}$ 可以根据图 5-45（a）得到。当期望逆变运行时，输入电流与输入电压反相，同样可以得到 $\dot{U}_2$、$\dot{I}_2$ 和 $\dot{U}_L$，求得 $\dot{U}_{AB}$，图 5-45（b）所示为逆变运行电压向量图，当期望输入电流与输入电压为其他相位差时，同样可以得到的幅值与角度，读者自行分析。

（2）电压控制

图 5-44（b）所示的单相全桥 PWM 整流电路将交流电能转换为直流电能，从电能形式转换角度来说，它与将直流转换为交流的 PWM 逆变是不同的，但两者交流侧开关管中点电压都是 PWM 波形，其幅值都与直流侧电压相关。控制图 5-44（b）所示开关管 VT_1、VT_2、VT_3 和 VT_4 的导通与关断，就可以产生单极性或双极性 SPWM 电压 u_{AB}，即对开关管的控制同样可以采用单极性或双极性 SPWM 模式，各波形可参考图 4-11 和图 4-12，其中 u_{AB} 的参考电压可根据图 5-45 所示的 $\dot{U}_{AB}$ 得到。对于图 5-44（a）所示的半桥电路来说，在一个开关周期中，输出电压 u_{AB} 在 PWM 周期内有正负两种电平，是双极性的。

电压 u_{AB} 为 SPWM 波形，基波峰值附近也是 SPWM 波形，直流侧电压 u_d 应大于电压 u_{AB} 基波峰值。当输入电流较小时，电感 L 上压降小，输入电压 u_2 的峰值与电压 u_{AB} 基波峰值相差不大，直流侧电压 u_d 也应大于输入电压 u_2 的峰值，所以，PWM 整流电路是升压电路。另外，u_{AB} 基波电压不仅与 SPWM 波各段占空比有关，还与直流侧电压 u_d 值有关，下面的单相 PWM 整流系统对直流侧电压 u_d 进行闭环控制。

（3）间接电流控制的单相 PWM 整流

电压向量分析是间接电流控制 PWM 整流电路的基础，若要得到某个确定的输入电流 i_2 的幅值与相位，电压 u_{AB} 的基波幅值和相位也随之确定，也就是说，控制 SPWM 电压 u_{AB}，就可以得到期望的输入电流 i_2 幅值与相位。

以输入电压 u_2 为参考基准，根据向量关系就可以得到 $\dot{U}_{AB}$，从而得到 u_{AB} 的幅值和相位。u_{AB} 的参考电压与三角载波比较，可采用双极性 PWM 调制，产生 PWM 信号控制开关管。

图 5-46 所示为间接电流控制的单相 PWM 整流系统，该系统对输出电压进行闭环控制，控制器输出作为输入电流 i_2 的幅值，间接控制了输入电流 i_2，从而得到 AB 两点的参考电压，然后进行 PWM 调制。图中，u_{df} 表示输出电压 u_d 的检测值，PI 控制器输出 U_{i2m} 反映输入电流 I_{2m} 的幅值，u_{2f} 表示输入电压 u_2 检测值，u_{ABR} 表示 u_{AB} 的参考信号，u_{Lf} 表示电感压降 u_L 的计算值。

具体控制过程为：输出电压给定值 u_d^* 和实际的直流电压检测值 u_{df} 比较后送入 PI 调节器，PI 调节器的输出为与输入电流最大值 I_{2m} 相对应的 U_{i2m}。在控制系统中，乘法器把 U_{i2m} 乘以相电压相位 $\omega t +0$ 的余弦信号（相位差 0 度），再乘以电感 L 的感抗，得到相电流在电感 L 上的压降 u_L 计算值 u_{Lf}。检测到的相电源电压 u_{2f} 减去前面求得的输入电流在电感 L 上的压降 u_{Lf}，就可以得到所需要的交流输入端的相电压 u_{AB} 的参考信号 u_{ABR}，该信号用三角波载波进行调制，可得 PWM 开关信号去控制整流桥开关管，就可以得到需要的控制效果。

按照正弦信号波和三角波相比较的方法进行 SPWM 控制，就可以使交流输入端 AB 产生一个 SPWM 波 u_{AB}。u_{AB} 中含有和正弦信号波同频率且幅值成比例的基波分量，以及和三角波载波有关的频率很高的谐波，而不含有低次谐波。由于 L 的滤波作用，i_2 脉动很小，可以忽略，所以当正弦信号波的频率和电源频率相同时，i_2 也为与电源频率相同的正弦。在 u_2 一定的情况下，i_2 的幅值和相位仅由 u_{AB} 中基波分量 u_{AB} 的幅值及其与 u_2 的相位差来决定，改变 u_{AB} 的幅值和相位，就可以使 i_2 和 u_2 同相位、反相位等。

稳态时，$u_{df} = u_d^*$，PI 调节器输入为零，PI 调节器的输出 U_{i2m} 和交流输入电流幅值相对应，也和负载电流大小对应。负载电流增大时，电容 C 放电而使 u_{df} 下降，PI 的输入端出现正偏差，使其输出 U_{i2m} 增大，进而使交流输入电流增大，也使 u_d 回升；达到新的稳态时，u_{df} 和 u_d^* 相等，PI 调节器输入仍恢复到零，而 U_{i2m} 则稳定为新的较大的值，与较大的负载电流和较大的交流输入电流对应。负载电流减小时，调节过程和上述过程相反。

该电路也可以从整流运行变为逆变运行，负载电流反向而向直流侧电容 C 充电，使 u_d 抬高，PI 调节器出现负偏差，其输出 U_{i2m} 减小后变为负值，使交流输入电流相位和电压相位反相，实现逆变运行。达到稳态时，u_{df} 和 u_d^* 仍然相等，PI 调节器输入恢复到零，其输出 U_{i2m} 为负值，并与逆变电流的大小相对应。

采用间接电流控制时，在信号运算过程中用到电路参数 L，当 L 的运算值和实际值有误差时，会影响到控制效果。另外，该电路是基于系统的静态模型设计的，其动态特性较差。为了克服间接电流控制所存在的动态响应慢，以及控制精度受电路参数影响等缺点，需要对输入电流进行直接控制。

2. 直接电流控制的单相 PWM 整流

图 5-47 所示为直接电流控制的单相 PWM 整流系统，图中 u_{df} 表示输出电压 u_d 的检测值，U_{i2m} 反映输入电流 I_{2m} 的大小，u_{2f} 表示输入电压 u_2 的检测值，u_{i2}^* 表示 i_2 的参考信号。

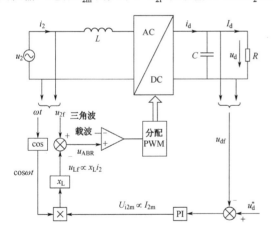

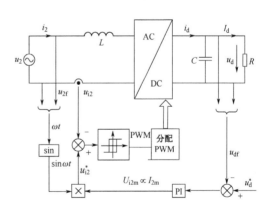

图 5-46　间接电流控制的单相 PWM 整流系统　　　图 5-47　直接电流控制的单相 PWM 整流系统

该电路输出电压给定值 u_d^* 和实际的直流电压检测值 u_{df} 比较后送入 PI 调节器，PI 调节器的输出为一个直流电压信号 U_{i2m}。U_{i2m} 反映了整流器交流输入电流幅值。控制系统中，乘法器将 U_{i2m} 乘以相电压同相位（或某期望相位差）的正弦信号，求出交流输入电流指令值 u_{i2}^*，再引入交流电流 i_2 反馈 u_{2f}，通过对交流电流的直接跟踪控制而使其跟踪指令电流值。上一章曾经指出：逆变电路的电流跟踪控制方法也适用于 PWM 整流电路，该控制方法与电路参数 L 无关，响应快，但电流脉动与滞环环宽有关。控制系统是一个双闭环控制系统，其外环是直流电压控制环，内环是交流电流控制环。

采用滞环电流比较的直接电流控制系统结构简单，电流响应速度快，系统鲁棒性好，因而获得了较多的应用。

由于电压型 PWM 整流电路是升压型整流电路，其输出直流电压可以从交流电源电压峰值附近向高电压调节，使用时要注意电力半导体器件的保护。同时也要注意，输出直流电压如果从交流电源电压峰值附近向低电压调节就会使电路性能恶化，以至于不能工作。

5.7　电压型三相 PWM 整流电路

随着高压大功率器件例如 IGBT 和 IGCT 性能的提升，对于普通大功率整流电路大多采用三相结构，近年来三相 PWM 整流电路的研究成为本学科的热点之一，也获得了可喜进展。

5.7.1　电压型三相 PWM 整流电路

三相 APFC 电路有多种结构，比较常见的是 6 开关三相 Boost 电路，如图 5-48 所示，电路中各

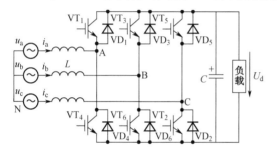

图 5-48　电压型三相 PWM 整流电路

相输入电感相等。假设电网各相电压均为正弦波，相电压的有效值为 U_2，则

$$\begin{cases} u_a = \sqrt{2}U_2 \sin\omega t \\ u_b = \sqrt{2}U_2 \sin\left(\omega t - \dfrac{2\pi}{3}\right) \\ u_c = \sqrt{2}U_2 \sin\left(\omega t + \dfrac{2\pi}{3}\right) \end{cases} \quad (5\text{-}72)$$

控制电压波形和三相逆变电路相似，为三角载波 u_C 和三相正弦调制信号（控制电压）u_{AR}、u_{BR}、u_{CR} 分别相交比较而成，其中

$$\begin{cases} u_{AR} = U_{Rm} \sin(\omega t - \phi) \\ u_{BR} = U_{Rm} \sin\left(\omega t - \dfrac{2\pi}{3} - \phi\right) \\ u_{CR} = U_{Rm} \sin\left(\omega t + \dfrac{2\pi}{3} - \phi\right) \end{cases} \quad (5\text{-}73)$$

式中，U_{Rm} 为正弦调制波幅值，当要求每相输入电流与每相相电压同相位时，则

$$\phi = \arctan \frac{\omega L}{R_{in}} \quad (5\text{-}74)$$

$$R_{in} = \frac{U_2}{I_{21}} \quad (5\text{-}75)$$

式中，R_{in} 是各相输入交流等效电阻，U_2 是相电压有效值，I_{21} 是相电流基波有效值。三角载波的幅值是 U_{Cm}，频率为 f_C；调制波幅值为 U_{Rm}，频率为 f。与 SPWM 逆变时定义相同，幅度调制比为 $m_a = U_{Rm}/U_{Cm}$，频率调制比为 $m_f = f_C/f$。

通过调制的 A、B、C 这 3 个中点对 N 点的电压有 5 个状态，其求解方法与三相逆变时负载相电压求解方法相同，5 个状态的电压值分别为 0、$\pm U_d/3$、$\pm 2U_d/3$，其波形呈正弦变化，在基波零点附近电压值小，多为 0、$\pm U_d/3$，在基波峰值附近电压值大，多为 $\pm 2U_d/3$。

5.7.2 电流间接控制的三相 PWM 整流系统

电流间接控制的三相 PWM 整流系统如图 5-49 所示，该系统采用乘法器的电路控制结构，在 CCM 模式下外环控制电路是电压环，内环是电流环。外环的输出作为内环的正弦给定值，三相共用一个电压外环。该电路相当于 3 个单相半桥采用间接电流控制的 PWM 整流电路，分别对三相进行控制，电路特点等同于间接电流控制的单相 PWM 整流电路。图中，u_{df} 表示输出电压 u_d 的检测值，U_{i2m} 反映输入相电流 I_{2m} 的幅值，u_{af}、u_{bf}、u_{cf} 分别表示输入各相电压 u_a、u_b、u_c 的检测值，$u_{AR,BR,CR}$ 表示三相 u_A、u_B、u_C 的参考信号，$u_{Lf(a,b,c)}$ 表示三相电感压降 u_{La}、u_{Lb}、u_{Lc} 的计算值。

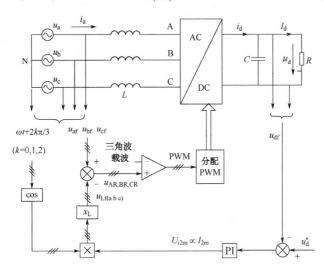

图 5-49 电流间接控制的三相 PWM 整流系统

具体控制过程与间接电流控制的单相 PWM 整流系统类似，输出电压给定值 u_d^* 和实际的直流电压检测值 u_{df} 比较后送入 PI 调节器，PI 调节器的输出为 U_{i2m}，由于三相是对称的，该值反映了各相电流幅值。控制系统中，通过 U_{i2m}、各相电感感抗、各相电压电流相位差余弦的乘法运算，可分别得到各相电流在电感上的压降计算值 u_{Lfa}、u_{Lfb}、u_{Lfc}（用 $u_{Lf(a,b,c)}$ 表示，下同）。检测到的相电源电压 u_{af}、u_{bf}、u_{cf} 分别减去前面求得的输入电流在电感 L 上的压降 $u_{Lf(a,b,c)}$，即可得到所需要的交流输入端的三相电压的参考信号 u_{AR}、u_{BR}、u_{CR}（用 $u_{AR,BR,CR}$ 表示），这 3 个信号用三角波载波进行调制，得到三相 PWM 开关信号去控制整流桥，就可以得到需要的三相 SPWM 控制效果。

图 5-49 所示动态工作过程、稳定状态也与间接电流控制的单相 PWM 整流系统类似，它们都是双闭环系统，内环的动态响应速度远大于外环，双环工作相对稳定。

5.7.3 电流直接控制的三相 PWM 整流系统

图 5-50 所示为直接电流控制的三相 PWM 整流电路控制结构图，图中 u_{df} 表示输出电压 u_d 的检测值，U_{i2m} 反映输入三相电流 I_{am}、I_{bm}、I_{cm} 的幅值，由于三相对称，各相幅值相等，三相输入电流 i_a、i_b、i_c 的检测值分别为 u_{ia}、u_{ib}、u_{ic}，用 $u_{i(a,b,c)}$ 表示，三相输入电流的参考值 i_a^*、i_b^*、i_c^* 分别为 u_{ia}^*、u_{ib}^*、u_{ic}^*，用 $u_{i(a,b,c)}^*$ 表示。

该系统相当于 3 个单相半桥直接电流控制的 PWM 整流系统，分别对三相电流进行控制，该系统外环为：输出电压给定值 u_d^* 和实际的直流电压检测值 u_{df} 比较后送入 PI 调节器，PI 调节器的输出为一直流电流对应的电压信号U_{i2m}，U_{i2m}反映了整流器交流输入电流幅值。控制系统中，乘法器将U_{i2m}分别乘以三相电压同相位（或某期望相位差）的正弦信号，得到三相交流电流的正弦指令信号i_a^*，i_b^*和i_c^*的计算值$u_{i(a,b,c)}^*$，再引入三相交流电流检测值$u_{i(a,b,c)}$，通过对三相交流电流的直接控制而使每相实际电流分别跟踪三相指令电流值。

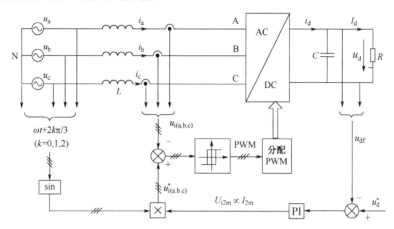

图 5-50　直接电流控制的三相 PWM 整流电路控制结构图

图 5-50 的控制系统是一个双闭环控制系统，其外环是直流电压控制环，内环是交流电流控制环。系统特点等同于直接电流控制的单相 PWM 整流系统，同样具有系统结构简单、电流响应速度快、系统鲁棒性好等优点，但也存在着电流脉动与滞环环宽有关的缺点。

直接电流控制的三相 PWM 整流电路中，电感参数 L 的大小对输入电流基波几乎无影响，但对输入电流的谐波有一定影响，主要表现在：实际电感很大时，电流的变化率较小，滞环控制输出切换频率变小，即 PWM 频率降低；相反，实际电感很小时，电流的变化率较大，滞环控制输出切换频率变大，即 PWM 频率增加。电感参数 L 的大小对输入电流的影响主要体现在高次谐波上。

本 章 小 结

本章主要介绍了交流-直流（AC-DC）变换电路及其相关知识。交流-直流（AC-DC）变换电路是电力电子电路中应用最为广泛的一种电路，也是电力电子电路的基础。在分析整流电路时可按以下方式进行分类。

1．按相数分类

（1）单相整流电路

可分为单相半波电路和单相桥式电路。单相整流电路比较简单、成本也低、控制方便，但输出电压波形较差，谐波分量较大，使用场合受到限制。

（2）三相整流电路

三相整流电路也可分为三相半波（有共阴极、共阳极两种）和三相桥式电路。三相整流电路输出直流电压波形较好，脉动小，电路的功率因数也比较高。三相整流电路的应用较广，尤其是三相桥式整流电路在直流电动机拖动系统中得到了广泛的应用。

（3）多相整流电路

利用两组三相桥式整流电路串联、并联可形成 12 相脉波整流电路，此类电路通常在大功率整流装置中得到应用。

2．按负载性质分类

（1）电阻性负载

负载为电阻时，输出电压波形与电流波形形状相同，移相控制角较大时，输出电流会出现断续。

（2）电感性负载

负载为电感、电阻等，以电感为主。由于电感有维持电流的能力，当电感数值较大时，输出直流电流可连续且基本保持不变。

（3）反电势负载

负载中有反电势存在。如蓄电池充电为反电势电阻性负载，直流电动机拖动系统为反电势电感性负载。反电势负载的存在会使某些整流电路中晶闸管的导通角减小。

（4）电容性负载

电容性负载通常为不可控整流桥经电容滤波后提供直流电源，在变频器、不间断电源、开关电源等场合使用。

由于变压器副边漏抗的存在，整流电路的换流不是瞬间完成的，因此在计算、分析时要考虑换流压降、换流重叠角的影响。

有源逆变是整流电路在特定条件下的工作状态，其分析方法与整流状态时相同，在直流电动机拖动系统中可通过有源逆变状态将直流电动机的能量传送到电网。

整流电路在整流状态和在有源逆变状态下的输出电压、电流平均值的计算公式是一样的，但要注意有源逆变时一些参数的正负值，反电动势 E 和输出电压平均值 U_d 均为负值，$\alpha = \pi - \beta$，具体计算公式如表 5-5 所示。

表 5-5　整流电路输出电压电流平均值公式

电路形式	负载	输出电压平均值 （不考虑漏感）	输出平均电流
单相桥式 单相双半波 （无续流二极管）	电阻 R	$U_d = 0.9U_2 \dfrac{1+\cos\alpha}{2}$	$I_d = \dfrac{U_d}{R}$
	反电动势阻感 $E\text{-}L\text{-}R$	$U_d = 0.9U_2 \cos\alpha$	$I_d = \dfrac{U_d - E}{R}$
三相半波	电阻 R（$\alpha \leqslant 30°$）	$U_d = 1.17U_2 \cos\alpha$	$I_d = \dfrac{U_d}{R}$
	反电动势阻感 $E\text{-}L\text{-}R$	$U_d = 1.17U_2 \cos\alpha$	$I_d = \dfrac{U_d - E}{R}$
三相桥式	电阻 R（$\alpha \leqslant 60°$）	$U_d = 2.34U_2 \cos\alpha$	$I_d = \dfrac{U_d}{R}$
	反电动势阻感 $E\text{-}L\text{-}R$	$U_d = 2.34U_2 \cos\alpha$	$I_d = \dfrac{U_d - E}{R}$

PWM 控制技术用于整流电路即构成 PWM 整流电路。可看成逆变电路中的 PWM 技术向整流电路的延伸，PWM 整流电路已获得了一些应用，并有良好的应用前景。PWM 整流电路区别于相控整流电路，可使我们对整流电路有更全面的认识。

在电压型单相 PWM 整流电路和电压型三相 PWM 整流电路中，都分别介绍了间接电流控制和直接电流控制。间接电流控制对电感参数依赖性强，当电感参数的设计值和实际值有误差时，会影响到控制效果。

直接电流控制的 PWM 整流电路中，电感参数的大小对输入电流基波几乎无影响，但对输入电流的谐波有一定影响，电感参数的大小对输入电流的影响主要体现在高次谐波上。合理设计电感参数和开关频率，也是学习电压型 PWM 整流电路的重要内容。

思考题与习题

5-1．某电阻负载要求 36V 直流电压，最大负载电流 I_d =30A，采用单相桥式全控整流电路。如果交流采用 220V 直接供电与用变压器降至 72V 供电是否都满足要求？试分别计算两种方案的晶闸管导通角、负载电流有效值。

5-2．单相桥式全控整流电路中，交流侧电压 U_2 =110V，负载中电阻 $R=3\Omega$，电感 L 值极大，当控制角 $\alpha = 30°$ 时，试求：

① 画出整流电压 u_d、电流 i_d 和变压器副边电流 i_2 的波形。

② 计算整流输出平均电压 U_d、电流 I_d，变压器二次电流有效值 I_2。

③ 考虑安全裕量，确定晶闸管的额定电压和额定电流。

5-3．单相桥式全控整流电路中，交流侧电压 U_2 = 220V，负载中电阻 $R=3\Omega$，电感 L 值极大，反电动势 E =110V，当控制角 $\alpha = 30°$ 时，试求：

① 画出整流电压 u_d、电流 i_d 和变压器副边电流 i_2 的波形。

② 计算整流输出平均电压 U_d、电流 I_d 以及变压器二次电流有效值 I_2。

③ 考虑安全裕量，确定晶闸管的额定电压和额定电流。

5-4．单相全波可控整流电路中，分别给电阻性负载供电和带阻感负载供电时，如果流过负载电流的平均值相同，试问哪种情况下通过负载的电流有效值更大？

5-5．具有变压器中心抽头的单相全波可控整流电路中，变压器有直流磁化问题吗？试说明：

① 晶闸管承受的最大反向电压为 $2\sqrt{2}U_2$。

② 当负载是电阻或电感时，其输出电压和电流的波形与单相全控桥时相同。

5-6．单相全波可控整流电路，交流侧电压 U_2 =110V，负载中电阻 $R=3\Omega$，电感 L 值极大，当控制角 $\alpha = 30°$ 时，试求：

① 画出整流电压 u_d、电流 i_d 和变压器副边电流 i_2 的波形。

② 计算整流输出平均电压 U_d、电流 I_d、变压器二次电流有效值 I_2。

③ 考虑安全裕量，确定晶闸管的额定电压和额定电流。

5-7．上题中，如果负载两端并接一续流二极管，其输出直流电压、电流平均值又是多少？并求此时流过晶闸管和续流二极管的电流平均值、有效值，画出整流电压 u_d、电流 i_d 波形。

5-8．在三相半波可控整流电路中，如果触发脉冲出现在自然换流点附近之前，能否进行换流？可能会出现什么情况？

5-9．三相半波可控整流电路，如果 a 相的触发脉冲消失，试绘出电阻性负载和电感性负载下的直流电压 u_d 波形。

5-10．三相半波可控整流电路中，交流侧电压 U_2 =110V，电阻负载，电阻 $R=3\Omega$，当控制角 $\alpha = 60°$ 时，试求：

① 画出整流电压 u_d、电流 i_d 和通过晶闸管电流 i_{T1} 的波形；

② 计算整流输出平均电压 U_d、电流 I_d。

5-11．三相半波可控整流电路，U_2 =110V，带电阻电感负载，电阻 $R=3\Omega$，电感 L 值极大，当控制角 $\alpha = 60°$ 时，试求：

① 画出整流电压 u_d、电流 i_d 和通过晶闸管电流 i_{T1} 的波形。

② 计算整流输出平均电压 U_d、电流 I_d、通过晶闸管电流平均值 I_{dT} 和有效值 I_T。

5-12. 在三相桥式全控整流电路中，电阻负载，如果晶闸管 VT_3 不能导通，此时的整流电压 u_d 波形如何？如果晶闸管 VT_3 被击穿而短路，其他晶闸管受什么影响？

5-13. 三相桥式全控整流电路，交流侧电压 U_2 =110V，带电阻电感负载，电阻 R =3Ω，电感 L 值极大，当控制角 α = 60° 时，试求：

① 画出整流电压 u_d、电流 i_d 和通过晶闸管电流 i_{T1} 的波形。

② 计算整流输出平均电压 U_d、电流 I_d，以及通过晶闸管电流平均值 I_{dT} 和有效值 I_T。

5-14. 三相桥式全控整流电路，交流侧电压 U_2 =100V，带电阻电感反电动势负载，电阻 R=5Ω，电感 L 值极大，反电动势 E=20V，当控制角 α = 60° 时，试求：

① 画出整流电压 u_d、电流 i_d 和通过晶闸管电流 i_{T1} 的波形。

② 计算整流输出平均电压 U_d、电流 I_d，以及通过晶闸管电流平均值 I_{dT} 和有效值 I_T。

5-15. 单相桥式全控整流电路、三相桥式全控整流电路中，当负载分别为电阻负载或电感负载时，要求的晶闸管移相范围分别是多少？

5-16. 三相桥式可控整流电路，6 个晶闸管分别由 6 个同步信号为锯齿波的触发电路驱动，某个触发电路的同步信号与对应晶闸管的阳极电压之间的相位有什么关系？

5-17. 单相全控桥式整流电路，反电动势阻感负载，按设计要求选用整流变压器的原副边额定电压，当该电路在额定工况下工作时，试说明整流变压器漏感的大小对输出平均电压的影响。

5-18. 三相半波可控整流电路，反电动势阻感负载，按设计要求选用整流变压器的原副边额定电压，当该电路在额定工况下工作时，试说明整流变压器漏感的大小对换相重叠角的影响。

5-19. 电容滤波的单相不可控桥式整流电路，输出直流电压平均值的极限范围是多少？三相不可控桥式整流电路呢？

5-20. 三相半波逆变电路，当 $\alpha > \pi/2$ 时，反电动势 E_M 和整流电压 U_d 均为负值，若反电动势 $|E_M| > |U_d|$，电路运行情况如何？若反电动势 $|E_M| < |U_d|$，电路运行情况又如何？

5-21. 使变流器工作于有源逆变状态的条件是什么？

5-22. 试从电压波形图上分析，无论何种逆变电路，当电抗器电感量不够大时，则在 $\alpha = \dfrac{\pi}{2}$ 时，输出直流平均电压 $U_d > 0$，将造成被拖动直流电动机爬行（极低速转动）。

5-23. 单相桥式逆变电路，若交流侧电压 U_2 =220V、反电动势 E_M =−110V、电阻 R = 3Ω，当逆变角 β=30° 时，能否实现有源逆变？为什么？

5-24. 三相半波逆变电路，交流侧电压 U_2 =85V，反电动势 E_M =−60V，电阻 R=0.5Ω，电感 L 足够大，保证电流连续。试求：

① 控制角 α=90° 时，直流侧平均电流 I_d 是多少？

② 若逆变角 β=60° 时，直流侧平均电流 I_d 是多少？

5-25. 三相全控桥变流器，反电动势阻感负载，电阻R=2Ω，电感L=∞，交流侧电压 U_2 =220V，当 E_M =−440V，逆变角 β =60° 时，求整流输出平均电压 U_d、电流 I_d 的值，此时送回电网的有功功率是多少？

5-26. 什么是逆变失败？如何防止逆变失败？

5-27. 结合电路原理图，简要说明倍流整流电路的工作原理。

5-28. 结合电路原理图，简要说明同步整流电路的工作原理。

5-29. 一个 Boost APFC 电源（如图 5-41 所示），输入电压 U_2 为 85～135V，输入电源频率 f 为 60Hz，输出功率 P_d = 200W，输出电压 U_d 为 205V，开关频率 f_s 为 20 kHz，忽略电路工作损耗。

试求：

   ① 若采用 CCM 控制模式，输入电感的电感量为多少？

   ② 若采用 DCM 控制模式，输入电感的电感量为多少？

5-30. 间接电流控制的 PWM 整流电路，当测量的交流侧电感量与工作过程中的实际值误差较大时，会影响输入电流与输入电压相位差吗？

5-31. 直接电流控制的 PWM 整流电路，当设计的交流侧电感量与工作过程中的实际值误差较大时，对输入电流有何影响？

第 6 章　交流–交流变换技术

　　交流–交流（AC-AC）变换技术是把一种交流电直接变换成另一种电压大小不同、频率不同或相数不同的交流电的电能变换技术。交流调压电路是指由晶闸管等电力半导体器件构成的，把一种交流电变成另一种相同频率、不同电压大小交流电的电路，交流调压电路按所变换的相数不同可分为单相交流调压电路及三相交流调压电路。把一种频率的交流电变换成另一种频率的交流电的电路则称为交–交变频器，它有别于交–直–交二次变换的间接变频电路，是一种直接变频电路。为了治理相控式晶闸管型交–交变频器输入、输出波形差、谐波严重的弊病，在基于双向自关断功率开关的基础上，目前正在研究一种矩阵式变换器，它是一种具有优良输入、输出特性的特殊形式的交–交变频器。与交流调压电路相同，当控制方式不同时，通过控制负载与电源通断周波数的比值来调节负载所消耗的平均功率的电路称为交流调功电路。如果电力电子器件在电路中仅实现通断控制，则该器件为交流电力电子开关。

6.1　交流调压电路

　　图 6-1（a）所示为一种采用晶闸管的单相交流调压电路，它只需一对反并联的晶闸管或一只双向晶闸管。

　　交流调压电路的控制方式有 3 种：整周波通断控制、相位控制、斩波控制。在整周波通断控制方式中，晶闸管是作为交流开关使用的，它把负载与电源接通几个周波，再断开几个周波。通过改变通断比来改变输出功率。采用相位控制时，在电源电压上下半波的某一个相位分别导通 VT_1、VT_2 晶闸管，改变控制角来改变负载接通电压的时间，从而达到调压的目的。采用斩波控制时，晶闸管要带有强迫关断电路或采用 GTR、MOSFET、IGBT 等自关断器件，在每个电压周波中，开关元件多次通断，把电压斩波成多个脉冲，改变导通比即可实现调压。相位控制交流调压又称相控调压，是交流调压中基本的控制方式，应用最广。

　　交流调压电路的输出仍是同频率的交流电，原则上可应用于一切需要调压的交流负载上，也可通过变压器再调压。交流调压电路是通过改变电压波形来实现调压的，因此输出的电压波形不再是完整的正弦波，谐波分量较大。从调压器输入端所观察到的调压器及其负载的总体功率因数会随着输出电压的降低而降低。但这种交流调压器控制方便、体积小、投资小，因此广泛应用于需调温的工频加热、灯光调节及风机、泵类负载的异步电动机调速等场合。

6.1.1　单相交流调压电路

1. 电阻性负载

带有电阻性负载的单相交流调压电路及相位控制时的波形，如图 6-1（b）所示。交流调压器的

电源电压 $u_{in} = \sqrt{2} U_{in} \sin \omega t$ ，控制角为 α 。在 $2k\pi + \alpha$ 时刻触发 VT_1 ，随后的正半周电压就加在负载电阻 R 上，并有电流 i_O 流过。在电压正半周过零时，电流也过零而使 VT_1 关断。在 $(2k+1)\pi + \alpha$ 时刻触发 VT_2 ，可得到负载电阻上负的电压和电流。

负载上的电压瞬时值为

$$u_O = \begin{cases} 0, & k\pi < \omega t < k\pi + \alpha \\ u_{in}, & k\pi + \alpha \leqslant \omega t < k\pi + \pi \end{cases} \qquad (k = 0,1,2,\cdots) \qquad (6\text{-}1)$$

负载电压有效值为

$$U_O = \sqrt{\frac{1}{\pi} \int_\alpha^\pi \left(\sqrt{2} U_{in} \sin \omega t\right)^2 \mathrm{d}\omega t} = U_{in} \sqrt{\frac{1}{\pi}\left[\frac{1}{2}\sin 2\alpha + (\pi - \alpha)\right]} \qquad (6\text{-}2)$$

负载电流有效值为

$$I_O = \frac{U_O}{R} = \frac{U_{in}}{R}\sqrt{\frac{1}{2\pi}\sin 2\alpha + \left(1 - \frac{\alpha}{\pi}\right)} \qquad (6\text{-}3)$$

调压电路总功率因数用 λ 表示，它等于有功功率与视在功率之比，即

$$\lambda = \cos\phi = \frac{U_O I_O}{U_{in} I_{in}} = \frac{U_O I_O}{U_{in} I_O} = \frac{U_O}{U_{in}} = \sqrt{\frac{1}{2\pi}\sin 2\alpha + \left(1 - \frac{\alpha}{\pi}\right)} \qquad (6\text{-}4)$$

式（6-4）中，I_{in} 为输入电流有效值，I_O 为输出电流有效值，两者相等。从式（6-2）可知，当 $\alpha = 0$ 时，$U_O = U_{in}$ ；当 $\alpha = \pi$ 时，$U_O = 0$ ；当 α 从 0 至 π 变化时，输出电压 U_O 从 U_{in} 到零变化。

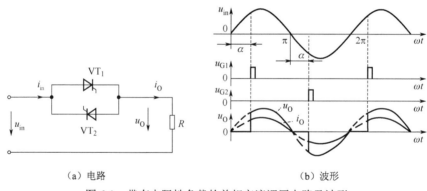

（a）电路	（b）波形

图 6-1 带有电阻性负载的单相交流调压电路及波形

综上所述，单相交流调压器带电阻性负载时，控制角 α 的移相范围为 0～π ，输出电压有效值的调节范围为 0～U_{in} ，元件的导通角 $\theta = \pi - \alpha$ ，其触发脉冲可用单窄脉冲。

若把式（6-1）的电压表达式展开成傅里叶级数，因波形正负对称无偶次谐波，所以可得

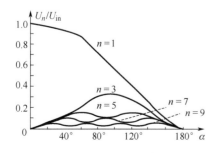

图 6-2 单相交流调压器带电阻性负载时的电压谐波

$$u_O = \sum_{n=1,3,5\cdots} \sqrt{2} U_n \sin(n\omega t + \phi_n) \qquad (6\text{-}5)$$

式中，U_n 为 n 次谐波的有效值，ϕ_n 为 n 次谐波的初相角。

当控制角 α 不同时，U_n / U_{in} 的值不同，ϕ_n 也不同。当输入电压为正弦波时，把 U_n / U_{in} 随 α 的变化画成曲线，如图 6-2 所示。可见，当 α 增加时，谐波分量的总含量增大。因

电流与电压同相位，故图 6-2 所示的曲线也适合于电流。

2. 电感电阻性负载

单相交流调压器在电感电阻性负载（也可简称为阻感负载）下的电路及波形如图 6-3 所示。由于电感的作用，负载电流 i_O 在电源电压过零后还要延迟一段时间才能降到零，延迟的时间与负载功率因数角 φ 有关。电流过零晶闸管才能关断，所以晶闸管的导通角 θ 不仅与控制角 α 有关，还与负载功率因数角 φ 有关。为了分析方便，取控制角为 α 时 VT_1 的导通瞬间作时间坐标的原点。

电源电压的表达式为

$$u_{in} = \sqrt{2}U_{in}\sin(\omega t + \alpha) \tag{6-6}$$

在 VT_1 导通期间，即在 $\omega t = 0$ 到 $\omega t = \theta$ 这段时间内，有方程

$$L\frac{di_O}{dt} + Ri_O = \sqrt{2}U_{in}\sin(\omega t + \alpha) \tag{6-7}$$

初始条件为 $i_O(0) = 0$。当 $\varphi < \alpha < \pi$ 时，解此方程可得

$$i_O(t) = i_{O1}(t) + i_{O2}(t) = \frac{\sqrt{2}U_{in}}{Z}\sin(\omega t + \alpha - \varphi) - \frac{\sqrt{2}U_{in}}{Z}e^{-\frac{t}{\tau}}\sin(\alpha - \varphi) \tag{6-8}$$

式中，Z 为负载阻抗，$Z = \sqrt{R + (\omega L)^2}$；$\tau$ 为电路时间常数，$\tau = \dfrac{L}{R}$；$\varphi = \tan^{-1}(\dfrac{\omega L}{R})$ 为负载阻抗角。i_{O1} 为电流的稳态分量，它滞后于电压 φ 角；i_{O2} 为以时间常数 τ 衰减的电流自由分量，其初始值与 $(\alpha - \varphi)$ 有关。

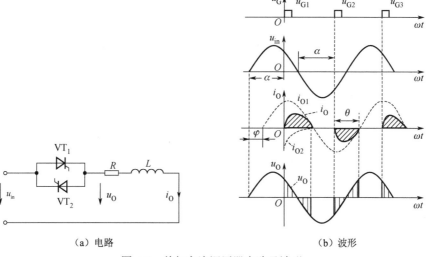

（a）电路　　　　　　　　　　　　　　　（b）波形

图 6-3　单相交流调压器电路及波形

i_{O1}、i_{O2} 的波形如图 6-3（b）所示。当 $\omega t = \theta$ 时，i_O 过零使 VT_1 关断。把这时的条件 $i_O(\theta) = 0$ 代入式（6-8）后，可得有关 θ 的超越方程为

$$\sin(\theta + \alpha - \varphi) = e^{-\frac{\theta}{\tan\varphi}}\sin(\alpha - \varphi) \tag{6-9}$$

式（6-9）表明了导通角 $\theta = f(\alpha, \varphi)$ 的函数关系，对于确定的 α、φ，就有确定的 θ 与之对应。α 和 φ 不同关系时的输出电压和电流波形见图 6-1 和图 6-4，下面对式（6-8）和式（6-9）进行讨论。

① 当 $\varphi = 0$ 时，电感 L 为零，电阻性负载，$i_{O2} = 0$，可解得导通角 $\theta + \alpha = \pi$，如前面分析，波形见图 6-1（b）。

② 当 $\alpha = \varphi$ 时，$i_{O2} = 0$，负载电流只有稳定分量 i_{O1}，且可解得导通角 $\theta = \pi$，电流连续。电路一开通就进入稳态，调压器处于直通状态，不起调压作用，$u_O = u_{in}$，波形见图 6-4（a）。

③ 当 $\varphi < \alpha < \pi$ 时，由式（6-9）可得到 $\theta = f(\alpha, \varphi)$ 的曲线族，如图 6-5 所示。从图可知，对任一阻抗角 φ 所确定的负载，当 $\alpha = \pi$ 时，$\theta = 0$，$u_O = 0$；当 $\alpha = \varphi$ 时，$\theta = \pi$，$u_O = u_{in}$；当 α 从 π 到 φ 逐步减小时，导通角 θ 也从 0 到 π 逐步增大，加在负载上的电压有效值也从 0 到 u_{in} 逐步增大，这就是交流调压器进行调压的工作情况，波形如图 6-4（b）所示。

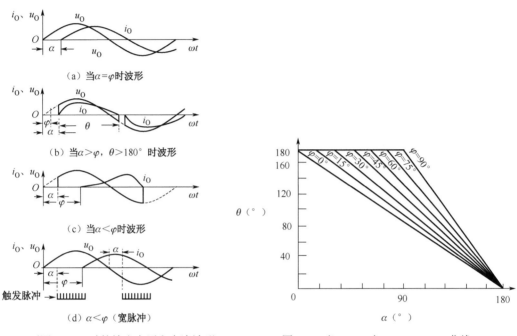

图 6-4　不同 α、φ 时的输出电压和电流波形　　　图 6-5　当 $\alpha > \varphi$ 时，$\theta = f(\alpha, \varphi)$ 曲线

④ 当 $0 < \alpha < \varphi$ 且触发脉冲为单窄脉冲时，由式（6-9）可解得 $\theta > \pi$。由于 VT$_1$ 与 VT$_2$ 的触发脉冲相位差 π，故在 VT$_2$ 得到触发时电路中仍为正方向，这时的 VT$_2$ 并不能开通。当电流过零 VT$_1$ 关断后，VT$_2$ 的触发脉冲已经消失，因此 VT$_2$ 还是不能开通。待第二个 VT$_1$ 脉冲到来后，又将重复 VT$_1$ 导通、正向电流流过负载的过程。这将使整个回路中有很大的直流分量电流，它会给电动机类负载及电源变压器的运行带来严重危害，波形如图 6-4（c）所示。

⑤ 当 $0 < \alpha < \varphi$ 触发脉冲为宽脉冲或脉冲列时，则当负载电流过零，VT$_1$ 关断后，VT$_2$ 能接着导通，电流能一直保持连续。首次开通所产生的电流自由分量 i_2 在衰减到零以后，电路中也就只存在电流稳态分量 i_{O1}。由于电流连续，$u_O = u_{in}$，调压器直通。晶闸管的首次触发起了一次"合闸"的作用，波形如图 6-4（d）所示。

综上所述，交流调压器带电感、电阻性负载时，控制角 α 能起调压作用的移相范围为 $\varphi \sim \pi$，电压有效值调节范围为 $0 \sim U_{in}$。为避免 $\alpha < \varphi$ 时出现直流分量，触发脉冲应采用宽脉冲或脉冲列。

下面介绍基本的数量关系。负载电压有效值 U_O 为

$$U_O = \sqrt{\frac{1}{\pi} \int_{\alpha}^{\alpha+\theta} (\sqrt{2} U_{in} \sin \omega t)^2 \mathrm{d}(\omega t)} = U_{in} \sqrt{\frac{\theta}{\pi} + \frac{1}{2\pi} \big[\sin 2\alpha - \sin(2\alpha + 2\theta) \big]} \qquad （6\text{-}10）$$

根据图 6-3 的坐标位置和式（6-8），当 $\varphi < \alpha < \pi$ 时，晶闸管电流有效值 I_T 为

$$I_T = \sqrt{\frac{1}{2\pi} \int_0^\theta \left\{ \frac{\sqrt{2} U_{in}}{Z} \sin(\omega t + \alpha - \varphi) - \frac{\sqrt{2} U_{in}}{Z} e^{\frac{-\omega t}{\omega \tau}} \sin(\alpha - \varphi) \right\}^2 \mathrm{d}(\omega t)}$$

$$= \frac{U_{in}}{\sqrt{2\pi}Z} \sqrt{\theta - \frac{\sin\theta\cos(2\alpha + \varphi + \theta)}{\cos\varphi}} \tag{6-11}$$

其中，$Z = \sqrt{R^2 + (\omega L)^2}$，$\omega L$ 即感抗 X_L，负载电流有效值 $I_O = \sqrt{2}I_T$。

【例题 6-1】一个单相交流调压器，输入交流电压为 220V，50Hz，负载为电阻和电感，其中 $R=8\Omega$，$X_L = 6\Omega$。试求：

① $\alpha = \pi/6$ 时输出电压、电流的有效值及输入功率和功率因数。

② $\alpha = \pi/3$ 时输出电压、电流的有效值及输入功率和功率因数。

解：负载阻抗及负载阻抗角分别为

$$Z = \sqrt{R^2 + X_L^2} = 10(\Omega)$$

$$\varphi = \arctan(\frac{X_L}{R}) = \arctan(\frac{6}{8}) = 0.6435 = 36.87°$$

① 当 $\alpha = \pi/6$ 时，由于 $\alpha < \varphi$，因此晶闸管调压器全开放，输出电压为完整的正弦波，负载电流也为最大，此时输出功率最大，为

$$I_{in} = I_O = \frac{220}{Z} = 22(A)$$

$$P_{in} = I_{in}^2 R = 3872(W)$$

功率因数为 $\lambda = \frac{P_{in}}{U_{in}I_O} = \frac{3872}{220 \times 22} = 0.8$。

实际上，此时的功率因数也就是负载阻抗角的余弦。

② 当 $\alpha = \pi/3$ 时，先计算晶闸管的导通角，由式（6-9）得

$$\sin(\frac{\pi}{3} + \theta - 0.6435) = \sin(\frac{\pi}{3} - 0.6435)e^{\frac{-\theta}{\tan\varphi}}$$

解上式可得晶闸管导通角为

$$\theta = 2.727 = 156.2°$$

$$I_{VT} = \frac{U_{in}}{\sqrt{2\pi}Z}\sqrt{\theta - \frac{\sin\theta\cos(2\alpha + \varphi + \theta)}{\cos\varphi}} = \frac{220}{\sqrt{2\pi} \times 10} \times \sqrt{2.727 - \frac{\sin 2.727 \times \cos(2\pi/3 + 0.6435 + 2.727)}{0.8}}$$

$$= 13.55(A)$$

$$I_{in} = I_O = \sqrt{2}I_T = 19.16(A)$$

$$P_{in} = I_{in}^2 R = 2937(W)$$

$$\lambda = \frac{P_{in}}{U_{in}I_O} = \frac{2937}{220 \times 19.16} = 0.697$$

3. 斩控式交流调压电路

（1）工作原理

图 6-6（a）所示为斩控式交流调压电路，一个 IGBT 开关与一个二极管进行串联构成一条支路，共 4 条支路，两条支路反并联构成一组，共两组。其中一组串联在电路里，另一组与负载并联，具体是 VT_1 与 VD_1、VT_2 与 VD_2 各自串联进行反并联后串接在电路中，VT_3 与 VD_3、VT_4 与 VD_4 各自串联后进行反并联后与负载并联，开关管导通方向与所串联的二极管相同。

（2）波形分析

在 u_{in} 输入电压为交流正弦波且为正半周时，VT_3 开通，VT_4 断开。VT_1 进行斩波控制：VT_1 导通时，输入电压 u_{in} 加在负载上，输出电压 u_O 等于输入电压 u_{in}；VT_1 断开且电阻负载时，输出电压 u_O

为零，VT$_1$断开且电阻电感负载时，通过VD$_3$、VT$_3$组成续流通道，输出电压u_O也为零。

在u_{in}输入电压负半周，VT$_4$开通，VT$_3$断开。VT$_2$进行斩波控制：VT$_2$导通时，输入电压u_{in}加在负载上，输出电压u_O等于输入电压u_{in}；VT$_2$断开且电阻负载时，输出电压u_O为零，VT$_2$断开且电阻电感负载时，通过VD$_4$、VT$_4$组成续流通道，输出电压u_O也为零。负载电压u_O为输入正弦波电压包络线的斩波波形，基波与输入电压同相位。

用VT$_1$、VT$_2$进行斩波控制，用VT$_3$、VT$_4$给负载电流提供续流通道。斩波器件（VT$_1$、VT$_2$）导通时间为t_{on}，开关周期为T_S，则导通占空比$\rho = t_{on}/T_S$，通过改变占空比ρ来调节输出电压，改变输出电压平均值。

无论是电阻负载还是电阻电感负载，负载电压u_O是一致的。该电路VT$_1$或VT$_2$开关管导通时，输入电流与负载电流相等，开关管断开时输入电流为零，电流i_{in}为斩波式。电阻负载时，i_{in}波形如图6-6（b）所示，电源电流的基波分量是和电源电压同相位的，即位移因数为1，电源电流中不含低次谐波，只含与开关周期T_S有关的高次谐波，这些高次谐波用很小的滤波器即可滤除，这时电路的功率因数接近1。

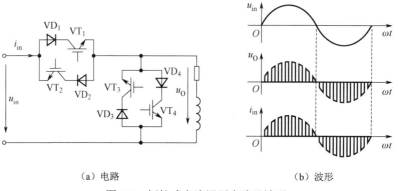

（a）电路　　　　　　　　　　　　　　　（b）波形

图6-6　斩控式交流调压电路及波形

6.1.2　三相交流调压器

1．三相交流调压器的几种形式

若把三个单相调压器接在对称的三相电源上，让其互差$2\pi/3$相位工作，则构成了一个三相交流调压器。三相交流调压器上电路的连接形式繁多，常见的有如图6-7所示的几种。

图6-7（a）所示为带有中性线的Y_N型连接，每个单相交流调压器分别接在自己的相电源上，每相的工作过程与单相交流调压器完全一样。各相电流的所有谐波分量都能经中性线流通而加在负载上。由于三相中的3倍频谐波电流的相位相同，因此它们在中线中将叠加而使中性线流过相当大的三次谐波电流。这会给电源变压器及其他负载带来不利的影响，故很少采用。图6-7（b）所示为无中性线的Y型连接，它的波形正负对称，负载中及线路中都无3次谐波，因此得到广泛的应用。图6-7（c）所示为负载与晶闸管串联的三角型连接，每个带负载的单相交流调压器跨接在线电压上，每相工作时的电压电流波形也与单相交流调压器相同，但3次及3倍频次谐波电流在线电流中无法流通，而在三角形内自成环流流通，故线电流中将不出现3次及3倍频次的谐波电流。但负载必须是3个独立的线路，要有6个线头引出才能应用。图6-7（d）所示为中点控制的三角型连接。图6-7（e）和图6-7（f）两种电路的优点是所用的晶闸管只要3个，但缺点是电压电流的正负半周不对称，谐波分量大。

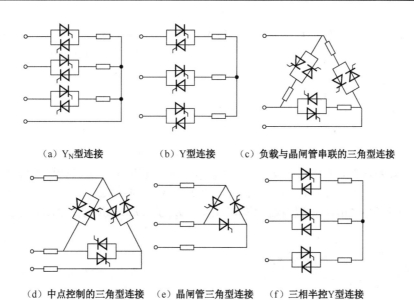

（a）Y_N 型连接　　　　（b）Y 型连接　　　（c）负载与晶闸管串联的三角型连接

（d）中点控制的三角型连接　　（e）晶闸管三角型连接　　（f）三相半控Y型连接

图 6-7　三相交流调压器上电路的连接形式

2．Y 型连接的三相交流调压器

（1）对触发信号的要求

Y 型连接的三相交流调压器各晶闸管编号如图 6-8 所示，为了保证电路的正常工作，$VT_1 \sim VT_6$ 晶闸管的触发信号应满足如下条件。

① 相位条件

触发信号应与电源电压同步，故 3 个正向晶闸管 VT_1、VT_3、VT_5 的触发信号应互差$120°$，3 个反向晶闸管 VT_4、VT_6、VT_2 的触发信号也应互差$120°$，同一相的 2 个触发信号应互差$180°$，总的触发顺序是 $VT_1 \rightarrow VT_2 \rightarrow VT_3 \rightarrow VT_4 \rightarrow VT_5 \rightarrow VT_6$，其触发信号依次各差$60°$。

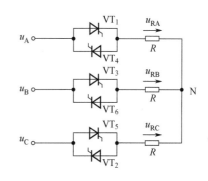

图 6-8　电阻性负载 Y 型连接的三相交流调压器

② 脉宽条件

Y 型连接时，三相中至少要有两相导通才能构成电流通路，因此单窄脉冲是无法"起动"三相交流调压器的。为了保证起始工作电流的流通并在控制角较大、电流不连续的情况下仍能按要求使电流流通，触发信号应采用大于$60°$的宽脉冲（或脉冲列）或采用间隔$60°$的双窄脉冲。

（2）分析方法

交流调压器是靠改变施加到负载上的电压波形来实现调压的，因此得到负载电压波形是最重要的。对 Y 型连接的三相交流调压器中的一相来说，只要两个晶闸管之中有一个导通，则该支路就是导通的。从三相来看，任何时候电路只可能是下列 3 种情况中的一种：①三相全不通，调压器开路，每相负载的电压都为零；②三相全导通，调压器直通，则每相负载的电压是该相的相电压；③其中两相导通，这时导通相负载上的电压是该两相线电压的 1/2，非导通相的负载电压为零。因此，只要能判别各晶闸管的通断情况，就能确定该电路的导通相数，也就能得到该时刻的负载电压值，判别一个周波就能得到负载电压波形。

（3）电阻性负载

下面分析不同 α 时的工作情况。

① $\alpha = 0°$ 时，晶闸管触发信号在各相电压的自然过零点给出。刚起动时，只有两个触发信号——$\omega t = 0°$ 时的 u_{G1} 和 u_{G6}，由电压条件可知 A、B 两相导通，故 $u_{RA} = 0.5u_{AB}$、$u_{RB} = 0.5u_{BA}$、$u_{RC} = 0$。

这个过程持续 60° 后 u_{G2} 到来，VT$_2$ 导通，A、B、C 三相同时导通，故 $u_{RA} = u_A$、$u_{RB} = u_B$、$u_{RC} = u_C$。当 $\omega t = 120°$ 时，u_B 从负半周过零而使 VT$_6$ 关断，同时 VT$_3$ 因 u_{G3} 的到来而导通，故仍为三相导通。以后过程类似，图 6-9 所示为 u_{RA} 的波形。可见，从 $\omega t = 60°$ 开始，系统一直处于三相导通的状态，三相负载电压为各自的电源电压。

②　$\alpha = 30°$ 的波形见图 6-10。为了方便，只分析 u_{RA}、$\omega t = 0°$ 时触发系统工作，这时只有 u_{G6} 一个触发信号，单管无法导通。$\omega t = 30°$ 时 u_{G1} 到来，u_{G6} 仍保持，故 VT$_1$、VT$_6$ 导通，$u_{RA} = u_{AB} / 2$。$\omega t = 90°$ 时，u_{G2} 到来，VT$_2$ 导通。三相导通并保持到 $\omega t = 120°$，这期间 $u_{RA} = u_A$。$\omega t = 120°$ 时，u_B 过零，VT$_6$ 关断，由三相导通转为 A、C 两相导通，$u_{RA} = u_{AC} / 2$。$\omega t = 150°$ 时，u_{G3} 到来，VT$_3$ 导通，再次进入三相导通，$u_{RA} = u_A$。$\omega t = 180°$ 时，u_A 过零，VT$_1$ 关断，B、C 两相通，$u_A = 0$。负半周的情况类似，系统一直在三相导通与两相导通两种状态下轮流工作。u_{RA} 的波形如图中阴影部分所示。

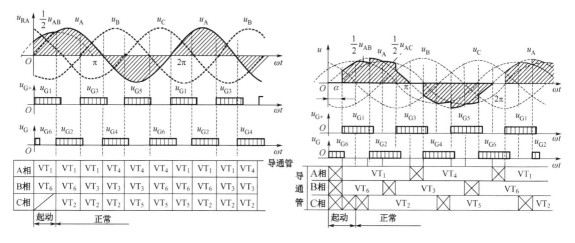

图 6-9　电阻负载 Y 型连接的三相交流　　　图 6-10　电阻负载 Y 型连接的三相交流
　　　调压器在 $\alpha=0°$ 时的波形　　　　　　　　　调压器在 $\alpha=30°$ 时的波形

③　$\alpha = 60°$、$\alpha = 90°$、$\alpha = 120°$ 这 3 种工作情况的 u_{RA} 波形如图 6-11 所示。$\alpha = 150°$ 时，u_{G1} 与 u_{G6} 共同存在的时刻是在 $u_A = u_B$ 处，之后 $u_A < u_B$，故 VT$_1$、VT$_6$ 无法开通。后面的情况同样，以至调压器始终不能开通，输出电压 $u_{RA} = 0$。

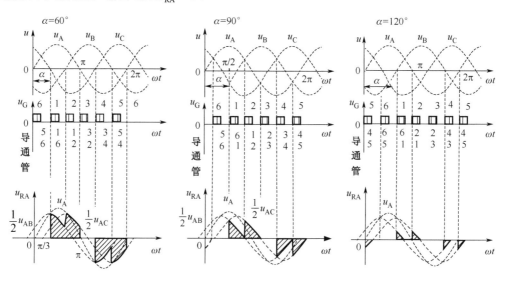

图 6-11　电阻负载 Y 型连接的三相交流调压器在 $\alpha=60°$、$90°$、$120°$ 时的波形

综上分析，Y 型连接的三相交流调压器在电阻性负载时，其控制角 α 的移相范围是 $0°\sim150°$。随着 α 的增加，输出电压有效值降低，电压调节范围是输入电压有效值到 0。

（4）电感、电阻性负载

由于电感的作用，在电压过零时，电流并未过零，因此其导通的情况不仅与 α 有关还与负载的阻抗角 φ 有关，同时还得考虑三相无中性线的特点，因此定量分析很困难，但同单相的情况类似：当 $\alpha\leqslant\varphi$ 时，用宽脉冲触发在负载上可得到全压；当 $\alpha>\varphi$ 时，输出电压随 α 角的增大而减小；当 $\alpha\geqslant150°$ 时，输出电压为零。控制角 α 的有效移相范围为 $\varphi\sim150°$。

6.1.3　PWM 斩控三相交流调压电路

PWM 斩控三相交流调压电路如图 6-12（a）所示。它由 3 个串联开关 VT_1、VT_2、VT_3 以及 1 只续流开关 VT_N 组成，3 个串联开关公用一个控制信号 u_G（各自有驱动电路），它与续流开关的控制信号 u_{GN} 在相位上互补。这样当 VT_1、VT_2、VT_3 导通时，VT_N 即关断，负载电压等于电源电压；反之，当 VT_N 导通时，VT_1、VT_2、VT_3 均关断，负载电流沿 VT_N 续流，负载电压为零。工作波形如图 6-12（b）所示。

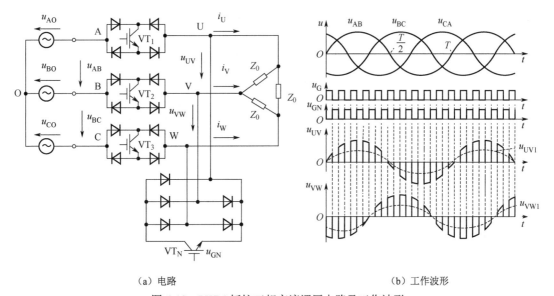

（a）电路　　　　　　　　　　　　　（b）工作波形

图 6-12　PWM 斩控三相交流调压电路及工作波形

6.2　交-交变频电路

采用晶闸管的交-交变频电路也称为周波变流器（Cycle Converter）或周波变换器，交-交变频电路是把电网频率的交流电直接变换成可调频率的交流电的变流电路。交-交变频电路无中间直流环节，因此属于直接变频电路。

交-交变频电路广泛用于大功率交流电动机调速传动系统，实际使用的主要是三相输出交-交变频电路。单相输出交-交变频电路是三相输出交-交变频电路的基础。下面首先介绍单相输出交-交变频电路的构成、工作原理、控制方法及输入输出特性，然后再介绍三相输出交-交变频电路。为了叙述简便，把单相输出和三相输出交-交变频电路分别称为单相交-交变频电路和三相交-交变频电路。

6.2.1 单相交-交变频电路

1．电路构成和基本工作原理

图 6-13 所示为单相交-交变频电路的基本电路原理图和输出电压波形。电路由 P 组和 N 组反并联的晶闸管变流电路构成。变流器 P 和 N 都是相控整流电路。P 组工作时，负载电流 i_O 为正；N 组工作时，i_O 为负。让两组变流器按一定的频率交替工作，负载就得到该频率的交流电。改变两组变流器的切换频率，就可以改变输出频率 ω_O。改变变流电路工作时的控制角，就可以改变交流输出电压的幅值。

为了使输出电压 u_O 的波形接近正弦波，可以按正弦规律对 α 进行调制。如图 6-13 波形所示，可在半个周期内让正组变流器 P 的 α 按正弦规律从 90° 逐渐减小到 0° 或某个值，然后再逐渐增大到 90°。这样，每个控制间隔内的平均输出电压就按正弦规律从零逐渐增至最高，再逐渐降低到零，如图中虚线所示。另外半个周期可对变流器 N 进行同样的控制。

当变流器 P 和 N 都是三相半波相控电路时，图 6-13（b）所示为变流器 P 组输出的正半周波形，变流器 N 不工作；当变流器 N 组工作时，输出负半周波形，变流器 P 组不工作。可以看出，输出电压 u_O 并不是平滑的正弦波，而是由若干段电源电压拼接而成的。在输出电压的一个周期内，所包含的电源电压段数越多，其波形就越接近正弦波。因此，图 6-13 中的交流电路通常采用 6 脉波的三相桥式电路或 12 脉波变流电路。本节在后面的论述中均以最常用的三相桥式电路为例进行分析。

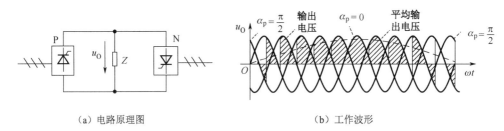

（a）电路原理图　　　　　　　　　　　（b）工作波形

图 6-13　单相交-交变频电路原理图和输出电压波形

2．整流与逆变工作状态

交-交变频电路的负载可以是阻感负载、电阻负载、阻容负载或交流电动机负载。这里以阻感负载为例来说明电路的整流工作状态与逆变工作状态，这种分析也适用于交流电动机负载。

如果把交-交变频电路理想化，忽略变流电路换相时输出电压的脉动分量，就可以把电路等效成如图 6-14（a）所示的正弦波交流电源和二极管的串联。其中，交流电源表示变流电路可输出交流正弦电压，二极管体现了变流电路电流的单方向性。

假设负载阻抗角为 φ，即输出电流滞后输出电压 φ。另外，两组变流电路在工作时采取无环流工作方式，即一组变流电路工作时，封锁另一组变流电路的触发脉冲。

图 6-14（b）所示为一个周期内负载电压、电流波形及正反两组变流电路的电压、电流波形。由于变流电路的单向导电性，在 $t_1 \sim t_3$ 阶段的负载电流正半周，只能是正组变流电路工作，反组电路被封锁。其中，在 $t_1 \sim t_2$ 阶段，输出电压和电流均为正，故正组变流电路工作在整流状态，输出功率为正；在 $t_2 \sim t_3$ 阶段，输出电压已反向，但输出电流仍为正，正组变流电路工作在逆变状态，输出功率为负。

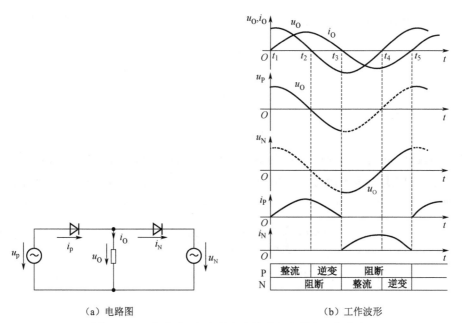

（a）电路图　　　　　　　　　　　　（b）工作波形

图 6-14　理想化交-交变频电路的整流和逆变工作状态

在 $t_3 \sim t_5$ 阶段，负载电流处于负半周，反组变流电路工作，正组电路被封锁。其中，在 $t_3 \sim t_4$ 阶段，输出电压和电流均为负，反组交流电路工作在整流状态；在 $t_4 \sim t_5$ 阶段，输出电流为负而电压为正，反组变流电路工作在逆变状态。

可以看出，在阻感负载的情况下，在一个输出电压周期内，交-交变频电路有 4 种工作状态。哪组变流电路工作是由输出电流的方向决定的，与输出电压极性无关。变流电路工作在整流状态还是逆变状态，则是根据输出电压方向与输出电流方向是否相同来确定的。

图 6-15 所示为单相交-交变频电路输出电压和电流的波形图。如果考虑无环流工作方式下负载电流过零的死区时间，一个周期的波形可分为 6 段：第 1 段，$i_O < 0$，$u_O > 0$，为反组逆变；第 2 段，电流过零，为无环流死区；第 3 段，$i_O > 0$，$u_O > 0$，为正组整流；第 4 段，$i_O > 0$，$u_O < 0$，为正组逆变；第 5 段，又是无环流死区；第 6 段，$i_O < 0$，$u_O < 0$，为反组整流。

当输出电压和电流的相位差小于 $90°$ 时，一周期内电网向负载提供能量的平均值为正，电动机工作在电动状态；当二者相位差大于 $90°$ 时，一周期内电网向负载提供能量的平均值为负，即电网吸收能量，电动机工作在发电状态。

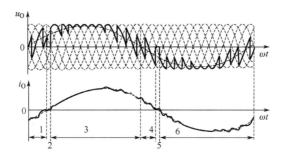

图 6-15　单相交-交变频电路输出电压和电流波形

3．输出正弦波电压的调制方法

通过不断改变控制角 α，使交-交变频电路的输出电压波形基本为正弦波的调制方法有多种。这里主要介绍最基本的、广泛使用的余弦交点法。

设 U_{d0} 为 $\alpha = 0$ 时整流电路的理想空载电压，则控制角为 α 时变流电路的输出电压为

$$u_{\text{OAV}} = U_{d0} \cos\alpha \tag{6-12}$$

对交–交变频电路来说，每次控制时，α 都是不同的，式（6-12）中的 u_{OAV} 表示每次控制间隔内输出电压的平均值。

设要得到的正弦波输出电压为

$$u_{\text{O}} = U_{\text{Om}} \sin\omega_{\text{O}}t \tag{6-13}$$

式中，U_{Om} 为输出交流电压的幅值，ω_{O} 为输出交流电压的角频率。比较式（6-12）和式（6-13），输出正弦波电压的周期远大于输入电压的周期，用输入电压一定区域内的平均值作为输出电压的一部分，应使

$$\cos\alpha = \frac{U_{\text{Om}}}{U_{d0}} \sin\omega_{\text{O}}t = \gamma_{\text{M}} \sin\omega_{\text{O}}t \tag{6-14}$$

式中，γ_{M} 称为输出电压比，$\gamma_{\text{M}} = \dfrac{U_{\text{Om}}}{U_{d0}}$，$0 \leqslant \gamma_{\text{M}} \leqslant 1$，因此

$$\alpha = \arccos(\gamma_{\text{M}} \sin\omega_{\text{O}}t) \tag{6-15}$$

式（6-15）就是用余弦交点法求交–交变频电路 α 的基本公式。

下面用图 6-16 对余弦交点法做进一步说明。在图 6-16 中，如果单相输出的正弦波电压采用两套反并联的三相桥式可控整流器供电，则由多段电网线电压合成输出电压。线电压 u_{AB}、u_{AC}、u_{BC}、u_{BA}、u_{CA} 和 u_{CB} 依次用 $u_1 \sim u_6$ 表示，相邻两个线电压的交点对应于 $\alpha = 0$。在控制电路中，$u_1 \sim u_6$ 所对应的同步余弦信号分别用 $u_{R1} \sim u_{R6}$ 表示。$u_{R1} \sim u_{R6}$ 比相应的 $u_1 \sim u_6$ 超前 $30°$。也就是说，$u_{R1} \sim u_{R6}$ 的最大值正好与相应线电压 $\alpha = 0$ 的时刻相对应，在图中用空心圆点表示，如以 $\alpha = 0$ 为零时刻，则 $u_{R1} \sim u_{R6}$ 为"余弦"信号。设希望输出的参考电压为 u_{RO}，则各晶闸管的触发时刻由相应的同步电压 $u_{R1} \sim u_{R6}$ 的下降段和 u_{RO} 的交点来决定。以 $\omega_{\text{O}}t$ 为变量，对应式（6-14）和式（6-15），控制电路中的各相参考信号表达如下

$$\cos\alpha_k = \frac{U_{\text{ROm}}}{U_{\text{Rd0}}} \sin\omega_{\text{O}}t = \gamma_{\text{M}} \sin\omega_{\text{O}}t_k, \qquad k = 1,2,3,4,5,6 \tag{6-16}$$

$$\alpha_k = \arccos(\gamma_{\text{M}} \sin\omega_{\text{O}}t_k), \qquad k = 1,2,3,4,5,6 \tag{6-17}$$

式中，$\gamma_{\text{M}} = \dfrac{U_{\text{ROm}}}{U_{\text{Rd0}}} = \dfrac{U_{\text{Om}}}{U_{d0}}$，$U_{\text{Rd0}}$ 和 U_{ROm} 分别为 U_{d0} 和 U_{Om} 的控制值。在控制电路中，$u_{R1} \sim u_{R6}$ 分别与 $u_{\text{ROm}} \sin\omega_{\text{O}}t$ 相交，分别产生控制角。由于交点位置 $\omega_{\text{O}}t$ 不同，各相交点 $u_{RO} \sin\omega_{\text{O}}t$ 值不相等，各相的控制角也不相同。

余弦交点法依据交–交变频电路在一定区域内输出平均电压与控制角的余弦成正比关系，以自然换相点与余弦信号的零度（峰值）对应，构建了余弦波，作为与电网电压相对应的参考电压，并将各余弦波与输出信号波进行比较，将其交点作为换流切换点，确定了控制角，从而产生输出的低频交流电压，该输出电压波形往往由多段输入电压波形构成。

图 6-17 给出了在不同输出电压比 γ_{M} 的情况下，在输出电压的一个周期内，控制角 α 随 $\omega_{\text{O}}t$ 变化的情况。图中，$\alpha = \arccos(\gamma_{\text{M}} \sin\omega_{\text{O}}t) = \pi/2 - \arcsin(\gamma_{\text{M}} \sin\omega_{\text{O}}t)$。可以看出，当 γ_{M} 较小，即输出电压较低时，α 只在离 $90°$ 很近的范围内变化，电路的输入功率因数非常小。

上述余弦交点法可以用模拟电路来实现，但线路复杂，且不易实现准确的控制。采用计算机控制时可方便地实现准确的运算，而且除计算 α 外，还可以实现各种复杂的控制运算，使整个系统获得很好的性能。

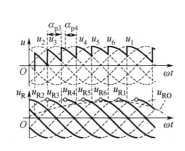

图 6-16　余弦交点法原理

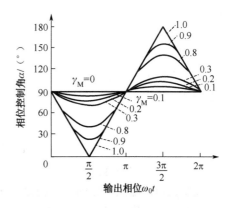

图 6-17　不同 γ_M 时 α 和 $\omega_o t$ 的关系

4. 输入输出特性

（1）输出上限频率

交-交变频电路的输出电压是由许多段电网电压拼接而成的。输出电压一个周期内拼接的电网电压段数越多，则输出电压波形越接近正弦波。每段电网电压的平均持续时间是由变流电路的脉波数决定的。因此，当输出频率增高时，输出电压一周期所含电网电压的段数就减少，波形畸变就严重。电压波形畸变及由此产生的电流波形畸变和转矩脉动是限制输出频率提高的主要因素。就输出波形畸变和输出上限频率的关系而言，很难确定一个明确的界限。当然，构成交-交变频电路的两组变流电路的脉波数越多，输出上限频率就越高。就常用的 6 脉波三相桥式电路而言，一般认为，输出上限频率不高于电网频率的 1/3～1/2。电网频率为 50Hz 时，交-交变频电路的输出上限频率约为 20Hz。

（2）输入功率因数

交-交变频电路采用的是相位控制方式，因此其输入电流的相位总滞后于输入电压，需要电网提供无功功率。从图 6-18 可以看出，在输出电压的一个周期内，α 是以 90° 为中心前后变化的。输出电压比 γ_M 越小，半周期内 α 的平均值越靠近 90°，位移因数（基波功率因数）越低。另外，负载的功率因数越低，输入功率因数也越低。而且不论负载功率因数是滞后的还是超前的，输入的无功电流总是滞后的。

图 6-18 所示为以输出电压比 γ_M 为参变量时输入位移因数和负载功率因数的关系。输入位移因数也就是输入的基波功率因数，因为输入电流存在谐波，所以其值通常略大于输入功率因数。因此，图 6-18 也大体反映了输入功率因数和负载功率因数的关系。即使负载功率因数为 1 且输出电压比 γ_M 也为 1，输入功率因数仍小于 1，随着负载功率因数的降低和 γ_M 的减小，输入功率因数随之降低。

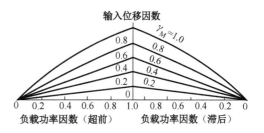

图 6-18　单相交-交变频电路的功率因数

（3）输出电压谐波

交-交变频电路输出电压的谐波频谱是非常复杂的，它既与电网频率 f 以及变流电路的脉波数有关，也与输出频率 f_o 有关。对于采用三相桥式电路的交-交变频电路来说，输出电压中所含主要谐波的频率为

$$6f \pm f_o,\ \ 6f \pm 3f_o,\ \ 6f \pm 5f_o,\ \cdots$$
$$12f \pm f_o,\ \ 12f \pm 3f_o,\ \ 12f \pm 5f_o,\ \cdots$$

　　另外，采用无环流控制方式时，由于电流方向改变时死区的影响，将使输出电压中增加 $5f_O$、$7f_O$ 等次谐波。

　　（4）输入电流谐波

　　单相交-交变频电路的输入电流波形和可控整流电路的输入波形类似，但其幅值和相位均按正弦规律被调制。采用三相桥式电路的交-交变频电路输入电流谐波频率为

$$f_i = \left| (6k \pm 1)f \pm 2lf_O \right| \tag{6-18}$$

$$f_i = f \pm 2kf_O \tag{6-19}$$

式中，$k = 1,2,3,\cdots$；$l = 0,1.2,\cdots$。

　　与可控整流电路输入电流的谐波相比，交-交变频电路输入电流的频谱要复杂得多，但各次谐波的幅值要比可控整流电路的谐波幅值小。

　　前面的分析都是基于无环流方式进行的。在无环流方式下，当负载电流反向时，为了保证无环流，必须留一定的死区时间，使得输出电压的波形畸变增大。另外，在负载电流断续时，输出电压被负载电动机反电动势抬高，这也造成输出波形畸变。电流死区和电流断续的影响也限制了输出频率的提高。和直流可逆调速系统一样，交-交变频电路也可采用有环流控制方式，这时正反两组变流器之间须设置环流电抗器。采用有环流方式可以避免电流断续并消除电流死区，改善输出波形，还可提高交-交变频电路的输出上限频率，同时控制也比无环流方式简单。但是，设置环流电抗器使设备成本增加，运行效率也因环流而有所降低。因此，目前应用较多的还是无环流方式。

6.2.2　三相交-交变频电路

　　交-交变频电路有电压源型及电流源型两大类。电压源型按其输出波形或控制方式不同有梯形电压波型、正弦电压波型及正弦电流波型等多种，电流源型主要是矩形电流波型。下面介绍梯形电压波交-交变频器和正弦电压波交-交变频器。

1. 梯形电压波交-交变频器

　　从前面所述可知，对于由两组三相可控整流器反并联组成的可逆电路，其输出电压和电流的方向及大小是可以任意改变的。若使其输出的电压或电流以 f_O 的频率正负交替变化，就得到了一个单相交-交变频器。若以这样的三个单相交-交变频器互差 120° 工作，就构成了一个三相交-交变频器。若每组可控整流器采用的是三相半波可控整流器，则三相交-交变频器共需 18 个晶闸管，其电路如图 6-19 所示。正组编号为 I、III、V，组内元件编号为 1、3、5；负组编号为 IV、VI、II，组内元件编号为 4、6、2。若每组采用三相桥式（两套三相半波）可控整流器，则三相交-交变频器需 36 个晶闸管。

　　以 I、IV 组所构成的 U 相电路为例来说明工作原理。当 I 组以控制角 $\alpha_I = 0°$ 工作时，以电源零线为参考地，则输出的电压波形为电源三相电压波形的正半波包络线，其平均值为正最大值；同理，当 IV 组工作时，$\alpha_{IV} = 0°$，则输出的电压波形为电源三相电压波形的负半波包络线，平均值为负的最大值，其波形如图 6-20 所示，阴影部分为其输出电压。

　　输出波形的周期 T_O 可由每半周中的电压波头数 n 来确定，如果输出电压波形正负对称，共有 $2n$ 个波头数。设电源周期为 T，当半周中只有一个波头时，即一个周期中只有 2 个波头时，输出波形仅由输入电压中的一相产生，$T_O = T$，对于三相半波整流电路来说，输出整流波形每个工频周期有 3 个波头，以后每增加 2 个波头，则输出电压的周期增加 $2T/3$，所以输出电压的周期为

$$T_O = T + 2(n-1)\frac{T}{3} = (2n+1)\frac{T}{3} \tag{6-20}$$

输出频率 f_O 与输入频率 f 之比为

$$\frac{f_O}{f} = \frac{T}{T_O} = \frac{3}{2n+1}\qquad(6\text{-}21)$$

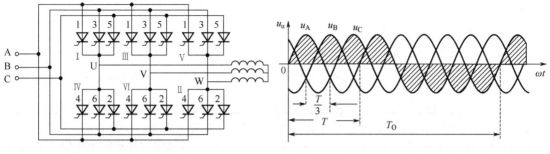

图 6-19　三相交-交变频器　　　　　图 6-20　梯形电压波交-交变频器的输出波形

当 f 为工作频率 50Hz 时，若取 $n=1，2，3，4，\cdots$，则 $f_O=$ 50Hz，30Hz，21.4Hz，16.7Hz，$\cdots$。对于这种以电源波形过零自然切换组间工作状态的变频器，其输出频率 f_O 是有级变化的。

对于输出为三相的系统，为了保证三相对称，每个 T_O 周期的等效波头数 Z 应能被 3 整除。每个 T_O 周期中的实际波头数为 $2n$，切换过渡阶段占 1 个波头数，所以等效波头数 $Z=2n+1$。可见，n 的最小值为 4。这时的输出频率为 $f/3=16.7$Hz，是这种三相交-交变频器的最高输出频率。这种交-交变频器输出的电压波形接近于梯形，故称梯形电压波交-交变频器。

采用梯形电压波控制有较高的功率因数，输出电压基波幅值高。因为梯形波的主要谐波成分是 3 次谐波，在线电压中，3 次谐波相互抵消，结果线电压近似为正弦波。在这种控制方式中，桥式电路的控制角 α 较小且各电压波头的控制角 α 相同，故输入侧有较高的功率因数。另外，当控制角 α 较小时，各波头的电压平均值高，输出电压基波幅值也较高（相比于如下所述的正弦电压波控制，较小的控制角 α 仅出现在输出电压基波峰值附近）。

2. 正弦电压波交-交变频器

（1）输出电压分析

在上述的交-交变频器中，假如在输出电压的每个半周期中不断地改变整流桥的控制角 α，这就意味着每一小段（约 $f/3$）的电压平均值也在不断改变。在正半周期中，若使 α 从 90° 到 α_0，再从 α_0 到 90° 这样变化一个来回，则输出电压的平均值将从 0 变到某个 U_{α_0}（$\alpha=\alpha_0$ 时的电压平均值）再从 U_{α_0} 变到 0。以一定的规律控制 α 的变化，就能使输出电压的平均值呈正弦规律变化，同样也可得到按正弦规律变化的负半周期电压。这样就输出了一个电压平均值呈正弦规律变化的电压波。改变 α 的变化周期，即可改变所输出的正弦电压的频率；改变最小移相角 α_0 的数值，即可改变所输出正弦电压的幅值。这就是正弦电压波交-交变频器的工作原理。其输出电压波形如图 6-21 阴影部分所示，与图 6-13（b）类似。

对输出的交流电来说，除电压要正负交变外，电流也需要正负交变。正由于电流需要正负交变，才需要每相用两组整流器来反并联。到底哪一组整流器投入工作是由电流的方向来决定的。以 U 相电路为例，当电流为正（流出）时，I 组工作，IV 阻断；电流为负时，IV 组工作，I 组阻断。由于负载阻抗角的不同，输出的电压与电流的相位也不一定相同。由电流及电压瞬时值极性的相同或相反两种状态可推知每一组都有整流状态及逆变状态两种工作情况。负载阻抗角 $\varphi=60°$ 时，负载上的基波电压、基波电流的波形及整流器的工作情况如图 6-22 所示。

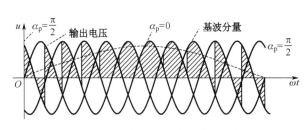

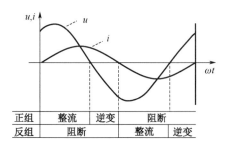

图 6-21　正弦电压波交-交变频器的电压输出波形　　　　图 6-22　交-交变频器的工作状态

这种电压型交-交变频器实质上是两组整流器反并联可逆电路的一种特殊用法，因此它也存在环流问题。若采用无环流技术，则正组与反组的切换必须在负载电流确实为零并再适当延迟一定的时间后才能进行。若采用有环流技术，则应使 $\alpha_{\mathrm{I}}+\alpha_{\mathrm{IV}}=180°$，并加限制环流的电抗器。加限制环流的电抗器后，U 相电路如图 6-23 所示。其余两相与 U 相类似。

为了使这种交-交变频器输出正弦电压波，必须随时对控制角 α 进行控制，控制方法很多，应用最广的是余弦交点法。无论是半波可控整流或桥式可控整流，其输出电压在一个波头区间（或多个相同波头的区间）的平均值应与期望输出电压值在对应时间段相等，其数学表述见式（6-12）～式（6-15），期望产生幅值为 U_{Om}、角频率为 ω_{O} 的交流电压。

（2）控制信号的产生

输出正弦波电压的周期远大于输入电压的周期，输出电压是由输入多相电压的逐段平均值等效产生的。式（6-16）和式（6-17）已经给出了各相控制角的求解式子，由于图 6-23 中 I 组和 IV 组为三相半波可控整流电路，控制电路中的余弦信号只需三相。针对某相电压 $U_{\mathrm{Om}}\sin\omega_{\mathrm{O}}t=U_{\mathrm{d0}}\cos\alpha$，只要引入一个余弦波峰值恰在 $\alpha=0°$ 处的余弦同步电压，在它与给定信号电压的交点时刻去触发该晶闸管，就能实现所需要的输出电压值。用同样的方法处理每只晶闸管，就能得到正弦电压波的输出。具体对于图 6-23 来说，在控制电路中，与相电压 u_{A}、u_{B}、u_{C} 相对应的余弦信号依次用 $u_{\mathrm{R1}}\sim u_{\mathrm{R3}}$ 表示，则 $u_{\mathrm{R1}}\sim u_{\mathrm{R3}}$ 比相应的 u_{A}、u_{B}、u_{C} 超前 60°，各起点在图中用空心小圆点表示。与 $U_{\mathrm{Om}}\sin\omega_{\mathrm{O}}t$ 相对应的控制信号用 $U_{\mathrm{ROm}}\sin\omega_{\mathrm{O}}t$ 表示。

具体波形如图 6-24 所示。图 6-24（a）所示为主电路的电压波形，阴影部分为输出的实际电压，虚线为其基波分量，图 6-24（b）所示为控制电路中的波形，参考信号波为 u_{RO}，同步余弦信号的有效部分分别用 $u_{\mathrm{R1}}\sim u_{\mathrm{R3}}$ 的实线表示。另外，当 $\omega_{\mathrm{O}}t$ 不同时，交点控制角也不同，图中分别用 α_1 与 α_1'、α_2 与 α_2'、α_3 与 α_3' 表示。

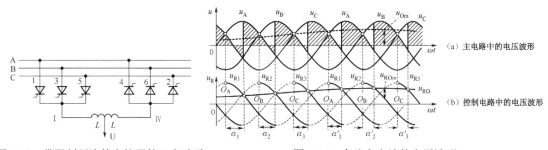

（a）主电路中的电压波形

（b）控制电路中的电压波形

图 6-23　带限制环流的电抗器的 U 相电路　　　　图 6-24　余弦交点法的电压波形

这种交-交变频器的输出频率连续可调，最高输出频率一般应小于电源频率的 1/3，极限输出不应超过电源频率的 1/2，它适用于低速大容量的可逆传动装置。

交-交变频器与交-直-交变频器（通常所说的变频器特指交-直-交变频器）有所区别，用于电动机控制的变频器是由 AC/DC、DC/AC 两类基本的变流电路组合形成，构成交-直-交变频器

（Variable Voltage Variable Frequency，简称 VVVF 电源），又称为间接交流变流电路，其最主要的优点是输出频率不再受输入电源频率的制约。图 6-25 为变频器结构主电路，整流部分采用的是不可控整流，只能由电源向直流电路输送能量，而不能由直流电路向电源反馈电能。逆变电路的能量是可以双向流动的，若负载能量反馈到中间直流电路，将导致直流电路的电容电压升高，称为泵升电压，泵升电压过高会危及整个电路的安全。若要防止泵升电压过高，需采取消耗直流电路能量或向交流电源回馈能量等措施。

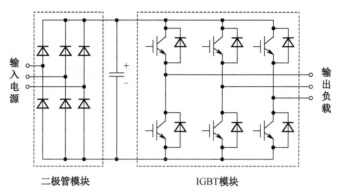

图 6-25　变频器结构主电路

与整流电路和逆变电路组合构成的交-直-交电路相比，传统的交-交变频器采用晶闸管自然换流方式，工作稳定可靠。交-交变频的最高输出频率是电网频率的 1/3～1/2，在大功率低频范围有很大的优势。交-交变频没有直流环节，变频效率高，主回路简单，不含直流电路及滤波部分，与电源之间无功功率处理及有功功率回馈容易。但是，其功率因数低，高次谐波多，输出频率低，变化范围窄，使用元件数量多，使之应用受到了一定的限制。

6.3　矩阵式变换器

矩阵式变换器（Matrix Converter）也称为阵列换流器，它是一种控制性能优良的新型电力电子变换器，与传统的电力电子变换器相比，有以下显著的特点：①输出频率不受输入电源频率的影响；②有良好的电气性能，可获得正弦波形的输入电流、输出电压和电流；③可实现能量的双向传递，可实现四象限运行；④输入的功率因数高，可接近 1；⑤无中间环节，容易实现集成化和功率模块化，动态响应快。

矩阵式变换器是一种"广义变换器"，在同一矩阵式变换器上，通过采用不同的控制算法，可以实现整流器、逆变器、斩波器的功能，本节只讨论三相到三相（3Φ/3Φ）矩阵式变换器。

6.3.1　矩阵式变换器的拓扑结构

三相到三相（3Φ/3Φ）变换器的拓扑结构如图 6-26 所示。它包括 9 个开关，可实现 4 象限运行，调节输出电量的频率、幅值、相位以及输入的功率因数。

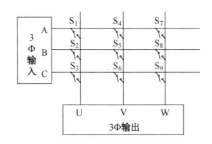

图 6-26　3Φ/3Φ 矩阵式变换器的拓扑示意

　　3Φ/3Φ 矩阵式变换器工作在两种方式下：降压型和升压型。降压型矩阵式变换器的输入为电压源，输出为电流源（如图 6-27（a）所示）。升压型矩阵式变换器的输入为电流源，输出为电压源（如图 6-27（b）所示）。

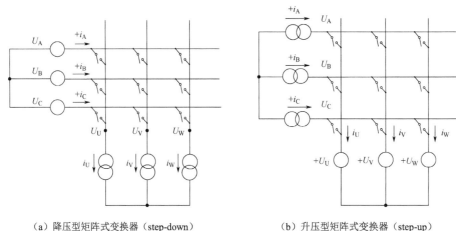

（a）降压型矩阵式变换器（step-down）　　　　　（b）升压型矩阵式变换器（step-up）

图 6-27　理想 9 开关矩阵变换器的工作方式原理图

　　实际的矩阵式变换器通过在输入或输出侧接入电感或电容来实现。实际的降压型矩阵式变换器在输出侧接有电感，其输出具有电流源特性。在实际的升压型矩阵式变换器中，输入侧接有电感，输入侧为电流源特性。

6.3.2　矩阵式变换器的功率开关

　　矩阵式变换器的功率开关必须是双向开关，也就是说要求开关既能阻断任意方向的电压，又能导通任意方向的电流。目前，功率双向开关都是采用单向功率器件（如 IGBT、GTO 或功率 MOSFET 等）通过串并联组合构成的。常用的几种组合方式如图 6-28 所示。

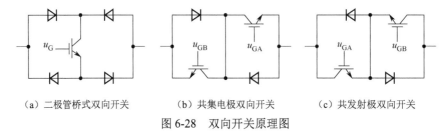

（a）二极管桥式双向开关　　　　（b）共集电极双向开关　　　　（c）共发射极双向开关

图 6-28　双向开关原理图

　　图 6-28（a）所示二极管桥式双向开关，这种双向开关只需一个 IGBT 器件和一个驱动电路，但接通时需要 3 个元件导通，开通损耗大，且不适用于正反向需分别控制的场合。

图 6-28（b）和（c）所示为采用两个开关元件的背靠背连接方式实现的双向开关原理图，其中两个二极管提供双向开关的反向阻断能力。图中 u_{GA}、u_{GB} 可以分别对正反方向的电流进行独立控制，容易实现负载电流的换流，开通损耗小。图 6-28（b）所示为共集电极方式，图 6-28（c）所示为共发射极方式。

6.3.4　矩阵式变换器的控制原理

1. 矩阵式变换器工作原理

如图 6-29 所示，图中 LC 为交流滤波器。为了便于分析，先假定功率开关元件是理想的，变换器的开关频率足够高，并忽略谐波的影响。

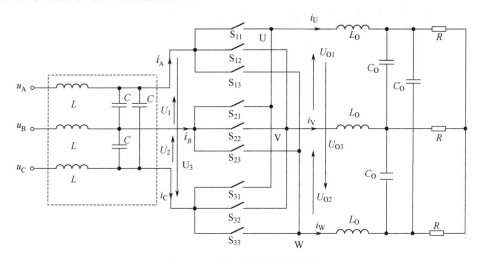

图 6-29　矩阵式变换器原理图

矩阵式变换器的控制采用 PWM 技术，控制原理基于意大利学者 Venturini 提出的方法，因此也称为 Venturini 法，设矩阵式变换器期望的输出电压为

$$\begin{bmatrix} u_U \\ u_V \\ u_W \end{bmatrix} = U_{Om} \begin{bmatrix} \cos(\omega_O t) \\ \cos(\omega_O t - 2\pi/3) \\ \cos(\omega_O t + 2\pi/3) \end{bmatrix} \tag{6-22}$$

U_{Om} 为输出电压幅值，ω_O 为输出电压角频率。给定的输入电压为

$$\begin{bmatrix} u_A \\ u_B \\ u_C \end{bmatrix} = U_{inm} \begin{bmatrix} \cos(\omega t) \\ \cos(\omega t - 2\pi/3) \\ \cos(\omega t + 2\pi/3) \end{bmatrix} \tag{6-23}$$

U_{inm} 为输入电压幅值，ω 为输入电压角频率。输出电流为

$$\begin{bmatrix} i_U \\ i_V \\ i_W \end{bmatrix} = I_{Om} \begin{bmatrix} \cos(\omega_O t - \varphi_O) \\ \cos(\omega_O t - \varphi_O - 2\pi/3) \\ \cos(\omega_O t - \varphi_O + 2\pi/3) \end{bmatrix} \tag{6-24}$$

I_{Om} 为输出电流幅值，φ_O 为输出电压电流相位移角。输入电流为

$$\begin{bmatrix} i_{\mathrm{A}} \\ i_{\mathrm{B}} \\ i_{\mathrm{C}} \end{bmatrix} = I_{\mathrm{inm}} \begin{bmatrix} \cos(\omega t - \varphi_{\mathrm{i}}) \\ \cos(\omega t - \varphi_{\mathrm{i}} - 2\pi/3) \\ \cos(\omega t - \varphi_{\mathrm{i}} + 2\pi/3) \end{bmatrix} \tag{6-25}$$

I_{inm} 为输入电流幅值，φ_{i} 为输入电压电流相位移角。

矩阵式变换器的控制就是如何找到并实现开关传递函数矩阵，可以用输出电压及输入电压的确定值来控制矩阵式变换器中每个开关的工作状态及开关时间。矩阵式变换器的输出看起来好像对三相输入电压进行采样，即在一个采样时间内，当开关 $S_{ij}(i = \mathrm{A,B,C}; \ j=\mathrm{U,V,W})$ 接通时，j 相输出电压就是 i 相的输入电压，采样时间由调制频率决定。由于输出电压由输入电压拼接而成，每个采样周期的输出电压用平均值来等效。

假定输出电压的幅值和频率已设定，则对应一个采样周期的输出电压和输入电压是确定的，该采样周期的输出线电压用输入电压表示为

$$u_{\mathrm{O}} = \frac{t_{\mathrm{on}}}{T_{\mathrm{S}}} u_{\mathrm{in}} = \rho u_{\mathrm{in}} \tag{6-26}$$

式中，T_{S} 为开关周期，t_{on} 为一个开关周期内的导通时间，ρ 为导通占空比。改变占空比 ρ 就可以得到不同的输出电压值 u_{O}，分段构建并组合多段输出电压，从而可以按期望频率与幅值输出近似于正弦的交流电压。

用图 6-29 中的 3 个开关 S_{11}、S_{21}、S_{31} 斩波控制，共同作用来构造 U 相输出电压 u_{U}，为了防止输入电源各相短路和电感性负载的开路，U 相的 3 个开关有且仅有一个开关闭合，则

$$u_{\mathrm{U}} = \rho_{11} u_{\mathrm{A}} + \rho_{21} u_{\mathrm{B}} + \rho_{31} u_{\mathrm{C}} \tag{6-27}$$

式中 ρ_{11}、ρ_{21} 和 ρ_{31} 为一个开关周期内开关 S_{11}、S_{21}、S_{31} 的导通占空比，且

$$\rho_{11} + \rho_{21} + \rho_{31} = 1 \tag{6-28}$$

这样就可以得到

$$\begin{bmatrix} u_{\mathrm{U}} \\ u_{\mathrm{V}} \\ u_{\mathrm{W}} \end{bmatrix} = \begin{bmatrix} \rho_{11} & \rho_{21} & \rho_{31} \\ \rho_{12} & \rho_{22} & \rho_{32} \\ \rho_{13} & \rho_{23} & \rho_{33} \end{bmatrix} \begin{bmatrix} u_{\mathrm{A}} \\ u_{\mathrm{B}} \\ u_{\mathrm{C}} \end{bmatrix} \tag{6-29}$$

表示为

$$\boldsymbol{u}_{\mathrm{O}} = \boldsymbol{\rho} \boldsymbol{u}_{\mathrm{in}} \tag{6-30}$$

式中，$\boldsymbol{u}_{\mathrm{O}} = \begin{bmatrix} u_{\mathrm{U}} \\ u_{\mathrm{V}} \\ u_{\mathrm{W}} \end{bmatrix}$，$\boldsymbol{u}_{\mathrm{in}} = \begin{bmatrix} u_{\mathrm{A}} \\ u_{\mathrm{B}} \\ u_{\mathrm{C}} \end{bmatrix}$，$\boldsymbol{\rho} = \begin{bmatrix} \rho_{11} & \rho_{21} & \rho_{31} \\ \rho_{12} & \rho_{22} & \rho_{32} \\ \rho_{13} & \rho_{23} & \rho_{33} \end{bmatrix}$ 称为调制矩阵，它是时间的函数。

每相输入电流是各相输出电流在相应开关闭合时的叠加，对于 A 相输入电流来说，

$$i_{\mathrm{A}} = \rho_{11} i_{\mathrm{U}} + \rho_{12} i_{\mathrm{V}} + \rho_{13} i_{\mathrm{W}} \tag{6-31}$$

同理得到

$$\boldsymbol{i}_{\mathrm{in}} = \begin{bmatrix} i_{\mathrm{A}} \\ i_{\mathrm{B}} \\ i_{\mathrm{C}} \end{bmatrix} = \begin{bmatrix} \rho_{11} & \rho_{12} & \rho_{13} \\ \rho_{21} & \rho_{22} & \rho_{23} \\ \rho_{31} & \rho_{32} & \rho_{33} \end{bmatrix} \begin{bmatrix} i_{\mathrm{U}} \\ i_{\mathrm{V}} \\ i_{\mathrm{W}} \end{bmatrix} = \boldsymbol{\rho}^{\mathrm{T}} \begin{bmatrix} i_{\mathrm{U}} \\ i_{\mathrm{V}} \\ i_{\mathrm{W}} \end{bmatrix} = \boldsymbol{\rho}^{\mathrm{T}} \boldsymbol{i}_{\mathrm{O}} \tag{6-32}$$

当期望的输入功率因数为 1 时。把式（6-22）～式（6-25）代入式（6-29）和式（6-32），可得

$$
\begin{bmatrix}
U_{\mathrm{Om}} \cos \omega_{\mathrm{O}} t \\
U_{\mathrm{Om}} \cos \left(\omega_{\mathrm{O}} t - \dfrac{2\pi}{3} \right) \\
U_{\mathrm{Om}} \cos \left(\omega_{\mathrm{O}} t - \dfrac{4\pi}{3} \right)
\end{bmatrix}
= \boldsymbol{\rho}
\begin{bmatrix}
U_{\mathrm{inm}} \cos \omega_{\mathrm{i}} t \\
U_{\mathrm{inm}} \cos \left(\omega_{\mathrm{i}} t - \dfrac{2\pi}{3} \right) \\
U_{\mathrm{inm}} \cos \left(\omega_{\mathrm{i}} t - \dfrac{4\pi}{3} \right)
\end{bmatrix}
\tag{6-33}
$$

$$
\begin{bmatrix}
I_{\mathrm{inm}} \cos (\omega_{\mathrm{i}} t) \\
I_{\mathrm{inm}} \cos \left(\omega_{\mathrm{i}} t - \dfrac{2\pi}{3} \right) \\
I_{\mathrm{inm}} \cos \left(\omega_{\mathrm{i}} t - \dfrac{4\pi}{3} \right)
\end{bmatrix}
= \boldsymbol{\rho}
\begin{bmatrix}
I_{\mathrm{Om}} \cos (\omega_{\mathrm{O}} t - \varphi_{\mathrm{O}}) \\
I_{\mathrm{Om}} \cos \left(\omega_{\mathrm{O}} t - \dfrac{2\pi}{3} - \varphi_{\mathrm{O}} \right) \\
I_{\mathrm{Om}} \cos \left(\omega_{\mathrm{O}} t - \dfrac{4\pi}{3} - \varphi_{\mathrm{O}} \right)
\end{bmatrix}
\tag{6-34}
$$

若能求得满足式（6-33）和式（6-34）的调制矩阵，就可得到式中所希望的输出电压和输入电流，由于输出电压是由输入电压平均值按余弦波逐段等效组合而成的，在任意区段中，输入电压平均值小于峰值，故输出电压峰值小于输入电压峰值，即输入、输出电压增益小于 1。

2. 控制策略

矩阵式变换器的控制策略可以分为 3 类：直接变换法、间接变换法和滞环电流跟踪法。

（1）直接变换法

直接变换法是通过对输入电压的连续斩波来合成输出电压的，它可以分为坐标变换法、谐波注入法、等效电导法及标量法。所有这些方法虽各具一定的优越性，但也存在一定的问题，具体操作实现复杂，软件运算量较大，限制了它们的应用范围和发展。

（2）间接变换法

间接变换法是基于空间矢量变换的一种方法，将交-交变换虚拟为交-直变换和直-交变换，这样便可采用目前流行的高频整流和高频逆变 PWM 波形合成技术，变换器的性能可以得到较大的改善。而且，具体实现时整流和逆变是一步完成的，低次谐波得到了较好的抑制，具有双 PWM（PWM整流+PWM 逆变）变换器的效果。它是目前在矩阵式变换器中发展得较为成熟的一种方法，有较好的发展前景。

（3）滞环电流跟踪法

滞环电流跟踪法将三相给定电流信号与实测的输出电流信号相比较，根据比较结果和当前的开关电源状态决定开关动作。它具有容易理解、实现简单、响应快、鲁棒性好等优点，但也有滞环电流跟踪控制共有的缺点，即开关频率不够稳定、谐波随机分布且输入电流波形不够理想、存在较大的谐波等。

从上面的分析可看出，矩阵式变换器的一些主要的优点：矩阵式变换器没有中间直流储能元件，便于集成；由于采用双向开关，功率可以双向流动，可在 4 象限工作；输入电流和输出电压均为正弦波形；输出电压的幅值、相位和频率可以独立调节；输入电流相位可以在一定范围内任意地调整，因此矩阵式变换器可实现单位功率因数运行，也可做无功补偿运行或感性负载运行。当然，它也有一些缺点，最主要的是：输入、输出电压增益小于 1，器件承受电压高，开关元件过多造成的开关损耗大，控制复杂等。

矩阵式变换器由于优越的特性而具有广阔的应用前景，其主要应用场合有：便携式电源、电动机四象限调速运行和电力系统统一潮流控制器等。但目前实际应用较少，主要的制约因素是矩阵变换器的容量偏小（目前最大为 10kVA）以及没有真正的双向开关器件，这是现在矩阵变换研究领域急需解决的难题。但可以预计：随着电力电子器件制造技术的飞速进步和计算机技术的日新月异，矩阵式变频器将有很好的发展前景。

6.4 其他交流电力控制电路

6.4.1 交流调功电路

交流调功电路与交流调压电路相同，如图 6-1（a）所示，但控制方式不同，交流调压电路在每个电源周期都对输出电压波形进行控制，而交流调功电路则将负载与交流电源接通几个周期，再断开几个周期，通过通断周波数的比值来调节负载所消耗的平均功率。

交流调功电路的典型波形如图 6-30 所示，图中假设控制周期 M 为 3 倍电源周期，晶闸管在前 $N=2$ 个周期导通，后 $M-N=1$ 个周期关断。那么，负载电压和负载电流（电源电流）的重复周期为 M 倍电源周期。

通断控制时输出电压波形基本为正弦波形，无低次谐波，但由于输出电压有时有时无，电压调节不连续，会分解出分数次谐波。图 6-31 所示的频谱图（以控制周期为基准），I_n 为 n 次谐波有效值，I_{0m} 为导通时电路电流幅值。以电源周期为基准，电流中不含整数倍频率的谐波，但含有非整数倍频率的谐波，而且在电源频率附近，非整数倍频率谐波的含量较大。

通断控制如果用于异步电动机调压调速，会因电动机经常处于重合闸过程而出现大电流冲击，因此很少采用。其一般用于电炉调温等交流功率调节的场合，由于控制对象的时间常数大，没有必要对交流电源的每个周期进行频繁控制。

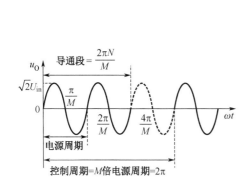

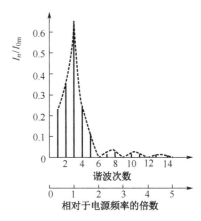

图 6-30　交流调功电路典型波形（$M=3$，$N=2$）　　图 6-31　交流调功电路的电流频谱图（$M=3$，$N=2$）

6.4.2 交流电力电子开关

交流电力电子开关是把晶闸管反并联后串入交流电路中，代替电路中的机械开关，起接通和断开电路的作用。交流电力电子开关响应速度快，无触点，寿命长，可频繁控制通断。从电路形式来看，它与交流调功电路一样，但从控制方式来看，它并不控制电路的平均输出功率，通常也没有明确的控制周期，只是根据需要控制电路的接通和断开，控制频率通常比交流调功电路低得多。

当交流电力电子开关用于投切电容（Thyristor Switched Capacitor，TSC）时，对无功功率控制，可提高功率因数，稳定电网电压，改善供电质量，其性能优于投切电容器的机械开关。图 6-32 所示为 TSC 基本原理图，其中，晶闸管反并联后串入交流电路。实际常用三相，可三角形连接，也可星型连接。

当利用晶闸管投切时，选择晶闸管投入时刻的原则：该时刻交流电源电压和电容器预充电电压相等，这样电容器电压不会产生跃变，也就不会产生冲击电流。理想情况下，希望电容器预充电电压为电源电压峰值，这时电源电压的变化率为零，电容投入过程不但没有冲击电流，电流也没有阶跃变化。图 6-33 所示为 TSC 理想投切时刻原理波形，由于电容电压为峰值，晶闸管电压 u_{T1} 总是负值，u_{T2} 为正值，在 t_1 时刻，VT_2 承受的正向电压很小，触发导通。

TSC 电路也可采用晶闸管和二极管反并联的方式，由于二极管的作用，在电路不导通时，其总会维持在电源电压峰值。其成本稍低，但响应速度也慢，投切电容器的最大时间滞后为一个周波。

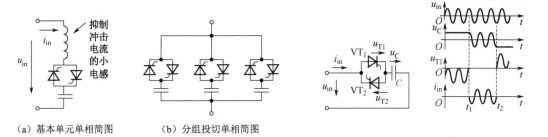

（a）基本单元单相简图　　　　（b）分组投切单相简图

图 6-32　TSC 基本原理图　　　　　　　　图 6-33　TSC 理想投切时刻原理说明

本 章 小 结

本章介绍了各种交流-交流变换电路，包括交流调压电路、交-交变频电路、矩阵式变换器、其他交流电力控制电路。其中，在交流调压电路中重点介绍了采用相位控制方式的交流调压电路、PWM 斩控式单相和三相交流调压电路，这些电路只改变电压值、电流值，不改变频率。改变频率的电路是交-交变频电路，其分为单相交-交变频电路与三相交-交变频电路，这类电路无中间直流环节。本章还简单介绍了矩阵式交-交变频拓扑结构及矩阵式交-交变频的基本工作原理。其他交流电力控制电路还可以通过不同的控制方式对电路的通断进行开关控制和功率控制。

本章的要点如下：

① 交流-交流变换电路的分类及其基本概念。

② 单相交流调压电路的电路构成，在电阻负载和阻感负载时的工作原理和电路特性。

③ 三相交流调压电路的基本构成和基本工作原理。

④ 晶闸管相位控制交-交变频电路的电路构成、工作原理和输入输出持性。

⑤ 矩阵式交-交变频电路的基本概念。

⑥ 交流电力控制电路的开关控制和功率控制。

思考题与习题

6-1．单相交流调压电路，电阻性负载，在 $\alpha = 0°$ 时输出功率达最大值。试求输出功率为最大功率一半时的移相触发角 α。

6-2．两单向晶闸管反并联构成的单相交流调压电路，输入电压 $U_{in} = 220V$，负载电阻 $R = 3\Omega$。当移相触发角 $\alpha - \dfrac{\pi}{3}$ 时，求：

① 输出电压有效值。

② 输出平均功率。

③ 晶闸管电流有效值。

④ 输入功率因数。

6-3．电阻阻值 $R = 10\Omega$ 和电感感量 $L = 20mH$ 串联的负载，由单相交流调压电路供电，$U_{in} = 220V$，求：

① 控制角 α 的有效控制范围。

② 负载电流的最大有效值 I_O。

③ 最大输出功率 P_O 及对应的输入功率因数 λ。

6-4．试说明余弦交点法的基本原理。

6-5．限制交-交变频电路输出频率提高的因素是什么？采用三相桥式整流电路的正弦电压波单相交-交变频电路，其输出频率最高一般为多少？

6-6．在三相输出交-交变频电路中，采用梯形电压波控制的优越性是什么？为什么？

6-7．与由整流电路和逆变电路组合构成的交-直-交电路相比，交-交变频器有何优缺点？

6-8．矩阵式变换器有哪些显著的特点？

6-9．举一个例子说明矩阵式变换器中双向开关需要两个方向分别控制。

6-10．试述矩阵式变频电路的基本工作原理。

6-11．交流调压电路和交流调功电路有什么区别？各适合于何种负载？

第 7 章　软开关技术

电力电子技术不仅改善了设备的性能，也产生了新的变换电路和控制方法。在 20 世纪 70 年代，传统的脉宽调制技术（PWM）以开关模式工作，在硬开关条件下，电力电子开关在数次通断过程中都必须切断或接通负载电流。硬开关指的是电力电子器件在承受电压和电流应力条件下的开关行为，在开关过程中，电压和电流的变化比较大，产生的开关损耗和噪声也比较大。开关损耗随着开关频率的提高而增加，导致电路效率下降；开关噪声给电路带来严重的电磁干扰，影响自身和周边的电子设备的正常工作。然而，电力电子器件的发展趋势之一是高频化，高频化可以减小滤波器的参数，并使变压器小型化，从而有效地降低装置的体积和重量。如果不改变开关方式，单纯地提高开关频率，会使器件开关损耗增大、效率下降、发热严重、电磁干扰增大、出现电磁兼容性问题。20 世纪 80 年代迅速发展起来的谐振软开关技术改变了器件的开关方式，使电力电子器件在承受电压或电流为零的条件下进行开关，开关损耗从理论上说可下降为零，开关频率提高可不受限制，这是降低器件开关损耗和提高开关频率的有效办法。本章首先分析 PWM 电路开关过程中的损耗，建立谐振软开关的概念，再根据谐振机理对软开关电路进行分类，最后选择几种典型谐振软开关电路进行分析。

7.1　软开关的基本概念

7.1.1　开关过程器件损耗及开关方式

图 7-1 所示为一种单管控制降压型变换电路，它由一个开关元件 S_1 控制。由于是电感性负载，在较短时间内，可假定电流恒定为 I_O。开关元件 S_1 上的电压与电流波形如图 7-2（a）所示。

如果控制信号加到 S_1 上，使其关断，则开关元件 S_1 两端电压 u_1 增加到 U_d，流经开关元件 S_1 的电流 i_1 由 I_O 衰减到零。S_1 关断之后，电流 I_O 经 VD_0 流通。在关断期间，关断损耗 $P_1 = u_1 \times i_1$，如图 7-2（a）所示。

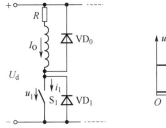

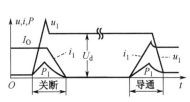

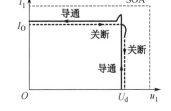

（a）开关元件 S_1 上的电压与电流波形　　　　　（b）开关轨迹

图 7-1　一种单管控制降压型变换电路　　　　图 7-2　感性负载时波形与开关轨迹

再研究开关元件 S_1 导通的情况。S_1 关断时，I_O 流经 VD_0。当控制信号加到 S_1 上使其导通时，i_1 增加为 I_O 与二极管 VD_0 的反向恢复峰值电流之和，如图 7-2（a）所示。随后，二极管恢复，而开关两端电压 u_1 下降至接近零。与关断期间类似，其会产生导通损耗。开关损耗 P_1 的平均值与开关频率成正比，为了不降低系统效率，要对开关频率进行限制。另外，这种开关方式中较大的 du/dt 和 di/dt 会产生电磁干扰。

电感负载的开关轨迹如图 7-2（b）所示，近似于矩形的开关轨迹对器件有较高的要求，要求器件具有较宽的安全工作区（SOA）。因为在这种开关方式中，同时存在高开关电压与大开关电流。因此，为了减小开关元件同时承受的较大的电压电流，应配合半导体元件的其他特性采用折中的设计方案。

在如图 7-3（a）所示的采用这类开关方案的变换器中，与开关元件串并联的是由二极管与阻容等元件组成的缓冲电路。有缓冲电路的开关工作轨迹如图 7-3（b）所示，其减少了开关元件承受的应力，开关元件损耗一部分转移到缓冲电路中，因此总的开关损耗并没有减少。

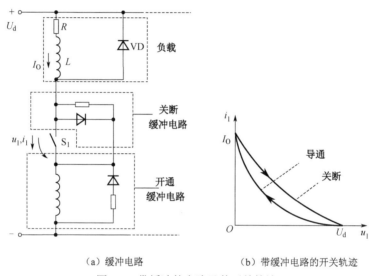

（a）缓冲电路　　　　　　（b）带缓冲电路的开关轨迹

图 7-3　带缓冲的电路及其开关轨迹

在图 7-1 所示电路中，如果开关在零电压或零电流时通断，其工作波形如图 7-4（a）所示，则开关轨迹如图 7-4（b）所示的贴近坐标轴的负载线，由图中可以看出，这样的开关轨迹无缓冲电路损耗，并降低了开关应力，减少了电磁干扰。

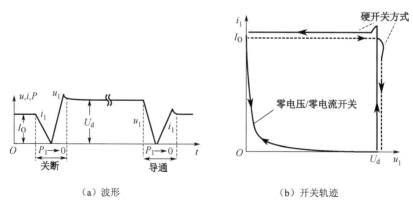

（a）波形　　　　　　　　（b）开关轨迹

图 7-4　零电压或零电流开关

7.1.2　零电压开关与零电流开关

在 20 世纪 80 年代，电力电子软开关技术大部分的研究集中在谐振变换器的应用上。它应用谐振原理，利用开关变换器的谐振回路（Resonant Tank），使其中的电力电子器件中的电压（或电流）按正弦规律变化，当电流自然过零时使器件关断（ZCS），或当电压为零时使器件开通（ZVS），从而减少开关损耗，进一步将开关频率提高至几百 kHz 级（100～500kHz），这样可减小磁性元件的体积，增加变换器的功率密度。早期开发的各种各样的谐振变换器绝大部分都存在以下几个问题：与传统的 PWM 变换器相比，谐振变换器都存在较高的尖峰谐振电流和电压值，导致开通损耗较大，也要求电力电子器件具有较高的电压和电流额定值。另外，许多谐振变换器通过调频方式来调节输出，而变化的开关频率使滤波器的设计和控制更为复杂。

在 20 世纪 80 年代末至 90 年代，变换器技术得到进一步的发展，传统的 PWM 变换器的优点和谐振变换器相结合产生了新一代软开关变换器，除波形的上升沿与下降沿为平滑无瞬间尖峰外，软开关变换器的开关波形与传统的 PWM 变换器的波形相同。与谐振变换器不同，软开关谐振变换器通常采用谐振控制方式，仅允许在电力电子开关开通或关断期间和开通关断之前出现谐振，以保证器件在零电流或零电压条件下进行状态转换。除此之外，其特性与传统 PWM 变换器一样，通过简单的修改，许多已熟悉的为传统 PWM 变换器设计的控制集成电路都可应用于软开关变换器中，因为开关损耗和应力都得以降低，所以软开关变换器可工作在很高的频率上（500kHz），软开关变换器也为抑制电磁干扰提供了有效的解决方法，可应用于 DC-DC、AC-DC 和 DC-AC 变换器中。

在变换器工作过程中，在开关开通前使其两端电压为零，则开关开通时就不会产生损耗和噪声，这种开通方式称为零电压开通。在开关关断前使其电流为零，则开关关断时也不会产生损耗和噪声，这种关断方式称为零电流关断。在很多情况下，不再指出开通或关断，仅称零电压开关和零电流开关。零电压开通和零电流关断要靠电路中的谐振来实现。

与开关并联的电容能延缓开关关断后电压上升的速率，从而降低关断损耗，这种关断过程称为零电压关断；与开关相串联的电感能延缓开关开通后电流上升的速率，降低开通损耗，称为零电流开通。简单地利用并联电容实现零电压关断和利用串联电感实现零电流开通一般会给电路造成总损耗增加、关断过电压增大等负面影响，是得不偿失的，因此常与零电压开通和零电流关断配合应用。

上述的零电压和零电流开关都属于软开关。软开关指的是在硬开关电路的基础上，加入电感、电容等谐振器件，在开关转换过程中引入谐振过程，使开关在其两端的电压为零时导通，或在流过开关器件的电流为零时关断，使开关条件得以改善，降低硬开关的开关损耗和开关噪声，从而提高电路的效率。利用谐振过程实现的软开关称为谐振软开关，谐振软开关的特点有：实现了零电压开通、零电流关断、软开通、软关断；减少了开关损耗，有助于提高开关频率；解决了由硬开关引起的电磁干扰问题，有利于电力电子装置的小型化。

7.1.3　软开关电路的分类

软开关技术自问世以来，经历了不断发展和完善，前后出现了许多种软开关电路，直到现在，新型的软开关拓扑仍不断出现。由于存在众多的软开关电路，而且各自有不同的特点和应用场合，因此对这些电路进行分类是很必要的。

根据电路中主要的开关元件是零电压开通还是零电流关断，可以将软开关电路分成零电压电路和零电流电路两大类。通常，一种软开关电路要么属于零电压电路，要么属于零电流电路。但也有个别电路，电路中的某些开关是零电压开通的，另一些开关是零电流关断的。

由于每一种软开关电路都可以用于降压型、升压型等不同电路，因此可以用图 7-5 所示的基本开关单元来表示，图中没有画出各种具体电路。实际使用时，可以从基本开关单元导出具体电路，开关和二极管的方向应根据电流的方向做相应调整。

根据谐振机理可将软开关电路分成准谐振电路、零开关 PWM 电路和零转换 PWM 电路，谐振电路也称为谐振腔或谐振槽路。下面分别介绍上述三类软开关电路。

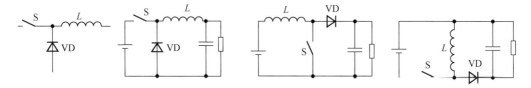

（a）基本单元　（b）降压斩波器中的基本单元　（c）升压斩波器中的基本单元（d）升降压斩波器的基本开关单元

图 7-5　基本开关单元

1. 准谐振电路

准谐振电路是最早出现的软开关电路，其中有些现在还在大量使用。它可以分为：

① 零电压开关准谐振电路（Zero-Voltage-Switching Quasi-Resonant Converter，ZVS QRC）。

② 零电流开关准谐振电路（Zero-Current-Switching Quasi-Resonant Converter，ZCS QRC）。

③ 零电压开关多谐振电路（Zero-Voltage-Switching Multi-Resonant Converter，ZVS MRC）。

④ 用于逆变器的谐振直流环节电路（Resonant DC Link）。

图 7-6 所示为前 3 种软开关电路的基本开关单元,谐振直流环节电路的工作原理在下一节详细叙述。

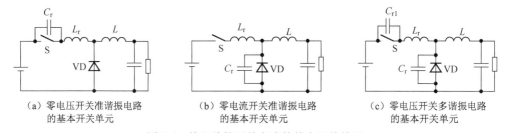

（a）零电压开关准谐振电路　　　（b）零电流开关准谐振电路　　　（c）零电压开关多谐振电路
　　的基本开关单元　　　　　　　　　的基本开关单元　　　　　　　　　的基本开关单元

图 7-6　前 3 种软开关电路的基本开关单元

准谐振电路中电压或电流的波形为正弦半波，因此称之为准谐振。谐振的引入使得电路的开关损耗和开关噪声都大大下降，但也带来一些负面问题：谐振电压峰值很高，要求器件耐压必须提高；谐振电流的有效值很大，电路中存在大量的无功功率的交换，造成电路通态损耗加大；谐振周期随输入电压、负载变化而改变，因此电路只能采用脉冲频率调制（Pulse Frequency Modulation，PFM）方式来控制，变化的开关频率给电路设计带来困难。

2. 零开关 PWM 电路

零开关 PWM 电路中引入了辅助开关来控制谐振的开始时刻，使谐振仅发生于开关过程前后。它可以分为：

① 零电压开关 PWM 电路（Zero-Voltage-Switching PWM Converter，ZVS PWM）

② 零电流开关 PWM 电路（Zero-Current-Switching PWM Converter，ZCS PWM）

这两种电路的基本开关单元如图 7-7 所示。同准谐振电路相比，这类电路有很多明显的优势：电压和电流基本上是方波，只是上升沿和下降沿较缓，开关承受的电压明显降低，电路可以采用开关频率固定的 PWM 控制方式。

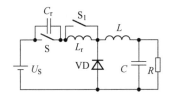 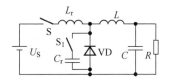

（a）零电压开关 PWM 电路的基本开关单元　　（b）零电流开关 PWM 电路的基本开关单元

图 7-7　零开关 PWM 电路的基本开关单元

3. 零转换 PWM 电路

零转换 PWM 电路也采用辅助开关控制谐振的开始时刻。所不同的是，谐振电路是与主开关并联的，因此输入电压和负载电流对电路的谐振过程的影响很小，电路在很宽的输入电压范围内从零负载到满载都能工作在软开关状态，而且电路中无功功率的交换被削减到最小，这使得电路效率有了进一步的提高。零转换 PWM 电路可以分为：

① 零电压转换 PWM 电路（Zero-Voltage-Transition PWM Converter，ZVT PWM）

② 零电流转换 PWM 电路（Zero-Current-Transition PWM Converter，ZCT PWM）

这两种电路的基本开关单元如图 7-8 所示。

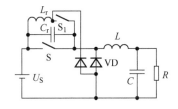 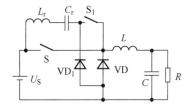

（a）零电压转换 PWM 电路的基本开关单元　　（b）零电流转换 PWM 电路的基本开关单元

图 7-8　零转换关 PWM 电路的基本开关单元

7.2　准谐振软开关换流器

在可全控电力电子开关实用化前，晶闸管是电力电子电路的主要电力电子元件，每只晶闸管都需要一个换流电路。换流电路通常由 LC 振荡电路组成，其在关断过程中强迫电流为零，事实上这就是一个典型的零电流关断过程。随着半导体技术的不断发展，可全控电力电子开关的开关速度和电流电压容量也显著提高，在许多大功率应用领域，可控电力电子开关（如 GTO 和 IGBT）已取代了晶闸管。然而，在电力变换器中，利用谐振电路实现零电流关断（ZCS）或零电压开通（ZVS）形成了一种新技术，下面介绍用谐振开关概念取代了传统的功率开关。

谐振开关是由半导体开关 VT 和谐振元件 L_r、C_r 组成的子电路（Sub Circuit）。开关 VT 可为单向开关或双向开关，这由谐振开关的运行方式决定，图 7-9 和图 7-10 分别为零电流（ZC）谐振开关和零电压（ZV）谐振开关两类开关电路。

图 7-9 中的零电流谐振开关在半波运行时，无 VD_2 而有 VD_1，防止电流通过 MOSFET 体内二极管；在全波运行时，由于 MOSFET 存在体内二极管，无 VD_2 且无 VD_1。图 7-10 中的零电压谐振开关在全波运行时，无 VD_2 而有 VD_1；在半波运行时，无 VD_2 与 VD_1。

电力电子电路大部分采用准谐振变换器（QRCS）。准谐振变换器可看作谐振开关与 PWM 相结合的混合变换器，其根本原理是用谐振开关代替 PWM 变换器的电力电子开关，从而将一大系列的传统变换器电路转换为相应的谐振变换器电路，迫使开关电流与（或）电压以谐振方式发生振荡，以实现零电流关断或零电压导通。下面介绍零电流准谐振变换器（ZCS-QRCS）和零电压准谐振变换器（ZVS-QRCS），它们都有半波和全波两种运行方式。

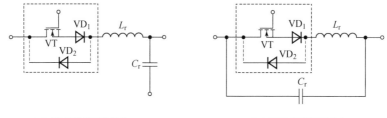

（a）零电流谐振开关之一   （b）零电流谐振开关之二

图 7-9   两类零电流谐振开关

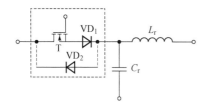 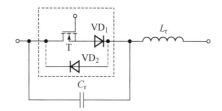

（a）零电压谐振开关之一   （b）零电压谐振开关之二

图 7-10   两类零电压谐振开关

7.2.1   零电流准谐振变换器

    设计成半波运行的零电流准谐振变换器（ZCS-QRCS）可用 Buck 型 DC-DC 变换器来说明，其电路如图 7-11（a）所示，电路稳态波形如图 7-11（b）所示。假设输出滤波器电感 L 足够大，则其可近似为一个电流源。下面分为几个时段，分析该零电流准谐振变换器的工作原理。

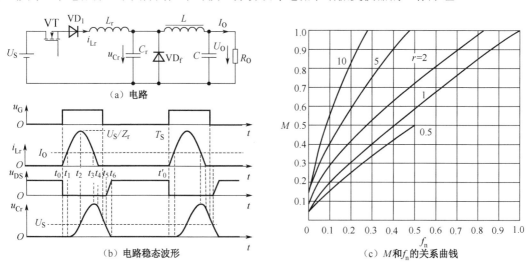

图 7-11   Buck 型半波零电流准谐振变换器

    $t_0 \sim t_1$ 时段：t_0 之前，开关 VT 断开，电感 L 的电流通过输出二极管 VD_f 续流，谐振电容电压 u_{Cr} 为零，在 t_0 时刻，开关 VT 零电流开通，$u_{DS}=0$，由于 U_S 大于 u_{Cr}，i_{Lr} 上升，在 i_{Lr} 小于电感 L 电

流 i_L （约等于 I_O）前，$u_{Cr}=0$，直到 t_1 时刻。这一时段 i_{Lr} 的上升率为 $\dfrac{\mathrm{d}i_{Lr}}{\mathrm{d}t}=\dfrac{U_S}{L_r}$。

$t_1\sim t_2$ 时段：在 t_1 时刻，i_{Lr} 开始大于 I_O，VD_f 截止，L_r 对 C_r 充电，u_{cr} 不断上升，由于 U_S 大于 u_{Cr}，i_{Lr} 不断上升，直到 t_2 时刻，$u_{Cr}=U_S$，i_{Lr} 达到谐振峰值。

$t_2\sim t_3$ 时段：t_2 时刻后，L_r 向 C_r 放电，i_{Lr} 不断下降，u_{cr} 继续上升，直到 t_3 时刻，$i_{Lr}=I_O$，u_{cr} 达到谐振峰值。

$t_3\sim t_4$ 时段：t_3 时刻以后，由于 i_{Lr} 小于 I_O，u_{cr} 下降但仍大于 U_S，则 i_{Lr} 不断下降，直到 t_4 时刻，$i_{Lr}=0$。

$t_4\sim t_5$ 时段：这期间，二极管 VD_1 单向导电，电流 i_{Lr} 不能反向，维持 $i_{Lr}=0$，负载电流由电容 C_r 提供能量，u_{Cr} 电压继续下降，到 t_5 时刻，$u_{Cr}=U_S$。在 $t_4\sim t_5$ 时段，应关断开关管 VT，实现零电流关断，因为在 $t_4\sim t_5$ 期间，电流 i_{Lr} 都维持为 0，所以必须在这一时段使开关 VT 关断，才不会产生关断损耗。

$t_5\sim t_6$ 时段：t_5 时刻之后，电容电压 u_{Cr} 继续下降，由于开关管 VT 关断，虽然 u_{Cr} 小于 U_S，但 L_r 无电流通路，所以电流 i_{Lr} 继续维持为 0。随着电容电压 u_{Cr} 下降，开关管 VT 电压 u_{DS} 逐渐增加，直到 t_6 时刻，$u_{DS}=U_S$，$u_{Cr}=0$。

$t_6\sim t'_0$ 时段：t_6 时刻之后，负载电流通过二极管 VD_f 续流，电容电压 u_{Cr} 被钳位为 0，二极管 VD_f 为通态，开关管 VT 为断态。在 $t_6\sim t'_0$ 时段，电流 $i_{Lr}=0$，如果在 t'_0 时刻开通 VT，则电流 i_{Lr} 从 0 开始上升，由于电感 L_r 的作用，近似于零电流开通。

从图 7-11 可以看出，电容器电压 u_{Cr} 滞后于电感电流 i_{Lr} 一定时间，控制开关频率可调整输出电压，变换器的运行和特性主要取决于谐振电路 L_r 和 C_r 的参数设计。在 LC 谐振变换器中，为了分析方便，将电压转换率 M、特性阻抗 Z_r、谐振频率 f_r、归一化负载电阻 r、开关频率 f_s 与谐振频率 f_r 之比的归一化开关频率 f_n 等参数分别定义为

$$M=\frac{U_o}{U_S} \tag{7-1}$$

$$Z_r=\sqrt{\frac{L_r}{C_r}} \tag{7-2}$$

$$f_r=\frac{1}{2\pi\sqrt{L_rC_r}} \tag{7-3}$$

$$r=\frac{R_O}{Z_r} \tag{7-4}$$

$$f_n=\frac{f_s}{f_r} \tag{7-5}$$

在上面的式子中，当输入电压一定时，电压转换率 M 越小，输出电压越低；归一化负载电阻 r 越小，则负载等效电阻越小，即负载越大；归一化开关频率 f_n 反映了开关频率大小；电路中 $t_6\sim t'_0$ 的间隔时间可以调节开关频率。

对于仅由电源、电感、电容构成的谐振电路，电路中电感的电流为正负变化的正弦波，幅值为 U_S/Z_r。但在图 7-11 中，电路还与电感 L、负载等相连接，还不是真正意义上的谐振电路。假如 $I_O-U_S/Z_r>0$，则电流 i_{Lr} 不能自然回到零，不能实现零电流关断，所以规定 $I_O<U_S/Z_r$。从波形图可以看出，开关管关断时刻必须在 u_{Cr} 下降到 U_S 之前。假如在 u_{Cr} 下降到 U_S 之后关断，则 i_{Lr} 已经上升，不能实现零电流关断。u_{Cr} 电压变化与负载电流 I_O 有关，如图 7-11（c）所示为当归一化负载电阻 r 为不同值时电压转换率 M 和归一化开关频率 f_n 的关系曲线，可以看出，M 对负载的变化很敏感。在轻载荷的条件下，多余的能量存

储在电容器 C_r 中，导致输出电压升高，为了调整输出电压，必须控制开关频率。

如果开关两端反并联一个二极管（利用 MOSFET 体内二极管），则变换器工作于全波模式，其电路如图 7-12（a）所示，电路的稳态波形如图 7-12（b）所示，工作过程与半波模式相似。可是，电感电流 i_{Lr} 允许反向通过 MOSFET 来反并二极管并使谐振时间延长，在电感电流 i_{Lr} 反向期间，通过 MOSFET 本体的电流为零，关断开关管都是零电流关断。另外，在轻载荷时，允许谐振电路中多余的能量反馈回电压源 U_S，可明显降低输出电压 U_O 对输出载荷的依赖性，如图 7-12（c）所示是当 r 为不同值时 M 和归一化开关频率 f_n 的关系曲线，可以看出，M 对负载的变化不敏感。

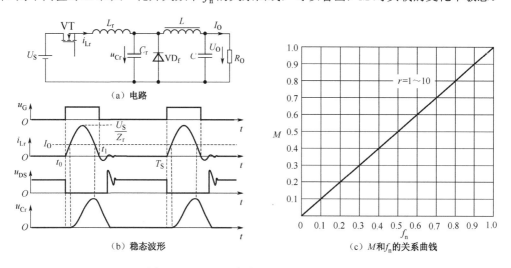

图 7-12　Buck 型全波零电流准谐振变换器

图 7-13 所示为用谐振开关取代传统变换器的电力电子开关所得的几种零电流准谐振变换器电路。

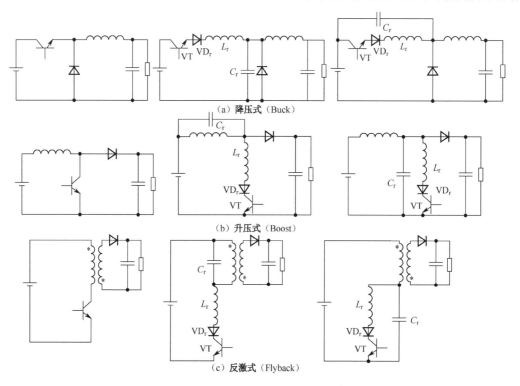

图 7-13　几种零电流准谐振变换器电路

【例题 7-1】某半波运行的 Buck 型半波零电流准谐振变换器电路如图 7-11（a）所示，已知输入直流电压为 36V，谐振电容 C_r =0.25μF，谐振电感 L_r =4μH，要求输出直流电压为 12～24V，输出电流为 3A，求开关频率范围。

解：根据题意，U_O =12～24V，I_O =3A，C_r =0.25μF，L_r =4μH，则

$$Z_r = \sqrt{\frac{L_r}{C_r}} = \sqrt{\frac{4 \times 10^{-6}}{0.25 \times 10^{-6}}} = 4(\Omega)$$

$$f_r = \frac{1}{2\pi\sqrt{L_r C_r}} = \frac{1}{2\pi\sqrt{4 \times 10^{-6} \times 0.25 \times 10^{-6}}} = 159(\text{kHz})$$

当输出电压最小，即 U_O =12 V 时

$$M = \frac{U_o}{U_S} = 12/36 = 0.33$$

$$R_O = U_O / I_O = 12/3 = 4 \ (\Omega)$$

$$r = \frac{R_O}{Z_r} = 4/4 = 1$$

根据图 7-11（c）所示，当 $r = 1$，$M = 0.33$ 时，f_n 大约为 0.23，则

$$f_s = f_n \times f_r = 0.23 \times 159 = 36.6 \ (\text{kHz})$$

当输出电压最大，即 U_O =24 V 时，

$$M = \frac{U_o}{U_S} = 24/36 = 0.667$$

$$R_O = U_O / I_O = 24/3 = 8 \ (\Omega)$$

$$r = \frac{R_O}{Z_r} = 8/4 = 2$$

根据图 7-11（c）所示，当 $r = 2$、$M = 0.667$ 时，f_n 大约为 0.45，则

$$f_s = f_n \times f_r = 0.45 \times 159 = 71.6 \ (\text{kHz})$$

故开关频率范围为 36.6～71.6kHz。

该例题中需要根据图 7-11（c）所示的曲线查出 f_n 的值，但图中只给出了有限的几条曲线，如果需要更多的曲线参数，请参考相关文献。另外，也可以根据频率范围以及一定的设计经验，求得谐振电容和谐振电感的数值。

7.2.2　零电压准谐振变换器

在零电压准谐振变换器（ZVS-QRC）中，谐振电容为开关提供零电压导通和关断的条件。图 7-14（a）所示是设计成半波运行的 Buck 型准谐振变换器，使用了一个如图 7-10（b）所示的零电压谐振开关。图 7-14（b）所示为电路工作波形，当开关 VT 导通时，稳定工作时通过开关 VT 的电流与输出电流 I_O 相等，二极管 VD_f 反偏截止。以开关 VT 的关断时刻为分析的起点。

当开关零电压关断时，电感 L_r 电流开始流过谐振电容 C_r，这时谐振电容 C_r 的电压 u_{cr} 开始上升并开始谐振，工作过程分为以下几个时段分析。

$t_0 \sim t_1$ 时段：t_0 之前，VT 导通，VD_f 为断态，$u_{Cr} = 0$，$i_{Lr} = i_L$，t_0 时刻，VT 关断，C_r 电压上升减缓，因此 VT 的关断损耗减小，VT 关断后，短时间内二极管 VD_f 尚未导通；$L_r + L$ 向 C_r 充电，L 等效为电流源，u_{Cr} 线性上升，同时 VD_f 两端电压 u_{Df} 逐渐下降，直到 t_1 时刻，$u_{Df} = 0$，VD_f 导通，这一时段 u_{Cr} 的上升率为

$$\frac{\mathrm{d}u_{\mathrm{Cr}}}{\mathrm{d}t}=\frac{I_{\mathrm{L}}}{C_{\mathrm{r}}} \tag{7-6}$$

$t_1 \sim t_2$ 时段：t_1 时刻，$\mathrm{VD_f}$ 导通，L 通过 $\mathrm{VD_f}$ 续流，C_{r}、L_{r}、U_{S} 形成谐振回路。谐振过程中，L_{r} 对 C_{r} 充电，u_{Cr} 不断上升，i_{Lr} 不断下降，直到 t_2 时刻，i_{Lr} 下降到零，u_{Cr} 达到谐振峰值。

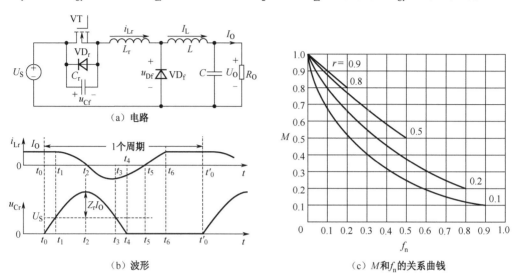

图 7-14　Buck 型半波零电压准谐振变换器

$t_2 \sim t_3$ 时段：t_2 时刻后，C_{r} 向 L_{r} 放电，i_{Lr} 改变方向，u_{Cr} 不断下降，直到 t_3 时刻，$u_{\mathrm{Cr}}=U_{\mathrm{S}}$，这时，$u_{\mathrm{Lr}}=0$，$i_{\mathrm{Lr}}$ 达到反向谐振峰值。

$t_3 \sim t_4$ 时段：t_3 时刻以后，L_{r} 向 C_{r} 反向充电，u_{Cr} 继续下降，直到 t_4 时刻，$u_{\mathrm{Cr}}=0$。t_1 到 t_4 时段电路谐振过程的方程为

$$L_{\mathrm{r}}\frac{\mathrm{d}i_{\mathrm{Lr}}}{\mathrm{d}t}+u_{\mathrm{Cr}}=U_{\mathrm{S}} \tag{7-7}$$

$$C_{\mathrm{r}}\frac{\mathrm{d}u_{\mathrm{Cr}}}{\mathrm{d}t}=i_{\mathrm{Lr}} \tag{7-8}$$

$$u_{\mathrm{Cr}}|_{t=t_1}=U_{\mathrm{S}},\quad i_{\mathrm{Lr}}|_{t=t_1}=I_{\mathrm{L}},\qquad t\in[t_1,t_4] \tag{7-9}$$

$t_4 \sim t_5$ 时段：u_{Cr} 被二极管 $\mathrm{VD_r}$ 反向钳位于零，$u_{\mathrm{Lr}}=U_{\mathrm{S}}$，$i_{\mathrm{Lr}}$ 线性衰减，直到 t_5 时刻，$i_{\mathrm{Lr}}=0$。由于这一时段 VT 两端电压为零，所以必须在这一时段使开关 VT 开通，才不会产生开通损耗。

$t_5 \sim t_6$ 时段：由于 VT 导通，i_{Lr} 线性上升，直到 t_6 时刻，$i_{\mathrm{Lr}}=I_{\mathrm{L}}$，$\mathrm{VD_f}$ 关断。

t_5 到 t_6 时段电流 i_{Lr} 的变化率为

$$\frac{\mathrm{d}i_{\mathrm{Lr}}}{\mathrm{d}t}=\frac{U_{\mathrm{S}}}{L_{\mathrm{r}}} \tag{7-10}$$

$t_6 \sim t'_0$ 时段：VT 为通态，$\mathrm{VD_f}$ 为断态，通过开关管 VT 的电流与谐振电感 L_{r} 的电流 i_{Lr} 以及电感 L 的电流 I_{L} 相等，谐振电感 L_{r} 与电感 L 串联工作，由于谐振电感 L_{r} 远小于电感 L，谐振电感 L_{r} 上的压降很小，$u_{\mathrm{Df}}=U_{\mathrm{S}}$。

图 7-14（c）所示为 M 和 f_{n} 的关系曲线，从波形可看出，电压转换率对负载敏感，对不同的负载 R_{O}，为了调整输出电压，开关频率也会有相应的变化。

谐振过程是软开关电路工作过程中最重要的部分，谐振过程中 u_{Cr}（开关 VT 的电压 u_{S}）的表达式为

$$u_{Cr}(t) = \sqrt{\frac{L_r}{C_r}} I_L \sin \omega_r (t-t_1) + U_S \qquad (7\text{-}11)$$

$$\omega_r = \frac{1}{\sqrt{L_r C_r}} \quad , \quad t \in [t_1, t_4] \qquad (7\text{-}12)$$

$[t_1, t_4]$ 上的最大值即 u_{Cr} 的谐振峰值，就是开关 VT 承受的峰值电压，表达式为

$$U_{crp} = \sqrt{\frac{L_r}{C_r}} I_L + U_S \qquad (7\text{-}13)$$

零电压准谐振电路实现软开关的条件为

$$\sqrt{L_r / C_r} I_L \geqslant U_S \qquad (7\text{-}14)$$

如果正弦项的电压幅值小于 U_S，u_{Cr} 就不可能谐振到零，VT 也就不可能实现零电压开通。

零电压开关准谐振电路的缺点为：谐振电压峰值将高于输入电压 U_S 的 2 倍，开关 VT 的耐压必须相应提高，这增加了电路的成本，降低了可靠性。

零电压开关变换器可工作于全波模式。图 7-15（a）所示为变换器电路。图 7-15（b）所示为电路稳态波形，其中 VT 串联二极管，不会通过反向电流。除 u_{Cr} 可正可负外，其运行和半波模式相似，图 7-15（c）所示为当 r 为不同值时 M 和 f_n 的关系曲线。

比较图 7-14（c）和图 7-15（c）可以看出，全波模式下 M 对负载不敏感，这就是需要的特性。然而，二极管 VD_1 导通时会产生导通损耗。如果 VT 和 VD_1 用一个关断时具有反向阻断能力的开关代替，那么，在 $t_4 \sim t_5$ 时段，谐振电容的电压为负值，存储一定能量，在开关导通期间耗散该部分能量时，必然产生开关导通损耗。所以全波模式有容性开通损耗问题，在高频运行模式中较少采用这种电路，实际上，ZVS-QRC 通常工作于半波模式而不是全波模式。

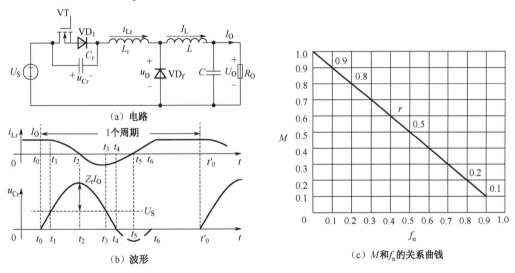

图 7-15　Buck 型全波零电压准谐振变换器

如图 7-16 所示，用零电压谐振开关替代传统变换器的电力电子开关，可衍生出各种各样的 ZVS-QRC 变换器电路。

ZCS 和 ZVS 具有不同的特点。ZCS 可以消除开关关断损耗和减少开关开通损耗。在谐振期间，其有一个相对较大的电容器跨接在输出二极管两端，变换器的运行对二极管的结电容变得不敏感，当电力 MOSFET 零电流导通时，存储在器件电容中的能量将耗散掉，这种容性开通损耗与开关频率成正比。另外，开关要承受较大的电流应力，导致较大的通态损耗，但应注意到，ZCS 对减少在

关断过程有较大的拖尾电流的电力电子器件（如 IGBT）的开关损耗具有特殊的作用。

ZVS 半波运行时消除了容性开通损耗，适合高频运行。对于带隔离变压器的单端电路，开关应能承受较大的电压应力，此应力与载荷成正比。在半桥式和全桥式电路中，开关两侧的最大电压被钳位为输入电压。

ZCS 和 ZVS 两种谐振变换器都是通过变频控制的方式来调整输出的。ZCS 以控制开通时间不变的方式运行，而 ZVS 以控制关断时间不变的方式运行。在输入和载荷的变化范围宽的场合，两者工作均要求有较宽的开关频率范围，因此难以设计出一个最佳的谐振变换器。

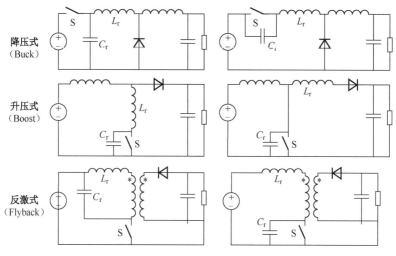

图 7-16　几种零电压准谐振变换器电路

7.2.3　谐振型直流连接逆变器

软开关技术不仅降低了开关损耗和发热水平，而且允许高频和无缓冲器运行，从而达到改善电路的性能、提高其效率和抑制电磁干扰的目的。对零电压开关（ZVS）逆变器，有两种方法实现逆变器软开关。第一种方法为采用谐振直流环逆变器，使直流环电压瞬间为零，以实现开关零电压开通和关断。第二种方法为利用美国威斯康星（Wisconsin）大学的 D.M.Divan 教授于 1986 年提出的谐振极逆变器（RPI-Resonant Pole Inverter）的思想，把谐振极（支路）和逆变器的运行综合起来考虑，为逆变器开关产生零电压或零电流条件。

第一种谐振直流环逆变器包括：谐振（脉冲式）直流环逆变器、有源钳位的谐振直流环逆变器、最小电压应力的谐振逆变器、准谐振软开关逆变器、并联谐振直流环逆变器。

第二种谐振极逆变器包括：谐振极逆变器、辅助谐振极逆变器、辅助谐振换流极逆变器。

第一种前 2 类使直流环路上出现周期过零的高频脉动的直流电压，尽管这种软开关方法具有潜在的优势，但最新的观点认为，带有谐振环拓扑的逆变器与标准的硬开关逆变器相比，谐振直流环系统的复杂性增加，频谱被所用的脉冲密度积分调制（IPDM）所限制。另外，谐振环逆变器的谐振脉冲峰值电压是标准硬开关逆变器的直流环电压的 2 倍。虽然可以用第三类钳位电路把峰值电压限制在直流电压的 1.3～1.5 倍，但必须使用比正常额定电压高的电力电子器件。

第一种的第 3～5 类电路利用了前述电路的开关模式，只要逆变器开关需要，则直流环电压瞬间为零，这种软开关方法不会引起逆变器额外的电压应力，因此功率器件的承受电压仅是 1 倍的直流电压。由于任何时候都可以产生零电压条件，因此对 PWM 策略没有实质性的限制。因此，可以使用近 20 年发展起来的较为成熟的 PWM 电路。在某些方面，这种方法与过去提出的采用直流换流技术的晶闸管逆变器类似，尽管这些直流切换流技术用于逆变桥晶闸管的关断，但起初并不是为软开关而提出的。

　　第二种的 3 种电路保留了直流环电压不变的特点，把滤波器元件以及谐振元件和逆变器的运行综合起来考虑，这种方法对要求逆变器有输出滤波器的应用场合特别有用，这样的例子有不间断电源（UPS）和带输出滤波器的电动机驱动逆变器，LC 滤波元件形成的辅助谐振电路产生软开关条件，但这些往往需要大功率的器件和复杂的控制算法。

　　下面对谐振（脉冲式）直流环逆变器做进一步介绍，分析其工作原理。

　　用于 DC-AC 功率变换的谐振直流环逆变器是 1986 年提出的，与所谓的不变直流环电压不同，利用电感 L_r 和电容 C_r 的谐振作用，增加谐振电路，使直流环电压出现高频脉动，此谐振电路理论上可在逆变器开关的开通或关断期间，周期性地产生零电压，为逆变电路功率器件提供了实现软开关（ZVS）的条件。图 7-17 所示为谐振直流环逆变器电路，图中辅助开关 VT 使逆变桥中所有的开关元件工作在零电压开通的条件下，实际电路中开关 VT 可以不需要，VT 的开关作用由逆变电路中开关的直通（上下两个管子同时开通）与关断来代替。假设逆变器为高感性系统，可简化谐振直流环逆变器的分析，图 7-18 所示为其等效电路。

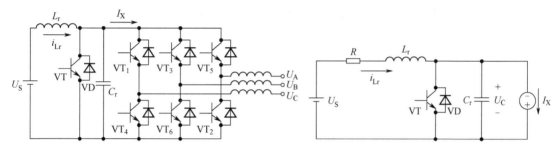

图 7-17　谐振直流环逆变器电路　　　　　　　　图 7-18　谐振直流环逆变器的等效电路

　　直流环电流 I_X 随负载条件的变化而变化，但在短暂的谐振周期内可假定不变，如果当电感电流等于 i_{Lr0} 时开关 VT 关断，则谐振直流环电压可表示为

$$u_{Cr} = U_S + e^{-\alpha t}[-U_S \cos(\omega t) + \omega L_r I_M \sin(\omega t)] \qquad (7\text{-}15)$$

电感电流 i_{Lr} 为

$$i_{Lr} \approx I_X + e^{-\alpha t}[I_M \cos(\omega t) + \frac{U_S}{\omega L_r} \sin(\omega t)] \qquad (7\text{-}16)$$

式中，

$$\alpha = R/2L_r \qquad (7\text{-}17)$$

$$\omega_0 = 1/\sqrt{L_r C_r} \qquad (7\text{-}18)$$

$$\omega = (\omega_0^2 - \alpha^2)^{0.5} \qquad (7\text{-}19)$$

$$I_M = i_{Lr0} - I_x \qquad (7\text{-}20)$$

　　电感中的电阻耗散一些能量，会影响谐振性能。实际上，当 VT 导通时，必须检测 $i_{Lr} - I_X$ 的大小。此外，当 $i_{Lr} - I_X$ 达到要求值时，VT 可以开通，其目标就是保证直流环电压在下一周期能振荡到零电压。

　　谐振直流环电路的理想化波形如图 7-19 所示，下面以开关 VT 关断时刻为起点分析工作过程。

　　① $t_0 \sim t_1$ 时段：t_0 之前，VT 导通，i_{Lr} 大于 I_X，t_0 时刻，VT 关断，电路中发生谐振，因为 $i_{Lr} > I_X$，所以 i_{Lr} 对 C_r 充电，u_{Cr} 不断升高，直到 t_1 时刻，$u_{Cr} = U_S$。

　　② $t_1 \sim t_2$ 时段：t_1 时刻，由于 $u_{Cr} = U_S$，$u_{Lr} = 0$，因此谐振电流 i_{Lr} 达到峰值，t_1 以后，i_{Lr} 继续向 C_r 充电并不断减小，而 u_{Cr} 进一步升高，直到 t_2 时刻，$i_{Lr} = I_X$，u_{Cr} 达到谐振峰值。

③ $t_2 \sim t_3$ 时段：t_2 以后，u_{Cr} 向 L_r 和 I_X 放电，i_{Lr} 继续降低，到零后反向，C_r 继续向 L_r 放电，i_{Lr} 反向增加，直到 t_3 时刻，$u_{Cr} = U_s$，i_{Lr} 达到反向谐振峰值。

④ $t_3 \sim t_4$ 时段：t_3 时刻，$u_{Cr} = U_s$，i_{Lr} 达到反向谐振峰值，然后 i_{Lr} 开始衰减，u_{Cr} 继续下降，直到 t_4 时刻，$u_{Cr} = 0$，VD 导通，u_{Cr} 被钳位于零。

⑤ $t_4 \sim t_5$ 时段：$u_{Cr} = 0$，电流 i_{Lr} 线性上升，直到 t_5 时刻，$i_{Lr} = I_X$，开关管 VT 应在此期间实现零电压开通。

⑥ $t_5 \sim t'_0$ 时段：VT 导通，电流 i_{Lr} 线性上升，直到 t'_0 时刻，VT 再次关断。

谐振直流环电路中电压 u_{Cr} 的谐振峰值很高，增加了对开关器件耐压的要求。通过控制三相逆变器的 6 个开关，就可以得到直流环节的电压相关的相电压和线电压，如图 7-20 所示。

谐振直流环逆变器有下列优点：减少了开关损耗；无缓冲电路运行；较高开关频率运行；较低的器件 du/dt，可减少逆变器的噪声；ZVS 运行可减少散热片，提高功率密度。

谐振直流环逆变器有下列不足：谐振直流环峰值电压比传统逆变器的额定直流环电压高（如 2 倍），谐振电流会出现不规则的脉冲，谐振电流峰值过高，直流偏置电感大。

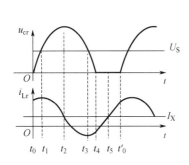

图 7-19　谐振直流环电路的理想化波形

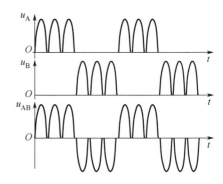

图 7-20　谐振直流环逆变器典型的相电压和线电压

谐振直流环峰值电压高意味着必须使用更高额定电压的电力电子器件和电路元件，这是一个严重的缺陷，因为高额定电压的器件不仅价格昂贵，而且其开关性能也往往比相应的低压器件差。不过，可以利用有源钳位电路减少直流环峰值电压，有源钳位谐振直流环逆变器如图 7-21 所示，通过开关管 VT 以及与之并联的二极管 VD，可以将峰值电压限制在 $U_{CC} + U_s$，$U_{CC} = (0.3 \sim 0.5)U_s$，即有源钳位电路能把峰值电压从 2.0 倍的直流环电压降到 $1.3 \sim 1.5$ 倍。尽管如此，峰值电压仍比正常值高得多，添加的钳位电路也使控制更复杂。

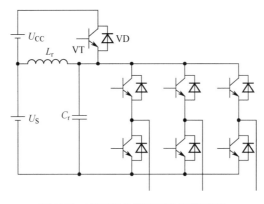

图 7-21　有源钳位谐振直流环逆变器

谐振直流环逆变器尽管存在许多不足，但研究谐振直流环变换器为其他软开关变换器的发展提供了有益的思路。

7.3 零电压开关谐振变换器

7.3.1 全桥零电压开关 LLC 谐振变换器

全桥 LLC 谐振变换器能够实现原边开关管全负载范围内的 ZVS 和次级二极管 ZCS，且具有高效率、高功率密度、能在宽输入电压范围下工作等优点。但是，其也存在一些问题，如输出电流纹波大、电压增益特性比较分析难等。正因为其有突出的优势和一些问题，LLC 谐振变换器才具有极高的研究价值。

1. 全桥 LLC 谐振变换器的结构

如图 7-22 所示为全桥 LLC 谐振变换器的拓扑结构，其中，VT_1、VT_2、VT_3、VT_4 这 4 个功率开关管构成全桥逆变电路，与其并联的分别为其体内的二极管与寄生电容，L_r、L_m 和 C_r 分别为谐振电感、励磁电感和谐振电容，这两个电感与一个电容为串联谐振电路的主要元件，所以称图 7-22 为全桥 LLC 谐振变换器。$VD_{R1} \sim VD_{R4}$ 为输出全桥整流二极管，C 和 R_O 分别为输出滤波电容与负载电阻。

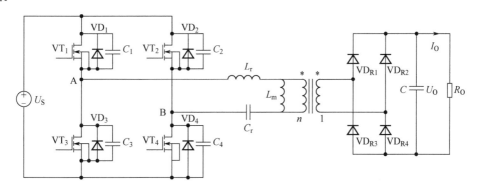

图 7-22 全桥 LLC 谐振变换器的拓扑结构

2. 全桥 LLC 谐振变换器的工作原理

全桥 LLC 谐振变换器电路中有谐振元件 L_r、L_m 和 C_r，谐振变换器变频控制时，具有两个谐振频率点。当变压器的励磁电感 L_m 被输出电压钳位时，不参与谐振，此时只有 L_r 与 C_r 参与谐振，谐振频率 f_r 见式（7-3）；当励磁电流与谐振电流相等时，励磁电感 L_m 参与谐振，谐振频率 f_m 为

$$f_m = \frac{1}{2\pi\sqrt{(L_r + L_m)C_r}} \tag{7-21}$$

LLC 谐振变换器的本质就是通过调节开关频率 f_s 的大小来改变 LLC 谐振电路的阻抗，从而达到能量传递的目的。变换器工作在频率点 $f_s = f_r$ 时，该点称为谐振变换器的变换点。该频率点将 LLC 谐振变换器的工作区域划分为两个部分，分别为 $f_s > f_r$ 工作区域和 $f_s < f_r$ 工作区域。因此，LLC 谐振变换器有如下 3 种工作方式。

工作方式 1：当 $f_m < f_s < f_r$ 时，此时 LLC 谐振变换器的工作情况如图 7-23（a）所示。在这种模式下，由图可以看出，当励磁电感电流 i_{Lm} 和谐振电流 i_{Lr} 相等时，此时励磁电感 L_m 参加谐振，副边整流二极管的电流断续，所以在这种情况下，副边整流二极管能实现 ZCS 关断。

工作方式 2：当 $f_s = f_r$ 时，此时 LLC 谐振变换器的工作情况如图 7-23（b）所示。在这种情况下，励磁电感 L_m 不再参加谐振，它两端电压总是被输出电压钳位在 nU_O。副边整流二极管的电流临界连续，所以副边整流二极管也可以实现 ZCS 关断。

工作方式 3：当 $f_s > f_r$ 时，此时 LLC 谐振变换器的工作情况如图 7-23（c）所示。励磁电感 L_m 不参加谐振，其两端的电压被钳位在 nU_O。副边整流二极管在电流不为零的状态下换流，这时其工作在硬关断的模式下，因此存在反向恢复的问题。

当 LLC 谐振变换器工作在 $f_m < f_s < f_r$ 的状态时，既能实现原边开关管的 ZVS，也能实现整流二极管的 ZCS。因此，下面就以工作方式 1 为例来分析 PFM 控制方式下的全桥 LLC 谐振变换器的工作原理。

如图 7-23（a）所示为全桥 LLC 谐振变换器工作在 $f_m < f_s < f_r$ 频率范围内的主要波形，可将 1 个工作周期内的工作情况划分为 10 个工作状态，其中半个开关周期内该变换器的工作过程如下。

工作状态 1：在 t_0 时刻之前，如图 7-24（a）所示。开关管 VT_2、VT_3 导通，L_m、L_r 和 C_r 组成的谐振回路一起谐振。VD_{R1}、VD_{R4} 反向截止，功率变压器被隔离，变压器的原边、副边电流均为零，输出电容 C 给负载供能。

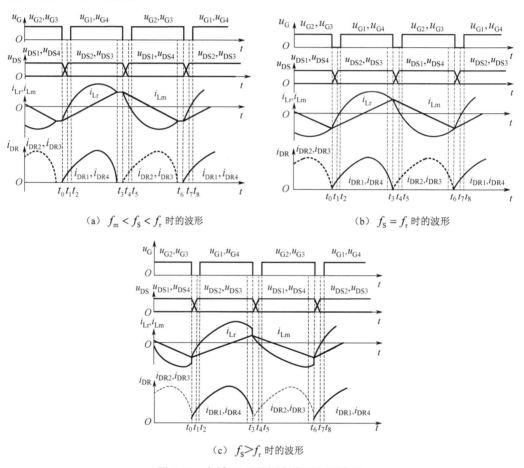

（a）$f_m < f_s < f_r$ 时的波形　　　　　　　　　（b）$f_s = f_r$ 时的波形

（c）$f_s > f_r$ 时的波形

图 7-23　全桥 LLC 谐振变换器主要波形

工作状态 2：$t_0 < t < t_1$，如图 7-24（b）所示。当 $t = t_0$ 时，开关管 VT_2、VT_3 关断，进入死区时间。谐振电感电流 i_{Lr} 给 VT_2、VT_3 的寄生电容 C_2、C_3 充电，同时给 VT_1、VT_4 的寄生电容 C_1、C_4 放电。由于电容 $C_1 \sim C_4$ 的存在，VT_2、VT_3 的漏源极两端的电压上升率和 VT_1、VT_4 的漏源极电压下降率被限制。此阶段中 VD_{R1}、VD_{R4} 导通，VD_{R2}、VD_{R3} 截止，励磁电感 L_m 由于输出电压被钳位而不参与谐振。此时只有 L_r 和 C_r 参与谐振，谐振电流 i_{Lr} 以正弦波规律增加，励磁电流 i_{Lm} 线性增加。谐振电流 i_{Lr} 和励磁电流 i_{Lm} 之间的差值就是负载电流，其通过变压器传递给负载。当 $t = t_1$ 时，VT_2、VT_3 漏源极两端的电压升到与输入电压 U_s 相等，VT_1、VT_4 的漏源极两端电压下降到零。

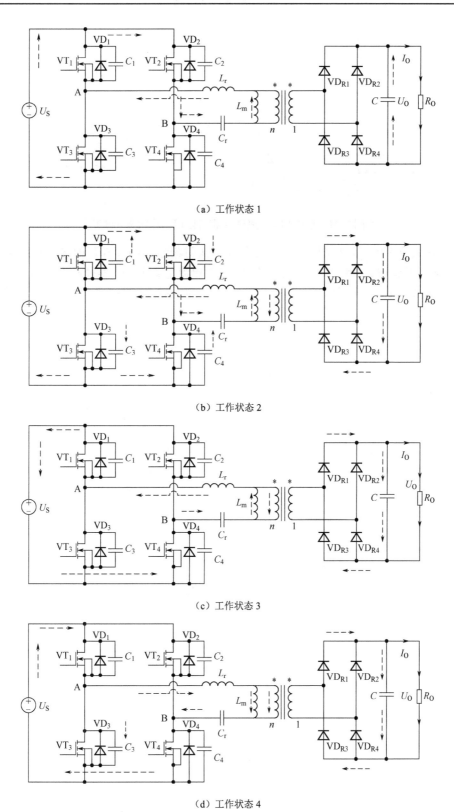

（a）工作状态 1

（b）工作状态 2

（c）工作状态 3

（d）工作状态 4

图 7-24　全桥 LLC 谐振变换器各阶段工作状态

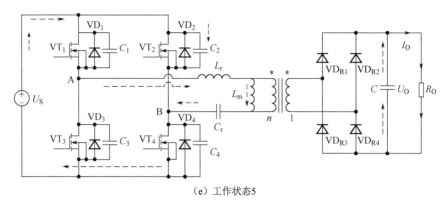

（e）工作状态5

图 7-24　全桥 LLC 谐振变换器各阶段工作状态（续）

工作状态 3：$t_1 < t < t_2$，如图 7-24（c）所示。从 t_1 时刻起，VT_1、VT_4 的寄生电容 C_1、C_4 两端电压下降到零，其体内二极管 VD_1、VD_4 导通，谐振电流 i_{Lr} 改变流通路径而流过 VD_1、VD_4，使 VT_1、VT_4 的漏源极电压维持为零，这为 VT_1、VT_4 的零电压导通提供了条件。此后，谐振电流 i_{Lr} 上升，次级整流二极管 VD_{R1}、VD_{R4} 导通，VD_{R2}、VD_{R3} 仍然截止，励磁电感 L_m 由于输出电压被钳位而不参与谐振，励磁电流 i_{Lm} 线性上升，L_r 和 C_r 参与谐振。此状态一直维持到 VT_1、VT_4 导通。

工作状态 4：$t_2 < t < t_3$，如图 7-24（d）所示。当 $t = t_2$ 时，VT_1、VT_4 零电压导通，电流流经 VT_1、VT_4，此时变压器原边两端电压变为正向电压；VD_{R1}、VD_{R4} 导通，而 VT_2、VT_3 以及输出 VD_{R2}、VD_{R3} 截止。励磁电感 L_m 由于输出电压被钳位而不参与谐振，只有 L_r 和 C_r 参与谐振。谐振电流 i_{Lr} 以正弦形式增加，励磁电流 i_{Lm} 线性增加。由于开关周期大于 L_r 和 C_r 的谐振周期，当 $t = t_3$ 时，谐振电流 i_{Lr} 开始下降，一直到与励磁电流 i_{Lm} 相同，该工作状态结束。

工作状态 5：$t_3 < t < t_4$，如图 7-24（e）所示。当 $t = t_3$ 时，谐振电流 i_{Lr} 和励磁电流 i_{Lm} 相等，此时变压器输出电流为零，VT_1、VT_4 仍然导通，VD_{R1}、VD_{R4} 在零电流状态下自然关断，不存在反向恢复过程，实现了输出整流二极管的零电流关断。由于变压器原、副边被隔离，励磁电感 L_m 由于输出电压没有被钳位而参与谐振，所以 L_m、L_r 和 C_r 一起参与谐振。由于其构成谐振回路的谐振周期远远大于开关周期，因此在这个阶段内可以认为励磁电流 i_{Lm} 基本保持不变。当 VT_1、VT_4 的驱动信号消失时，该工作状态结束。

下半周期（$t_4 < t < t_8$）工作状态与上面分析的后 4 个工作状态类似。因此，全桥 LLC 谐振变换器变压器原边功率开关管实现了零电压的开通与关断，同时副边的整流二极管实现了 ZCS 开通与关断。

设 $u_{s\varphi}$ 为谐振槽输入电压 u_{AB} 的基波分量，u_{Req} 为变压器副边的电压基波分量，n 为变压器原副边匝数比。从图 7-23 所示的 u_{DS} 波形可以看出，原边电压 u_{AB} 接近于方波，基波分量 $u_{s\varphi}$ 的有效值可近似表示为

$$U_{s\varphi} = nU_{Req} = \frac{2\sqrt{2}nV_O}{\pi} \tag{7-22}$$

式中，V_O 为全桥变换器输出方波电压幅值，对于大电容滤波，V_O 约等于输出直流电压 U_O 与副边线路压降之和。

3. 全桥 LLC 谐振电路基波等效模型

由基波分析法可知，全桥 LLC 谐振电路基波等效模型如图 7-25 所示。

在图 7-25 中，L_r、C_r、L_m 分别为谐振电感、谐振电容、励磁电感。假设输入输出功率相等，对于纯阻性电阻负载，根据式（7-22）的输入输出电压关系，同样可以得到输入输出电流的关系，于是从变压器原边看过去，副边回路的等效纯阻性电阻 R_{eq} 为

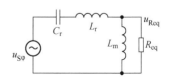

图 7-25　全桥 LLC 谐振电路基波等效模型

$$R_{eq} = \frac{8n^2}{\pi^2} R_O \tag{7-23}$$

式中，R_O 为输出负载。根据图7-25，串联谐振频率 f_r 的定义见式（7-3），本征谐振频率 f_m 的定义见式（7-21），特征阻抗 Z_r 的定义见式（7-2），归一化频率 f_n 的定义见式（7-5）。

电感之比为

$$k = \frac{L_m}{L_r} = \frac{1}{\lambda} \tag{7-24}$$

品质因数为

$$Q = \frac{Z_o}{R_{eq}} \tag{7-25}$$

式中，$Z_o = 2\pi f_r L_r = \dfrac{1}{(2\pi f_r C_r)}$。

7.3.2 移相全桥零电压开关 PWM 直流-直流变换器

移相全桥零电压开关 PWM DC-DC 变换器（PS ZVS FB Converter，Phase-Shifted Zero-Voltage-Switching PWM Full-Bridge Converter），是利用变压器的漏感或一次绕组串联电感与开关管的寄生电容谐振来实现开关管的零电压开关，其电路结构如图 7-26 所示。图中 H 型全桥各桥臂元件均由 MOSFET 元件 VT 及内部反并联的续流二极管 VD 构成，各 C_r 为开关器件的结电容或外部并联电容，与谐振电感 L_r 构成谐振元件。负载 R 连接整流输出端，VD_5、VD_6 构成全波整流输出电路，L、C 为输出低通滤波元件。

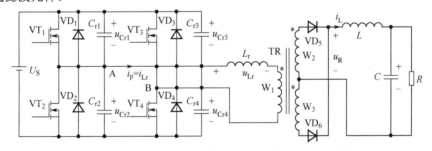

图 7-26 移相全桥零电压开关 PWM 直流-直流变换器结构

与单相全桥逆变电路相比，其仅增加了一个谐振电感，就使电路中 4 个开关器件都在零电压的条件下开通。该电路控制方式的特点为：在一个开关周期 T_S 内，每个开关导通的时间都略小于 $T_S/2$，而关断的时间都略大于 $T_S/2$；在同一个半桥中，每个开关关断到另一个开关开通都要经过一定的死区时间；VT_1、VT_4 和 VT_2、VT_3 互为对角的两对开关，VT_1 的波形比 VT_4 超前 $0 \sim T_S/2$，而 VT_2 的波形比 VT_3 超前 $0 \sim T_S/2$，因此称 VT_1 和 VT_2 为超前的桥臂，而称 VT_3 和 VT_4 为滞后的桥臂。

移相全桥零电压开关PWM DC-DC变换器工作过程分为以下多个阶段，其理想化波形如图7-27所示。

$t_0 \sim t_1$ 时段：VT_1 与 VT_4 都导通。$u_{AB} = U_S$，$u_{Lr} = 0$，原边侧 $i_{Lr} = i_L/n$，$u_{W1} = U_S$，VD_5 导通，$u_R = U_S/n$，其中 n 为变压器变比，输出侧电流 i_L 略有上升，直到 t_1 时刻 VT_1 关断。

$t_1 \sim t_2$ 时段：t_1 时刻 VT_1 关断后，C_{r1}、C_{r2}、L_r 以及通过变压器耦合的电感 L 构成谐振回路，如图 7-26 所示，谐振开始时，$u_A(t_1) = U_S$，在谐振过程中，u_A 不断下降，直到 $u_A = 0$，$u_{AB} = 0$，由

于 L_r 的电感量远小于 L 的折算值（与变压器原副边匝数比平方成正比），$u_{Lr}=0$，i_{Lr} 基本保持不变，u_{W1} 下降，u_R 也下降到 0，VD_2 导通，i_{Lr} 通过 VD_2 续流，输出侧电流 i_L 略有下降，波形如图 7-27 所示。

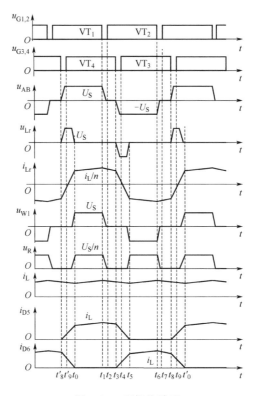

图 7-27　理想化波形

$t_2 \sim t_3$ 时段：t_2 时刻，VT_2 开通，由于 VD_2 导通，因此 VT_2 开通时电压为零，开通过程中不会产生开关损耗，VT_2 开通后，$u_{AB}=0$ 保持不变，电路状态没有改变，i_{Lr} 基本保持不变，变压器内部磁平衡还保持原来的状态，通过绕组 W_2 和二极管 VD_5 的电流继续保持到 t_3 时刻，VT_4 关断。

$t_3 \sim t_4$ 时段：t_3 时刻开关 VT_4 关断后，B 点电位不断上升，电流 i_{Lr} 下降，i_{D5} 电流下降，i_{D6} 电流上升，$i_{D5}+i_{D6}=i_L$，VD_5 和 VD_6 同时导通，故 u_R 为 0，原边绕组 W_1 电势为 0，C_{r3}、C_{r4} 与 L_r 构成谐振回路，谐振过程中 i_{Lr} 继续减小，u_{AB} 和 u_{Lr} 反向增加，直到 VD_3 导通；这种状态维持到 t_4 时刻 VT_3 开通，VT_3 开通时，VD_3 是导通的，因此 VT_3 是在零电压的条件下开通，开通损耗为零。

$t_4 \sim t_5$ 时段：VT_3 开通后，$u_{AB}=-U_s$，i_{Lr} 继续减小，下降到零后反向，再不断增大，直到 t_5 时刻，$i_{Lr}=-i_L/n$，i_{D5} 下降到零而关断，电流 i_L 全部转移到 VD_6 中，能量由原边供给。在此过程中，原边绕组 W_1 反向电压增加，u_{Lr} 反向电压减小，副边绕组 W_3 输出电压以及 u_R 电压增加，输出侧电流 i_L 由略有下降转为略有上升。

$t_0 \sim t_5$ 时段正好是开关周期的一半，而在另一半开关周期 $t_5 \sim t'_0$ 时段中，电路的工作的过程与 $t_0 \sim t_5$ 时段完全对称。

由于 4 个开关管两端并联电容，关断损耗小，在 MOSFET 体内二极管有电流通过时开通，此时电压为零，实现了零电压开通。在 MOSFET 开通时，其体内二极管是否有电流通过是能否实现零电压开通的关键，这与死区时间有关，也与通过谐振电感的电流大小、谐振电容大小等有关。变压器副边的负载电流决定了变压器原边的谐振电感电流，所以该电路无法实现全负载范围的零电压开通。

7.4　零电压转换 PWM 变换器

零电压转换 PWM 变换器具有电路简单、效率高等优点，广泛用于功率因数校正（PFC）、DC-DC 变换器、斩波器等。以升压电路为例，在 Boost 电路自带二极管 VD_1 的开关 VT_1 两端并联一个由谐振电容 C_r、谐振电感 L_r、辅助开关 VT_r 和辅助二极管 VD_r 组成的辅助谐振网络，就构成了一种升压型零电压转换 PWM 变换器电路的原理图，如图 7-28 所示。该电路中假设电感 L、电容 C 很大，可以忽略电流和输出电压的波动，在分析中忽略元件与线路中的损耗。

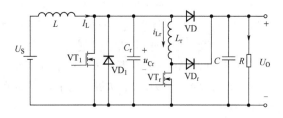

图 7-28　升压型零电压转换 PWM 变换器电路的原理图

在零电压转换PWM变换器电路中，辅助开关VT_r超前于主开关VT_1开通，而VT_1开通后VT_r就关断了，主要的谐振过程都集中在VT_1开通前后。其工作过程的波形见图7-29。

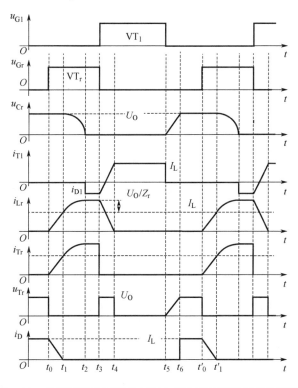

图 7-29　升压型零电压转换 PWM 变换器电路的理想化波形

$t_0 \sim t_1$ 时段：辅助开关VT_r先于主开关VT_1开通，由于此时二极管VD尚处于通态，所以$u_{Lr}=U_O$，i_{Lr}按线性形式迅速增长，i_D以同样的速率下降，直到t_1时刻，$i_{Lr}=I_L$，i_D下降到零，二极管VD自然关断。

$t_1 \sim t_2$ 时段：此时 L_r 与 C_r 构成谐振回路，由于L很大，谐振过程中其电流I_L基本不变，对谐振影响很小，可以忽略；谐振过程中i_{Lr}增加而u_{Cr}下降，两者表达式分别为

$$i_{\mathrm{Lr}}(t) = I_{\mathrm{L}} + \frac{U_{\mathrm{O}}}{Z_{\mathrm{r}}}\sin[\omega_{\mathrm{r}}(t-t_{1})] \tag{7-26}$$

$$u_{\mathrm{Lr}}(t) = U_{\mathrm{O}}\cos[\omega_{\mathrm{r}}(t-t_{1})] \tag{7-27}$$

式中，特征阻抗 $Z_{\mathrm{r}} = \dfrac{\sqrt{L_{\mathrm{r}}}}{\sqrt{C_{\mathrm{r}}}}$，谐振角频率 $\omega_{\mathrm{r}} = \dfrac{1}{\sqrt{C_{\mathrm{r}}L_{\mathrm{r}}}}$。$t_2$ 时刻，u_{Cr} 降到零，$\mathrm{VD_1}$ 导通，u_{Cr} 被钳位于零，i_{Lr} 到达峰值。

$t_2 \sim t_3$ 时段：u_{Cr} 被钳位于零，而 i_{Lr} 保持不变，这种状态一直保持到 t_3 时刻 $\mathrm{VT_1}$ 开通、$\mathrm{VT_r}$ 关断，此时 u_{T1} 或 u_{Cr} 为零，为零电压开通，因此没有开关损耗。

$t_3 \sim t_4$ 时段：在 t_3 时刻，$\mathrm{VT_1}$ 开通时 $\mathrm{VT_r}$ 关断，L_{r} 中的能量通过 $\mathrm{VD_r}$ 向负载侧输送，而 i_{T1} 线性上升，到 t_4 时刻 $i_{\mathrm{Lr}}=0$，$\mathrm{VD_r}$ 关断，$i_{\mathrm{T1}}=I_{\mathrm{L}}$，电路进入正常导通状态。

$t_4 \sim t_5$ 时段：t_5 时刻，$\mathrm{VT_1}$ 关断，由于 C_{r} 的存在，$\mathrm{VT_1}$ 关断时的电压上升率受到限制，降低了 $\mathrm{VT_1}$ 的关断损耗。

$t_5 \sim t_6$ 时段：t_5 时刻，$\mathrm{VT_1}$ 关断，此时升压电感电流 I_{L} 给 C_{r} 充电，其电压 u_{Cr} 从零开始上升，到 t_6 时刻，电压 u_{Cr} 上升到 U_{O}，二极管 VD 自然导通。

$t_6 \sim t_0'$ 时段：在此阶段，辅助电路不参与工作，电路处于 Boost 电路开关管断开状态，到 t_0' 时刻，开始下一个开关周期的工作。

零电压转换 PWM 变换器的电路控制方式可实现恒定频率控制；辅助电路损耗小，也不会增加主开关的电压与电流应力，因此有得到广泛应用。

7.5　软开关技术新进展

随着变换器对开关频率、效率的要求越来越高，软开关技术得到了广泛应用，它是降低开关损耗、实现电能高效变换的重要手段，软开关技术出现了以下几个重要的发展趋势。

① 新的软开关电路拓扑是软开关技术发展的重要途径，也是软开关技术广泛应用的关键所在，在不增加开关器件电压电流应力的同时，用比较简单的拓扑结构实现逆变器的软开关。

② 采用组合电路替代原来的单一电路成为一种趋势，将几个简单、高效的开关电路通过级联、并联和串联构成组合电路，其性能与单一电路相比显著提高，拓展了软开关技术的应用场合。

③ 优化软开关变换器控制方式也是软开关技术发展的方向，在适当简化谐振变换器的同时，优化控制方法，提高变换器性能。

总之，软开关技术通过在电路中引入谐振改善了开关的开关条件，大大降低了硬开关电路存在的开关损耗和开关噪声。

本 章 小 结

功率器件在其电压或电流或两者均不为零的状态下通、断，会引起开关过程的功率损耗，这是一种"硬"开关过程，严重妨碍了变流电路的高频化与高效率化。软开关技术通过在电路中引入谐振改善了开关的开关条件，大大降低了硬开关电路存在的开关损耗和开关噪声，使开关过程在器件电压或电流为零时进行。这种通、断控制方式称为"软"开关，它的实现为变流电路高频化创造条件。

软开关技术总的来说可以分为零电压和零电流两类；按照其出现的先后，可以将其分为准谐振、零开关 PWM 和零转换 PWM 3 大类；每类都包含基本拓扑和众多的派生拓扑。本章介绍了谐振软开关技术的基本概念和各种谐振软开关电路的分类，按电路类型分别对具体电路的软开关过程进行了仔细的分析。学习中要注意如何控制辅助开关元件以启动谐振过程，以及如何控制与主开关并联的钳位二极管导通创造零电压条件，如何使与主开关串联的谐振电感中电流振荡过零创造零电流条件。

本章介绍了几个典型的应用电路，包括零电流准谐振变换器、零电压准谐振变换器、谐振直流环电路、全桥零电压开关 LLC 谐振变换器、移相全桥零电压开关 PWM 变换器、零电压转换 PWM 变换器，其中谐振直流环电路是软开关技术在逆变电路中的典型应用。

思考题与习题

7-1．什么是软开关和硬开关？谐振软开关的特点是什么？

7-2．高频化的意义是什么？为什么提高开关频率可以减小滤波器的体积和重量？为什么提高开关频率可以减小变压器的体积和重量？

7-3．软开关电路可以分为哪几类？

7-4．某半波运行的 Buck 型零电流准谐振变换器如图 7-11（a）所示，已知输入直流电压为 48V，谐振电容 C_r =0.25μF，谐振电感 L_r =4μH，要求输出直流电压为 24V，输出电流为 3A，该电路开关频率大约是多少？

7-5．某半波运行的 Buck 型零电压准谐振变换器如图 7-14（a）所示，已知输入直流电压为 48V，谐振电容 C_r =0.2μF，谐振电感 L_r =5μH，要求输出直流电压为 20V，输出电流为 20A，该电路开关频率大约是多少？

7-6．用于 DC-AC 功率变换的谐振直流环逆变器实现开关 ZVS 的机理是什么？它与传统逆变器相比有何优势和不足？

7-7．全桥 LLC 变换器的电路结构如图 7-22 所示，当工作在 $f_m < f_s < f_r$ 时，结合开关管的控制信号，试说明其输出侧整流二极管的通断情况。

7-8．在移相全桥零电压开关 PWM 直流–直流变换电路中，如果谐振电感 L_r =0，电路的工作状况将会发生什么变化？

7-9．在零电压转换 PWM 变换器电路中，辅助开关 VT_r 和二极管 VD_r 是软开关还是硬开关？为什么？

第 8 章 电力电子技术在清洁能源系统中的应用

能源供应和环境污染是全人类共同面临的问题。一方面，传统能源存在着枯竭的危险：地球上的石油估计只能供人类开采 40～50 年，煤炭估计只能供开采约 200 年。另一方面，传统能源的消耗伴随着环境污染的产生：火力发电燃烧大量煤炭而排放 SO_2 和 CO_2，燃油汽车的尾气对城市的空气造成不良影响，所以，清洁能源的开发与利用迫在眉睫。在清洁能源的利用中，电力电子技术扮演着重要的角色。本章介绍电力电子的"绿色"应用概况，介绍电力变换器在可再生能源、分布式发电系统、电动和混合动力汽车中的应用，并简单介绍电力电子在清洁能源系统中应用的关键技术。

8.1 清洁能源与组合电路概述

能源是国民经济和社会发展的主要物质基础，也是人类生存的基本要素，能源安全是国家经济安全的基本支撑。面对气候变化、环境污染和化石燃料资源枯竭的严峻现实，人们将目光迅速转向清洁能源。催生了大量致力于"清洁""绿色"能源的研究和开发工作，它们主要集中在可再生能源、分布式发电系统及各种工业系统中的应用。

可再生能源可分为持续性可再生能源和间歇性可再生能源。热电厂、水电厂或生物燃料厂代表典型的持续性能源生产者，与传统的发电厂或炼油厂相似，电力电子技术在这些工厂中的作用有限。间歇性可再生能源包括越来越常见的风能和光伏系统，其随机变化的输出使电力电子变换器成为至关重要的部件。为了有效地将可再生能源与负载或电网连接起来，变换器需要对能量进行调节、升降压和控制。

近年来，分布式发电系统发展较快，它可以利用各种可再生能源，减少对化石燃料的需求和对环境的破坏。在没有接入电网的地区，电力微网从可再生能源、不可再生能源和储能设备中形成，柴油发电动机和电池通常用来缓和间歇性的电源变化。数量众多的不同类型、不同等级、间歇性能源若要高效、协调地运行必须经过各种转换和控制。

跟踪最大功率点（Maximum Power Point，MPP）是功率变换和控制的重要组成，在一定的照度下，基于电压电流特性的太阳能电池的 MPP 标志着最大电压和电流的乘积，即从电池获得的最大功率。同样，在给定的风速下，风力发电动机的功率系数在叶尖速度比为某一特定值时达到最大值。光伏或风力发电的控制系统不断地跟踪 MPP，以便从太阳能或风力中获取最大功率。

现代电力电子学科诞生以来，节能一直是支撑这一学科发展的一个重要因素。工业上消耗的电力大多用于泵类、风机、鼓风机和压缩机等流体输送机械的驱动，通过逆变器输出不同频率的交流电，改变交流电动机转速，从而控制这些泵类、风机等的运行速度是一个高效、节能的解决方案，能够为工业企业节约大量能源。近年来，逆变器已进入汽车领域，出现在电动和混合动力汽车中。因此，逆变器是电力电子变换器中最流行的类型之一。

　　开发清洁能源过程中，电力电子器件的应用和先进的控制技术是关键。将最新的电力电子技术、控制技术应用于清洁能源系统中，提高清洁能源的效率和电力变换质量、降低清洁能源成本，使得清洁可再生能源逐步替代传统的化石燃料，以改善人类生存的环境，提高人们的生活水平，具有重大的经济效益和社会价值。

　　电力电子技术在清洁能源系统中的应用有使用单一的 DC-DC、DC-AC、AC-DC 或 AC-AC 变流电路，也有通过多个变换电路的组合，实现能量的传递。图 8-1（a）中，直流电压经过升压后得到需要的直流电压幅值，再通过逆变电路以及滤波后将能量传送给电网，该组合电路可以在光伏并网系统中使用。图 8-1（b）中，交流电压经过整流后得到需要的直流电压，再通过逆变电路以及滤波后将能量传送给电网，该组合电路可以在风力发电动机系统中使用。该组合电路也可以用于对交流电动机的驱动，构成了典型的变频器，不过在直流环节需采取措施以解决电动机能量回馈时的电压过高问题。图 8-1（c）中，直流电压经过逆变得到高频交流电压，通过变压器的隔离，再通过周波变换器以及滤波后将能量传送给电网，该组合电路可以在分布式发电系统中使用。

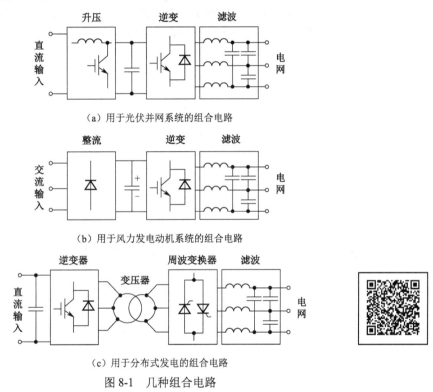

（a）用于光伏并网系统的组合电路

（b）用于风力发电动机系统的组合电路

（c）用于分布式发电的组合电路

图 8-1　几种组合电路

8.2　太阳能系统

　　电力电子变换器在太阳能和风能等可再生能源系统中的作用取决于能源的类型、能量等级以及负载的类型。通常情况下，负荷是电网，电网可以利用电力电子变换器收集和分配来自多个来源的电能，但有时可再生能源直接供给特定的负荷，如为一个离网家庭的电池组提供能量。无论哪种情况，在可再生能源系统中，收集到的能源电压是随机变化的，通过电力电子变换器，必须能够给负载提供所需的固定电压和频率，所以，最大功率跟踪应成为电力电子变换器控制策略的一部分。

　　目前，太阳能利用主要采用了 3 种技术：太阳能光电技术、太阳能光热技术和太阳能光伏发电技术。

① 太阳能光电技术是指利用太阳能电池将白天的太阳能转化为电能，储存在蓄电池上，再由放电控制器释放出来，供室内照明和其他需要。目前，占主流的太阳电池是硅太阳电池，它又分单晶硅太阳电池、多晶硅太阳电池（总称晶体硅太阳电池）和非晶硅太阳电池。整个光伏系统由太阳能电池、蓄电池、负载和控制器组成。

② 太阳能光热发电技术就是利用光学系统聚集太阳辐射能用以加热，生产高温蒸汽，驱动汽轮机组发电，简称光热发电技术。它与光伏发电相比，具有效率高、结构紧凑、运行成本低等优点。目前，技术比较成熟且应用比较广泛的是蔬菜温室大棚、中药材和果脯干燥及太阳能热水器等。

③ 将光能直接转换成电能的过程确切地说应叫光伏效应。不需要借助其他任何机械部件，光线中的能量被半导体器件的电子获得，于是就产生了电能。这种把光能转换成为电能的能量转换器，就是太阳能电池。太阳能电池也同晶体管一样，是由半导体组成的，它的主要材料是硅，也有一些其他合金。利用光伏效应的光伏发电系统完全依靠太阳电池供电，系统中太阳电池阵列受光照时发出的电力是唯一的能量来源。光伏发电系统分为独立光伏发电系统和并网光伏发电系统。首先最简单的独立光伏系统是直联系统，发出的直流电力直接供给负载使用，中间没有储能设备，负载只在有光照时才能工作。这种系统有太阳能水泵、太阳能路灯等。并网光伏发电系统是由太阳电池阵列发出的直流电力经过逆变器变换成交流电，且与电网并联并向电网输送电能。这类光伏系统发展很快，在 20 世纪末，并网光伏系统的用量已超过了独立光伏系统。并网光伏发电系统可分为两大类：光伏电站和用户并网光伏系统。而在光伏系统中太阳能电池、蓄电池、控制器都离不开电力电子技术，在太阳能到电能的转换中，电力电子技术发挥着重要的作用。

在太阳能电池中，最常见的是基于硅半导体材料，利用量子力学的光电（PV）效应，将太阳光转换成电能。太阳能电池的开路电压 $V_{\rm OC}$，通常是 0.6～0.7V，短路电流 $I_{\rm SC}$ 是 20～40mA/cm^2。为了增加输出电压，通常有 36 个或 72 个单元串联在一起形成一个太阳能或光伏模块。模块组装形成一个光伏面板，构成一个光伏机电实体，一个光伏阵列集合了多个面板。在后面的叙述中，一般用一个比较不严格的术语"阵列"来表述，它表示由光伏模块串联和并联任意组合形成的直流电压源。

太阳能电池阵列的电压和功率与电流的关系曲线如图 8-2 所示。可以看出，输出电流较小时，输出功率随电流的增加而增加，但功率曲线在最大功率点（MPP）附近较陡，对应的电流为 $I_{\rm MMP}$，然后随电流的增加，输出功率反而快速下降。输出电流与 MPP 电流 $I_{\rm MMP}$ 之间即使仅有一个小误差，其输出功率将显著降低，因此，需要 MPPT（最大功率点跟踪）控制。这里需要注意的是，特定的电压电流特性取决于光伏电池的照射和温度。所以，MPP 跟踪通常涉及某种类型的扰动观察法以及其他方法。一旦 MPP 被确定，电力电子变换器必须保持输出电流在 $I_{\rm MMP}$ 附近。

目前，光伏阵列有各种尺寸，小的通常安装在建筑物上，包括住宅。通常光伏阵列的所有者将光伏阵列的电能通过单相公用电力线连接到本地电网，并出售给当地的公用事业部门。大型光伏阵列形成光伏电厂通过三相电力线连接到电网，因此，变换器交流输出到电网既有单相的也有三相的，在后面的变换器与电网的连接中，在不丢失一般性的情况下，将给出与三相电网连接图。

典型的太阳能供电系统结构如图 8-3 所示，通过太阳电池阵列的光电转换，将太阳能转变成电能，再由功率变换器将太阳电池输出的直流电转换成用户所需的电源形式。除直接利用光伏阵列的电能外，根据用户要求，太阳能供电系统还有以下几种电路形式。

① 功率变换器可以选择直流斩波器进行 DC-DC 变换（图 8-3 中为升压电路），输出直流电给负载，则不需要逆变、滤波、蓄电池、DC-DC 等环节。

② 太阳电池阵列的直流电经升压后，采用逆变器进行 DC-AC 变换，给三相交流负载或电网供电，但无蓄电池与 DC-DC 变换电路。

③ 通常为了平衡用电需求，功率变换装置还应包括蓄电池系统，同时辅以超级电容。图中的 DC-DC 为双向直流变换电路。

④ 其他情况不一一列举。对于输入输出需要电气隔离的情况，一般在逆变环节前增加一个带高频变压器的直流-直流变换器，而不是在逆变环节后增加一个工频变压器，具体方案要根据输入输出具体条件而定。

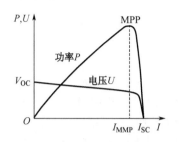

图 8-2　太阳能电池阵列的电压和功率
　　　　与电流之间的关系

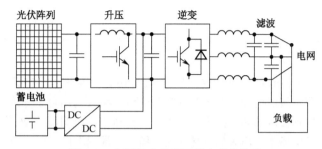

图 8-3　太阳能光伏并网发电系统结构

多电平逆变器非常适合作为 PV 阵列连接到电网的接口，使用适当的 PV 模块互连，可以很容易地设置直流输入电压的各种级别。无论是在低损耗的方波模式下，还是在低开关频率的 PWM 模式下，电平数量越多，输出电压的电能质量越高。图 8-4 所示为由两个 PV 阵列供电的三相三电平逆变器的一个半桥。图 8-5 所示为一个单相级联 H 桥逆变器，每个 H 桥单元由一个 PV 阵列提供电能。如果需要三相输入，则 3 个单相级联 H 桥逆变器可以连接成三相逆变器。

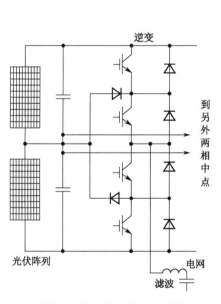

图 8-4　采用三相中点钳位的三电平逆变器光伏
　　　　并网接口（单桥臂）

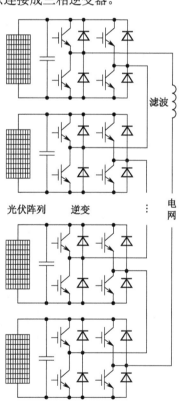

图 8-5　H 桥单相逆变器的光伏并网接口

在 PV 应用中有各种类型的逆变器与直流-直流变换器，其中一些逆变器与直流-直流变换器是专门为 PV 应用设计的，不做一一介绍，感兴趣的读者可以参考相关专业文献。

8.3 风能系统

近十几年来，风力发电在世界上取得了较快的发展，但是在风力发电发展的初期，风力发电动机组经历了从定桨距再到变速变桨距的发展过程。初期电动机都是采用普通异步发电动机发电。普通异步发电动机无法控制，并网的风力发电对电网来说相当于随机的扰动源（由于风速的随机变化），所以无论对电网的电能质量还是对电网运行的稳定性都有一定的消极影响。风电技术经过长期发展的历程，今天的风电动机组已经成为结合了先进的空气动力学、机械制造、电子技术、微机控制技术的高科技产品。当前一台风电动机组，比 20 多年前的机组的功率大 200 倍，现代的风力发电场生产出来的电量很大，相当于常规电厂。当代的电力电子技术成为风力发电系统中不可或缺的重要组成部分，它无论对于风电动机组的控制、电能的转换还是电能质量的改善都起到关键作用。

到目前为止，除了水力发电之外，风力发电的发电能力比其他任何可再生能源都要高。风能与太阳能相比，具有更少的间歇性，而且在相近容量下风力发电动机所占的空间比太阳能电池更小。大型三叶片水平轴风力发电动机的每台额定功率为几兆瓦，通常组合成商业性的"风力发电场"。各种小功率风力发电动机正在慢慢进入可再生能源的住宅市场，不过，目前在实际应用中仍然相对较少。

风力发电动机的空气动力功率用 P_a 来表示，即从风能中获得的能量为

$$P_a = \frac{1}{2} k_\rho c_p A v_w^2 \tag{8-1}$$

式中，k_ρ 表示空气密度，c_p 是功率系数，依赖于叶片的俯仰角，A 是被风叶扫过的区域面积，v_w 是风速。功率系数很大程度上取决于叶尖速比 k_v，被定义为

$$k_v = \frac{v_t}{v_w} \tag{8-2}$$

式中，v_t 表示叶片尖端的线速度。图 8-6 所示为功率系数和叶尖速比的典型关系。显然，为了更好地利用风力发电动机，叶尖速度应该随风速变化而变化，使叶尖速比 k_v 保持最佳的数值 k_{vopt}。

一个典型的变速风力发电系统的输出功率与风速关系见图 8-7。在风力发电动机从低速到额定转速的范围内，风力发电系统应保持最佳的叶尖速比，随着风速的增加，由风机驱动的发电动机输出功率也随之增加，直到产生额定功率。为了防止风机转速进一步升高而使发电动机过载，可采用桨叶角度调节的控制来降低风机能量捕获能力，而在没有桨叶角度调节的风力发电动机中，采用主动失速控制实现了在额定风速以上的功率限制。当风速超过规定的门槛值时，通过叶片形状的专门设计，使叶片周围空气的流动发生紊流，驱动叶片的有效风力减小。如果风的速度超过了所谓的截止值 V_{co}，风力发电动机应停止运行，以避免损坏风力发电动机的机械结构。

风力发电按照风力发电动机的转速是否恒定分为定转速运行与可变速运行两种方式。按照发电动机的结构区分，有异步发电动机、同步发电动机、永磁式发电动机、无刷双馈发电动机和开关磁阻发电动机等机型。风力发电的运行方式可分为独立运行、并网运行、与其他发电方式互补运行等。风力发电现已成为风能利用的主要形式，受到世界各国的高度重视，而且发展速度最快。

风力发电动机组在定转速运行时，采用交流鼠笼感应发电动机，风机的转速实际上仅在电动机的转差范围内变化，也就几个百分点。发电动机由风机通过变速箱驱动，通常经过变压器连接到电网，电网电压的频率决定发电动机和风扇的转速。为了提高与电网连接点的功率因数，采用电容器组作为无功补偿装置，风叶的变桨距控制或主动失速控制限制了高速输出功率。该系统为了避免系统启动时过流，采用了软起动，系统如图 8-8 所示。用绕线式转子异步发电动机，并在转子绕组

上加入控制电阻来代替鼠笼感应发电动机，可使速度范围有所提高。

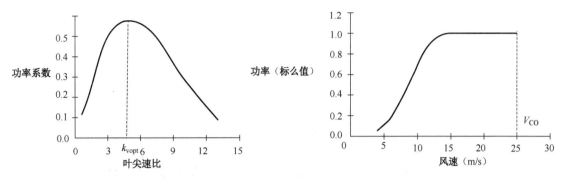

图 8-6　典型风机的功率系数与叶尖速比关系　　图 8-7　典型风力发电动机系统的输出功率与风速的关系

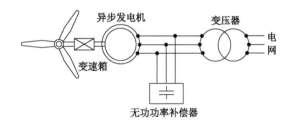

图 8-8　带有感应发电动机的风力发电系统（软起动器未示出）

风力发电动机组在可变速运行时，其发电动机输出的电压的幅值和频率是变化的，因此需要配置电力电子功率变换器，通过 MPP 跟踪和控制有功和无功功率的情况下，对发电动机产生的功率进行调节，可以显著改善风力系统的运行状况。MPP 跟踪风机的速度变化，在发电动机和变压器之间所加变频器使输出电压达到恒压恒频的要求。功率变换器与风力发电动机的系统集成有两种方案：直接输出型风力发电系统和双馈型风力发电动机系统。

图 8-9 所示为两种风力发电系统的结构。如图 8-9（a）所示，变频器由一个整流器、直流环节和一个逆变器组成。整流器对输入功率进行控制，在逆变器中对输出功率进行控制，这种整流-逆变器级联可以用矩阵变换器来代替，图中由直流电压提供给励磁绕组以产生同步发电动机的磁场，如果用异步发电动机代替同步发电动机则不需要励磁电路，在中、小功率的电力系统中，可以采用永磁同步发电动机而不需要励磁电路。

在图 8-9（b）所示的方案中，使用双馈感应风力发电动机可以减少电力电子变换器的额定功率。采用 PWM 整流和逆变的 AC-DC-AC 变换器级联可以在两个方向上传递能量，实际上，如果发电动机以一种超同步的速度运行，即转子的转速高于定子的转速，电能就会通过变压器从定子和转子传输到电网，当低于同步速度时，就会导致电能流入到转子。这样，就实现了风力发电动机的大速度范围工作，而变换器的额定功率只有一小部分（25%～30%），其有功和无功功率是在与转子连接的变换器中得到控制。这一方案目前在高功率的风力发电动机系统中最为常见。

最近，矩阵变换器开始出现在简单的小功率住宅风能系统中，作为永磁同步发电动机和电网之间的接口，在无齿轮箱的情况下，假设发电动机电压对单相电网电压来说是足够高的，那么其原理如图 8-10 所示。

我国将会大力发展风力发电厂，主要是海上风力发电，与丹麦相比，还有很大的发展空间，丹麦在风力发电领域是领先的。风力发电厂所组成独立的发电厂，必须在频率和电压幅值上满足严格的容差要求，这需要精确的有功和无功功率控制。此外，为了电网工作的稳定性，电网必须具备瞬态的快速响应性能。

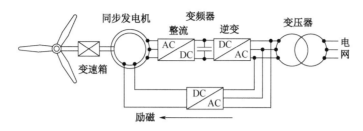

（a）带有电励磁同步发电动机和变频器的风力发电系统

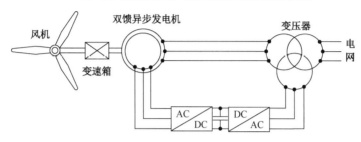

（b）双馈感应风力发电动机系统

图 8-9　两种风力发电动机系统

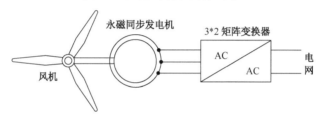

图 8-10　带有永磁同步发电动机和矩阵变换器的风力发电系统

8.4　燃料电池能源系统

　　燃料电池是一种将持续供给的燃料和氧化剂中的化学能连续不断地转化为电能的电化学装置。燃料电池发电最大的优势是高效、洁净、无污染、噪声低、模块结构、积木性强、不受卡诺循环限制，能量转换效率高，其效率可达 40%～65%。燃料电池被称为是继水力、火力、核能之后第四代发电装置和替代内燃机的动力装置。

　　依据电解质的不同，燃料电池分为碱性燃料电池（AFC）、磷酸型燃料电池（PAFC）、熔融碳酸盐燃料电池（MCFC）、固体氧化物燃料电池（SOFC）及质子交换膜燃料电池（PEMFC）。在额定电流的情况下，单个电池产生大约 0.6～0.7V 的电压，多个电池构成了电池组（或称电堆）。

　　燃料电池在运输、便携式和分布式发电中的应用越来越广泛，使用什么类型的燃料电池取决于应用需求，例如具体的重量、功率密度、工作温度、启动速度等。为了保护燃料电池，其输出功率必须被限制，限制要求包括允许功率和电流范围、功率和电流变化率、电流极性（负电流是禁止）和电流的纹波。

　　燃料电池非常适合应用在分布式发电系统中，因为它是无污染的。在未来清洁能源政策中应该将氢作为能源储存和运输的媒介，利用光伏或风能的多余能量，将水电解来产生氢。这样，当来自可再生能源的能量减少时（如在太阳落山后），通过氢的氧化释放能量，就可以将能量转移到电网，弥补可再生能源能量的减少。如图 8-11 所示，如果燃料电池电压没有比电网低很多，则可用直流升压变换器、电压源逆变器组成能量输送电路，直流升压变换器提供稳定的直流电压给逆变器，电压源逆变器将直流电压转换为电网相同频率的交流电压。

如果电网电压比燃料电池的电压高很多，并且/或者需要变压器隔离，则可以使用如图 8-12 所示的系统。图中的周波变换器是交-交变换器，输入电压频率必须大于输出电压频率 2 倍以上。逆变器产生高频电压使变压器的尺寸减小，变压器的二次侧电压通过周波变换器转换为电网频率的电压。如果燃料电池为直流电网提供电源，则图 8-11 所示的系统可以通过取消负载端逆变器得到调整。类似地，图 8-12 所示系统的周波变换器可以用整流器代替。

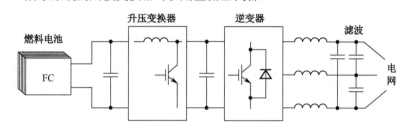

图 8-11　用于分布式发电的 Boost 变换器 FC 发电系统

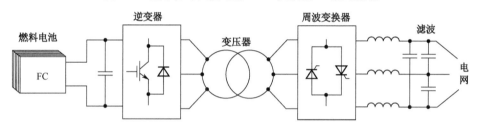

图 8-12　用于分布式发电的隔离变压器 FC 发电系统

8.5　清洁能源汽车动力系统

汽车是人们生活的重要交通工具，随着人们生活水平的提高，越来越多的人开始购买汽车。但是，汽车的大量使用带来了能源消耗、资源短缺、环境污染等一系列问题，这些问题促使各大汽车公司竞相研制各种新型无污染的环保汽车。而电动汽车以电能为能源，通过电动机将电能转化为机械能，这完全符合研制零污染汽车的理念。因此，电动汽车作为解决资源短缺、环境污染等问题的重要途径，得到了快速发展。

8.5.1　纯电动汽车

尽管今天的蓄电池能够储存的能量有限，但纯电动汽车在汽车市场上站稳了脚跟。电动汽车具有安静、无污染的特点，由于电动机启动力矩大，还具有能快速从静止开始加速的性能。纯电动汽车的缺点主要有：蓄电池在放电之后需要重新充电、充电站等基础设施较少、与传统汽车相比的价格仍然较高等。

总的来说，如果抛开电池问题，电动汽车是一个极具吸引力的汽车类型，主要是因为电动汽车的平均效率比内燃机高 3 倍。在纯电动汽车中，电池供电的逆变电源取代了传统汽车的发动机。在图 8-13 中，该方案可以防止锂电池过度充电，比如，当车辆沿着长坡向下行驶时，通过 IGBT 开通让制动电阻消耗汽车下坡所产生的能量。图 8-13 中的电动机通常采用永磁同步电动机，也有采用异步电动机的。当刹车或下坡时，电动机处于发电状态，变成了发电动机给电池充电，如果产生过多的能量则由制动电阻消耗。在某些汽车中，采用车轮与电动机同轴连接简化了传动结构。表 8-1 中列出了商用电动车的规格。

表 8-1   电动汽车示例

厂家/型号	功率 (hp)	转矩 (英尺磅)	0～60 英里每小时加 速时间(s)	续航(英里)	电池容量 (kWh)	充电 (kW)
宝马 i3	170	184	7.2	81	22	6.6
雪佛兰乐驰 EV	130	327	7.2	82	21	3.3
菲亚特 500e	111	147	8.4	87	24	6.6
福特福克斯电动车	143	184	9.4	76	23	6.6
奔驰 B 级电动车	177	310	7.9	85	28	10.0
日产聆风	107	187	10.2	84	24	6.6
特斯拉 Model S	362	317	5.4	265	85	10.0
丰田 RAV4 EV	154	218	7.0	100	42	10.0
大众 E-Golf	114	199	10.1	85	24	7.2

注：1 英里≈1.6 千米；1 牛米 = 0.738225 英尺磅。

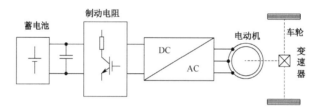

图 8-13   电动汽车动力系统

希望在可预见的未来，蓄电池和燃料电池技术的进一步发展将会生产出具有远程续航能力的电动汽车。从表中可以看出，特斯拉汽车的 Model S 已经达到了 265 英里（约 424 千米）的续航能力，与其他汽车相比，特斯拉汽车在续航能力上独树一帜。

8.5.2   混合动力汽车

根据国际电工委员会的说法，一种混合动力汽车（HEV）是一种"其推进能源可从两种或多种类型的能源储存、来源或转换器中获得的"汽车。实际上，今天的混合动力汽车结合了电池、电动机和内燃机来提供动力，蓄电池通常经常辅以超级电容器组，为汽车加速提供短暂的额外能量。

在混合动力驱动系统中，利用电动机的机械特性和内燃机特性的不同，混合动力汽车具有比传统燃油汽车更大的优势。例如，电动机可以在任何速度下产生最大扭矩，甚至是在静止状态下也可以产生最大扭矩，而内燃机需要相当大的速度才能达到最大扭矩的能力。在所有正常的驱动模式和不同条件下，一台电动机的效率很高，而内燃机在中速和高扭矩时效率最高。驱动模式包括加速、巡航、滑行、刹车、下坡或上坡，不同的条件包括负荷的大小、路面的状态、风速、方向、环境温度。一个配备了大量传感器的、由智能操作算法控制的、微处理器为核心的控制系统，可以利用混合动力传动系统的灵活性，确保最佳的动态性能，同时使燃料消耗最小化。

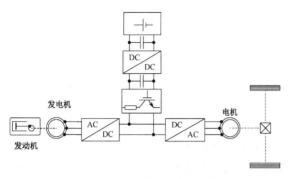

图 8-14　串联型混合动力系统

混合动力汽车的 3 种基本结构是串联、并联和串并联。串联方式的动力系统如图 8-14 所示，用电动机驱动车轮。一个蓄电池和一个由内燃机驱动的发电动机是两个独立的电能来源，根据运行条件，电动机可以从蓄电池（发动机停止）、发电动机、或两者中得到能量。另外，如果需要，发电动机给蓄电池充电，或者当发电动机作为起动机时，蓄电池也可以提供能量给发电动机。这种灵活性有助于节约大量的燃料，特别是在城市行驶过程中的频繁启动和停止，就可以很好地利用电动机转矩-转速特性，回收再生制动过程中的动能。此外，发动机在大部分时间里可以以最省油方式的运行。

与内燃机相比，电动机的功率密度更低，也就是说，它比同等功率的内燃机更重。因此，采用两种电动设备的混合动力传动系统主要用于重型商用汽车和军用车辆、公共汽车和小型机车。尽管如此，雪佛兰的工程师们决定在雪佛兰伏特轿车上采用串联混合动力系统。

图 8-15 所示的并联混合驱动系统更适合于现有的汽车，因为它不需要发电动机。发动机和电动机通过机械耦合（齿轮箱、滑轮、链条装置或普通轴承）将它们的转矩组合在一起，然后通过机械传动将转矩提供给车轮。这种动力系统的配置对于一些混合动力轿车来说是常见的。

串并联的混合动力系统如图 8-16 所示，广受欢迎的丰田普锐斯轿车就采用这种系统，比前面所说的串联和并联驱动系统具有更高的操作灵活性。它的行星动力分离装置将发动机的动力分别分配给轮子和发电动机。发电动机的主要功能是给蓄电池充电，该发电动机也可以作为启动电动机，由直流母线供电的驱动电动机为车轮提供了额外的扭矩。正常的操作模式是：当电池充满电，发电动机从机械上与发动机脱离，如果电池需要充电，发电动机就会被激活。根据给定的驾驶条件和要求，基于微处理器的控制系统还有其他最合适的运行模式。例如，当刹车时，发动机就像一个发电动机，给车轮以与运动方向相反的阻力并对蓄电池进行充电，甚至也有可能在发动机没有直接的帮助的情况下，由发电动机供给电动机能量，为轮子提供所需的动力，而不需要为发动机提供能量。

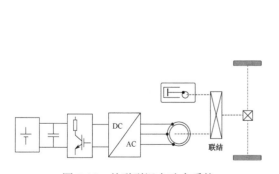

图 8-15　并联型混合动力系统

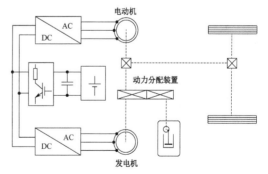

图 8-16　串并联混合动力系统

8.6　混合能源发电系统

利用风能资源和太阳能资源天然的互补性而构成的"风力-太阳能混合发电系统"，可以弥补因风能、太阳能资源间歇性不稳定所带来的可靠性低的缺陷，在一定程度上提供稳定可靠电能。各发电装置的合理协调运行，还可有效减少配置的蓄电池容量。

风力-太阳能混合发电系统是一个分布式的能量系统，其各组成部分都具备了单元控制的功能。因而将它们作为主体（Agent），再加入若干 Agent，从而构成一个分散式的智能化能量管理系统，使之在负荷、风力、光照等外界条件发生变化时，进行协调控制实现最优调度策略，成为未来研究的一个热点。将风力与太阳能技术加以综合利用，从而构成一种互补、可控、优质、可分散布点的新型能源，将是本世纪能源结构中一个新的增长点。

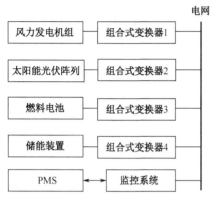

图 8-17 清洁能源混合发电系统结构

清洁能源作为电力系统未来的发展方向是：采用几种清洁能源发电方式组成混合供电系统，混合供电系统可以选择风力发电与太阳能电池组合，或太阳能与燃料电池组合，也可以将三者组合在一起。另一种混合方式是，利用燃料电池的产生的废气或热量，带动发电动机组成电力系统。图 8-17 所示为混合发电系统结构。

电源管理系统（PMS）技术是提高电源效率和系统可靠性的新方法。PMS 将智能控制和管理的思想引入电力系统，从发电、配电及用电等各个层次，对电能进行分配、监测、控制、管理和安全保护等。其主要功能包括：电能分配、优化控制、状态监测、故障诊断、容错控制。实现上述功能的核心技术是：计算机技术，如数据库、网络通信、现场总线等；自动控制技术，如过程监控、最优化算法、容错控制等；人工智能技术，如模式识别、专家系统、模糊逻辑、神经网络、遗传算法等。特别重要的是这些技术的融合，包括各种技术内部自身的融合，以及各种技术之间的融合。例如，整个系统可以采用网络化控制，通过 3 层网络结构：底层采用现场总线和基于 DSP 的嵌入式控制器实现实时控制、数据采集和通信；中间通过分布式计算机监控系统实现系统的状态检测、数据存储、趋势分析和故障报警等功能；上层采用人工智能技术构建智能 PMS，实现负荷预测、电能分配、系统优化和能量管理。在电源管理系统（PMS）方面，将在智能优化及安全控制上有所突破。

8.7 电力电子在清洁能源系统中应用的关键技术

利用清洁能源发电需要解决的关键问题是电能转换、电能存储、电能管理和电能质量控制，其核心是采用电力电子技术、自动控制技术、计算机技术和人工智能技术等，特别是这些技术的集成和融合。下面介绍电力电子在清洁能源系统中的应用的一些关键技术。

1. 电能转换与节能

与其他的能量转换和控制方法相比，电力电子变换器的使用总是能节省能源。过去的电动-发电动机组的效率比现在的静态变换器的效率要低得多，许多通过液压、气动、机械或电子设备进行流量控制的过程都有某种"阻塞"的作用，工作效率也很低，原因在于输出流量变化（变小）时，输入能量基本不变。就像驾驶一辆汽车，将油门放在固定的位置上，只使用刹车来减速或加速，低速时，效率很低。

电力电子变换器的应用使调速系统可以有大范围的扭矩和速度控制，从而在各类商业企业中（比如制造企业、食品加工企业或电力运输企业），节省了大量的能源。在家电市场上，许多国家对家用电器实行高效率的标准，迫使制造商在"白色家电"中安装调速系统，如电冰箱、洗衣机和烘干机。绝大多数的电气传动都使用交流电动机，大部分是由逆变器供电的异步电动机和永磁同步电动机。至于直流电动机的驱动器，比交流驱动器更容易控制，仍然可以找到一些特定的应用场合，例如高性能定位系统。

电力电子变换器在提高工作效率的同时，还可以提高功率因数，改善有功和无功功率的控制，提高电能传输的效率和电能分布效率。所谓的 FACTS（柔性交流输电系统）设备在电网中越来越常见，如 STATCOM（静态同步补偿装置）、SVR（静态无功补偿器）、TCPAR（可控硅控制的相位角调节器）、TCR（可控电抗器），或 TSC（可控硅投切电容器）。

一个基于级联多电平逆变器的静态同步补偿装置如图 8-18（a）所示，H 桥的构成见图 8-18（b）。图中电感 L 代表实际电感和变压器漏感之和，如果没有实际电感，则电感 L 就只有漏感。当转换电压 V_{CON} 比母线电压 V_{BUS} 低的时候，静态同步补偿装置就会在感性模式下吸收无功功率。反之，当 V_{CON} 高于 V_{BUS} 时，静态同步补偿装置在容性模式下输出无功功率。通过晶体管 VT（IGBT）的导通，电阻 R 释放能量，实现 H 桥上电容 C 的过压保护，当静态同步补偿装置需要维修时，电容器 C 也必须通过电阻 R 释放能量。静态同步补偿装置可以提高功率因数，使供电电源的输出电流减小，减少了相关线路的电阻损耗。

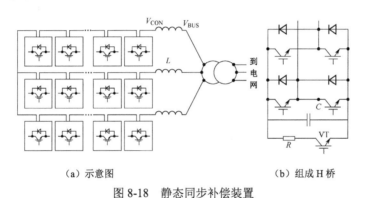

（a）示意图　　　　　　　　　　（b）组成 H 桥

图 8-18　静态同步补偿装置

2．电能储存

太阳能、风能等能源受自然环境和气候条件的影响较大，具有不稳定性和不确定性。为了提高电源质量，应该在清洁能源发电系统中设置储能装置，以便在外部能源充足时储存多余的电能，而在能源不足时提供电能。比如，风力发电动机可以通过电感储能器存储风能，改善电网供电质量。除传统的蓄电池和电感等储能方式外，现代的储能装置有超级电容和飞轮等方式。

3．电能质量控制

近年来，随着大量非线性元器件的使用，特别是电力电子变流器的广泛应用，造成了电网功率因数降低和谐波畸变等问题。如何治理"电力公害"，提高电能质量成为当前迫切需要解决的重要课题。电能质量控制的主要研究内容是电源谐波检测和分析技术，谐波的测量和分析是实现谐波治理的前提条件，准确的谐波测量和分析能够为谐波的治理提供良好的依据。

自提出快速傅里叶变换算法（FFT）以来，基于傅里叶变换的谐波测量便得到了广泛应用。然而基于傅里叶变换的谐波测量要求整周期同步采样，否则会产生频谱泄漏现象和栅栏效应。因此，如何减小因同步偏差而引起的测量误差成了众多学者关注的焦点。

电能质量控制包括功率因数校正和滤波器设计。由于传统的无源滤波器体积和重量超大，须针对不同的频率进行设计，功率因数校正（PFC）技术是提高功率因数和降低谐波污染的重要途径。近年来，有源功率因数校正技术（APFC）已成为电力电子领域的研究热点。现已从电路拓扑、控制策略发展到集成模块，并且在单相 PFC 电路方面取得成果：已经实现了可用于 Buck、Boost、Buck-boost、Cuk 等 DC-DC 基本变换电路的专用或通用的单相 PFC 控制器。目前，研究重点在三相 PFC 控制技术上，比如单开关、多开关以及软开关三相 PFC 电路的研制，特别是软开关技术与 PFC 技术的融合，这两种技术的融合是 PFC 技术发展的新趋势。PFC 产品应用于分布式清洁能源发电系统对 PFC 技术发展来说是重要机遇。

4．逆变器及并网控制技术

目前，可再生能源发电的并网多采用逆变器与电网连接，并网逆变器应具有功率因数为 1、网侧电流正弦化、能量可双向流动等特点，从而使其具有优良的控制性能。当光伏并网发电时，并网逆变器还必须具有快速的动态响应，逆变器除了要保证并网所要求的电能品质和条件外，还要实现可再生能源发电技术的一些功能，比如太阳能最大功率输出跟踪控制和风能最大捕获控制等，要求其主电路拓扑结构具有有功、无功功率解耦可调，且有高的变换效率。此外，通过并网运行和独立运行两种模式的无缝切换技术，可以减小对电网的冲击。目前这方面的研究多集中在电路拓扑方面，所采用的控制策略多为 PI 控制，对外界环境不具备鲁棒性。利用现代控制理论提高并网逆变器性能已有一些成果，如采用非线性状态反馈线性化方法实现了线电流中的有功和无功分量的解耦控制，达到了提高动态性能的目的；在 PI 控制基础上，引入预测控制，也能改善控制器的动态性能，并可减小直流侧缓冲电容的容量；将滑模控制应用于风电动机组的并网控制器中，可实现低速下的可靠发电控制；基于自抗扰控制器原理的并网控制器，使风电动机组的动态性能和鲁棒性明显提高。以上研究虽然得出了一些研究成果，但都是针对各个问题分别解决，要得出实用性的技术成果，应将功率跟踪控制、功率因数控制和输出电流波形控制等问题综合考虑，研究出统一的控制算法。

5．并网中的"孤岛"检测与控制

并网中的"孤岛"现象是指当电网失电后，光伏并网发电系统与本地负载处于独立运行状态，就会由太阳能并网发电系统和周围的负载形成一个自给式供电孤岛。"孤岛"现象会严重影响电力系统的安全正常运行，危及线路维修人员的人身安全。随着光伏并网发电系统及其他分散式并网电源的增多，发生"孤岛"效应的概率也会越来越高，近年来在可再生能源发展较快的国家和地区引起了人们的广泛重视。一般情况下，一个装有过压、欠压、过频和欠频继电器的逆变器具有对"孤岛"的基本保护功能。但在源-负载功率平衡的情况下，电压和频率变化很小，这些继电器将失效，导致系统进入"孤岛"运行。"孤岛"检测方法分为两大类，即被动检测法和主动检测法。被动检测是通过观察电网的电压、频率以及相位的变化来判断有无"孤岛"发生等。然而当光伏电源的功率与局部电网负载的功率基本接近，导致断电时局部电网的电压和频率变化很小时，被动检测法就会失效。为了解决此问题，主动检测法应运而生。主动检测法是通过在并网逆变器的控制信号中加入很小的电压、频率或相位扰动信号，然后检测逆变器的输出。当"孤岛"发生时，扰动信号的作用就会显现出来，当输出变化超过规定的门限值就能预报"孤岛"的发生。但一般的主动检测法（如频率偏移法、输出功率变化测量法等）中，负载相角特性对检测的有效性影响较大，这类方法存在"检测盲区"。如何快速、准确、低成本地进行"孤岛"检测与控制将成为并网技术的一个研究热点。

6．太阳能充电控制器

为提高太阳能发电的可靠性，需配备一定容量的蓄电池组，铅酸蓄电池组成本较高，且使用寿命有限，若使用不当，会严重影响寿命。蓄电池组的成本已成为影响太阳能光伏发电系统推广应用的一个主要障碍。常规的充电方法，如恒流充电法、阶段充电法、恒压充电法、脉冲充电法等，都是基于蓄电池的充电特性曲线进行的，但充电控制精度易受外界环境影响，采用自适应控制算法则能很好地兼顾蓄电池充电控制和太阳能电池最大功率跟踪控制。

7. 燃料电池功率调节系统

燃料电池是有内阻的，输出电压随着输出电流的变化而变化，这样的输出电压是不能直接应用的，并且输出电压随着温度的增加而增加。对于直流负载而言，一般只需一个恒定不变的供电电压，而对于交流负载，还需要将直流电逆变为所需的交流电，因此燃料电池的发电系统必须要有功率调节系统才能正常工作。

8. 矩阵变换器及控制

矩阵式变换器是实现风力发电变速恒频控制的一个重要电力电子变流装置，它具备同步速上、下运行时控制绕组所需的功率双向流动功能。应用于风力发电中的矩阵式变换器，通过调节其输出频率、电压、电流和相位，以实现变速恒频控制、最大风能捕获控制、有功功率和无功功率的解耦控制等，目前矩阵式变换器的控制多采用空间矢量变换控制方法，借用传统交-直-交控制策略，将矩阵式变换器传递函数等效为"虚拟整流"和"虚拟逆变"两部分，由一个虚拟的直流环节将两部分连接，用空间矢量调制技术进行控制。

本 章 小 结

随着世界能源短缺的加剧，世界各国都立志于可再生能源的开发、研究和利用。目前，清洁能源电力系统虽然已经取得了突破性进展，但是，要把美好的理想变为现实，真正实现其广泛的商业应用还有许多问题亟待解决。这既需要在物理、化学、材料等基础学科领域的联合攻关，以进一步提高能源转换效率和降低成本；更为重要的是需要在电气、电子、控制和信息等工程技术领域合作研究，以实现各种电能之间便捷有效的转换、存储、传输、利用和管理。

电力电子和清洁能源是紧密相连的，替代能源，如太阳能电池板、风力发电动机或燃料电池，需要与电网或其他类型的负载进行交互的接口。电源电子变换器提供必要的功率调节以便与负载需求相适应，为太阳能、风能和 FC 系统开发各种各样的电力电子接口，双向交流-直流和直流-直流变换器（或带隔离变压器）是接口中最常见的组件。

公众对纯电动汽车的接受仍然受制于有限的能源存储能力和不方便的充电过程。然而，电动汽车和混合动力汽车的市场正在稳步增长。在电动汽车里，用电动机代替内燃机。在混合动力汽车里，在不同的驾驶条件下，发动机作为驱动系统电力供应的补充，保证最佳的燃料使用。蓄电池通常辅以超级电容器构成电能的来源，特别是在再生制动的情况下，由发动机驱动的发电动机提供充电。在先进的混合动力系统中，发动机和电动机的功率结合使动力传动系统的运行更加灵活。

通过电力传输或转换，电力电子变换器出现在现代电网、电力传动、建筑、电器、计算机和通信设备及其他应用中。由于这些系统的运行效率得到优化，节省了大量的能源。由于电力电子技术的发展，富裕和贫穷的社会都享受着清洁电能带来的好处。

思考题与习题

8-1. 太阳能电池阵列输出电流与太阳能电池阵列输出功率具有什么样的关系？

8-2. 风力发电系统如何处理风速与输出功率的关系？

8-3. 图 8-12 中隔离变压器的额定频率与电网频率相同可以吗？

8-4. 图 8-13 所示的电动汽车动力系统中，为什么需要制动电阻？

8-5．串联型混合动力系统有何优点？

8-6．图 8-17 所示的清洁能源混合发电系统结构中的电源管理系统（PMS）有哪些主要功能？

8-7．说出并网中"孤岛"现象的含义。

8-8．电力电子在清洁能源系统中应用的关键技术有哪些？

扫一扫查看答案

参 考 文 献

[1] 吕家元. 半导体变流技术[M]. 天津：天津大学出版社，1988.

[2] 王兆安，黄俊. 电力电子技术[M]. 北京：机械工业出版社，2000.

[3] 陈坚. 电力电子学——电力电子变换和控制技术[M]. 北京：高等教育出版社，2002.

[4] 任国海，付艳清. 电力电子技术[M]. 北京：科学出版社，2012.

[5] 王兆安，刘进军，电力电子技术（第5版）[M]. 北京：机械工业出版社，2009.

[6] 贺益康，潘再平. 电力电子技术（第2版）[M]. 北京：科学出版社，2010.

[7] 徐德鸿，马皓，汪槱生. 电力电子技术[M]. 北京：科学出版社，2006.

[8] 程汉湘，武小梅. 电力电子技术（第2版）[M]. 北京：科学出版社，2010.

[9] 郭世明. 电力电子技术（第2版）[M]. 成都：西南交大出版社，2008.

[10] 李兰忖. 电力电子技术[M]. 北京：科学出版社，2010.

[11] 程显吉. 电力电子技术[M]. 北京：机械工业出版社，2011.

[12] 吕志香，李建荣，张娟等. 电力电子技术[M]. 西安：西安电子科技大学出版社，2016.

[13] 程汉湘. 电力电子技术[M]. 北京：科学出版社，2007.

[14] 王云亮. 电力电子技术[M]. 北京：电子工业出版社，2013.

[15] 高文华. 电力电子技术[M]. 北京：机械工业出版社，2012.

[16] 金海明，李先允. 电力电子技术[M]. 北京：北京邮电大学出版社，2006.

[17] 牛广文. 电力电子技术[M]. 北京：中国电力出版社，2011.

[18] 黄家善，王成安. 电力电子技术[M]. 北京：机械工业出版社，2010.

[19] 周克宁. 电力电子技术[M]. 北京：机械工业出版社，2004.

[20] 康劲松，陶生桂. 电力电子技术[M]. 北京：中国铁道出版社，2010.

[21] 任国海. 电力电子技术[M]. 杭州：浙江大学出版社，2009.

[22] 张兴. 电力电子技术[M]. 北京：科学出版社，2016.

[23] 林辉，王辉. 电力电子技术[M]. 武汉：武汉理工大学出版社，2002.

[24] 赵莉华，舒欣梅. 电力电子技术[M]. 北京：机械工业出版社，2011.

[25] 张加胜，张磊. 电力电子技术[M]. 青岛：中国石油大学出版社，2007.

[26] 浣喜明，姚为正. 电力电子技术（第4版）[M]. 北京：高等教育出版社，2014.

[27] 张立. 现代电力电子技术基础[M]. 北京：高等教育出版社，1999.

[28] 徐以荣，冷增祥. 电力电子学基础[M]. 南京：东南大学出版社，1996.

[29] 应建平，林渭勋，黄敏超. 电力电子技术基础[M]. 北京：机械工业出版社，2003.

[30] 蒋渭忠. 电力电子技术应用教材[M]. 北京：电子工业出版社，2009.

[31] 林渭勋. 现代电力电子技术[M]. 北京：机械工业出版社，2013.

[32] 赵良炳. 现代电力电子技术基础[M]. 北京：清华大学出版社，1995.

[33] 华伟，周文定. 现代电力电子器件及其应用[M]. 北京：清华大学出版社，2002

[34] 李宏，王崇武. 现代电力电子技术基础[M]. 北京：机械工业出版社，2009.

[35] 樊立萍，王忠庆. 电力电子技术[M]. 北京：中国林业出版社，2006.

[36] 林忠岳. 现代电力电子应用技术[M]. 北京：科学出版社，2007.

[37] 张淼，冯垛生. 现代电力电子技术与应用[M]. 北京：中国电力出版社，2011.

[38] 魏连荣. 电力电子技术及应用[M]. 北京：化学工业出版社，2010.

[39] 阮新波，严仰光. 直流开关电源的软开关技术[M]. 北京：科学出版社，2000.

[40] 周志敏，周纪海. 开关电源实用技术——设计与应用[M]. 北京：人民邮电出版社，2003.

[41] 胡崇岳. 现代交流调速技术[M]. 北京：机械工业出版社，1998.

[42] 吴守箴，藏英杰. 电气传动的脉宽控制技术[M]. 北京：机械工业出版社，1997.

[43] 阮毅，杨影，陈伯时. 电力拖动自动控制系统——运动控制系统（第5版）[M]. 北京：机械工业出版社，2016.

[44] 许大中，贺益康. 电动机控制（第2版）[M]. 杭州：浙江大学出版社，2002.

[45] 张兴. 高等电力电子技术[M]. 北京：机械工业出版社，2011.

[46] Andrzej M. Trzynadlowski. Introduction to Modern Power Electronics (Third Edition). New Jersey: John Wiley & Sons, Inc., 2016.

[47] M Farhadi, MT Fard, M Abapou. DC-AC Converter-Fed Induction Motor Drive with Fault-Tolerant Capability under Open- and Short-Circuit Switch Failures. IEEE Transactions on Power Electronics. (33) 2: 1609 – 1621, 2018.

[48] JH Enslin, F Blaabjerg, D Tan. The Future of Electronic Power Processing and Conversion: Highlights from FEPPCON IX. IEEE Power Electronics Magazine. 4 (3) : 28-32, 2017.

[49] D Tan . Power Electronics in 2025 and Beyond: A Focus on Power Electronics and Systems Technology. IEEE Power Electronics Magazine. 4 (4) :33-36, 2017.

[50] NC Onat, M Kucukvar, O Tatari. Integration of system dynamics approach toward deeping and broadening the life cycle sustainability assessment framework: a case for electric vehicles. International Journal of Life Cycle Assessment. 21 (7) :1-26, 2016.

[51] S Liu, B Ge, X Jiang. Comparative Evaluation of Three Z-Source/Quasi-Z-Source Indirect Matrix Converters. IEEE Transactions on Industrial Electronics. 62 (2) :692-701, 2015.

[52] AM Razali, MA Rahman, G George. Analysis and Design of New Switching Lookup Table for Virtual Flux Direct Power Control of Grid-Connected Three-Phase PWM AC–DC Converter. IEEE Transactions on Industry Applications. 51 (2) : 1189-1200, 2015.

[53] Empringham, L., Kolar, J. W., Rodriguez, J.. Technological issues and industrial application of matrix converters: a review. IEEE Transactions on Industrial Electronics, 60(10): 4260–4271, 2013.